旗 標 FLAG

好書能增進知識　提高學習效率　卓越的品質是旗標的信念與堅持

完全自學！

GO 語言 (Golang)

實戰聖經

The Go Workshop

Packt>

感謝您購買旗標書,
記得到旗標網站
www.flag.com.tw

更多的加值內容等著您…

<請下載 QR Code App 來掃描>

● FB 官方粉絲專頁:旗標知識講堂

● 旗標「線上購買」專區:您不用出門就可選購旗標書!

● 如您對本書內容有不明瞭或建議改進之處,請連上
旗標網站,點選首頁的 聯絡我們 專區。

若需線上即時詢問問題,可點選旗標官方粉絲專頁
留言詢問,小編客服隨時待命,盡速回覆。

若是寄信聯絡旗標客服 email,我們收到您的訊息
後,將由專業客服人員為您解答。

我們所提供的售後服務範圍僅限於書籍本身或內
容表達不清楚的地方,至於軟硬體的問題,請直接
連絡廠商。

學生團體　　訂購專線:(02)2396-3257 轉 362
　　　　　　傳真專線:(02)2321-2545

經銷商　　　服務專線:(02)2396-3257 轉 331
　　　　　　將派專人拜訪
　　　　　　傳真專線:(02)2321-2545

國家圖書館出版品預行編目資料

完全自學!Go 語言 (Golang) 實戰聖經 / Delio D'Anna,
Andrew Hayes, Sam Hennessy, Jeremy Leasor,
Gobin Sougrakpam, Dniel Szabó 著 ;
林班侯、施威銘研究室 譯. -- 初版. -- 臺北市:
旗標,2021.06　面;　公分

ISBN 978-986-312-670-6(平裝)

1.Go(電腦程式語言)

312.32G6　　　　　　　　　　　110008872

作　　者／Delio D'Anna, Andrew Hayes,
　　　　　Sam Hennessy, Jeremy Leasor,
　　　　　Gobin Sougrakpam, Dniel Szabó

翻譯著作人／旗標科技股份有限公司

發 行 所／旗標科技股份有限公司

　　　　　台北市杭州南路一段15-1號19樓

電　　話／(02)2396-3257(代表號)

傳　　真／(02)2321-2545

劃撥帳號／1332727-9

帳　　戶／旗標科技股份有限公司

監　　督／陳彥發

執行企劃／王寶翔

執行編輯／王寶翔

美術編輯／林美麗

封面設計／蔡錦欣

校　　對／王寶翔

新台幣售價:880 元

西元 2022 年 11 月 初版 2 刷

行政院新聞局核准登記-局版台業字第 4512 號

ISBN 978-986-312-670-6

目錄 | Contents

Chapter **3** 核心型別

Chapter **4** 複合型別

Chapter 5　函式

錯誤處理

介面

Chapter 10　時間處理

Chapter 11　編碼／解碼 JSON 資料

Chapter 12 系統與檔案

Chapter 13 SQL 與資料庫

Chapter **14**

使用 Go 的 HTTP 客戶端

Chapter **15**

建立 HTTP 伺服器程式

Chapter 16 並行性運算

Chapter 17 運用 Go 語言工具

Chapter **18** 加密安全

Chapter **19** Go 語言的特殊套件：reflect 與 unsafe

閱讀本書前的準備

本書的表達習慣

本書的程式片段分為**範例 (Example)** 和**練習 (Exercise)** 兩類。兩者其實分別不大,會使用哪個名稱取決於各章作者的習慣。不過程式碼的表現格式都會如下:

```
ChapterXX\ExerciseXX.XX ← 章名 \ 範例或練習專案編號

package main

import  "net/http"

func main() {
    http.HandleFunc( "/" , func(w http.ResponseWriter, req *http.Request)
{
        w.Write([]byte(`{ "msg" :  "Hello Golang!" }`))
    })

    http.ListenAndServe( ":8080" , nil)
}
```

各位下載範例檔案後,便可用書中範例及練習的名稱、編號找到對應專案。書上沒有列出檔名時,一概代表專案下的 main.go 程式檔。在一些特殊情況,例如專案內有多重檔案時,就會額外標明檔案名稱與其路徑。

在這本書,大多數 Go 語言程式的執行結果會顯示在**主控台 (console)**,這用來通稱以下各系統的命令列介面:

❑ Windows 系統的**命令提示字元 (Command Prompt)** 或 Powershell

❑ macOS／Linux 系統的**終端機 (Terminal)**

本書我們採用的格式是 Windows Powershell，這也是在使用 Windows 版 VS Code 編輯器時會看到的主控台畫面：

執行結果

```
PS C:\路徑\F1741\ChapterXX\ExerciseXX.XX> go run .
// ... 執行結果
```

對於 Linux 使用者，你看到的則會類似這樣：

執行結果

```
使用者名稱@電腦名稱:~ /路徑/F1741/ChapterXX/ExerciseXX.XX $  go run .
// ... 執行結果
```

特別注意，本書的主控台輸出只會顯示專案的相對路徑，這是因為各位可以將範例程式下載到系統中任何位置，因此看到的實際路徑應各有不同。

本書的可下載內容及範例程式

考慮到本書頁數較多，**本書附錄 (延伸習題題目)** 會以電子書形式提供本書讀者下載。**延伸習題解答**也會包含在可下載的範例程式內 (見後說明)。

安裝 Go 語言

若要安裝 Go，官方網站的下載頁面 (https://golang.org/dl/) 列出了針對不同平台設計的最新 Go 語言版本：

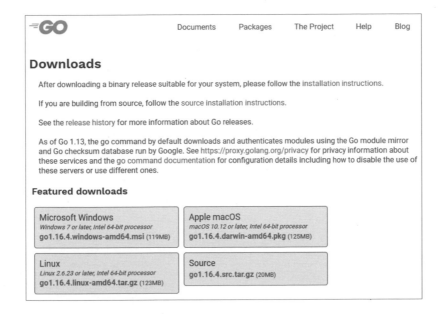

以下是 Windows 及 Linux 系統的安裝方式。

Windows

根據您的系統下載 .msi 安裝檔，例如 x86-64 Windows 系統就是 **go1.16.4.windows-amd64.msi** 或更新版本。執行後按畫面指示完成安裝即可。

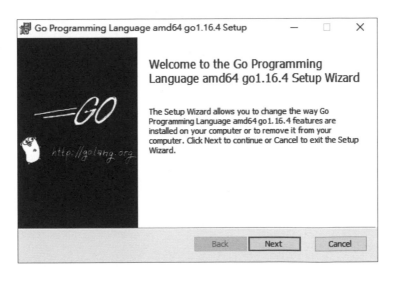

Linux

　　Linux 的安裝較麻煩一點；儘管你可用 sudo apt-get install golang-go 來安裝，但這版本不會是最新。安裝最新版的步驟如下：

1. 根據你的系統下載 .tar.gz 檔，例如 x86-64 Linux 系統就是 **go1.16.4.linux-amd64.tar.gz** 或更新版本。你也可透過以下指令下載之：

```
wget https://golang.org/dl/go1.16.4.linux-amd64.tar.gz
```

2. 若不是第一次安裝 Go, 你得先刪除舊的 Go 語言資料夾：

```
sudo rm -rf /usr/local/go
```

3. 解開剛才下載的 .tar.gz 檔到 /user/local/Go (請留意 .tar.gz 檔案的存放路徑)：

```
sudo tar -C /usr/local -xzf /路徑/go1.16.4.linux-amd64.tar.gz
```

4. 假如是第一次安裝 Go, 你得將其路徑加入 $PATH 系統變數。用 nano 編輯器打開 /etc/profile 設定檔：

```
sudo nano /etc/profile
```

5. 於 /etc/profile 設定檔的結尾加上下面這行：

```
export PATH=$PATH:/usr/local/go/bin
```

❖ 接著按 Ctrl + X 然後按 Y 來儲存變更。

6. 重新啟動系統，或者在終端機重複執行一次第 5 步驟的指令來讓它生效。

檢查 Go 是否正確安裝

不管是哪個系統，你能在主控台輸入以下指令，檢查 Go 是否已正確安裝：

```
go version
```

如果正確安裝，應該會看到類似下面的結果：

```
go version go1.16.4 windows/amd64
```

安裝 VS Code 編輯器

儘管你可使用任何文字編輯器來撰寫 Go 程式，並透過主控台來執行它，我們仍然推薦各位使用微軟的免費編輯器 Visual Studio Code (簡稱 VS Code)。

你可到 https://code.visualstudio.com/#alt-downloads 尋找適合你系統的版本並安裝之：

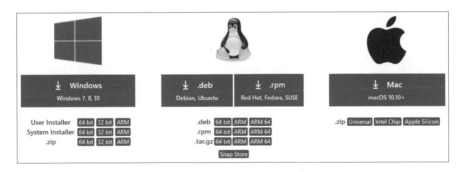

Windows 系統同樣下載 .msi 檔來安裝，Linux 系統則可透過 .deb 檔來安裝。

⚡ 若你在 Ubuntu 或其他 Debian 平台上無法透過 .deb 安裝，也可試試在終端機用 snap 安裝／ 裝：

```
sudo snap install --classic code
```

設定 VS Code 環境

　　首先你得安裝 Go 延伸套件。啟動 VS Code 後點左邊的 Extension 圖示，然後搜尋『Go』，點選第一個結果 (由 Go Team 開發) 並安裝之：

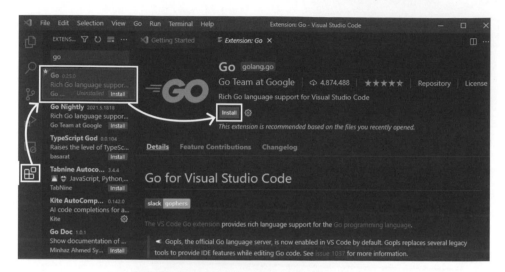

　　接著你應該安裝相關工具，這些工具能大大提升開發時的效率。按 Ctrl + Shift + P 並搜尋『go install』，點選『Go: Install/Update Tools』：

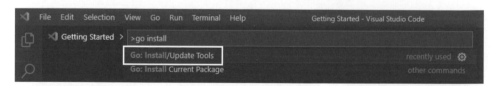

　　在下個畫面勾選所有工具，點 OK 來開始安裝：

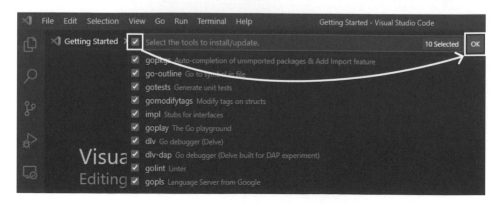

小編註：如果你沒有如上安裝工具，VS Code 可能會在你第一次開啟 .go 檔案時提示安裝工具。此外 VS Code 也會在 Go 有版本更新時提示你下載；等你更系統的 Go 版本之後，VS Code 會於重啟後再次提示你更新 Go 語言工具。

工具下載及安裝結束，就會出現以下訊息：

```
All tools successfully installed. You are ready to Go :).
```

建立和執行專案

以下來介紹如何建立一個 Go 語言專案和執行之，你若想自行練習本書的任何內容，都可透過這種方式，後面就不再贅述。稍後會談到如何執行你下載的本書現成範例專案。

首先，在電腦中任何位置新增一個資料夾，下面的例子是 E:\myproject。啟動 VS Code，並點選 **File → Open Folder** 來開啟該資料夾，使之成為你的工作區：

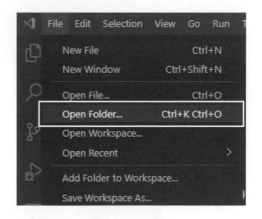

 你也可以點選 **File → New Window** 來在 VS Code 開啟一個新視窗，以便用來開啟其他檔案或資料夾。

開啟 myproject 資料夾後，該資料夾下新增一個 main.go 檔案：

在右邊出現的 main.go 視窗輸入以下程式碼：

```go
package main

import  "fmt"

func main() {
    fmt.Println( "Hello Golang!" )
}
```

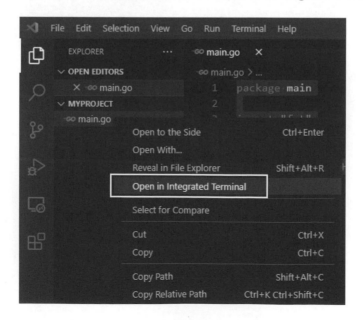

現在我們要執行這支程式。在用 Go 語言編譯並執行程式時，你必須指明程式檔的路徑，或者先將主控台切換到該路徑下，幸好這在 VS Code 中相當容易。在 main.go 上按滑鼠右鍵，選擇『Open in Integrated Treminal』：

這會打開系統的新主控台畫面 (以 Windows 來說即 Powershell, Linux 則是終端機)，而且會切換到檔案所在的目錄底下。

這時你就能執行『go run main.go』來執行 main.go 程式檔：

```
PS E:\myproject> go run main.go
Hello Golang!
```

你可以按主控台右上方的垃圾桶圖示來關閉它。

The Go Playground

假如只是想執行簡單的 Go 程式，甚至線上分享程式碼給其他人，也可使用官方提供的 The Go Playground 網站 (https://play.golang.org/)：

The Go Playground 支援大部分的 Go 語言標準函式庫，但僅能使用簡單的輸出介面，因此它無法執行本書所有的範例及練習程式，也不具備 VS Code 提供的額外功能。

本書執行專案的慣例

本書絕大多數範例在執行時，會使用以下更簡潔的執行語法：

```
PS E:\myproject> go run .
```

但假如你試著用這種方式執行上面你自行建立的專案，可能會看到以下錯誤：

```
go: go.mod file not found in current directory or any parent directory;
see 'go help modules'
```

 取決於你使用的 Go 語言版本, 顯示結果可能會有不同, 但本書將以 Go 1.16 版為準。

這是因為使用 . 來代表專案時，Go 語言會尋找該資料夾下的模組 (module) 名稱，未提供就會有以上錯誤。因此你得先替專案設定**模組路徑** (詳見第 8 章)：

```
PS E:\myproject> go mod init myproject
go: creating new go.mod: module myproject
go: to add module requirements and sums:
        go mod tidy
```

上面會在專案目錄下產生一個 go.mod 檔案，該檔案會記載專案的模組名稱為『myproject』。現在你就可用這個方式來執行專案了：

```
PS E:\myproject> go run .
Hello Golang!
```

 你也可以使用一般的命令提示字元、Powershell 或終端機來執行 Go 程式, 只要路徑正確即可。

從 VS Code 直接執行 Go 程式

在 VS Code 還有另一個執行程式的方式。點選 **Run** → **Run Without Debugging**：

這會在主控台的 Debug console (不是 Terminal) 顯示執行結果，你可能需要手動切換之：

注意這個方法無法讓你透過主控台輸入命令，且專案同樣得先建立 go.mod (見前說明)。

下載本書電子書、範例程式並開啟工作區

本書的電子版章節以及範例、練習、延伸習題解答的程式碼，可透過以下網址下載：

https://www.flag.com.tw/bk/st/F1741

請依網頁指示輸入通關密語，即可跳轉到下載頁面，加入 VIP 還可獲得其他 Bonus 下載。

將範例程式壓縮檔 F1741.zip 內的資料夾解壓到電腦中任何位置，然後用前面的方式開啟 F1741 資料夾為工作區。你應該會看到右圖有所有章節的子目錄：

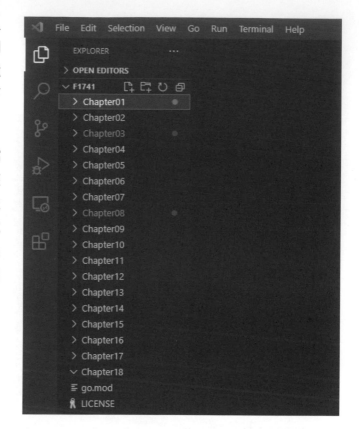

注意有些專案會顯示錯誤或警告，不過這都是正常的（有些是故意有錯，有些則和模組／套件路徑有關——見第 8 章）。由於 F1741 根目錄本身含有 go.mod 模組路徑檔，因此你不需要再自行替他建立。

在 VS Code 開啟 F1741 資料夾後，假設你想執行第 1 章的練習 01，操作步驟如下：

1. 在 F1741\Chapter01\Exercise01.01 專案點右鍵，點選『Open in Integrated Treminal』。

2. 在新出現的主控台內輸入『go run .』執行它 (除非書中有不同的指示)。

⚡ 為了便於讀者學習，許多程式碼中在主控台輸出的訊息和錯誤值會改成中文，但實務上仍
注意 請盡量使用英文。

1
Chapter

變數與算符

／**本章提要**／

在這一章裡, 讀者們將學習 Go 語言的特性, 並對 Go 語言的程式有基本的了解。各位也有機會深入了解變數的運作, 並透過範例從做中學習。

讀完本章後, 讀者們就會知道如何運用 Go 語言裡的變數、套件和函式。也會學到如何在 Go 當中變更變數值。到後面還會用算符來處理數字, 並用指標來設計函式。

1-1 前言

1-1-1 Go 語言簡介

Go 語言 (有時也寫成 **Golang**) 是一種備受開發人員喜愛的程式語言，因為拿它來開發軟體充滿了好處。已經有許多企業將 Go 語言運用在他們的系統和服務中，因為不論開發團隊規模大小，用 Go 開發都一樣深具生產力。更何況，以 Go 撰寫的程式效能向來非常優越，正是這點令它聲名大噪。

Go 語言是由一個 Google 團隊開發的，該團隊在打造傑出程式語言和作業系統方面都已有悠久歷史。他們創造出一種能讓程式設計師喜愛的語言，讓人感覺神似 JavaScript 或 PHP 的動態特性，卻又具備 C++ 和 Java 這些強型別語言的性能和效率，為數幾百人的專案團隊裡也依然具備實用性。

 譯註：團隊成員之一不是別人，正是發展出 B 語言 (C 語言的前身) 及 Unix 作業系統的 Ken Thompson。

Go 語言充滿了有趣而獨特的特質，比如在編譯時納入記憶體安全性考量，還有以**通道 (channel)** 為基礎的**並行性 (concurrency)** 運算。這本書會探討這些特色，各位也將在學習過程中體會到 Go 語言何以有如此獨特的實作方式。

Go 的原始碼是以純文字撰寫，再編譯成機器碼、並封裝成單一獨立的可執行檔。這個執行檔完全自給自足，毋須預先安裝任何輔助工具就能執行；因此，這種單一檔案形式能夠大幅簡化 Go 軟體的部署和發佈過程。

編譯 Go 語言時，有數種目標作業系統可供選擇，其中包括 Windows、Linux、macOS、甚至 Android 等等。也就是說，用 Go 語言撰寫的程式，真的是只寫一次就可以到處使用。另一方面，編譯式程式語言之所以令人詬病，就是因為程式設計師不喜歡在編譯原始碼時枯等；Go 團隊對此了然於胸，因而特地打造出了神速的編譯器，即使專案規模再大，編譯效率也絲毫不遜色。

此外，Go 語言屬於**靜態型別 (statically typed)** 語言，採用了有型別安全防護的記憶體模型，並有**垃圾回收 (garbage collection)** 機制。這樣的組合可以避免開發人員製造出太多常見的程式錯誤跟安全漏洞，卻仍能保有優越的性能跟效率。

Ruby 和 Python 這類動態型別語言之所以受歡迎，部分原因就在於程式設計師認為，若不用去管資料型別和記憶體等問題，開發時的生產力就會更好。但這類語言的缺點是犧牲了性能和記憶體效率，且更容易發生型別不符的錯誤。Go 語言不僅達到了動態型別語言的生產力，性能與效率方面也絲毫未打折扣。

最後，當今的電腦運算方式已有大幅的變化。現在若想加快運算速度，就意味著你必須盡可能同時做更多的事，也就是善用平行運算或並行性運算。這種變化來自現代 CPU 的設計，更注重於增加核心總數、而不是提升單一核心的時脈。但現今檯面上的知名程式語言，在設計時都並未善用這點，因此在撰寫並行性或多執行緒程式碼時很容易出錯。

Go 語言在設計之初便充分運用了 CPU 的多重核心，且消除了所有可能的挫折跟程式碼錯誤。這種設計讓開發人員可以容易且安全地撰寫並行性運算程式，進而徹底發揮現代多核心 CPU 和雲端運算的優勢——輕輕鬆鬆釋放 Go 語言在高性能處理和大規模專案擴展性方面的強項。

1-1-2 Go 語言的模樣

範例：輸出隨機字串

首先，來瞧瞧 Go 語言的程式碼長什麼樣子。以下這段程式碼會從事先定義好的訊息陣列中隨機挑出一筆，然後在主控台顯示出來。

 小編註：本小節的內容在本書後面各章都會有更詳盡的討論。這裡的目的還是讓各位對 Go 程式有些初步認識。你也可以直接跳到 1-3 節開始閱讀。開啟範例程式的方式請參閱序章。

```go
package main ←— Part 1

// 從套件匯入額外的功能
// 附註：雙斜線之後的任何文字會視為註解
// 程式縮排以 tab 為單位
import (      ←— Part 2
    "errors"
    "fmt"
    "log"
    "math/rand"
    "strconv"
    "time"
)

// 事先定義的訊息陣列
// 以下各國文字版本的 Hello World 均沿用自維基百科對這段經典起手式的介紹：
// https://en.wiktionary.org/wiki/Hello_World#Translations
var helloList = []string{ ←— Part 3
    "Hello, world",
    "Καλημρα κσμε",
    "こんにちは世界",
    "سلام دنیا",
    "Привет,мир",
}

// 主函式
func main() { ←— Part 4
    rand.Seed(time.Now().UnixNano()) ←— Part 5 // 利用當下時刻做為亂數種子
    index := rand.Intn(len(helloList)) ←— Part 6 // 以陣列長度當成產生亂數的範圍
    msg, err := hello(index) ←— Part 7 // 呼叫 hello 自訂函式並接收多個傳回值
    if err != nil { ←— Part 10 // 若有錯誤，顯示錯誤並中止程式
        log.Fatal(err)
    }
    fmt.Println(msg) ←— Part 11 // 沒有錯誤就將訊息顯示在主控台
}

// hello 自訂函式
func hello(index int) (string, error) { ←— Part 8
    if index < 0 || index > len(helloList)-1 { ←— Part 9
        // 若收到的亂數超出 helloList 範圍，產生一個錯誤並包含錯誤訊息，
        // 在訊息中把亂數從整數型別轉換成字串
```

接下頁

```
        return "", errors.New("out of range: " + strconv.Itoa(index))
    }
    return helloList[index], nil  // 沒有錯誤就傳回訊息
}
```

現在我們來逐段檢視這支程式的內容。

Part 1

```
package main
```

這一行的用意在於宣告**套件 (package)**，所有 Go 語言檔案 (.go) 都必須以套件宣告起頭。如果你想直接執行這個套件的程式碼，就必須將套件命名為 **main**。你也可以不把它叫做 main，並將這個套件當成**函式庫 (library)**，以便匯入到其他 Go 語言程式碼裡使用 (見本書第 8 章)。當你建立了個可匯入的套件時，愛取什麼名稱都可以。

只要請注意，位於同一個目錄下的 Go 語言檔案，都會被視為相同套件的一部分，亦即所有的檔案開頭都必須設為相同的套件名稱。

Part 2

接著，以下的程式碼會匯入各種套件：

```
import (
    "errors"
    "fmt"
    "log"
    "math/rand"
    "strconv"
    "time"
)
```

在這個範例裡，匯入的套件都來自 Go 語言的標準函式庫。Go 語言內建了功能完備的套件，我們強烈推薦大家多多利用它們。你也可以輕易看出某套件是否來自 Go 語言本身，因為第三方套件在這裡會是一段網址或更長的名稱，例如 github.com/faith/color。Go 語言會自動替你下載引用的外部套件；第 8 章會再談到如何下載和管理它們。

import 區只對它所在的原始檔有效，這表示即使有其他檔案共用同一個套件名稱 (例如 main)，每一個檔案都還是得用 import 匯入自己要用的套件。不過別擔心，有很多工具及 Go 語言編輯器都會自動為你控制匯入動作，你無須親自操刀。

Part 3

```
var helloList = []string{
    "Hello, world",
    "Καλημρα κσμε",
    "こんにちは世界",
    "سلام دنیا",
    "Привет, мир",
}
```

以上我們宣告了一個**全域變數 (global variable)** 並賦予初始值 (見本章)，而這變數是包含有多重字串的集合。Go 語言支援多位元 UTF-8 編碼的文字或字串，因此它處理任何語言都不成問題。

以上使用的陣列形式稱為**切片 (slice)**。Go 語言裡一共有三種集合：切片、陣列 (array) 跟映射表 (map) (見第 4 章)。這三種其實都是鍵 (key) 與值 (value) 對應的元素集合形式，你可以用個鍵將集合中對應的元素值查出來。

切片和陣列都是以數字做為鍵 (即索引)，鍵也一定從 0 開始計數。此外，切片與陣列的索引一定是連續不能中斷的。至於在 map 裡，鍵的型別是可以自訂的，讓你能用數字以外的型別查詢 map 的值。例如，你可以用書本的 ISBN 編號字串來搜尋其書名和作者。

Part 4

```
func main() {
...
}
```

以上宣告的是一個**函式 (function)**（見第 5 章）。所謂函式就是一段程式碼，呼叫函式時就會執行這段程式。你可以用一個以上的變數形式將資料傳給函式，然後接收一個或多個傳回的變數 (也可以完全沒有傳回值)。

不過，Go 語言的 **main()** 函式有其特殊之處：它是 Go 程式碼的進入點。當你執行 Go 程式時，它會自動呼叫 main(), 從這裡出發和執行其他程式式。

Part 5

```
rand.Seed(time.Now().UnixNano())
```

在上面這段程式碼中，我們產生了個亂數或隨機數，以便當作集合的索引。首先，我們要確保這亂數是夠好的亂數，也就是要對亂數產生器設定**種子 (seed)**。我們使用的亂數種子為執行程式的當下系統時間，也就是以奈秒 (nanosecond) 格式表示的 Unix 時間戳記 (timestamp)。

 小編註：電腦亂數其實是偽亂數 (pseudorandom number), 是根據演算法產生、看似隨機的數列，因此只要亂數種子相同, 就能產生出完全一樣順序的亂數。Unix 時間為從世界協調時間 1970/01/01 00:00:00 開始經過的總秒數, 因此任何時候取得的 Unix 時間都絕不會重複, 很適合當成亂數種子。

為了取得系統時間，我們借用了 **time** 套件的 **Now()** 函式，它會傳回一個型別為 **struct (結構)** 的變數。struct 型別其實是由欄位 (fields) 和函式構成的集合，有點像是其他程式語言中所定義的物件屬性和方法 (見第 4 章)。

在本例中，我們接著直接呼叫該 struct 物件的 **UnixNano()** 函式，這函式會傳回一個型別為 **int64** (亦即長度為 64 位元的整數)，講白話一點就是一個整數。這整數會被交給 rand 套件的 Seed() 函式處理。rand.Seed() 的參數剛好也是一個 int64 整數；time.UnixNano() 傳回的型別和 rand.Seed() 接收的型別得一致，編譯時才不會產生錯誤。

Part 6

```
index := rand.Intn(len(helloList))
```

在設定好亂數種子後，我們真正需要的是一個索引，可以用來從字串集合中隨機取出訊息。於是我們借用了 **rand.Intn()** 來做這件事。你對該函式傳入數字 N 時，它會傳回介於 0 到 N - 1 之間的整數亂數。這樣聽起來有點讓人摸不著頭緒，但正好符合我們的需求，因為我們的集合是個切片，其鍵或索引是從 0 開始計數、每次遞增 1，亦即最後一個索引值必定是切片長度 (即元素總數) 減去 1。

為了說明其運作，以下簡化了原本的程式碼：

Chapter01\Example01.02

```go
package main

import (
    "fmt"
)

func main() {
    helloList := []string{
        " Hello, world "
        "Καλημρα κσμε",
        "こんにちは世界",
        "سلام دنیا",
        "Привет,мир",
    }
    fmt.Println(len(helloList))  // 印出切片長度
    fmt.Println(helloList[len(helloList)-1])  // 用長度減 1 取出元素
    fmt.Println(helloList[len(helloList)])    // 用長度值取出元素
}
```

以上程式碼會先印出串列的長度，接著把長度（藉由呼叫 **len()** 函式取得）減 1 做為索引，藉以取出最後一個元素。若沒有減 1 就會造成錯誤，而上述程式碼的最後一行就是故意要犯下這個錯誤（索引超出範圍）：

```
PS \F1741\Chapter01\Example01.02> go run .
5  ◄── 第一行 fmt.Println() 的輸出（helloList 的長度）
Привет,мир ◄── 第二行輸出, helloList 的最末元素（索引 = 4）
panic: runtime error: index out of range [5] with length 5 ◄── 嘗試取得索引
goroutine 1 [running]:                                          = 5 的元素時
main.main()                                                     產生錯誤
        C:/路徑/main.go:17 +0x1b4
```

現在回到原本的程式碼。一旦產生出隨機亂數，我們便將其值賦予給一個變數：

```
index := rand.Intn(len(helloList))
```

這裡我們用了 **:=** 這個寫法，這是 Go 語言中非常受歡迎的變數建立／賦值簡寫法。它告訴編譯器，不但要把值賦予給變數，同時還為該變數選擇合適的型別。這種『短變數宣告』讓 Go 寫起來跟其他動態型別的程式語言沒有兩樣。

Part 7

```
msg, err := hello(index)
```

然後，我們利用剛剛賦值的變數去呼叫 hello() 函式（等下就會說明 hello() 的寫法）。重點是，我們會從 hello() 函式收到兩個傳回值，再用 := 把這兩個值賦予給兩個新變數 msg 和 err, 它們的型別也會自動決定好。

Part 8

```
func hello(index int) (string, error) {
    ...
}
```

以上這段程式定義的就是自訂的 hello() 函式，這裡先把內容省略掉了。函式的本體其實就是一段程式，擺在一對大括號 {} 中間，而你必要時可以呼叫函式來執行這些程式碼。呼叫函式時，原本呼叫它的程式會暫停執行，並等待函式執行完畢。只要適度地將程式切割成函式，就能讓你的程式碼編排上更加明白易懂。

我們在定義 hello() 函式時，指名它會收到一個 **int** 型別的整數為參數（叫做 index)，然後傳回一個 string（字串）變數和一個 error（錯誤）值。將 error 做為函式最後一個傳回值是 Go 語言常見的習慣（見第 6 章）。

Part 9

```
if index < 0 || index > len(helloList)-1 {
    return "", errors.New("out of range: " + strconv.Itoa(index))
}
return helloList[index], nil
```

這裡則是 hello() 函式內部的程式碼；首先是一行 **if 敘述 (statement)**。如果 if 的**布林運算式 (Boolean expression)** 結果為**真 (true)**, if 敘述就會執行大括號 {} 當中的程式碼。

所謂布林運算式，係指位於 if 和左大括號 { 之間的那段條件判斷式。以上例來說，我們的目的在於檢查傳給函式的變數 index, 看它是否小於 0、或者超過切片的最大索引（切片長度減去 1)。如果是這樣，就代表索引值是不合法的。

若索引被判定是不合格的 (if 後面的條件判斷式傳回 false), 程式便會用 **return** 傳回一個空字串和一個 error 值，函式也會結束執行，而先前呼叫函式的程式（位於 main()) 則會繼續。若布林運算式的檢測結果為**偽 (false)**, if 底下大括弧內的程式碼便會被略過，而函式用 return 傳回的第一個值是用 index 為索引從 hellolist 取出的值，error 值則代入 **nil**。在 Go 語言裡, nil 代表一個既無值也無型別的事物，在此就意味著 hello() 函式內沒有錯誤發生。

```
if err != nil {
    log.Fatal(err)
}
```

　　我們執行完 hello() 函式後，首先要檢查的是它是否執行成功，辦法是檢查儲存在 err 變數裡的內容（也就是由 hello() 傳回的第二個值）；若 err 不等於 nil，我們就知道有錯誤發生了。若真是如此，我們就呼叫 **log** 套件的 **Fatal()** 函式，它會把錯誤訊息 err 當成日誌內容寫到主控台，並強制結束這隻程式。一旦程式結束，就不會再執行任何程式碼。

Part 11

```
fmt.Println(msg)
```

　　假如沒有錯誤發生 (err 的內容為 nil)，我們就可以肯定 hello() 執行無誤，且 msg 的值一定就是 hello() 傳回的有效字串。所以在程式中，我們要做的最後一件事是將這訊息用 **fmt** 套件的 **Println()** 函式顯示在主控台裡。

　　以下是 Example01.01 這隻程式執行的結果，可以發現每次執行的結果都不同：

執行結果

```
PS \F1741\Chapter01\Example01.01> go run .
سلام دنیا
PS \F1741\Chapter01\Example01.01> go run .
Привет, мир
PS \F1741\Chapter01\Example01.01> go run .
Hello, world
PS \F1741\Chapter01\Example01.01> go run .
こんにちは世界
```

以上就是一支基本的 Go 程式，其中涵蓋了所有關鍵概念，而我們在接下來的各章裡將會徹底探討它們。

練習：用變數、套件和函式印出星號

我們要在這個練習裡，運用一些從上面的範例剛剛學到的內容：隨機挑出一個介於 1 到 5 之間的數字，然後以這個數字做為在主控台顯示星號字元 (*) 的個數。這個練習題能讓讀者體驗到實際撰寫 Go 語言的感覺，並稍微熟悉 Go 語言的某些特色，我們之後就會更深入介紹它們。

請另開一個新資料夾，然後將以下程式碼打在一個 main.go 文字檔中：

 小編註：儘管本書有提供範例程式碼，但我們仍建議各位練習一下實際建立並操作專案的過程。

Chapter01\Exercise01.01

```go
package main

import (
    "fmt"
    "math/rand"
    "strings"
    "time"
)

func main() {
    rand.Seed(time.Now().UnixNano())
    r := rand.Intn(5) + 1
    stars := strings.Repeat("*", r)
    fmt.Println(stars)
}
```

以下是這個程式的內容：

1. 首先在 main.go 開頭加上 main 套件名稱。

2. 然後加上需要 import 的套件。

3. 建立 main() 函式。

4. 替亂數產生器設定種子 (和之前一樣使用以奈秒表示的 Unix 時間)。

5. 產生介於 0 到 4 之間的亂數 , 然後再加上 1, 使結果落在 1 到 5 之間。

6. 利用字串重複函式 strings.Repeat(字元 , 次數), 用以上的亂數做為顯示星號的個數。

7. 把含有星號的字串顯示在主控台上 , 再在結尾加上一個換行字元 , 最後結束 main() 函式。

　程式寫完後存檔 , 接著在主控台鍵入 **go run 路徑 \main.go** 以便執行程式。輸出會像這樣：

執行結果

```
PS F1741\Chapter01\Exercise01.01> go run main.go
***
PS F1741\Chapter01\Exercise01.01> go run main.go
****
PS F1741\Chapter01\Exercise01.01> go run main.go
*
PS F1741\Chapter01\Exercise01.01> go run main.go
**
```

　在以上練習中 , 我們建立了一支可執行的 Go 程式 , 首先定義 main 套件 , 再替它加上 main() 函式 , 同時將標準函式庫匯入到我們的套件裡。這些匯入的套件可以用來產生亂數、重複產生字串、還有把內容印到主控台。

　如果你看到現在還一頭霧水 , 或是對其中某些部分心存疑惑 , 都不用擔心。因為接下來我們會一一詳述到目前為止所談過的內容。

本書也包含延伸習題, 以供讀者進一步練習。請參閱附錄 A → 延伸習題 1.01：定義與列印。附錄為電子書, 下載方式請見序。

1-2 宣告變數 (variables)

現在你已經初次領略了 Go 語言，也完成了第一個練習，接著我們就要深入 Go 語言的奧妙。而這段旅途的第一站是**變數**。

變數可以用來暫存資料，以便讓你拿它來處理。若要宣告一個變數，需滿足四個條件：

1. 宣告變數的敘述

2. 變數的名稱

3. 變數要儲存的資料型別

4. 變數的初始值

還好，我們可以視情況省略其中某些部分，而這也意味著定義變數的寫法不只一種。

下面我們就來講解所有宣告變數的方式。

1-2-1 用 var 宣告變數

用 **var** 是宣告變數最基本的方式。後面提到的其他做法，都只是從 var 衍生出來的而已，通常是省略宣告的某些部位。完整的 var 宣告具備了上述全部四種條件：

```
var <變數名稱> <變數型別> = <值>
```

例如：

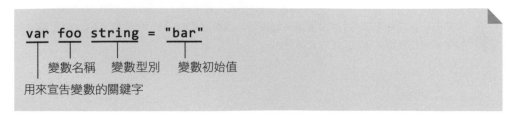

練習：用 var 宣告一個變數

在這個練習裡，我們要用完整的 var 宣告方式建立兩個變數，然後在主控台上顯示變數內容。讀者會發現，你可以在程式碼中任意位置用 var 宣告變數，但並非所有的變數宣告方式都能這樣做。我們這就來試試：

Chapter01\Exercise01.02

```
package main  // 定義套件名稱為 main

import (
    "fmt"    // 匯入 fmt 套件
)

var foo string = "bar" // 宣告套件範圍變數

func main() {  // main() 函式
    var baz string = "qux" // 宣告函式範圍變數
    fmt.Println(foo, baz)  // 印出變數
}
```

使用 fmt.Println() 時，可以傳入多個變數或值並用逗號分開，它們印出來時各值之間會隔一個空白。

我們稍後會更深入討論**變數作用範圍 (scope)**。這支程式的執行結果會像這樣：

執行結果

```
PS F1741\Chapter01\Exercise01.02> go run .
bar qux
```

在上例中，變數 foo 是在套件範圍宣告的，而變數 baz 是在函式範圍宣告的。變數在何處宣告至關緊要，因為宣告變數的地點也會限制你能用來宣告變數的寫法。

現在我們就來看另外一種使用 var 的寫法。

1-2-2　用 var 一次宣告多個變數

你可以只用一個 var 同時宣告多個變數,這種方式在宣告套件範圍的變數時很常見。每個變數的型別不必都一樣,還可以有各自的初始值。其寫法如下:

```
// 用小括號括起來
var (
    <名稱 1> <型別 1> = <值 1>
    <名稱 2> <型別 2> = <值 2>
    ...
    <名稱 N> <型別 N> = <值 N>
)
```

你可以把多個變數宣告放在一起,把相關的變數集合起來,讓程式更易於閱讀。函式裡也可以用這種宣告方式,只是很少有人會這麼做。

練習:用 var 一次宣告多個變數

這個練習要用一個 var 來宣告多個變數,且每個變數都有自己的型別和初始值。然後我們會把所有變數都顯示在主控台。

Chapter01\Exercise01.03

```
package main

import (
    "fmt"
```

接下頁

```
    "time"
)

// 一次宣告多個變數
var (
    Debug       bool     = false        // 布林值
    LogLevel    string   = "info"        // 字串
    startUpTime time.Time = time.Now()   // time.Time 結構
)

func main() {
    fmt.Println(Debug, LogLevel, startUpTime)
}
```

執行結果如下：

執行結果

```
PS F1741\Chapter01\Exercise01.03> go run .
false info 2020-12-29 10:28:58.6203966 +0800 CST m=+0.003986001
        ┗━━ fmt.Println() 會在同一行印出多個值，以空格分開
```

　　這裡我們一口氣宣告了三個變數，但只用了一個 var 關鍵字。這種寫法是保持程式碼清爽易讀的好辦法，而且可以少打一些字。

　　讀者自己執行程式時應該會看到 time.Time 型別的變數顯示出不同的值，但這是正常的。格式會一樣，只不過執行的時間不同罷了。

　　接下來，我們要省略 var 宣告中的某些部分。

1-2-3　用 var 宣告變數時省略型別或賦值

　　在現實生活中，你偶爾會需要在宣告套件範圍的變數時指定初始值、同時又嚴格控制其型別，這時就會需要完整的寫法，但你現在還不用太擔心。在其餘場合中，你可以省略宣告變數的部分內容。

宣告變數時並不需要同時同時寫型別和初始值，只要提及其中一者即可；Go 語言會處理好剩下的部分。如果你宣告變數時只給型別、但沒有給初始值，Go 語言會自動為變數賦予該型別特有的**零值 (zero value)**。本章後面會再詳述什麼是零值。另一方面，如果你給了初始值卻沒有指定型別，Go 語言自有一套規則，可以根據你給的初始值去推斷應該採用什麼型別。

練習：省略 var 宣告中的型別或賦值

在這個練習裡，我們要沿用上一個宣告變數的練習，但把其中並非必要的初始值或型別從宣告拿掉。最後同樣把結果顯示印在主控台上，看看結果是不是都一樣。

Chapter01\Exercise01.04

```go
package main

import (
    "fmt"
    "time"
)

var (
    Debug       bool            // 省略初始值
    LogLevel    = "info"        // 省略型別
    startUpTime = time.Now()    // 省略型別
)

func main() {
    fmt.Println(Debug, LogLevel, startUpTime)
}
```

執行結果如下：

```
PS C:\F1741\Chapter01\Exercise01.04> go run .
false info 2020-12-29 12:22:28.9025025 +0800 CST m=+0.003989901
```

可以發現，這個練習將前一個練習的程式碼略做更動，在宣告變數時就變得更精簡了。將來讀者們宣告變數時，就能用這些方式省點力氣。

1-2-4 推斷型別發生問題的時候

有時我們不得不在宣告變數時明確寫出每一個環節，譬如 Go 語言就是沒法猜對你需要的正確型別的時候。下面來看一個例子：

Chapter01\Example01.03

```
package main

import "math/rand"

func main() {
    var seed = 1234456789   // 這個宣告得到的變數會在下面產生問題
    rand.Seed(seed)
}
```

輸出會變成這樣：

執行結果

```
PS F1741\Chapter01\Example01.03> go run .
# F1741/Chapter01/Example01.03
.\main.go:8:11: cannot use seed (type int) as type int64 in
argument to rand.Seed
```

這裡的問題在於，rand.Seed() 需要的參數型別必須是 int64，但是 Go 語言對於一個整數（比如我們這裡指定給 seed 的數字）會將其型別推斷為 **int**。本章後面還會再詳述 int 與 int64 的差異何在。

為了排除錯誤，就得在宣告 seed 變數時補上 int64 型別：

Chapter01\Example01.03

```
package main

import "math/rand"
```

接下頁

```
func main() {
    var seed int64 = 1234456789
    rand.Seed(seed)
}
```

接著我們要來看看如何用更快捷的方式宣告變數。

1-2-5　短變數宣告

如果是在函式（包括 main()）中宣告變數，可以用 **:=** 的簡寫法進一步精簡變數宣告，但注意只有在函式裡才能這樣做。這種寫法──又稱為**短變數宣告 (short variable declaration)**──省略了關鍵字 var, 而且必須給予初始值, Go 語言會用該值來推斷變數型別：

<名稱> := <值>

練習：短變數宣告的實作

這個練習要進一步修改前一個練習，改用短變數宣告法。由於這種寫法只能用在函式裡（包括 main()), 因此我們必須把變數宣告從套件範圍挪到函式範圍。

既然 Debug 變數原本宣告時只指定型別、沒有初始值，而短變數宣告需要初始值，我們就改指定值 false 給它，讓 Go 語言替它推斷型別。最後我們要把變數值顯示在主控台。

Chapter01\Exercise01.05

```
package main

import (
    "fmt"
    "time"
)
```

接下頁

```
func main() {
    // 以簡式寫法逐一宣告每個變數
    Debug := false
    LogLevel := "info"
    startUpTime := time.Now()
    fmt.Println(Debug, LogLevel, startUpTime)
}
```

輸出結果如下：

```
PS F1741\Chapter01\Exercise01.05> go run .
false info 2020-12-29 14:38:17.6826786 +0800 CST m=+0.002990801
```

這次練習跟最初的宣告變數方式相比，已經變得非常精簡了，不但不須寫 var，也只要提供初始值就好。

這個簡寫法深受 Go 語言的開發者喜愛，在真實世界的 Go 語言程式碼中也是最常見的變數定義方式。開發者都很喜歡使用 := 來讓程式碼變得短小精悍、同時又能明確地表示其意圖。

下面再來介紹另一個捷徑，就是只用一行程式搞定所有的變數宣告。

1-2-6 以短變數宣告建立多重變數

使用短變數宣告法，我們甚至可以在一行程式碼中就搞定多重變數宣告。寫法會像這樣：

<變數 1>, <變數 2>, ..., <變數 N> := <值 1>, <值 2>, ..., <值 N>

這一行程式中必須包括全部的變數名稱，而且每個變數（都位於 := 的左邊，彼此以逗號區隔）都必須有自己對應的初始值（位於 := 右側）。換言之，變數數量得等同於初始值數量。

以下是一段把前一道練習的程式碼改寫成單行敘述的例子：

Chapter01\Example01.04

```
package main

import (
    "fmt"
    "time"
)

func main() {
    // 在同一行宣告多重變數
    Debug, LogLevel, startUpTime := false, "info", time.Now()
    fmt.Println(Debug, LogLevel, startUpTime)
}
```

修改後的執行輸出如下：

執行結果

```
PS F1741\Chapter01\Example01.04> go run .
false info 2020-12-29 15:07:07.052895 +0800 CST m=+0.004986201
```

各位遲早會在真正的程式碼中見識到這種寫法，但閱讀性比較差一點，所以這樣的寫法也不常出現。不過這不完全代表人們很少這樣寫，因為當你呼叫會傳回多個值的函式時，這種寫法就派上用場了。接下來我們就來練習這種單行多重賦值的寫法。

練習：透過函式傳回值宣告多重變數

在這次的練習中，我們要呼叫一個函式，該函式會傳回多個值（第 5 章會再深入討論函式定義），我們也會一一把這些值指定給多個新變數。然後我們會把這些變數的值顯示到主控台。

```
Chapter01\Exercise01.06
```

```
package main

import (
    "fmt"
    "time"
)

func getConfig() (bool, string, time.Time) {
    return false, "info", time.Now()
}

func main() {
    Debug, LogLevel, startUpTime := getConfig()   // 用函式的傳回值做為初始值
    fmt.Println(Debug, LogLevel, startUpTime)
}
```

輸出如下：

```
PS F1741\Chapter01\Exercise01.06> go run .
false info 2020-12-29 15:22:19.6665001 +0800 CST m=+0.002991401
```

我們在上述練習中呼叫了一個會傳回數個值的函式，再用短短一行的短變數宣告捕捉這些傳回值。

如果沿用原本的 var 寫法，會變成這樣：

```
package main

import (
    "fmt"
    "time"
)

func getConfig() (bool, string, time.Time) {
    return false, "info", time.Now()
}

func main() {
    var (
```

接下頁

```
        Debug        bool
        LogLevel     string
        startUpTime time.Time
    )
    Debug, LogLevel, startUpTime = getConfig()
    fmt.Println(Debug, LogLevel, startUpTime)
}
```

短變數宣告的存在，就是 Go 語言之所以讓人感覺像動態程式語言的主要理由。

不過，跟 var 有關的技巧還不只如此。它的懷裡還藏有其他拿手好戲哩。

1-2-7　在單行程式內用 var 宣告多重變數

雖說一行短變數宣告比較常見，用 var 在單行程式中一次宣告多個變數，也是一樣可行的。但這麼做的限制是宣告變數時，如果我們只提供型別，所有變數都只能是同一型別。如果用初始值來宣告，每個變數就能根據初始值推斷出不同型別：

```
var <變數 1>, <變數 2>, ..., <變數 N> <型別>
var <變數 1>, <變數 2>, ..., <變數 N> = <值>
```

以下是一個例子：

Chapter01\Example01.05

```
package main

import (
    "fmt"
    "time"
)

func getConfig() (bool, string, time.Time) {
    return false, "info", time.Now()
}
```

接下頁

```go
func main() {
    // 只提供型別
    var start, middle, end float32
    fmt.Println(start, middle, end)

    // 初始值的型別各異
    var name, left, right, top, bottom = "one", 1, 1.5, 2, 2.5
    fmt.Println(name, left, right, top, bottom)

    // 對函式一樣適用
    var Debug, LogLevel, startUpTime = getConfig()
    fmt.Println(Debug, LogLevel, startUpTime)
}
```

執行結果

```
PS F1741\Chapter01\Example01.05> go run .
0 0 0
one 1 1.5 2 2.5
false info 2020-12-29 15:35:25.2286171 +0800 CST m=+0.004005501
```

上面這個練習若用短變數宣告來寫會更精簡，但仍然會出現在真實的程式碼中。比如，當你需要多個型別相同的變數，又需要嚴格控制變數型別時，這種方法就很有用。

1-2-8　非英語的變數名稱

Go 語言支援 UTF-8，這表示你可以用非拉丁字母來為變數命名（英語就是使用拉丁字母的語言之一）。變數命名並非全無限制，例如首字母必須是字元或底線 _，剩餘的名稱則可任意混和字母、數字或底線。你能命名的變數就像下面這樣：

Chapter01\Example01.06

```go
package main

import (
```

接下頁

```
        "fmt"
        "time"
)

func main() {
        デバッグ := false
        日誌等級 := "info"
        ᏢᎬᏜᎾ := time.Now()
        _A1_Μείγμα := ""
        fmt.Println(デバッグ，日誌等級，ᏢᎬᏜᎾ，_A1_Μείγμα)
}
```

輸出會像這樣：

執行結果

```
PS F1741\Chapter01\Example01.06> go run .
false info 2020-12-29 15:47:41.2803461 +0800 CST m=+0.004969901
```

不是所有的電腦語言都支援以 UTF-8 字元為變數命名。Go 語言能做到這一點，這也許能解釋它為何在亞洲地區 (尤其是中國) 很受歡迎。

 小編註：當然，你不能使用 Go 語言關鍵字 (例如 import, var, func 等) 當成變數名稱。一般習慣上仍會使用英數來命名變數。

1-3　更改變數值

1-3-1　更改單一變數的值

現在我們知道如何宣告變數了，接下來要學的是能如何處理它們。首先我們來試著把變數從初始值改成另一個值。這時可以利用先前賦予初始值的寫法：

```
<變數> = <值>
```

下面來看個範例：

Chapter01\Example01.07

```go
package main

import "fmt"

func main() {
    offset := 5
    fmt.Println(offset)

    offset = 10  // 將 offset 從 5 改成 10
    fmt.Println(offset)
}
```

執行結果

```
PS F1741\Chapter01\Example01.07> go run .
5
10
```

練習：用其他變數來賦值

在以上範例中，我們把變數 offset 從 5 改成 10。不過這些值都可以替換成變數，例如：

```go
package main

import "fmt"

var defaultOffset = 10

func main() {
    offset := defaultOffset
    fmt.Println(offset)

    // 把 offset 的值加上 defaultOffset 的值，重新存入 offset
    offset = offset + defaultOffset
    fmt.Println(offset)
}
```

以下是變數值更動後的程式輸出：

執行結果

```
10
20
```

接下來我們要學著在一行程式中同時更改多個變數。

1-3-2　一次更改多個變數值

就像在單行敘述中同時宣告多重變數時一樣，你也可以用相同的方式同時更改多個變數的值。語法其實也很類似：

<變數 1>, <變數 2>, ..., <變數 N> = <值 1>, <值 2>, ..., <值 N>

練習：一次更改多個變數值

在這個練習中，我們要定義幾個變數，然後用單行敘述更改其值。然後把它們的新值顯示到主控台上。

Chapter01\Exercise01.08

```go
package main

import "fmt"

func main() {
    // 宣告多重變數並賦予初始值
    query, limit, offset := "bat", 10, 0
    // 以單行敘述一次更改全部變數的值
    query, limit, offset = "ball", offset, 20

    fmt.Println(query, limit, offset)
}
```

輸出如下：

執行結果

```
PS F1741\Chapter01\Exercise01.08> go run .
ball 0 20
```

　　在本練習中，我們以單行敘述更改了多個變數的值。這種方式在呼叫函式來賦值時一樣有用（前面已經看過），但各位在使用這種功能時務必謹慎，因為程式碼的首要之務是確保它簡明易讀。如果像這樣的單行敘述會讓人讀得一頭霧水，那麼最好還是多寫幾行，讓人一看就懂。

★ 小編補充　同時建立新變數和賦值給舊變數

正常情況下，你不能對已經宣告過的變數使用短變數宣告來賦值，但有個例外。若短變數宣告左側有多重變數，而當中有任一是之前沒有的新變數，那麼這種寫法就能成立：

執行結果

```
query, limit, offset := "bat", 10, 0
query, maxLength, offset := "bat", limit, 20
```

上面的第二行短變數宣告中，只有 maxLength 是新變數，而 query 與 offset 的值則會被就地修改，不過即使如此，使用短變數宣告並不會有錯誤。

　　接下來我們要來談談何謂**算符 (operators)**（或稱運算子），以及它們如何以有趣的方式更動變數值。

1-4 算符 (operators)

1-4-1 算符基礎

雖說變數是應用程式儲存資料的地方，唯有你開始撰寫程式的處理流程時，變數才能真正發揮作用。算符是你能用來處理軟體資料的工具，像是把資料拿來做比較。譬如，檢查交易程式中的價格是否過低或超高。算符也可以修改資料本身，譬如替購物車中所有貨品的費用加上稅金、藉此算出總價。

以下是算符的分類：

❑ **算術算符 (arithmetic operators)**：用在算數相關任務，如四則運算。

❑ **比較算符 (comparison operators)**：用來比較兩個值，如它們是否相等、不相等、或是誰大誰小等等。

❑ **邏輯算符 (logical operators)**：搭配布林值使用，用於判斷兩個布林值是否皆為真、或是僅一者為真，以及反轉布林值的真偽。

❑ **定址算符 (address operators)**：當我們談到指標 (pointer) 時會再介紹這種算符。它是專門用來處理指標的。

❑ **位元算符 (bitwise operators)**：Go 語言同樣擁有其他語言常見的位元算符。如果你已熟知位元算符，那就沒什麼好訝異。但如果你對它很陌生，也別擔心——現實生活中用到它的機會並不多。

❑ **受理算符 (receive operators)**：用來對 Go 語言特有的通道 (channel) 寫入或讀取值，第 16 章會介紹。

我們首先要探索的，就是算術算符和比較算符的主要用途。

練習：用算符處理數字

在這個練習中，我們要來模擬一份在餐廳用餐的帳單，並會用到算數和比較算符。我們先把全部的用餐價格加總，減去扣抵額後，按照百分比算出服務費。最後程式也會判斷，消費者是否獲得來店滿 5 次的折價券。

⚡ 這個練習題的金額以美金為單位。當然你愛用何種貨幣練習都可以；這裡只著重在算符
注意 的運算。

Chapter01\Exercise01.09

```go
package main

import "fmt"

func main() {
    // 主餐 (2 人，每份 $13)
    var total float64 = 2 * 13
    fmt.Println("+ 主餐:", total)

    // 飲料 (每杯 $2.25, 4 杯)
    total = total + (4 * 2.25)
    fmt.Println("+ 飲料:", total)

    // 折抵金額 ($5)
    total = total - 5
    fmt.Println("+ 折抵:", total)

    // 10% 服務費 (小費)
    tip := total * 0.1
    total = total + tip
    fmt.Println("+ 小費:", total)

    // 分攤額
    split := total / 2
    fmt.Println("分攤額:", split)

    // 來店次數
    visitCount := 24  // 過去來店 24 次
    visitCount = visitCount + 1
    // 用餘數算符檢查除以 5 餘數是否為 0 (是 5 的倍數), 傳回布林值
    remainder := visitCount % 5
```

接下頁

1-31

```
    if remainder == 0 {
        fmt.Println("您已獲得來店滿 5 次折價券!")
    }
}
```

以下是輸出畫面：

```
PS F1741\Chapter01\Exercise01.09> go run .
+ 主餐: 26
+ 飲料: 35
- 折抵: 30
+ 小費: 33
分攤額: 16.5
您已獲得來店滿 5 次折價券!
```

字串的串接

上題我們用了算術算符和比較算符來處理數字，讓我們能模擬一個複雜的情境——計算用餐的帳單金額。

不過，算符種類繁多，而取決於資料型別不同，能用的算符種類也不同。譬如，+ 號不只可以加總數字，也可以用來串接字串 (把字串連接成更長的字串)：

Chapter01\Example01.08

```
package main

import "fmt"

func main() {
    givenName := "John"
    familyName := "Smith"
    fullName := givenName + " " + familyName  // 串接字串
    fmt.Println("Hello,", fullName)
}
```

輸出如下：

執行結果

```
PS F1741\Chapter01\Example01.08> go run .
Hello, John Smith
```

在某些情況下，算符的寫法也有捷徑可以走。下一小節就會談到這點。

1-4-2　算符簡寫法

如果你要對既有變數的自身值進行運算並賦值給原變數，就有若干簡寫方式，例如：

算符簡寫法

+= <值>	就地加上值
-= <值>	就地減去值
++	遞增 1
--	遞減 1

練習：運用簡寫算符

在這次的練習裡，我們會用一些簡寫的算符來示範如何進一步簡化程式碼。首先建立若干變數，然後以簡寫方式來更動它們。

Chapter01\Exercise01.10

```go
package main

import "fmt"

func main() {
    count := 5   // 宣告一個變數並賦予初始值

    count += 5   // 變數加上 5、再重新賦值回給同一變數
    fmt.Println(count)

    count++      // 變數遞增 1
    fmt.Println(count)
```

接下頁

```
    count--   // 變數遞減 1
    fmt.Println(count)

    count -= 5   // 變數減去 5
    fmt.Println(count)

    name := "John"
    name += " Smith"   // 對原本的字串串接字串
    fmt.Println("Hello,", name)
}
```

執行結果

```
PS F1741\Chapter01\Exercise01.10> go run .
10
11
10
5
Hello, John Smith
```

　　這個練習運用了若干算符簡寫法，其中一組 (+= 和 -=) 是用來就地修改變數值，這種算符十分常見，讓人寫起程式來也更愉快。另外一組 (++ 和 --) 則能直接讓變數遞增和遞減 1，對於在迴圈裡走訪資料時非常方便。不管是誰讀你的程式碼，這些簡寫法都能非常清楚地表達出其用意。

　　接著我們要來看看如何比較值。

1-4-3　值的比較

　　應用程式的流程就是做決策，而程式做決策的依據是把變數的值依你定義的規則做比較。這些規則皆以某種形式的比較動作構成——我們會用比較算符來得到比較結果，而這些結果一定非真即偽 (是布林值)。

　　而有時你需要同時比較好幾個條件 (幾個不同的布林值)，才能做出一個決策。這時你便需要用邏輯算符來結合這些條件。

　　比較算符和邏輯算符大部分時候都是在處理兩個值之間的關係（邏輯算符只能處理布林值），而其結果一定是個布林值。下面就來詳細列出比較算符和邏輯算符：

比較算符	
==	當前後兩個值**相等**時為真
!=	當前後兩個值**不相等**時為真
<	當左側的值**小於**右側的值時為真
<=	當左側的值**小於或等於**右側的值時為真
>	當左側的值**大於**右側的值時為真
>=	當左側的值**大於或等於右側**的值時為真
邏輯算符	
&&	如果左側與右側的布林值**均為真**時, 結果為真
||	如果左側與右側的布林值**任一為真**時, 結果為真
!	只處理單一布林值, 如果該值為偽、運算結果便**反轉**為真, 值為真時結果為偽

練習：值的比較

　　以下練習要利用比較算符和邏輯算符，看看在不同的條件做比較後會得出怎樣的布林值。

　　我們想依據顧客的來店次數決定他們的會員等級，而會員等級劃分如下：

❑ 銀牌會員：來店次數介於 11 到 20 次

❑ 金牌會員：來店次數介於 21 到 30 次

❑ 白金 VIP：來店次數超過 30 次

Chapter01\Exercise01.11

```
package main

import "fmt"
```

接下頁

```go
func main() {
    visits := 15  // 顧客目前的來店次數

    // 判斷顧客屬於哪種等級的會員
    fmt.Println("新顧客  :", visits == 1)
    fmt.Println("熟客    :", visits != 1)
    fmt.Println("銀牌會員:", visits > 10 && visits <= 20)
    fmt.Println("金牌會員:", visits > 20 && visits <= 30)
    fmt.Println("白金 VIP:", visits > 30)
}
```

執行結果

```
PS C:\F1741\Chapter01\Exercise01.11> go run .
首次造訪: false
熟客    : true
銀牌會員: true
金牌會員: false
白金VIP : false
```

在這個練習裡，我們以比較算符和邏輯算符來處理資料，以便做出決策。這些算符的結合方式有無限種可能，因此不管程式中需要什麼樣的決策，它們幾乎都辦得到。

接下來我們要看看，先前定義變數時若沒有指定初始值，究竟會發生什麼事。

1-5 零值 (zero values)

所謂的零值，指的是該型別具有的預設值或是空值 (empty value)。Go 語言定義了一系列的規則，指明所有核心型別的零值：

零值

型別	零值
bool (布林值)	false
數字 (整數與符點數)	0
string (字串)	""(空字串)
指標、函式、介面 (interface)、切片 (slice)、通道 (channel) 及映射表 (map)	nil (後面章節會再詳談)

當然上面並未涵蓋到所有的型別，但其他型別都是從這些核心型別衍生出來的，因此這些規則一體適用。

接下來的練習會檢視幾種型別的零值。

練習：印出零值

在此練習中，我們會宣告出一些變數但故意不指定初始值，然後將其零值顯示出來。這裡會改用 **fmt.Printf()** 函式來印出值，因為它能讓我們更了解一個值的型別。

fmt.Printf() 使用一種**格式化樣板語言 (template language)**，藉以轉換我們傳遞給它的值。我們在此使用的格式化符號是 **%#v**；當你想以某種方式顯示變數的值或型別時，這個符號就很有用。下表列出幾種其他常見的格式化符號，你可以自己玩玩看：

格式化符號

符號	格式化結果
%v	任何值。如果你不在意印出的值的型別, 就直接用這個
%+v	印出值並加上額外資訊, 例如結構 (struct) 型別的欄位名稱
%#v	用 Go 語法印出值, 等於 %+v 加上型別名稱
%T	印出值的型別
%t	印出布林值 (true/false)
%d	印出 10 進位數字
%s	印出字串
%%	印出百分比符號

 小編註：詳細的格式化符號可參閱官方文件：https://golang.org/pkg/fmt/。第 9 章亦會進一步討論字串格式化。

此外使用 fmt.Printf() 時，你必須自己在字串行尾加上換行符號 (\n)。

Chapter01\Exercise01.12

```go
package main

import (
    "fmt"
    "time"
)

func main() {
    var count int   // 整數
    fmt.Printf("Count    : %#v \n", count)   // count 的值會代入前面字串的
%#v

    var discount float64   // 64 位元浮點數
    fmt.Printf("Discount : %#v \n", discount)

    var debug bool   // 布林值
    fmt.Printf("Debug    : %#v \n", debug)

    var message string   // 字串
    fmt.Printf("Message  : %#v \n", message)

    var emails []string   // 字串切片
    fmt.Printf("Emails   : %#v \n", emails)

    var startTime time.Time   // time.Time 結構
    fmt.Printf("Start    : %#v \n", startTime)
}
```

執行結果

```
PS F1741\Chapter01\Exercise01.12> go run .
Count    : 0
Discount : 0
Debug    : false
Message  : ""
Emails   : []string(nil)
Start    : time.Time{wall:0x0, ext:0, loc:(*time.Location)(nil)}
```

以上練習定義了各種型別的變數，但都沒有給出初始值，然後用 fmt. Printf() 顯示這些變數的零值為何。你也能發現，格式化符號 %#v 對數字、字串和布林值只會顯示其值，但對切片與結構這類複合型別就會輸出更多資訊。只要了解型別的零值、以及 Go 語言如何控制它們，就可以避免錯誤和寫出更簡潔的程式碼。

接下來我們要介紹指標，以及如何以指標寫出有效率的程式。

1-6 值 vs. 指標 (pointers)

1-6-1 了解指標

當我們把 int、bool 及 string 這類值傳給函式處理時，Go 語言會在函式中複製這些值，建立出新的變數。這個複製動作意味著你呼叫函式時，若函式對參數做出更動，原始的值也不會受影響，能減少程式碼的錯誤。

對於這種傳值方式，Go 語言採用了一種簡單的記憶體管理系統叫做**堆疊 (stack)**，每個參數都會在堆疊中獲得自己的記憶體。缺點是，有越多值在函式之間傳遞，這樣的複製動作就會消耗越多的記憶體。現實生活中的函式都很短小，任務會分割成多個函式進行，因此多次複製值的行為到頭來就可能消耗比實際需求還要多的記憶體。

其實還有一種在函式傳值的替代方式，用的記憶體較少。這種方式不會複製值，而是建立稱為**指標 (pointer)** 的東西傳遞給函式。指標跟值本身是兩回事，而指標唯一的用途就只是拿來取得值而已。大家不妨把指標想像成一個通往值的路標，如果想取得值，就必須照著路標方向走。在使用指標傳值給函式時，Go 語言就不會複製指標指向的值。

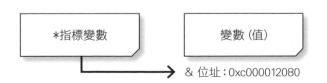

對一個值建立指標後，Go 語言就無法以堆疊來管理該值所使用的記憶體。這是由於堆疊必須仰賴簡單的變數範圍邏輯 (scope logic)，以便得知何時可以回收該值所使用的記憶體，以上規則並不適用於指標。Go 語言轉而會把值放在所謂的**堆積 (heap)** 記憶體空間：堆積允許一個值存在，直到程式中沒有任何指標參照到它為止。Go 語言會用所謂的**垃圾回收機制 (garbage collection)** 程序來回收這些記憶體。這種機制會在背景定期運作，所以你不必為它操心。

⚡ 注意／ 一旦為值設置了指標，就等於把值放進了堆積。Go 語言會使用稱為逃逸分析 (escape analysis) 的程序來判斷一個值是否應該放到堆積上。不過，有時就算值沒有設置任何指標，也會因為其他原因被放進堆積裡。

值究竟該放到堆疊還是堆積上，你是無法直接介入的。記憶體管理不是 Go 語言規格的一部分，而是被視為內部實作細節，這表示它有可能隨時變更，而我們在本書談到的特性都只能算是一般性的指引，並非恆久不變的鐵則。

雖然說以指標取代值來傳遞給大量函式，對記憶體運用的好處不可言喻，可是對 CPU 的負擔就很難評估了。複製資料時，Go 語言需要幾個 CPU 指令周期來取得記憶體和稍後釋出。如果改以指標傳遞值給函式，就可以減少 CPU 用量。但話說回來，若把指標的值放在堆積上，就代表它需要仰賴繁瑣的垃圾回收機制，而這個機制在某些情況有可能成為 CPU 的瓶頸，尤其是堆積內累積了大量資料的時候。若發生這種事，垃圾回收機制就必須做大量的檢查，而這就會耗費 CPU 周期。

因此該不該用指標，是沒有標準答案的。最好的途徑仍是採取經典的效能最佳化方法：一開始不要急著做最佳化。若程式效能不佳，先測量程式執行時間，接著在調整後再次測量，看看是否有改善。

除了出於改善效能的目的，你也能用指標改變程式設計的方式。有時使用指標可以讓函式呼叫起來更清爽、並且簡化程式碼。舉例來說，若你想判斷某個值存在與否，判斷一般的變數就會有問題，因為它一定至少會帶有零值，而零值 (0、空字串等) 在你的程式中可能仍然是合法的。相對地，指標會有**未設定 (is not set)** 的狀態，它沒有儲存目標值的位址時會傳回 nil, 而 nil 這個特殊值在 Go 語言中就代表無值。

指標本身可以是 nil 的這種特性，意味著就算指標沒有指向任何值，你還是可以取得指標自身的值，進而導致執行期間錯誤 (runtime error)。為避免這種問題，我們可以先拿指標來和 nil 做比較 (寫法像是 **< 指標 > != nil**)，然後才對指標賦值。相同型別的指標也可以互相比對、看看是否會相等，但結果一定是 false；這是因為指標在做比較時，被比較的是指標本身而非它們指向的值。指標只有跟自己比較時，你才會得到 true。

由於各位讀者們都還在初學階段，筆者建議不要輕易動用指標，除非是你遇上效能瓶頸、或者指標真的可以簡化程式碼的時候。

1-6-2 取得指標

要取得指標有幾種方式：

1. 你可以用 **var** 敘述宣告變數、但把其型別設為指標，也就是把 * 算符放在型別前面：

```
var <變數> *<型別>
```

以這種方式宣告的指標變數，其初始值會是 nil。

2. 內建函式 **new()** 可以達到賦值效果。該函式的用意在於為某種型別取得記憶體、填入該型別的零值，然後傳回該記憶體的指標：

```
<變數> := new(<型別>)
var <變數> = new(<型別>)
```

3. 要取得某個既有變數的指標，請利用 **&** 算符。寫法會像這樣：

```
<變數 1> := &<變數 2>
```

練習：取得指標

在這個練習中，我們要把每一種取得指標變數的方法都演練一遍，然後用 fmt.printf() 函式將其顯示在主控台，觀察其型別與值為何。

Chapter01\Exercise01.13

```go
package main

import (
    "fmt"
    "time"
)

func main() {
    var count1 *int      // 宣告一個指標變數 (值為 nil)
    count2 := new(int)   // 宣告第二個指標變數 (值為 0)
    countTemp := 5
    count3 := &countTemp // 從別的變數建立指標
    t := &time.Time{}    // 直接從結構型別建立指標

    fmt.Printf("count1: %#v\n", count1)
    fmt.Printf("count2: %#v\n", count2)
    fmt.Printf("count3: %#v\n", count3)
    fmt.Printf("time  : %#v\n", t)
}
```

執行結果

```
PS F1741\Chapter01\Exercise01.13> go run .
count1: (*int)(nil)
count2: (*int)(0xc000012080)
count3: (*int)(0xc000012088)
time  : &time.Time{wall:0x0, ext:0, loc:(*time.Location)(nil)}
```

可以看到，使用 %#v 格式化符號印出指標時，會看到其型別以及參照的記憶體位址。time.Time 結構比較特別，也可以看到其值，但我們看得出來它是個指標，因為輸出結果前面多了個 &。

 在 Go 1.17 版之後會得到如下結果 (和印出非指標 time.Time 變數是一樣的)：
time.Date(1, time.January, 1, 0, 0, 0, 0, time.UTC)

1-6-3 從指標取得值

在以上練習中，當我們把含有 int 指標的指標變數顯示到主控台時，所得到的指標值不是 nil 就是記憶體位址。若要真正取得指標的關聯值（即指標指向的記憶體所儲存的內容），必須把 * 算符放在變數名稱前面，以便**解除 (dereference)** 指標的參照、真正取得值：

```
<值> = *<指標變數>
```

一個常見的錯誤是嘗試去解除一個無值指標（亦即 nil)，但是 Go 編譯器無法事先警告你這一點，只有等到程式實際執行時問題才會浮現。因此最好是養成習慣，在解除指標的參照之前先檢查它是否為 nil。

你並不需要每次都自行解除指標參照；舉例來說，若要存取指標指向的一個結構的屬性或函式，Go 語言會自動替你做解除參照（第 4 章會再詳談結構）。讀者不用去操心何時才該解除參照，因為 Go 語言會以明確的錯誤警訊告知你能否這麼做。

練習：從指標取得值

在這個練習裡，我們要把前一道練習的內容改一下，以便解除指標的參照來取得值本身，同時加上 nil 檢查以免發生錯誤。

```
Chapter01\Exercise01.14

package main

import (
    "fmt"
    "time"
)

func main() {
```

接下頁

```
    var count1 *int
    count2 := new(int)
    countTemp := 5
    count3 := &countTemp
    t := &time.Time{}

    if count1 != nil {
        fmt.Printf("count1: %#v\n", *count1)  // 用 * 取得指標的值
    }
    if count2 != nil {
        fmt.Printf("count2: %#v\n", *count2)
    }
    if count3 != nil {
        fmt.Printf("count3: %#v\n", *count3)
    }
    if t != nil {
        fmt.Printf("time  : %#v\n", *t)
        // 存取 t (time.Time 結構) 自身的函式時不需要寫成 *t 來解除參照
        fmt.Printf("time  : %#v\n", t.String())
    }
}
```

執行結果

```
PS F1741\Chapter01\Exercise01.14> go run .
count2: 0
count3: 5
time  : time.Time{wall:0x0, ext:0, loc:(*time.Location)(nil)}
time  : "0001-01-01 00:00:00 +0000 UTC"
```

在以上練習中，我們用解除參照從指標取出實際值，同時也加上了 nil 檢查，以免遇到解除參照錯誤。

從練習的輸出結果來看，很顯然變數 count1 是 nil，如果對它做解除參照就一定會出錯，幸好 if 敘述的檢查避過了這個處境。而變數 count2 是用 new() 函式建立的，因此這個指標變數關聯到的值會是宣告型別的零值（以 int 來說是 0）。變數 count3 的值則是指向 countTemp 的記憶體位址，因此解除參照後就得到 countTemp 的值。

至於變數 t，我們可以解除整個結構的參照，這也就是為何輸出內容不會帶有 & 字元的緣故。而且也可以發現，在存取 t 內部的 String() 函式時，你根本不需要用 * 解除參照。

接下來，我們要看看指標能如何改變程式碼的設計。

1-6-4　採用指標的函式設計

第 5 章還會再詳談如何自訂函式，不過到了這裡，各位已經具備足夠的了解，能看出指標會如何改變函式的使用方式。

函式必須明確地改寫才可以接收指標，不是你能隨便決定要不要而已。此外若你的變數是指標，或者傳遞給函式的是指標變數，那麼在函式中對該參數的值做的任何變動，也會連帶影響到函式外部原始變數的值哦。

練習：在函式使用指標參數

在這個練習中，我們要建立兩個函式：一個可以接收數值、對值加上 5 再顯示在主控台，另一個函式則是接收數值的指標、同樣也加上 5 和顯示在主控台。同時，我們會在每次呼叫函式過後把數值印出來，以便觀察函式對傳入的變數有何種影響。

Chapter01\Exercise01.15

```go
package main

import "fmt"

func add5Value(count int) {    // 傳入值
    count += 5
    fmt.Println("add5Value      :", count)
}

func add5Point(count *int) {  // 傳入指標
    *count += 5
    fmt.Println("add5Point      :", *count)
}
```

接下頁

```
func main() {
    var count int
    add5Value(count)
    fmt.Println("add5Value post:", count)
    add5Point(&count)
    fmt.Println( "add5Point post:", count)
}
```

執行結果

```
PS F1741\Chapter01\Exercise01.15> go run .
add5Value     : 5
add5Value post: 0
add5Point     : 5
add5Point post: 5
```

以上練習中展示了如何以指標將值傳遞給函式，還有這種作法是如何影響傳入的變數值。

以值傳遞變數時，在函式內對變數做的變動只在函式內有效，不會影響傳遞給函式的原始變數；然而若是以指標形式傳入函式，就真的會改變原始變數。

你可以利用這個特性來克服函式設計上的尷尬問題，有時甚至可以簡化程式碼。在函式使用指標，確實是建立更有效率程式碼的常見作法，事實上Go 語言自己的函式庫就經常這樣做。不過一般也認為，以指標傳遞變數值更容易發生錯誤，因此使用這類設計時理應更為謹慎。

▶ 延伸習題 1.02：指標值替換

接下來，我們要學著建立固定值的變數。

常數就像變數，但你無法改變它的初始值。如果在程式執行時，有個數字不需變動、也不應該改變的時候，常數就能派上用場。

當然你可以堅持說，把這些數值寫死在程式碼中某處不就得了，效果不是一樣嗎？但經驗證明，這類值在執行當下不需變動，不代表**事後**不需要更動。如果程式需求出現變動，要逐一追蹤和修正這些寫死的值，就是一件吃力不討好還很容易出錯的苦差事。在一開始使用常數，只會占用你少許時間，卻能在未來拯救你免於水深火熱。

常數宣告跟使用 var 很類似，但改用 **const** 關鍵字。宣告常數時，初始值是必不可少的。型別則可有可無，若不指定型別，Go 語言會自行推斷。初始值可以是值或是一段簡單的運算式，甚至可直接引用其他的常數。

且就像 var 一樣，你可以用一個 const 同時宣告多個常數：

```
const <常數> <型別> = <值>

const (
    <常數 1> <型別 1> = <值 1>
    <常數 2> <型別 2> = <值 2>
    ...
    <常數 N> <型別 N> = <值 N>
)
```

練習：宣告常數

在這個比較長的練習中，我們要解決一個問題：資料庫伺服器太慢了，我們需要建一個自訂的記憶體快取。在此我們要使用 Go 語言的 map 集合型別，以它來擔任快取表，但這個快取表中可容納的總項目數量是有上限的。

 小編註：第 4 章會再深入講述 map 型別以及用 make() 初始化它的用法。

此外，快取中需要儲存兩種類型的資料：書本和 CD 唱片。兩者都有識別用的 ID 字串和對應的名稱，因此我們需要想辦法在共用的快取表中區分這兩種資料，並有辦法讀取和寫入資料。

Chapter01\Exercise01.16

```go
package main

import "fmt"

const GlobalLimit = 100        // 單筆資料筆上限
const MaxCacheSize int = 2 * GlobalLimit   // 快取最大容量 (單筆上限 x 2)

const (
    CacheKeyBook = "book_"    // 書本 id 的前綴字
    CacheKeyCD   = "cd_"      // CD id 的前綴字
)

var cache map[string]string  // 快取集合

func cacheGet(key string) string {   // 從快取取出某個鍵的值
    return cache[key]
}

func cacheSet(key, val string) {        // 將某個鍵和值寫入快取
    if len(cache)+1 >= MaxCacheSize {   // 如果快取大小已達極限就跳出函式
        return
    }
    cache[key] = val  // 寫入資料
}

func SetBook(isbn string, name string) { // 加入書本資料
    cacheSet(CacheKeyBook+isbn, name)    // 加上書本前綴字後呼叫 cacheSet()
}

func GetBook(isbn string) string {       // 讀取書本資料
    return cacheGet(CacheKeyBook + isbn) // 加上書本前綴字後呼叫 cacheGet()
}

func SetCD(sku string, title string) { // 寫入 CD 資料
    cacheSet(CacheKeyCD+sku, title)        // 加上 CD 前綴字後呼叫 cacheSet()
}
```

接下頁

```
func GetCD(sku string) string {        // 讀取 CD 資料
    return cacheGet(CacheKeyCD + sku)  // 加上 CD 前綴字後呼叫 cacheGet()
}

func main() {
    cache = make(map[string]string)    // 初始化快取

    // 在快取寫入資料
    SetBook("1234-5678", "Get Ready To Go")
    SetCD("1234-5678", "Get Ready To Go Audio Book")

    // 讀取和印出快取資料
    fmt.Println("Book :", GetBook("1234-5678"))
    fmt.Println("CD   :", GetCD("1234-5678"))
}
```

執行結果

```
PS F1741\Chapter01\Exercise01.16> go run .
Book : Get Ready To Go
CD   : Get Ready To Go Audio Book
```

在這個練習中，我們運用了常數來定義程式碼執行時不需更動、但你可以在日後修改的值。程式碼中的常數宣告也用了不一樣的寫法，有些加上型別、有些則無，也有的常數值是以其它的常數計算而來。

在程式裡，書本會以像是『**book**_1234-5678』的鍵寫入快取，CD 則為『**cd**_1234-5678』，這些前綴字都是由常數提供。而當寫入的資料達到常數定義的 200 筆 (100 x 2) 時，快取表就不會再接受任何資料了。若你想改變快取表中的前綴詞或是快取大小，直接更改程式開頭的常數定義即可。

接下來，我們要來檢視常數的一種變形，它適用於一群更緊密相關的值。

1-8 列舉 (enums)

列舉是一種定義一系列常數的方式，這些常數的值是整數，而且會彼此相關。Go 語言沒有內建列舉專用的型別，但它提供了一種稱為 **iota** 的工具，讓你可以用常數定義出自己的列舉資料。下面我們就要說明做法。

舉例來說，我們在以下的程式碼將一週中的每一天定義為常數：

```
const (
    Sunday    = 0
    Monday    = 1
    Tuesday   = 2
    Wednesday = 3
    Thursday  = 4
    Friday    = 5
    Saturday  = 6
)
```

但與其手動指定每一個值，這段程式碼十分適合用 Go 的 iota 功能來實現—— Go 語言會協助我們管理以上那樣的常數清單。以下的程式碼改以 iota 寫成，效果與上段完全一樣：

```
const (
    Sunday = iota  // 0
    Monday         // 1
    Tuesday        // 2
    Wednesday      // 下面以此類推...
    Thursday
    Friday
    Saturday
)
```

現在，iota 會代勞指派數值的動作，Sunday 是 0, Monday 則是 1, 以此類推 ... 最後 Saturday 則會設為 6。由此可見 iota 使得列舉清單更容易建立、修改也更方便了，尤其是你日後需要在這些常數中間塞入新常數的時候。

最後我們要再仔細研究一下 Go 語言的變數範圍規則，以及這會如何影響程式撰寫的方式。

1-9 變數作用範圍 (Scope)

在 Go 語言中，所有的變數都有其運作**範圍** (或稱層級、作用域)。最頂層的範圍是套件 (package) 範圍。每個變數範圍底下又可以包括其他的子範圍。

子範圍有幾種定義方式，但最簡單的辨識方式就是觀察左大括弧 {，只要它出現就是一段新的子範圍開始之處，而結束的地方則是後面第一個出現的右大括弧 }。

變數範圍的上下層關係，是在編譯程式時就決定好的，而不是等到執行階段時才決定。當你的某段程式碼存取某個變數時，Go 語言會檢查該程式碼的運作範圍。如果它在該範圍內找不到該名稱，就會往上一層範圍找，一直到最頂層的套件範圍為止。途中一旦找到同名變數，Go 語言就會停止搜尋，並使用那個變數；但到頂端還是找不到的話，Go 語言就會拋出錯誤訊息。

這種搜尋單純只以變數名稱為依據。如果找到同名變數、型別卻不一樣，Go 語言也會拋出錯誤訊息。

練習：從子範圍存取上層變數

在下例中，我們的程式有四個不同的程式運作範圍，但只定義了一次 level 變數，而該變數位於最高的套件層級。這表示不論你在何處存取 level 變數，都會讀到同一個變數：

```
Chapter01\Example01.09

package main

import "fmt"
```
接下頁

```
var level = "pkg"  // 套件範圍變數

func main() {
    fmt.Println("Main start  :", level)  // main() 層級
    if true {
        fmt.Println("Block start :", level)  // main() 底下的 if 層級
        funcA()
    }
}

func funcA() {
    fmt.Println("funcA start :", level)  // funcA() 函式層級
}
```

以下是 level 變數在各範圍的顯示結果：

執行結果

```
PS F1741\Chapter01\Example01.09> go run .
Main start  : pkg
Block start : pkg
funcA start : pkg
```

變數的遮蔽

在第二個例子中，我們要用子範圍的同名 level 變數來**遮蔽 (shadow)**
套件範圍的 level 變數，這兩個變數彼此沒有關係。當我們在子範圍內印出
level 變數時，Go 語言一找到這個範圍的 level 變數就會停止，導致印出來的
值有所不同。

你也看得出來變數的型別有所不同，而 Go 語言變數一旦定義後就不能
改變型別。換句話說，子範圍的 level 變數『遮蔽』了套件範圍的 level 變
數。

```
package main

import "fmt"

var level = "pkg"   // 在套件範圍定義 level

func main() {
    fmt.Println("Main start  :", level)

    level := 42      // 在 main() 範圍定義 level
    if true {
        fmt.Println("Block start :", level)
        funcA()
    }
    fmt.Println("Main end     :", level)
}

func funcA() {
    fmt.Println("funcA start :", level)
}
```

以下是執行結果：

執行結果

```
PS C:\F1741\Chapter01\Example01.10> go run .
Main start  : pkg
Block start : 42
funcA start : pkg
Main end     : 42
```

當我們呼叫 funcA() 的時候，Go 語言動用了靜態範圍解析，它不會管 funcA() 是在何處被呼叫的。因此，funcA() 看見的仍然是套件層級的 level 變數。

子範圍的變數在外部無法取得

反過來說,在某個層級中,你沒法取得定義在其子範圍內的變數,這會產生變數未定義的錯誤(因為 Go 語言不會往下找):

Chapter01\Example01.11

```go
package main

import "fmt"

func main() {
    {
        level := "Nest 1"
        fmt.Println("Block end   :", level)
    }
    // 將產生錯誤: undefined: level, 因為無法取得上面 {} 中的變數
    fmt.Println("Main end    :", level)
}
```

執行結果

```
PS F1741\Chapter01\Example01.11> go run .
# F1741/Chapter01/Example01.11
.\main.go:11:31: undefined: level
```

➤ 延伸習題 1.03:訊息錯誤/習題 1.04:計數錯誤

至此讀者應該已經領略到,定義變數的位置對程式碼影響有多大。因此在定義變數時,務必先思考你想讓變數發揮功用的範圍為何。

1-10 本章回顧

在這一章當中，我們研究了變數的種種特質，包括如何宣告變數、以及宣告的各種不同寫法。了解這些不同的寫法，你就能在九成的工作中使用短變數宣告法，同時仍能在剩下一成的工作中運用高精準性的宣告。我們也探討了如何在宣告過變數後更改其值。Go 語言同樣在賦值方面提供了幾種常用的簡寫法，使賦值過程變得更輕鬆。

你在程式中所有的資料都是以變數的某種形式存在；只有資料能讓程式變得動態和能做出反應、發揮出潛在的力量。要是沒有資料，程式就一事無成。現在程式有了資料，就得根據這些資料來做出一些決策。這時對變數進行比較就派上用場了——唯有透過比較，我們才能看出某些條件的真偽或數值的高低，進而根據比較結果決定該做些什麼。

我們也探索了 Go 語言如何實作自己的變數系統，包括零值、指標以及變數的運作範圍。現在讀者們應該已經體會到，只要搞懂這些細節，就能使你寫出免於出錯和效率高的程式。最後我們還學到如何以常數形式宣告不可變的變數，以及如何列舉——透過 iota 管理一連串有關聯的常數。

下一章我們要來探討邏輯判斷、以及如何以迴圈走訪變數構成的集合，讓資料真正能在程式中發揮功用。

MEMO

2
Chapter

條件判斷與迴圈

／本章提要／

在本章當中, 我們會藉由條件判斷和迴圈來說明, 如何控制程式邏輯並選擇性地執行特定動作。透過這類邏輯功能, 讀者們就可以按照變數的值來決定要做些什麼 (或不做什麼)。

本章結束時, 讀者們就會懂得如何以 if、else 及 else if 來做條件判斷, 以 switch 敘述來簡化繁複的條件式, 以 for 迴圈來重複執行程式, 以 range 來走訪複雜的資料集合, 並用 continue 和 break 來控制迴圈的流程。

2-1　前言

在上一章中，我們檢視了變數和資料型別，也學到如何將資料暫存在變數裡、再更改這些資料。現在開始，我們要來學習如何利用上述資料選擇性地執行（或不執行）某段程式。這類邏輯功能可以讓各位控制應用程式中的流程，按照變數值做出不同的回應及操作。

條件判斷功能可以用來驗證使用者的輸入資料。譬如，如果我們要寫一段程式碼來管理銀行帳戶，而使用者要求提撥若干金額，我們就得檢查使用者的提款金額是否有效，亦即先檢查帳戶餘額是否足夠。如果餘額檢查過關，就更新帳戶餘額、將指定金額轉出、然後顯示成功訊息。萬一驗證不過關，就改顯示另一段訊息，說明問題出自何處。

若把軟體譬喻為一個虛擬世界，邏輯便是這個世界中的法規。就像現實生活中的法律規章一樣，程式必須遵守邏輯、不得有任何例外。如果法規有漏洞，那麼虛擬世界的運作便會不如預期、甚至可能出大事。

迴圈則是另一個形式的邏輯功能；我們可以用迴圈一再地多次執行相同的程式碼。迴圈最常見的用法，是用來**走訪 (iterate)** 一組資料。拿上例中的銀行帳戶程式為例，程式可以在收到請求後，用迴圈列舉出使用者所有的交易記錄，不管資料有多少筆都能應付。

有了條件判斷和迴圈，軟體就能針對資料的變動表現出複雜的行為。

2-2　if 敘述

2-2-1　if 敘述基礎

If 敘述是 Go 語言中最基本的條件判斷功能。if 敘述會根據**布林運算式 (Boolean expression)** 的傳回值決定執行（或不執行）某一區塊的程式語句。其語法如下：

```
if <布林運算式> {
    <程式區塊>
}
```

　　布林運算式是一段簡單的程式碼，其執行結果會以布林值呈現。程式碼區塊可以是任何程式，只要是可以放在函式 (包括 main()) 中的程式都行，並得用大括號包住。若布林運算式的結果為真 (true), 程式碼區塊便會被執行。if 敘述只能在函式的範圍中使用。

練習：簡單的 if 敘述

　　在此練習中, 我們要以 if 敘述來決定一段程式碼的執行與否。

　　首先我們會定義一個 int 型別變數，這裡我們會直接在程式賦予起始值。在現實中, 這則有可能會是使用者輸入的內容。接著我們要用 % 算符檢查該變數的值為奇數或偶數。

　　% 算符能得出除法的餘數, 也稱為**模數算符 (modulus operator)**。若我們把數字除以 2 得到餘數為 0, 它就是偶數了。接著我們用雙等號『==』來判斷 % 傳回的值是否為 0, 以便讓 if 敘述能做出判斷。

Chapter02\Exercise02.01

```go
package main

import "fmt"

func main() {
    // 定義一個型別為 int 的變數，並賦予起始值。
    // 這裡將其指定為5, 它是奇數，但你也可以試試看換成偶數:
    input := 5

    // 以if敘述檢查除以 2 的餘數是否為0
    if input%2 == 0 {
        fmt.Println(input, "是偶數")
    }
```

接下頁

```
    // 現在對奇數做類似的檢查
    if input%2 == 1 {
        fmt.Println(input, "是奇數")
    }
}
```

 編註：在運算式中, 值與算符之間可以不加空格。不過在使用 VS Code 的自動格式化功能時, Go 語言會調整運算式中的空格。

執行結果

```
PS F1741\Chapter02\Exercise02.01> go run .
5 是奇數
```

　　我們在以上練習中, 利用條件判斷來選擇性地執行程式碼。只要用 if 敘述決定哪些程式碼什麼時候該執行, 你就能在程式碼中創造程式流程, 使程式碼對特定資料做出回應。這些流程讓我們得以釐清程式碼該如何處理資料, 使程式變得好理解且便於維護。

　　請試著把變數 input 的值改成 6, 然後重新執行程式, 看看它在做條件判斷時會有何不同表現。

　　在下一個主題中, 我們要來談談如何改善上述程式碼, 讓它變得更有效率。

2-2-2　else 敘述

　　在上一個練習中, 我們做了兩次比較, 首先檢查某數字是否為偶數、其次是檢查它是否為奇數。但是我們都知道, 整數只有奇數和偶數兩種。既然如此, 我們就可以用消去法來判斷, 如果一個整數不是偶數, 那麼它必定是奇數。

　　在撰寫程式時, 像以上的消去法是很常見的, 因為它可以避免一再重複寫相同的語句, 讓程式看起來更清爽。

這種邏輯正是 **else** 敘述的精髓所在。其用法如下：

```
if <布林運算式> {
    <程式區塊 1>
} else {
    <程式區塊 2>
}
```

其實就是在 if (如果) 敘述後面加入 else (否則) 的程式區塊。若 if 的布林運算式不成立，沒有執行第一個區塊時，else 區塊才會執行；兩個區塊是絕不可能都執行的。

練習：使用 else 敘述

在這次練習中，我們要把前面練習的內容改良一下，換成 if...else 的版本。

Chapter02\Exercise02.02)

```
package main

import "fmt"

func main() {
  input := 4 // 這次我們設一個不一樣的值

  if input%2 == 0 {
    fmt.Println(input, "是偶數")
  } else {   // 現在可少寫一個判斷條件，較前一練習顯得更簡潔
    fmt.Println(input, "是奇數")
  }
}
```

執行結果如下：

執行結果

```
PS F1741\Chapter02\Exercise02.02> go run .
4 是偶數
```

這次練習成功地用 if...else 敘述簡化了先前的程式，並使之更有效率、讓人更容易理解和維護。

2-2-3　else if 敘述

上述的 if...else 敘述確實解決了程式碼運行時只需因應兩種可能性的問題。但若我們想讓奇偶數的檢查只適用於非負數呢？這表示除了檢查是偶數、奇數之外，還得考量數字是否為負數。

我們需要的是另一種 if 敘述，可以檢查兩個以上的布林運算式，但仍只會執行其中一個程式區塊。我們大可組合幾個 if...else 敘述來做到以上功能，但下面我們來用另一種 if 敘述的擴充寫法 **else if**，也就是讓 else 敘述有自己的布林運算式：

```
if <布林運算式 1> {
    <程式區塊 1>
} else if <布林運算式 2>
    <程式區塊 2>
} else if <布林運算式 3>
    <程式區塊 3>
...
} else {
    <程式區塊 N>
}
```

在開頭的第一個 if 敘述之後，你可以加入任意數量的 else if 敘述。Go 語言會**由上往下**依序檢視含有布林運算式的敘述，並取得其判斷結果，直到找到第一個結果為 true 的為止，然後只執行該敘述的程式區塊。如果都沒有，就執行最後的 else 區塊。

要是沒有寫 else 敘述、它前面的布林運算也沒有一個結果為真，那麼 Go 就不會執行任何程式區塊。

練習：使用 else if 敘述

這個練習再度拿前面的程式來修改。我們要加入對負數的檢查（如果是負數就視為不合法的值），且這個動作必須在檢查奇數和偶數之前進行。

Chapter02\Exercise02.03

```go
package main

import (
    "fmt"
)

func main() {
    input := 10

    if input < 0 {
        fmt.Println("輸入值不得為負")
    } else if input%2 == 0 {
        fmt.Println(input, "是偶數")
    } else {
        fmt.Println(input, "是奇數")
    }
}
```

執行結果如下：

執行結果

```
PS F1741\Chapter02\Exercise02.03> go run .
10 是偶數
```

以上我們替 if 敘述加上了更複雜的條件判斷途徑，主要是以一段 else if 敘述來加上新的檢查條件。單是這麼做就像多開了一條岔路，讓你有更多不一樣的途徑可走，但你一次還是只能選其中一條走下去。

下節將介紹 if 敘述的一種巧妙功能，能讓程式碼顯得更加簡潔。

2-2-4 if 敘述的起始賦值

我們常會呼叫某個函式，但只會拿函式的傳回值來檢查它是否正確執行，之後就再也不需要這個值了。舉例來說，送出電子郵件、寫入檔案、或是將資料存進資料庫等等，我們只想知道這些動作執行完畢後有沒有發生問題、比如是否傳回錯誤 (之後我們會再談到 Go 語言的錯誤處理)。

在這種情況下，函式傳回的變數雖然後面根本用不到，只要你接收它，這些資料就仍會存在於其作用範圍內，等於是多占了一份記憶體。為了避免這種浪費，我們可以把這些變數的作用範圍限制在 if 敘述範圍，這麼一來只要離開 if 敘述，該變數就會消滅。為了做到這點，方式就是在 if 敘述中加上所謂的**起始賦值敘述 (init statement)**：

```
If <起始賦值敘述>; <布林運算式> {
    <程式區塊>
}
```

起始賦值敘述和布林運算式位於同一行，其中以分號 (;) 區隔開來。布林運算式可以直接使用起始賦值敘述內宣告的變數來做判斷。

注意 Go 語言只允許你在起始賦值敘述使用以下的簡單敘述：

1. 變數賦值和短變數宣告賦值，例如 i := 0

2. 算術或邏輯運算式，例如 i := (j * 10) == 40

3. 遞增或遞減的運算式，例如 i++

4. 在並行性運算中傳值給通道的敘述 (待第 16 章介紹)

最常犯的錯誤，就是企圖在起始賦值敘述用 var 定義變數。這是不允許的；你只能在這個位置使用短變數宣告。

練習：使用起始賦值敘述的 if 敘述

在這次練習中，我們要繼續擴充先前的練習題。我們要加上更多檢查規則，以便決定有那些數字可以進行奇偶數檢查：

1. 數字不能為負數

2. 數字不能大於 100

3. 數字不能為 7 的倍數

但有這麼多的檢查條件，用一長串 if...else if... 的布林運算式來寫會顯得冗長而不易閱讀。

因此，我們把奇偶數檢查之外的條件檢查全都移進一個函式當中，而函式檢查失敗時會傳回一個 **error 值**。我們在第 6 章會介紹什麼是 error 值，但你目前只需知道這是個和整數、字串一樣的值，用來代表錯誤，而習慣上 Go 函式的最後一個傳回值會設計成傳回 error。若 error 的值是 nil，就表示函式執行無誤。但若 error 內容不為 nil，就表示有狀況需要使用者處理。

我們將在 if 敘述的起始賦值敘述呼叫這個函式（它只傳回一個 error 值）、接收 error 然後檢查是否有錯誤發生。如果沒有錯誤，才會繼續進行奇偶數檢查。

```
Chapter02\Exercise02.04

package main

import (
    "errors"
    "fmt"
)

func validate(input int) error {  // 會傳回 error 值的檢查函式
    if input < 0 {
        return errors.New("輸入值不得為負")
    } else if input > 100 {
        return errors.New("輸入值不得超過 100")
    } else if input%7 == 0 {
```

接下頁

```
            return errors.New("輸入值不得為 7 的倍數")
        } else {
            return nil  // 檢查都通過時傳回 nil
        }
    }
}

func main() {
    input := 21
    if err := validate(input); err != nil {  // 接收 error 並檢查是否有錯誤
        fmt.Println(err)
    } else if input%2 == 0 {
        fmt.Println(input, "是偶數")
    } else {
        fmt.Println(input, "是奇數")
    }
}
```

執行結果

```
PS F1741\Chapter02\Exercise02.04> go run .
輸入值不得為 7 的倍數
```

　　在以上練習中，我們運用了起始賦值敘述來定義一個變數 err、並對它賦值，然後這個變數可以拿來用在 if 敘述的布林運算式中。一旦 main() 的 if...else if...else 敘述完成任務，err 變數就會離開作用範圍，被 Go 語言的記憶體管理系統回收。

▶ 延伸習題 2.01：實作 FizzBuzz

2-3　switch 敘述

2-3-1　switch 敘述基礎

　　雖說在 if 敘述中，愛加多少條 else if 都可以，但加到某種程度之後，還是會讓程式碼顯得雜亂無章、難以閱讀。

遇上這種狀況，就要引用 Go 語言的另一種條件判斷敘述：**switch**。如果你面臨需要一大堆 if 敘述才能處理的狀況，switch 這個替代方案就會顯得精簡得多。

switch 的語法如下：

```
switch <起始賦值敘述>; <運算式> {
case <運算式>:
    <程式敘述>
case <運算式>, <運算式>:
    <程式敘述>
    fallthrough
...
default:
    <程式敘述>
}
```

以上的起始賦值敘述，在 switch 敘述裡的運作方式就跟在 if 敘述裡一模一樣。不過 switch 使用的運算式卻有所不同；if 敘述只能使用布林運算式，但 switch 的運算式能做更多，傳回值不只能是布林值而已。

不過，上述的起始賦值敘述和運算式都並非必要，可以只寫其中一個 (像『switch < 起始賦值敘述 >』或『switch < 運算式 >』)，也可以兩個都不寫。若沒有寫運算式，效果就跟寫成『switch true』是一樣的。

switch 底下的 **case** 用來檢查要執行的條件。case 後面的程式敘述跟 if 的程式區塊很像，但不須用大括號包起來，只用冒號結尾。case 的運算式有兩種寫法：你可以寫成 if 敘述那樣的布林運算式，來決定該程式碼是否要執行，或者直接寫一個值，這個值會跟 switch 自身運算式的值做比較。若某個 case 的值與 switch 運算式的值相符，其下的程式碼就會被執行。

Go 語言會依由上至下的順序檢查各個 case 的值或運算式。只要找到了一個檢查通過的 case，Go 語言就只會執行它對應的程式敘述並離開 switch，這點和許多其他語言的 switch 不太一樣。

譯註：比如 C 語言的 switch 敘述, case 執行完後會繼續看下一個 case, 除非你在其程式敘述尾端加上 break 跳出。

在 switch 敘述的 case 區塊中可使用 **fallthrough**, 這時不管下一個 case 的條件是否符合，都會直接執行該區塊內容 (譯註：跟在 C++ 的 case 區塊不使用 break; 時會連帶執行下一個 case 內容的行為是一樣的)。

default 敘述作用則和 if 敘述的 else 一樣，在所有 case 的運算式都不成立或值不符合時，就會執行 default 的程式敘述。它可有可無，也能放在 switch 的任何位置，但習慣上還是會放在 switch 的最末端。

以上的 switch 敘述形式，俗稱『運算式 switch』(expression switch)。另一種形式的 switch 稱為『型別 switch』(type switch), 我們將留到第 4 章介紹。

練習：使用 switch 敘述

在這個練習中，我們要撰寫一支程式，讓它根據今天是星期幾而印出一段訊息。我們要利用 time 套件來取得一週七天名稱的常數，然後用 switch 敘述寫出比 if...else if...else 更精簡的條件判斷結構：

Chapter02\Exercise02.05)

```
package main

import (
    "fmt"
    "time"
)

func main() {
    day := time.Monday   // 定義變數並設為星期的某一日
    switch day {         // 比對變數是星期幾
    case time.Monday:
        fmt.Println("星期一，猴子穿新衣")
    case time.Tuesday:
        fmt.Println("星期二，猴子肚子餓")
    case time.Wednesday:
        fmt.Println("星期三，猴子去爬山")
    case time.Thursday:
```

接下頁

```
        fmt.Println("星期四，猴子去考試")
    case time.Friday:
        fmt.Println("星期五，猴子去跳舞")
    case time.Saturday:
        fmt.Println("星期六，猴子去斗六")
    case time.Sunday:
        fmt.Println("星期日，猴子過生日")
    default:
        fmt.Println("日期不正確")
    }
}
```

執行結果

```
PS F1741\Chapter02\Exercise02.05> go run .
星期一，猴子穿新衣
```

上面我們姑且將 dayBorn 變數設為星期一，你也可以試試看改成其他日子。

 小編註：time 的 type Weekday 為 int 型別, time.Sunday 為 0, time.Monday 為 1, 以此類推。因此若寫 time.Weekday(1) 也能代表星期一第 10 章會再深入介紹 time 套件和時間處理。

在以上練習中，我們用 switch 建立了一段精簡的條件判斷結構，可以比對多項不同的資料值，並根據符合結果給予使用者對應的訊息。使用常數 (比如 time 的星期幾常數) 來比對的 switch 敘述寫法是很常見的。

接下來我們要利用 case 來比對多重資料值。

2-3-2　switch 的不同用法

練習：switch 敘述與多重 case 配對值

case 後面的值或運算式，其實要寫幾條都可以，只要彼此以逗點分開即可；Go 語言會依由左到右的順序檢查這些值或運算式。

下面的練習要來判斷某人生日當天是工作日或是週末，並據此印出一段訊息。我們只需要用到兩個 case，因為一個 case 就有辦法一次檢查多個值。

Chapter02\Exercise02.06

```go
package main

import (
    "fmt"
    "time"
)

func main() {
    dayBorn := time.Sunday
    switch dayBorn {
    case time.Monday, time.Tuesday, time.Wednesday, time.Thursday, 接下行
time.Friday:
        fmt.Println("生日為平日")
    case time.Saturday, time.Sunday:
        fmt.Println("生日為周末")
    default:
        fmt.Println("生日錯誤")
    }
}
```

執行結果如下：

執行結果

```
PS F1741\Chapter02\Exercise02.06> go run .
生日為周末
```

這個練習中用 case 來涵蓋多個需要比對的值。這麼一來，就算要比對一週七天的常數，只需用兩個 case 和幾行程式碼就能全部囊括。這使得條件判斷過程清楚明瞭，進而使程式更容易修改跟維護。

接下來要看看如何在 case 的運算式中運用更複雜的條件判斷式。你有時會看到，有些程式不會在 switch 後面檢查任何值，反而是完全交由 case 的運算式來做檢查。

練習：沒有運算式的 switch 敘述

有時你不見得有辦法讓 case 拿值跟 switch 的值比對，而是需要同時比對多個不同變數的值。甚至，你不只是要判斷變數是否等於某個值，而是得做更複雜的條件判斷，確認它是否位於特定範圍內等等。

你仍然能用 switch 寫出精簡的條件判斷敘述，因為 case 運算式能做到的程度就跟 if 的布林運算式一樣。這次的練習一樣要檢查生日當天是否為週末，只是我們會簡化 switch 敘述，改用 case 本身來做條件判斷。

Chapter02\Exercise02.07

```go
package main

import (
    "fmt"
    "time"
)

func main() {
    switch dayBorn := time.Sunday; {   // 只有起始賦值敘述
    case dayBorn == time.Sunday || dayBorn == time.Saturday:
        fmt.Println("生日為周末")
    default:
        fmt.Println("生日非周末")
    }
}
```

執行結果

```
PS F1741\Chapter02\Exercise02.07> go run .
生日為周末
```

我們在這個練習中學到，如果簡單的 switch 敘述無法用比對值的方式完成任務，你就可以在 case 運算式中置入更複雜的條件判斷。就算需要判斷兩種以上的結果，用 switch 寫出的條件判斷也有可能比用 if 寫出的更簡潔、更容易維護。

至此我們要對條件判斷功能告一段落，開始探討如何在 Go 語言重複執行同一批程式敘述、好讓資料處理變得更加簡單。

2-4 迴圈

2-4-1 for 迴圈基礎

在現實生活的應用裡，你會經常需要重複執行某些程式，或者常常得應付多次的輸入、再給予多次的輸出。迴圈就是重複程式動作最簡單的辦法。

Go 語言只支援一種迴圈敘述，就是 **for** 迴圈，但它非常有彈性。for 迴圈寫法分幾種，第一種常用來處理有序的集合，像是陣列跟切片等等，我們下一章會再談到這類資料型別。這種迴圈在處理有序集合時是這樣寫的：

```
for <起始賦值敘述>; <條件敘述>; <結束敘述> {
    <程式區塊>
}
```

1. 這裡的**起始賦值敘述**，就跟 if 還有 switch 中用到的一樣，它會在其它敘述開始之前先執行，而且同樣可以接受先前介紹的簡單敘述。

2. **條件敘述**會在迴圈每一次執行之前檢查，成立時就會繼續執行迴圈（因此不成立時迴圈便會結束）。條件敘述跟起始賦值敘述一樣可以接受簡單敘述。

3. 至於**結束敘述**，則是在迴圈跑完一輪後才執行，最常用來給迴圈計數器變數做累加。計數器變數會在下一次迴圈開始之前用於條件敘述的檢查。

4. 迴圈大括弧中的敘述，是任何你想讓迴圈重複執行的 Go 語言程式碼。

for 迴圈的起始賦值敘述、條件敘述和結束敘述都可以省略，因此最簡單的 for 迴圈可以寫成如下：

```
for {
    <程式區塊>
}
```

　　這樣就相當於『for true』，會形成一個永不結束的無窮迴圈，除非我們用一個 **break** 敘述來主動中斷它。後面會再看到 break 敘述的用法。

　　上述 for 迴圈寫法的另一種變形，就是從一個來源讀取資料，然後傳回一個布林值，讓迴圈判斷是否還有資料要讀取。使用這種迴圈的例子包括從資料庫、從檔案、從命令列輸入、甚至從網路 socket 讀取資料等。這種迴圈格式如下：

```
for <條件敘述> {
    <程式區塊>
}
```

　　這其實就是前面第一種 for 迴圈的簡化版，但你不必自己定義結束迴圈的條件，因為你讀取的資料來源本身就已經會傳回布林值，在讀取完畢後傳回 false。

 小編註：上面的寫法其實就類似某些語言的 while 迴圈, 也相當於寫成『for ; <條件敘述> ;』。

　　最後一種 for 迴圈是用來走訪無序或長度不確定的資料集合，例如映射表 (maps)。第 4 章會再詳細介紹 map 集合。在走訪這類資料集合時，我們會改用 **range** 敘述。走訪 map 的 for 迴圈會像這樣：

```
for <鍵>, <值> := range <集合> {
    <程式區塊>
}
```

 小編註：這相當於一些語言的 for each 或 for in 迴圈, 每次從集合取出一組值, 走訪完後迴圈就結束。

2-4-2　for i 迴圈

練習：使用 for i 迴圈

這次練習要運用組成 for 迴圈的三個部分，於迴圈中建立並使用一個變數。我們會在主控台顯示該變數值，好觀察變數在每一輪迴圈執行後的變化。

Chapter02\Exercise02.08

```go
package main

import "fmt"

func main() {
    // 在迴圈建立變數 i, 初始值為 0, 在 i 小於 5 時繼續重複迴圈,
    // 每次迴圈結束後 i 遞增 1
    for i := 0; i < 5; i++ {
        fmt.Println(i)
    }
}
```

執行結果

```
PS F1741\Chapter02\Exercise02.08> go run .
0
1
2
3
4
```

這次練習創造了一個只存在於 for 迴圈範圍內的變數。我們宣告這個變數、賦予起始值，檢查這個值來決定是否要繼續迴圈，印出變數然後修改它。像這樣的迴圈，很常用來處理用數字做為索引的有序集合時，諸如陣列和切片都是如此。

在以上例子中，我們寫死了迴圈何時結束的條件 (i < 5)；然而真正在走訪陣列和切片時，這個條件往往由集合的元素數量決定。

接下來我們就要用 for i 迴圈來處理一個切片。

練習：用 for 迴圈走訪切片元素

這個練習要走訪一個由字串元素構成的切片集合。for 迴圈的運作其實也適用於擁有類似內容的陣列；我們在下一章會更深入介紹陣列與切片的差異。

我們先定義一個切片，然後寫一個迴圈，並利用這個集合本身的長度來控制迴圈何時該停止。此外，迴圈內也會用一個變數（俗稱索引或計數器變數）來追蹤我們處理到切片中的哪個元素。

陣列和切片的索引一定是連續遞增，且永遠從 0 算起。而內建函式 **len()** 能取得任何集合的長度，我們可以用它的傳回值來檢查迴圈是否已經走訪到集合尾端。

 小編註：若 len() 傳回集合長度為 N，該集合最末元素的索引即為 N - 1。

Chapter02\Exercise02.09

```go
package main

import "fmt"

func main() {
    names := []string{"Jim", "Jane", "Joe", "June"}
    for i := 0; i < len(names); i++ {
        fmt.Println(names[i])
    }
}
```

```
PS F1741\Chapter02\Exercise02.09> go run .
Jim
Jane
Joe
June
```

　　for 迴圈的變數 i 會從 0 開始，每次迴圈重複後會遞增 1。當 i 的值來到大於或等於切片 names 的長度值時 (也就是 i 已經超過最末元素的索引), 迴圈就會結束執行。

2-4-3　for range 迴圈

　　像陣列和切片這樣的集合，一定會有連續索引值存在，而且是從 0 開始計算。而前面介紹的 for i 迴圈，就是在現實中處理這類資料時最常見的工具。

　　至於另一種形式的資料集合 map, 其鍵與值不會照順序排列，對它使用 for i 迴圈就沒有這麼便利了。這表示我們必須使用 range 來取代原本迴圈裡原本的條件敘述。range 每次會從集合取出一個鍵與值，下一輪迴圈執行時就換下一組。

⚡\注意/　map 中的元素是隨機排列的, 這是為了防止開發人員仰賴 map 的元素順序來取值。不過，這也意味著你其實可以用 map 來模擬某種程度的資料隨機排序。

　　而使用 range 敘述時，就不需要定義 for 迴圈的結束條件──range 會自己處理好這點 (在取完集合內所有值之後結束迴圈)。

練習：利用迴圈走訪 map 元素

　　在這個練習中，我們要建立一個 map 集合，其鍵與值皆由字串構成。之後會再詳細介紹 map 型別，所以你現在對它還不甚了解也沒關係。我們會在 for 迴圈中利用 range 來走訪整個 map, 然後把其鍵和值顯示在主控台。

```go
package main

import "fmt"

func main() {
    config := map[string]string{  // 建立 map，元素由一對對鍵與值構成
        "debug":    "1",
        "logLevel": "warn",
        "version":  "1.2.1",
    }

    for key, value := range config {  // 走訪 map 並逐次取出鍵與值
        fmt.Println(key, "=", value)
    }
}
```

執行結果

```
PS F1741\Chapter02\Exercise02.10> go run .
debug = 1
logLevel = warn
version = 1.2.1
```

★小編補充 range 鍵或值的省略，以及陣列、切片的走訪順序

如果你在迴圈中用不到 key 或是 value 變數，可以在接收時寫成底線字元 _，來告知編譯器說你不需要它。

```go
for _, value := range config {  // 忽略鍵，只取回值
    fmt.Println(value)
}
```

如果你只想取出鍵，則可省略第二個變數完全不寫：

```go
for key := range config {  // 只取回鍵，忽略對應值
    fmt.Println(key)
}
```

接下頁

上面的寫法效果等同於『for **key**, _ := range config』。

range 敘述也可用於陣列和切片，在這種情況下 key 會是元素索引，value 則是元素值：

```
names := []string{"Jim", "Jane", "Joe", "June"}

for i, value := range names {  // 逐次取出元素索引及元素值
    fmt.Println("Index", i, "=", value)
}
```

這麼做和前面用 for i 走訪切片的效果一樣，而且不需要自行計算集合長度、也不須用 names[i] 來取值，變得簡潔許多。尤其，使用 range 走訪陣列或切片，也保證會按照索引順序輸出。只不過若你要在迴圈中修改原始集合內的元素，就仍得使用 names[i]，因為 value 是個在迴圈內建立的獨立變數，跟原集合沒有關係。

➤ 延伸習題 2.02：用 range 來走訪 map 裡的資料

接下來我們要看看如何主動控制迴圈走向，跳過迴圈某一次的重複，甚至停止整個迴圈。

2-4-4　break 和 continue 敘述

將來某個時候，你可能會遇到一些場合，得跳過某一輪迴圈、甚至把整個迴圈停下來。這時你有兩個選擇：

❏ 關鍵字 **continue** 會中止當下這一輪迴圈，並進入新一輪的迴圈。迴圈的結束敘述（比如變數遞增）仍會執行，新一輪的迴圈也會再次檢查條件敘述是否成立。

❏ 關鍵字 **break** 同樣會中斷當下這一輪迴圈，但它不會再進入新一輪的迴圈，而是完全離開迴圈。

如果你只是要略過集合中的某個單一項目不處理，例如有一兩筆資料是無效的，然而其他資料仍然有效時，就可使用 continue 跳過無效資料的處

理。但若你發現集合中資料有誤，導致再繼續處理其他資料也已經失去意義，就可用 break 結束整個 for 迴圈。

練習：用 break 和 continue 來控制迴圈

下面會隨機產生介於 0 到 8 之間的數字。迴圈要略過任何 3 的倍數，若是偶數就結束迴圈。程式也會把每一輪迴圈處理到的變數 i 印出來，以利我們觀察 continue 和 break 中斷迴圈的效果。

Chapter02\Exercise02.11

```go
package main

import (
    "fmt"
    "math/rand"
)

func main() {
    for {
        r := rand.Intn(8)   // 產生 0~8 整數亂數
        if r%3 == 0 {        // 若亂數是 3 的倍數，跳過這輪迴圈
            fmt.Println("略過")
            continue
        } else if r%2 == 0 {  // 若是偶數，跳出迴圈
            fmt.Println("跳出")
            break
        }
        fmt.Println(r)
    }
}
```

執行結果

```
PS F1741\Chapter02\Exercise02.11> go run .
1
7
7
略過                                                              接下頁
```

```
1
略過
1
跳出
```

 小編註：由於這裡沒有設定亂數種子, 預設種子會是 1, 因此每次執行的結果都會相同。

我們在這個練習建立了一個無窮 for 迴圈，然後用 continue 和 break 控制了迴圈行為。當我們想要在特定條件下阻止迴圈執行時，這兩個敘述就很有用。

如果你寫了個無窮 for 迴圈，它就會永遠執行下去，而唯一從程式內打斷它的方式就是使用 break。無窮迴圈會卡住其餘程式、對使用者造成影響，最後只能用強制關閉程式或重開機來解決。這便是為什麼你在使用無窮迴圈時得特別當心。

你可以試著做做本書的延伸習題，測試一下你在本章學到的所有條件判斷和迴圈等知識。

▶ 延伸習題 2.03：氣泡搜尋演算法

2-5 本章回顧

本章探討了條件判斷和迴圈功能，這些都是用來建構複雜軟體的基礎。有了它們，你才能在程式中打造出資料處理流程。你可以靠它們逐項檢查資料中的元素，並對每一筆資料套用同樣的處理程序。

當你有能力在自己的程式碼中訂出規則，才有辦法在軟體當中以程式重現真實世界的邏輯。比如，若你正在撰寫金融業使用的軟體，而銀行對於金錢交易方式有其規定，那麼你就應該在軟體中定義這些規範，使程式能對金額資料做出正確的反應。

下一章我們要來學習 Go 語言的型別系統，以及 Go 語言所擁有的核心型別。

3

Chapter

核心型別

／本章提要／

這一章會介紹如何運用 Go 語言的核心型別來處理你程式中的資料。我們會一一檢視各種型別, 展示其用途, 以及如何在程式中運用它們。只要了解這些核心型別, 各位就具備足夠的基礎來設計下一章將探討的複合資料模型。

本章結束時, 讀者們將學到如何在 Go 語言程式中建立各種型別的變數, 並針對這些型別各異的變數賦值。各位也會學到怎麼在各種情境下選擇合適的資料型別。我們最後會展示一些範例, 判斷使用者密碼的複雜度, 並實作零值資料型別。

3-1 前言

在前一章中，我們學到了如何在 Go 語言中使用條件判斷和迴圈。這些功能若要徹底發揮作用，就得根據正確的資料做出反應才行，而這牽涉到對型別的處理和轉換。本章就要來帶各位徹底了解 Go 語言的型別系統，使各位運用它們時能具備充足的知識與信心。

Go 語言是**強型別 (strongly typed)** 語言，意即所有的資料都必須屬於某個型別，而這個型別是固定、無法變更的。你對資料可做或不可做的事，都取決於資料的型別。若要精通 Go 語言，正確了解其每一種核心型別就是關鍵所在。稍後的章節會談到 Go 語言中其他更複雜的型別，但它們全都建構在本章要介紹的核心型別上。

 小編註：像是 Python、JavaScript 等語言，其變數可以隨意更換型別，就會被稱為弱型別 (weakly typed) 語言。另一種分法是『靜態型別』(statically typed) 與『動態型別』(dynamically typed) 之分：前者會在編譯時檢查型別，後者則在執行階段才檢查型別。

Go 語言的核心型別經過精心設計，一旦你了解箇中細節，就很容易掌握它們。之所以得了解其細節，是因為 Go 語言的型別系統不見得從表面看起來都很直覺好懂。以 Go 最常見的數值型別 **int** 來說，其分配大小取決於編譯程式的電腦環境，有可能是 32 或 64 位元。

程式語言必須明確知道一個值是數字或文字資料，好確定它能用到多少記憶體空間。此外，Go 語言還會定義這些值彼此之間能有什麼操作。譬如，像 10 這樣的整數和 3.14 這樣的浮點數字，可以儲存成相同的型別嗎？你可以讓整數和浮點數相乘嗎？隨著本章進展，我們會一一說明每種型別的相關規則，以及你能對它們做那些事。

資料的儲存方式也是 Go 語言型別的重點之一。為了讓人打造有效率的程式，並限制單一變數的記憶體用量，Go 語言和其他語言一樣替多數型別設了上限。舉例來說，Go 語言的最大整數型別 uint64 是 64 位元，所以可儲存的最大數字是 18446744073709551615。若要寫出沒有臭蟲的程式碼，了解型別的上限是至關重要的。

型別的定義包括：

❏ 其中能儲存何種資料

❏ 你能對它進行何種操作

❏ 這些操作會對資料做什麼

❏ 會占用多少記憶體

3-2 布林值：true/false

真與偽這兩個邏輯值都屬於**布林 (Boolean)** 型別，在 Go 語言裡寫成 **bool**。當你的程式碼中需要非黑即白的判別邏輯時，就可用此一型別。bool 的值只有 **true** 和 **false** 兩種，其零值為 false。

當你使用 == 或是 > 這類算符，例如下面比較兩個數字時，結果一定是個 bool 值：

Chapter03\Example03.01)

```go
package main

import "fmt"

func main() {
    fmt.Println(10 > 5)
    fmt.Println(10 == 5)
}
```

執行以上程式碼，會得到以下輸出：

執行結果

```
PS F1741\Chapter03\Example03.01> go run .
true
false
```

練習：用程式判斷密碼複雜度

有一個線上入口網站，能為自家使用者建立帳戶，但密碼必須符合特定規範。這個練習要為該網站寫出一個程式，能顯示輸入的密碼是否符合字元要求：

❑ 必須有小寫字母

❑ 必須有大寫字母

❑ 必須有數字

❑ 必須有符號

❑ 長度必須至少有 8 個字元

這個練習會用到幾個新功能，如果你不太能理解其作用也不必在意；下一章還會談到它們。這裡就當是先嘗試一下其功能好了。筆者會逐一說明過程，讀者只須注意布林值的邏輯就好。

```go
package main

import (
    "fmt"
    "unicode"  // 使用 unicode 函式庫
)

func passwordChecker(pw string) bool {
    pwR := []rune(pw)  // 把密碼轉成 rune 型別，以便安全接收 UTT-8 字串
    if len(pwR) < 8 {  // 若密碼長度不足 8 字元，等於檢查失敗
        return false
    }
    hasUpper := false
    hasLower := false
    hasNumber := false
    hasSymbol := false

    for _, v := range pwR {  // 用 for range 走訪字串的每個字元，忽略其索引
        if unicode.IsUpper(v) {  // 是否有大寫字元
```

接下頁

```
            hasUpper = true
        }
        if unicode.IsLower(v) {   // 是否有小寫字元
            hasLower = true
        }
        if unicode.IsNumber(v) {
            hasNumber = true
        }
        if unicode.IsPunct(v) || unicode.IsSymbol(v) {
            hasSymbol = true
        }
    }
    return hasUpper && hasLower && hasNumber && hasSymbol
}

func main() {
    if passwordChecker("") {
        fmt.Println("密碼格式良好")
    } else {
        fmt.Println("密碼格式不正確")
    }

    if passwordChecker("This!I5A") {
        fmt.Println("密碼格式良好")
    } else {
        fmt.Println("密碼格式不正確")
    }
}
```

　　程式裡先將 string 型別轉換為 rune 型別，這是一種可以安全接收多位元組字元 (即 UTF-8) 的型別，本章稍後會再談到。

　　這裡也使用 unicode 套件的幾個函式來檢查字元是否符合特定條件，它們都會傳回 true 或 false (因此其實也不見得得用 if 判斷，直接將傳回值賦予給變數即可)。在檢查是否為符號時，字元有可能是標點符號 (IsPunct() 傳回 true), 也有可能是其他符號 (IsSymbol() 傳回 true)；於是我們得用 || (或) 算符將這兩者串起來，好讓字元符合其中一種符號時就能得到 true。

　　最後我們用 && (且) 算符將所有檢查用的布林變數串起來。只有這四者都是 true 時，密碼檢查才算通過。

```
PS F1741\Chapter03\Exercise03.01> go run .
密碼格式不正確
密碼格式良好
```

程式若要做出抉擇，展現出動態反應與彈性，bool 值便是不可或缺的。要是沒有 bool，程式就會寸步難行了。

接下來我們要探討 Go 語言如何區分不同類型的數字。

3-3　數字

Go 語言中有兩種數字：**整數 (integers)** 和**浮點數 (floating-point numbers)**。一個浮點數係由整數和小數位組合而成。所有數字型別的零值都是 0。

接下來我們先從整數開始介紹。

3-3-1　整數

整數型別又分為兩種。可以儲存負值的型別稱為**有號整數 (signed number)**，無法存負值的型別則稱為**無號整數 (unsigned number)**。而每種型別可以儲存的最小和最大值，都取決於型別的內部儲存容量有幾個位元組。

下表是 Go 語言規格中所列出的相關整數型別：

uint8	無號 8 位元整數 (0 到 255)
uint16	無號 16 位元整數 (0 到 65535)
uint32	無號 32 位元整數 (0 到 4294967295)
uint64	無號 64 位元整數 (0 到 18446744073709551615)
int8	有號 8 位元整數 (-128 到 127)
int16	有號 16 位元整數 (-32768 到 32767)

接下頁

int32	有號 32 位元整數 (-2147483648 到 2147483647)
int64	有號 64 位元整數 (-9223372036854775808 到 9223372036854775807)
byte	uint8 的別稱 (1 位元組)
rune	uint32 的別稱 (4 位元組)

此外還有以下特殊的整數型別：

uint	無號 32 或 64 位元整數
int	有號 32 或 64 位元整數

uint 和 **int** 的長度究竟是 32 還是 64 位元，取決於你是針對 32 還是 64 位元系統編譯程式。現今已很少有程式會在 32 位元系統上執行了，絕大多數都是 64 位元。

在 64 位元系統上，int 型別和 int64 的整數範圍就會完全一樣，然而 Go 語言將它們視為兩種不同的型別。這是因為若 Go 語言容許兩者混用，那麼你對 32 位元機器編譯同一支程式時就會發生問題。所以 int 和 int64 必須分開，才能確保程式在任何平台都可靠無誤。

這種不相容性並不僅限於 int 而已；事實上，任何整數型別彼此都不得混用。

 小編註：例如，在 C 語言中可以用數值 1 和 0 當成布林值 true/false 使用，但你不能在 Go 語言這麼做。只有相同型別的資料可以放在一起運算，若型別不同則有一方得先做轉換；這等於是強迫你多加留意資料型別，好減少運算過程的潛在錯誤。

至於在定義變數時，要如何選擇適當的整數型別？很簡單，直接用 int 就好。在撰寫用程式時，int 能完成大部分的工作。只有當 int 會造成問題時才考慮其他的型別。各位會遇到與 int 有關的問題，多半都跟記憶體用量有關。

譬如，假設你的某支應用程式把記憶體耗光了，因為這個程式宣告了大量的整數，但這些數字永遠是正整數、也從未超過 255。於是，可能的解法之一是把它們的型別從 int 改成 uint8，這樣就可以把每個數字佔用的記憶體從 64 位元減少到 8 位元。

下面我們來證明這一點，用這兩種整數型別建立一個切片集合 (int 或 int8 型別)，然後在集合中放進一千萬個數字。最後 Go 程式會用 runtime 套件取得整支程式所使用的堆積記憶體量 (位元組)，轉換成 MB (百萬位元組) 單位後印出。從你的電腦看到的輸出結果可能有所不同，但效果是類似的：

Chapter03\Example03.02

```go
package main

import (
    "fmt"
    "runtime"
)

func main() {
    var list []int  // 試試換成 var list []int8
    for i := 0; i < 10000000; i++ {
        list = append(list, 100)
    }

    // 印出堆積記憶體用量
    var m runtime.MemStats
    runtime.ReadMemStats(&m)
    fmt.Printf("TotalAlloc (Heap) = %v MiB\n", m.TotalAlloc/1024/1024)
}
```

以下是 list 切片變數宣告成 int 型別時的輸出結果：

```
PS F1741\Chapter03\Example03.02> go run .
TotalAlloc (Heap) = 403 MiB
```

以下是宣告成 int8 型別時的輸出結果：

```
PS F1741\Chapter03\Example03.02> go run .
TotalAlloc (Heap) = 54 MiB
```

可以發現型別從 int 改成 int8 後，我們省下了可觀的記憶體，但也只有變數多到一千萬個的程度時才有這種明顯效果。希望這樣能說服你，一開始先用 int 來處理整數是 ok 的，等到它造成性能問題時再來考慮更換型別。

3-3-2　浮點數

Go 語言有兩種浮點數型別，**float32** 與 **float64**。float32 使用 32 個位元來儲存數值、相對地 float64 則使用 64 個位元，因此 float64 容量較大，精確度也較高。

浮點數在儲存數值時，會將數值拆分成整數（小數點以左）和小數部位（小數點以右）。整數和小數各佔多少個位元，要看數值本身而定。以 9999.9 為例，儲存整數所需的位元數就會比小數部位要多，反之 9.9999 的小數部位佔的位元數就比較多。既然 float64 佔的空間較大，它能儲存的整數或小數部位就會比 float32 更多。

練習：浮點數的精確度

此次練習要來比較一下，如果數字做除法運算時無法整除，會發生什麼事。我們故意把 100 除以 3，當然結果可以寫成 33 又 1/3，但絕大多數的電腦沒辦法像這樣以分數呈現數字。反而，電腦會用 33.3333... 這樣的無窮循環小數來呈現結果。然而若真的讓電腦這樣子計算，記憶體遲早會被耗盡，所以這樣也不切實際。

還好，由於浮點數型別有其儲存上限，因此我們不必擔憂上述問題。缺點是，有限的儲存方式會導致變數數值無法精確反應實際數值，兩者之間會有落差。你必須在儲存空間和浮點數的精確度之間做出取捨。

Chapter03\Exercise03.02

```
package main

import "fmt"
```

接下頁

```
func main() {
    var a int = 100   // 整數
    var b float32 = 100   // 32 位元浮點數
    var c float64 = 100   // 64 位元浮點數
    fmt.Println(a / 3)
    fmt.Println(b / 3)
    fmt.Println(c / 3)
}
```

執行結果

```
PS F1741\Chapter03\Exercise03.02> go run .
33
33.333332
33.333333333333336
```

從以上練習可以看出，電腦無法對除不盡的運算給出完美的答案，但 float64 的答案要比 float32 精確得多。

同時大家應該也已經看出，以整數型別做除法時，雖然沒有錯誤、答案卻只是個整數。也就是說，Go 語言完全忽略了小數部分，這很可能不是我們想要的結果。

 小編註：為何小數點結尾會是 3 以外的數字？這是因為電腦系統使用二進位來儲存小數位，因此多少一定會有些誤差。

浮點數的實用性

雖說儲存上限似乎會造成不可避免的誤差，但在現實生活中，浮點數大部分時間仍運作得相當理想。我們來測試一下，如果把上述結果再乘回 3，能否得出跟 100 一樣的結果？

Chapter03\Example03.03

```go
package main

import "fmt"

func main() {
    var a int = 100
    var b float32 = 100
    var c float64 = 100
    fmt.Println((a / 3) * 3)
    fmt.Println((b / 3) * 3)
    fmt.Println((c / 3) * 3)
}
```

執行結果

```
PS F1741\Chapter03\Example03.03> go run .
99
100
100
```

上面的範例顯示，誤差造成的影響似乎沒有我們想的那麼嚴重。不過，若你一直重複乘除動作，誤差可能會逐漸放大，讓乍看簡單的浮點數運算越來越複雜。因此，除非你想進一步節省記憶體用量，一般建立浮點數時的首選都是 float64。

接下來我們要看看，如果我們有意（或無意）跨越數值型別的儲值範圍時，會發生什麼事。

3-3-3 溢位和越界繞回

如果你試著在建立變數時，賦予一個超過型別容許上限的初始值，就會發生**溢位 (overflow)** 錯誤。以 int8 型別為例，它能容許的最大值為 127，但以下的測試程式碼故意給予 128 作為起始值，好觀察其效果：

```
package main

import "fmt"

func main() {
    var a int8 = 128
    fmt.Println(a)
}
```

執行以上程式碼，就會看到錯誤訊息說溢位了：

執行結果

```
PS F1741\Chapter03\Example03.04> go run .
# F1741/Chapter03/Example03.04
.\main.go:6:6: constant 128 overflows int8
```

這個問題不難修正，但真正的問題是若你在建立變數**之後**，才將它的值設到超過 127 呢？這時數值會發生**越界繞回 (wraparound)** 現象，也就是在超過最大值後重新從最小值計算。越界繞回是你寫程式時很容易碰上的陷阱，編輯器也沒辦法攔截到，而這有可能對你程式的使用者造成大問題。

練習：觸發越界繞回

這個練習要宣告兩個較小的整數型別變數：int8 和 uint8，並都分別先賦予一個接近其上限的起始值。然後我們用迴圈將兩個變數遞增 1、使之最終超過上限，並輸出這些變數在每次迴圈重複時的值。如此一來，我們就可以觀察到越界繞回現象。

Chapter03\Exercise03.03

```
package main

import "fmt"

func main() {
    var a int8 = 125
```

接下頁

```
    var b uint8 = 253
    for i := 0; i < 5; i++ {
        a++
        b++
        fmt.Println(i, ")", "int8", a, "uint8", b)
    }
}
```

執行結果

```
PS F1741\Chapter03\Exercise03.03> go run .
0 ) int8 126 uint8 254
1 ) int8 127 uint8 255
2 ) int8 -128 uint8 0    ◀── 發生了越界繞回
3 ) int8 -127 uint8 1
4 ) int8 -126 uint8 2
```

此次練習可以看出，有號整數在溢位後會回到該型別的最低值（負數），而無號整數則會變成該型別的最低值 0。所以在對變數做運算時，一定要考慮到資料變動後的可能最大值，以此選擇大小合適的數值型別。

接下來我們要來探討，萬一你要用的數字比任何核心型別都大時該怎麼辦。

3-3-4 大數值

如果你所需要的數值超出（或低於）int64 與 uint64 的極限，可以向內建的 **math/big** 套件求助。與先前的整數型別相比，這個套件用起來確實有點怪異，但是只要透過它，原本你可以對一般整數做的大多數動作，都一樣能套用在大數值上。

練習：使用大數值

這次練習要建立一個超出 Go 語言核心數字型別所能容許的數值，分別用 int 型別和 math/big 的 big.Int 大整數型別來表示。為了證明有用，我們要用加法來測試它們是否會溢位，然後把兩個結果都顯示在主控台。

```go
package main

import (
    "fmt"
    "math"
    "math/big"
)

func main() {
    intA := math.MaxInt64  // int 整數
    intA = intA + 1

    bigA := big.NewInt(math.MaxInt64)  // big.Int 整數
    bigA.Add(bigA, big.NewInt(1))

    fmt.Println("MaxInt64: ", math.MaxInt64)
    fmt.Println("Int     :", intA)
    fmt.Println("Big Int : ", bigA.String())  // 將 big.Int 轉成字串印出
}
```

執行結果

```
PS F1741\Chapter03\Exercise03.04> go run .
MaxInt64:  9223372036854775807 ◀── int64 最大值
Int     : -9223372036854775808 ◀── int 發生越界繞回
Big Int :  9223372036854775808 ◀── big int 正確加 1
```

以上練習中可以看到，一開始兩個數字都設為 int64 型別的最大值，但加 1 時 int 型別發生了溢位以及越界返回，big.Int 型別則能順利地再加 1 上去。

順帶一提，雖然 math.Int64 常數代表 int64 的最大值，但這個常數沒有指定型別 (為 untyped integer)，因此賦值給 intA 時會自動推斷為 int 型別。

 小編註：math/big 套件也支援大浮點數 big.Float。請參考該套件之官方文件：https://golang.org/pkg/math/big/。

接下來，我們會看另一種用來表示原始資料 (raw data) 的特殊數值。

3-3-5　位元組 (Byte)

Go 語言裡的 **byte** 型別其實就是 uint8 型別的別名，後者是以 8 個位元儲存的正整數。

在現實世界中，byte 是很重要的型別，你在很多地方都會看到，包括讀寫網路或檔案資料。每一個位元 (bit) 代表一個二進位值，亦即開或關 (1 或 0)。電腦運算從很早期開始就採用以 8 個位元一組的『位元組』編碼，而這也成了四海皆準的資料標準。

8 個位元總共有 256 種可能的『開關』組合，而既然 uint8 的值是從 0 到 255，你就可以用 0 到 255 的整數來代表這 256 種狀態。

對於數值型別的說明到此告一段落，接下來要介紹 Go 語言如何儲存文字。很神奇的是，你可以用數值集合來儲存文字內容。

3-4　字串 (String)

3-4-1　字串與字串常值

Go 語言只有一種文字型別，就是 **string** (字串)。

當你在程式中直接寫出文字值時，它叫做字串常值 (string literal)。Go 語言支援兩種字串常值：

❏ 原始的 (raw) ──由一對反引號 ` (在鍵盤左上角) 括住的字串。

❏ 轉譯的 (interpreted) ──由一對雙引號 " 括住的字串。

若你的字串變數儲存的是原始字串時，變數內容就會跟字串在螢幕上的內容完全一樣。但若是轉譯字串，Go 語言會先掃過你寫的內容，並用它的規則轉換某些文字。

以下就來示範這兩種字串的顯示效果：

```go
package main

import "fmt"

func main() {
    // 原始字串，直接換行
    comment1 := `This is the BEST
thing ever!`
    comment2 := `This is the BEST\nthing ever!` // 原始字串，換行符號不會轉譯
    comment3 := "This is the BEST\nthing ever!"// 轉譯字串，換行符號會轉譯

    fmt.Print(comment1, "\n\n")
    fmt.Print(comment2, "\n\n")
    fmt.Print(comment3, "\n")
}
```

執行結果

```
PS F1741\Chapter03\Example03.05> go run .
This is the BEST
thing ever!

This is the BEST\nthing ever!

This is the BEST
thing ever!
```

在轉譯的字串中，\n 代表換行字元，但 \n 在原始字串中沒有任何作用，只被當成文字而已。若要讓原始字串也有換行效果，就必須在程式碼中給字串按下實際的換行鍵才行。至於轉譯字串就得靠 \n 來換行，它不允許你在程式中讓它分成好幾行寫。

雖然轉譯字串有很多種表現方式跟用法，但在現實生活中，最常見的還是使用 \n 換行、以及偶爾用 \t 當作 tab。但原始字串也並非毫無用處：如果你想顯示的文字含有大量的換行字元、雙引號字元 " 或反斜線字元 \，那麼

使用原始字串就會方便許多。唯一不能放在原始字串裡的字元是反引號『`』；如果你需要在字串內容裡加上反引號，就必須改用轉譯字串。

　　以下範例可以說明，何以原始字串會讓上述三種字元在程式碼中更容易閱讀：

Chapter03\Example03.06

```go
package main

import "fmt"

func main() {
    comment1 := `In "Windows" the user directory is "C:\Users\"`
    comment2 := "In \"Windows\" the user directory is \"C:\\Users\\\""

    fmt.Println(comment1)
    fmt.Println(comment2)
}
```

執行結果

```
PS F1741\Chapter03\Example03.06> go run .
In "Windows" the user directory is "C:\Users\"
In "Windows" the user directory is "C:\Users\"
```

　　在轉譯字串中，若要正確顯示雙引號或反斜線，前面必須多寫一次反斜線 (即 \" 和 \\)。此外，字串常值只是用來把文字存進 string 型別變數的辦法。文字一存進變數中之後，不管你是用什麼辦法存的就都沒有差別了。

　　接下來我們要探討，如何安全地處理多位元組字串。

3-4-2 Rune

　　rune（符文）是一種具備充足空間、足以容納單一一個 UTF-8 字元 (Unicode 編碼，會佔用 1 至 4 個位元組不等) 的型別。在 Go 語言中，字串常值都是用 UTF-8 來編碼，因為 UTF-8 是一種極受歡迎、應用亦十分廣泛的多位元組文字編碼標準。而以 string 型別來說，它能儲存的文字並不侷限於 UTF-8 編碼，因此你在處理字串時，可能需要做額外的檢查才能避免錯誤。

不同的編碼方式，會以不同數量的位元組來替文字編碼；舊式標準如 ASCII 只用一個位元組來編碼，UTF-8 則最多會用到 4 個位元組。當文字以 string 型別儲存時，Go 語言會以 byte 集合來儲存所有字串 (string 實際上便是唯讀的 byte 切片)，這意味著有些 UTF-8 字元會被拆開成多個位元組。為了能安全處理任何字串，不論其編碼方式是採用單一還是多重位元組，最好是把字串從 byte 集合轉換成 rune 集合。

⚡ 注意／ 如果你不曉得字串變數的編碼, 把它轉換到 UTF-8 通常是很安全的。此外 UTF-8 也回頭相容 ASCII 這類單一位元編碼文字。

 小編註：在 UTF-8 中, 傳統的 ASCII 字元 (如 A~Z) 就只會用 1 個位元組。會用到多重位元組的字元, 都是諸如中文字、日文字、特殊的拉丁語系字母等等。

以 Go 語言來處理字串的個別位元組非常簡單。請看下例：

Chapter03\Example03.07

```go
package main

import "fmt"

func main() {
    username := "Sir_King_Über"  // 建立含有多重位元組字元的字串

    for i := 0; i < len(username); i++ {  // 走訪字串中的每個位元
        fmt.Print(username[i], " ")       // 印出一個字元加一個空格
    }
}
```

執行結果

```
PS F1741\Chapter03\Example03.07> go run .
83 105 114 95 75 105 110 103 95 195 156 98 101 114
```

小編註：你也可以用型別為 []byte 的切片集合來儲存字串。

以上顯示的每個數值，都是字串中每個字元對應的編碼數值。我們定義的字串明明是 13 個字元，卻因為其中夾雜了一個由雙位元組編碼的字元 Ü，導致印出來有 14 個數值 (195 和 156 就是代表 Ü 的兩個位元組)。

我們再試著把這些位元組數值轉回成字串。這個動作利用了型別轉換，之後會再談到。

Chapter03\Example03.08

```
package main

import "fmt"

func main() {
    username := "Sir_King_Über"

    for i := 0; i < len(username); i++ {
        fmt.Print(string(username[i]), " ") // 用 string() 把字元轉成文字印出
    }
}
```

執行結果

```
PS F1741\Chapter03\Example03.08> go run .
S i r _ K i n g _ ? b e r
```

輸出一開始都還跟原始字串的字元一致，直到『?』才有點不對勁。這是因為我們用函式將每個位元組轉回字元時，Ü 兩個位元的編碼 195、156 被拆開解讀，結果當然就出錯了。

為了能安全地處理多位元組編碼字串的每一個字元，我們必須先把 byte 型別的字串切片轉換成 rune 型別的切片：

```
package main

import "fmt"

func main() {
    username := "Sir_King_Über"
    runes := []rune(username)  // 將字串轉成 rune 切片

    for i := 0; i < len(runes); i++ {
        fmt.Print(string(runes[i]), " ")  // 將 rune 轉為字串印出
    }
}
```

執行以上程式碼，結果如下：

執行結果

```
PS F1741\Chapter03\Example03.09> go run .
S i r _ K i n g _ Ü b e r
```

但是，為什麼這裡用 for i 走訪就能正確解讀字元呢？這是因為 Go 語言編譯器發現你嘗試走訪 runes 切片時，會自動把它轉成 for range 迴圈。也就是說，你其實可以直接用 for range 走訪 runes：

```
for _, v := range runes {
    fmt.Print(string(v), " ")
}
```

因此若你真的要各別處理 UTF-8 字串的字元，將字串轉成 rune 型別切片、再用 for range 來走訪就是最方便的做法。

練習：安全地走訪一個字串

這個練習要宣告一個以多重位元組編碼的字串，並用 for range 來逐次走訪每個字元，把每個字元以及它在字串中的位元組索引顯示在主控台。

```
Chapter03\Exercise03.05
```

```
package main

import "fmt"

func main() {
    logLevel := "デバッグ"
    for index, runeVal := range logLevel {
        fmt.Println(index, string(runeVal))  // 印出索引及轉成字串的 rune 字元
    }
}
```

執行結果

```
PS F1741\Chapter03\Exercise03.05> go run .
0 デ
3 バ
6 ッ
9 グ
```

　　以上的練習顯示，你能安全走訪一個使用多個位元組編碼的字串（它每次會取回數個位元組，使得索引不是連續的），而這種功能已經內建在 Go 語言中。只要使用這種做法，就可以避免讀到無效的 UTF-8 字元。

檢查字串長度

　　另一個很常遇到的錯誤，是直接以 len() 函式檢查字串中有幾個字元。以下範例就展示了處理多重位元組編碼字串時常犯的錯誤：

```
Chapter03\Example03.10
```

```
package main

import "fmt"

func main() {
    username := "Sir_King_Über"
```

接下頁

```
    fmt.Println("Bytes:", len(username))  // 取得字串長度（位元組長度）
    fmt.Println("Runes:", len([]rune(username)))  // 取得 rune 集合長度

    // 用切片擷取字串的前 10 個元素，理論上剛好到 Ü
    fmt.Println(string(username[:10]))
    fmt.Println(string([]rune(username)[:10]))
}
```

執行結果

```
PS F1741\Chapter03\Example03.10> go run .
Bytes: 14
Runes: 13
Sir_King_◆
Sir_King_Ü
```

讀者們可以看出來，如果直接對（含有多位元組字元的）字串施以 len() 函式處理，得出的字元數目顯然是錯的。再舉個例，如果我們要確認輸入的資料長度只能是 8 個字元，但某人卻輸入了以多位元組編碼的特殊字元，這時用 len() 直接檢查輸入字串，就會誤以為使用者輸入了超過 8 字元。

有鑑於以上教訓，每當你在處理 string 變數，而且需要計算長度或擷取特定數量的字元等等時，就應該先把它轉成 rune 切片。

接著我們回頭回顧一下 Go 語言的特殊值 nil。

3-5 nil 值

第 1 章提過的 nil 其實並不是一個型別，而是 Go 語言的一個特殊資料值，代表的是一個無型別也無值的狀態。在處理指標、map 及介面 (interfaces, 後面章節會介紹) 以及 error 值時，都必須確認它們不是 nil（內容是空的）。如果你嘗試拿一個 nil 值做運算，程式就會掛掉。

如果你不確定某個資料值是否為 nil，不妨像這樣先加以檢查：

```go
package main

import "fmt"

func main() {
    var message *string  // 沒有初始值的指標變數會是 nil

    if message == nil {
        fmt.Println("錯誤，非預期的 nil 值")
        return
    }
    fmt.Println(&message)
}
```

執行結果

```
PS F1741\Chapter03\Example03.11> go run .
錯誤，非預期的 nil 值
```

▶ 延伸習題 3.01：銷售稅計算機／3.02：房貸計算機

3-6　本章回顧

　　我們在本章中邁進了一大步，學會 Go 語言的型別系統。我們介紹了何謂型別，為何需要型別，並看過 Go 語言的每一種核心型別。

　　我們首先從簡單的 bool 型別開始，展示了它對程式來說有多重要，然後介紹數值型別。Go 語言提供多種數值型別，讓開發人員根據記憶體用量和精確度的需求來取捨。再來我們看到 string 型別，還有它與 byte、rune 型別為何息息相關。由於 UTF-8 多位元組字元的問世，你的文字資料很容易會處理不當而打亂字元；但 Go 語言提供強大的內建功能，讓你可以安全地處理文字。最後我們也重新看了 nil 型別，以及它在 Go 語言中的用途。

　　讀者在本章所學到的觀念，使各位得以挑戰 Go 語言中更複雜的型別，像是陣列、切片、map 和結構等等。下一章我們就來介紹這些複雜型別。

MEMO

_____

_____

_____

_____

_____

_____

_____

_____

4
Chapter

複合型別

／本章提要／

本章將介紹 Go 語言中更為複雜的型別, 這些型別都是以前一章介紹過的核心型別為基礎建構出來的。當你打造更複雜的軟體時, 複合型別是不可或缺的, 因為你可藉之把相關的資料歸類在一起。這種化繁為簡的能力, 能讓你的程式碼更好讓人理解、同時也更容易維護和修正。

讀完本章後, 讀者們會學到如何使用 **陣列 (array)**、**切片 (slice)** 和 **映射表 (map)** 來組織資料, 也會學到如何以核心型別建構出自訂的新型別。大家也會學到, 如何以任意類型的型別當成具名欄位來組成 **結構 (struct)**, 以便定義出結構化的資料, 同時也初步理解 **interface{} (空介面)** 的重要性。

4-1 前言

在前一章中，我們談了 Go 語言的核心型別，這些是你在 Go 語言做任何事都不可缺少的地基。但若要建立更複雜的資料模型，光靠核心型別還是會有困難。在現代電腦軟體中，我們需要有能力把資料和程式行為分門別類組織起來，此外也會想讓程式在描述這些東西時，能在邏輯上對應到我們想在真實世界採用的解決方案。

比如說，如果你正在撰寫與汽車有關的軟體，理想上你一定會想訂出一種可以描述汽車的自訂型別。這種型別也許就叫做『car』，其屬性描述了一輛車的各種特質。而會影響到汽車自身的程式行為，譬如踩油門起步和剎車等等，也應該跟車子的自訂型別綁在一塊。若你得在程式中管理眾多的汽車資料，就得找個辦法將它們包裝成某個單一型別。

在本章中，我們會學到 Go 語言中讓我們整理資料、以便因應上述挑戰的進階功能，並看看要如何替型別賦予行為。自訂型別能讓我們擴充 Go 語言的核心型別，而**結構 (struct)** 就是由其它型別構成的新型別，可以用比如字串、數字、布林值組成，好反映出真實世界的複雜概念。另外還有幾種**集合 (collection)** 型別，包括**陣列 (array)**、**切片 (slice)** 和**映射表 (map)**，不但可以將多筆資料集中擺放，也方便讓我們走訪和處理它們。

當眾多的型別導致程式的判斷過程更趨複雜時，我們就必需了解如何利用**型別轉換 (type conversion)** 和**型別斷言 (type assertion)** 來管理型別不符的問題。此外我們也會介紹 Go 語言的 **interface{}（空介面）** 型別。這是一個十分神奇的型別，它不但可以跨越 Go 語言的強型別系統限制，還能在某方面維持型別安全性。

4-2 集合型別 (collection types)

如果你手上有一筆電郵地址，可以用一個字串變數來儲存資料。但設想你要讓程式儲存 0 到 100 筆不等的電郵地址，程式架構該怎麼寫呢？你當然可以用變數逐一定義，但 Go 語言對此有更好的解法。

在處理大量性質類似的資料時，我們會把它們放到一個『集合』中。Go 語言的集合有陣列、切片和 map 三種，這些同樣屬於強型別，而且很容易就能用迴圈走訪其內容。不過這些集合型別有不同的特質，因此有其各自適用的場合。

4-3 陣列 (array)

4-3-1 定義一個陣列

陣列是 Go 語言最基本的集合形式。當你定義陣列時，必須指定陣列所含資料的型別、以及陣列的大小：

```
[<長度>]<型別>
```

舉例來說，**[10]int** 就是含有 10 個整數元素的陣列，而 **[5]string** 則是含有 5 個字串元素的陣列。

陣列元素可以是任意型別，包括指標、甚至是其他陣列等等，但只能有一種型別。此外，宣告陣列的關鍵在於**必須**指定長度。如果你的定義沒寫長度，宣告照樣會成立，但你得到的不會是陣列──而是一個『切片』。切片是另一種彈性更大的集合形式，等我們講完陣列就會輪到它。

若要在宣告時為陣列賦予初始值，可以這樣寫：

```
[<長度>]<型別>{<值1>, <值2>,… <值N>}
```

舉例來說，[5]int{1} 會將陣列的第一個元素賦值為整數 1，其餘四個則為零值 (0)，而 [5]int{9, 9, 9, 9, 9} 則會給陣列的每個元素都填入 9。

不過在賦予陣列初始值時，你也可以讓 Go 語言根據你提供的初始值數量來設定陣列長度，辦法是把寫陣列長度的地方換成 **…** (三個點)。例如，

[...]string{9, 9, 9, 9, 9} 會建立一個長度為 5 的陣列 (即 [5]string), 因為我們提供的初始值就是 5 個。

不管你用什麼方式定義陣列，Go 語言陣列的長度都會在編譯時就決定好, 到了執行階段便不可改變。

練習：定義空陣列

Chapter04\Exercise04.01

```
package main

import "fmt"

func defineArray() [10]int {   // 函式的傳回型別為陣列
    var arr [10]int   // 定義一個陣列並傳回
    return arr
}

func main() {
    fmt.Printf("%#v\n", defineArray())   // 印出陣列的型別與值
}
```

執行結果

```
PS F1741\Chapter04\Exercise04.01> go run .
[10]int{0, 0, 0, 0, 0, 0, 0, 0, 0, 0}
```

在這次練習中，我們定義了一個陣列，但沒有給予任何起始資料。由於陣列大小是固定的，因此當我們列印陣列內容時，會顯示 10 個元素的值，只不過這些值都是陣列元素型別的零值 (0)。

4-3-2　陣列的比較

陣列的長度是其型別定義的一部分。如果你有兩個陣列，都接受相同型別的元素、但元素的數量 (陣列長度) 不一樣，這兩個陣列就彼此不相容，不能拿來比對。長度不一致、元素型別也不一樣的陣列當然更不能拿來比了。

練習：比較陣列是否相同

　　這次練習要來做陣列的比較。首先我們要定義若干個陣列；有些可以相互比較、其他則否。然後我們要設法修正陣列無法比較的問題。

```
Chapter04\Exercise04.02

package main

import "fmt"

func compArrays() (bool, bool, bool) {
    var arr1 [5]int
    arr2 := [5]int{0}
    arr3 := [...]int{0, 0, 0, 0, 0}
    arr4 := [9]int{0, 0, 0, 0, 9}
    // 傳回陣列的兩兩比較結果 (布林值)
    return arr1 == arr2, arr1 == arr3, arr1 == arr4
}

func main() {
    comp1, comp2, comp3 := compArrays()
    fmt.Println("[5]int == [5]int{0}               :", comp1)
    fmt.Println("[5]int == [...]int{0, 0, 0, 0, 0}:", comp2)
    fmt.Println("[5]int == [9]int{0, 0, 0, 0, 9}  :", comp3)
}
```

　　執行程式，你應該會看到以下錯誤：

執行結果

```
PS F1741\Chapter04\Exercise04.02> go run .
# F1741/Chapter04/Exercise04.02
.\main.go:11:42: invalid operation: arr1 == arr4 (mismatched types
[5]int and [9]int)
```

　　這個錯誤告訴你陣列 arr1（其型別為 [5]int）和 arr4（其型別為 [9]int）被視為不同型別，所以不能拿來比較。修正方式如下：

1. 把 arr4 := [9]int{0, 0, 0, 0, 9} 改成 arr4 := [5]int{0, 0, 0, 0, 9}

2. 為了讓印出的文字內容一致，把 fmt.Println("[5]int == [9]int{0, 0, 0, 0, 9}...) 內的 [9]int 也改成 [5]int

再次執行程式：

執行結果

```
PS F1741\Chapter04\Exercise04.02> go run .
[5]int == [5]int{0}            : true
[5]int == [...]int{0, 0, 0, 0, 0}: true
[5]int == [5]int{0, 0, 0, 0, 9}  : false
```

這次練習中定義了幾個陣列，彼此的定義方式略有差異。一開始我們在編譯時遇到錯誤，因為我們嘗試比較的兩個陣列長度不一致，而對 Go 語言來說，這兩個陣列的型別就是不同的。因此修正方式也很簡單，就是把長度改成一樣就好。

再次執行程式後，我們可以發現，即使陣列 arr1、arr2 和 arr3 定義方式各有差異，得出的陣列仍然是相同的。至於最後一個陣列 arr4，雖然我們修正了長度、讓它可以和其它陣列比較，但其中還是有元素的值有所差異，因此被判定與其它陣列不同。

話說回來，其他集合型別 (切片和 map) 就不能這樣做比較，你只能手動用迴圈走訪兩個集合，再逐一比對其元素值。因此若你想在程式中比較集合，使用陣列就會快得多。

4-3-3 透過索引鍵賦值

到目前為止，我們在為陣列賦予初始值時，都是讓 Go 語言自己決定哪個元素要接收這些值。但是，Go 語言也允許你在宣告陣列時，直接對特定索引的元素賦值：

[<長度>]<型別>{<索引鍵1>: <值1>, <索引鍵2>: <值2>... <索引鍵N>: <值N>}

　　Go 語言是很有彈性的，它允許你用任意順序寫出索引鍵。當你的陣列索引具有特殊意義，或者你只想對某個元素賦值、但不想動到其他元素時，這種方式就很實用。

練習：以索引鍵賦予陣列初始值

　　這個練習要在建立陣列時以索引鍵對特定元素賦值，然後來比較一下陣列。最後我們會把其中一個陣列印出來，觀察其內容。

Chapter04\Exercise04.03

```go
package main

import "fmt"

var (
    arr1 [10]int
    arr2 = [...]int{9: 0}
    arr3 = [10]int{1, 9: 10, 4: 5}
)

func compArrays() (bool, bool) {
    return arr1 == arr2, arr1 == arr3
}

func main() {
    comp1, comp2 := compArrays()
    fmt.Println("[10]int == [...]{9:0}              :", comp1)
    fmt.Println("arr2                               :", arr2)
    fmt.Println("[10]int == [10]int{1, 9: 10, 4: 5}}:", comp2)
    fmt.Println("arr3                               :", arr3)
}
```

```
PS F1741\Chapter04\Exercise04.03> go run .
[10]int == [...]{9:0}                : true
arr2                                 : [0 0 0 0 0 0 0 0 0 0]
[10]int == [10]int{1, 9: 10, 4: 5}}: false
arr3                                 : [1 0 0 0 5 0 0 0 0 10]
```

在練習中，我們利用了索引鍵來為陣列賦與初始值，此外也改成在套件層級宣告陣列。各位可以看到，陣列變數在定義時一樣能不寫出型別，而是讓 Go 語言根據初始值來決定型別。

現在來看以上初始值的效果。以 arr2 為例，它的長度定義使用 ... 簡寫法，但對索引 9 賦予了初始值，因此其長度一樣是 10。後面我們會再提到，陣列的第一個元素一定是索引 0，因此最後一個元素的索引是長度減 1；索引 9 即為陣列的第 10 個元素。

至於 arr3，我們混合了有和沒有索引鍵的賦值方式，而且也沒有照索引的順序寫。可以發現，Go 語言的索引鍵賦值彈性很大，使得建立陣列時非常便利。

 小編註：如果在賦予初始值時，沒有索引鍵的值寫在其他索引鍵的中間或後面呢？那麼該值的索引就是前一個索引鍵加 1。例如，[10]int{9: 10, 4: 5, 1} 會得到 [0 0 0 0 5 1 0 0 0 10]，因為 1 寫在索引 4 (值為 5) 的後面，所以會存入索引 5 的元素。

4-3-4　讀取陣列元素值

到目前為止我們已經定義了一些陣列，也為它們賦予一些初始值，現在則該把資料讀出來了。若要讀取陣列中的單一元素，可以這樣寫：

<值> = <陣列>[<索引>]

舉例來說，arr[0] 可以讀出陣列 arr 的第一個元素。我們之所以知道這是第一個元素，是因為陣列索引鍵是整數，而且永遠從 0 開始累加。索引 0 即陣列的第一個元素，而最後末元素的索引即為陣列長度減去 1。

陣列中元素的順序是保證固定的。這種穩定的特質表示只要元素被放在某個索引鍵的位置，它就永遠能用那個索引鍵存取。

能夠取出陣列的特定元素，在很多場合都很有用，比如我們經常需要檢查陣列開頭或結尾的元素，以便驗證資料。有時資料在陣列的特定位置也很重要，像是你能藉此確知，陣列索引 3 的元素一定是產品名稱。這種用位置對應資料的特性，在試算表很常見的 CSV (comma-separated value, 讀取逗點分隔值) 或其他用分隔符號區分資料的檔案格式都很有用 (見第 12 章)。

練習：從陣列讀取單一元素

這個練習要定義一個陣列，然後賦予一些單字作為元素初始值。然後我們要把這些單字讀出來和組成訊息、並將之印出。

Chapter04\Exercise04.04

```go
package main

import "fmt"

func message() string {
    arr := [...]string{
        "ready",  // 索引 0
        "Get",    // 索引 1
        "Go",     // 索引 2
        "to",     // 索引 3
    }
    // 用 fmt.Sprintln() 傳回格式化字串
    return fmt.Sprintln(arr[1], arr[0], arr[3], arr[2])
}

func main() {
    fmt.Print(message())  // 印出格式化字串
}
```

```
PS F1741\Chapter04\Exercise04.04> go run .
Get ready to Go
```

4-3-5 寫入值到陣列

只要陣列定義完畢，就可以用索引修改各別元素，這種賦值方式就跟核心型別變數的做法一模一樣：

<陣列>[<索引>] = <值>

在現實中，我們很常會在定義好集合後，藉由資料輸入或程式運算過程來修改集合中的資料。

練習：對陣列元素賦值

這次的練習同樣也是要定義一個陣列，然後賦予一些單字作為元素初始值。然後我們更動一下這些單字的讀出順序，把它們組成訊息後印出。

Chapter04\Exercise04.05)

```go
package main

import "fmt"

func message() string {
    arr := [4]string{"ready", "Get", "Go", "to"}
    arr[1] = "It's"  // 改變元素值
    arr[0] = "time"
    // 輸出修改後的元素
    return fmt.Sprintln(arr[1], arr[0], arr[3], arr[2])
}

func main() {
    fmt.Print(message())
}
```

執行結果

```
PS F1741\Chapter04\Exercise04.05> go run .
It's time to Go
```

4-3-6 走訪一個陣列

你最常操作陣列的方式會是透過迴圈。由於索引必然是從 0 連續遞增到陣列長度減 1，用迴圈來**走訪** (iterate, 也稱迭代) 陣列就非常容易。在 Go 中，迴圈就只有 for 迴圈，而我們一般會在迴圈內定義一個計數器變數 (比如 i) 來代表要處理的元素索引。

有了迴圈，你就能對陣列中每一個元素套用相同的處理，像是驗證、修改、輸出等等，毋須再針對每一個值建立變數、然後對這堆變數撰寫重複的程式碼，例如對 10 個值寫 10 次賦值等等。

讀者們應該還記得，前一章介紹過的 for 迴圈由三個部分組成：迴圈開始之前的起始賦值動作、在每一輪迴圈執行前判斷是否繼續的檢查條件、以及每輪迴圈結束後要做的動作 (通常是累加計數器)。一個典型的『for i』迴圈會寫成如下：

```
for i := 0; i < len(<陣列>); i++ {
    // 存取 <陣列>[i]
}
```

for 迴圈會建立一個 int 型別變數 i (這意味著 i 只在迴圈範圍內有效)，初始值為 0，每次迴圈執行後都會遞增 1，一直到其值超過最末索引 (陣列長度減 1) 為止。

對於陣列長度，你或許會心想，直接把陣列長度寫在條件判斷式中、而不是用 len() 函式來求值，似乎會比較直覺。反正陣列長度是固定的吧？可是把值寫死是個壞習慣，因為這會讓程式碼日後更難維護。若你之後需要修改陣列長度，寫死的值就會變成難以找出來的臭蟲，甚至會釀成執行時期錯誤。

你不需擔心 Go 語言在每次執行 len() 時, 都得重新計算陣列的大小——陣列長度早就是陣列型別定義的一部分。至於後面會談到、大小可變的集合型別 (切片和 map), Go 語言平時也會自動追蹤它們的元素數量, 大大提高使用 len() 的效率。

練習：使用 for i 迴圈走訪和處理陣列

這個練習要定義一個陣列，並用若干數字賦予初始值。我們要用迴圈逐一走訪和處理這些值，並把結果放進一個訊息。這訊息最後會傳回並印出來。

Chapter04\Exercise04.06

```go
package main

import "fmt"

func message() string {
    m := ""
    arr := [4]int{1, 2, 3, 4}
    for i := 0; i < len(arr); i++ {
        arr[i] = arr[i] * arr[i]  // 將原本的數字變成平方
        m += fmt.Sprintf("%v: %v\n", i, arr[i])  // 將用格式化字串將索引和
值一一連起來
    }
    return m
}

func main() {
    fmt.Print(message())
}
```

執行結果

```
PS F1741\Chapter04\Exercise04.06> go run .
0: 1
1: 4
2: 9
3: 16
```

練習：使用 for i 迴圈走訪和處理陣列──參數版

　　在這個練習中，我們要把陣列傳給函式，而函式會對陣列做些處理後傳回。為了能處理相同的陣列，函式的參數和傳回值也必須指定同樣的陣列長度：

Chapter04\Exercise04.07

```go
package main

import "fmt"

func fillArray(arr [10]int) [10]int {   // 參數和傳回值都是 10 個元素的 int 陣列
    for i := 0; i < len(arr); i++ {
        arr[i] = i + 1   // 陣列元素會是 1, 2, 3... 到 10
    }
    return arr
}

func opArray(arr [10]int) [10]int {
    for i := 0; i < len(arr); i++ {
        arr[i] = arr[i] * arr[i]   // 陣列元素變成平方
    }
    return arr
}

func main() {
    var arr [10]int
    arr = fillArray(arr)
    arr = opArray(arr)
    fmt.Println(arr)
}
```

執行結果

```
PS F1741\Chapter04\Exercise04.07> go run .
[1 4 9 16 25 36 49 64 81 100]
```

➤ 延伸習題 04:01：在陣列填滿值

4-4 切片 (slice)

陣列很方便，但是它對長度的硬性規定會帶來一些麻煩。正如前面的範例所示，如果你要寫一個函式來接收一個陣列和處理其資料，那麼這個函式就只能處理特定長度的陣列。萬一有陣列長度不同，你就得寫新的函式來因應。

陣列在處理有序資料集合時很方便，但若能兼顧陣列的便利性、又不必受長度的嚴格限制，使之更有彈性，豈不更好？Go 語言也預想到這一點，因此提供了切片。

切片其實是在陣列外頭套上一層額外包裝，讓你能夠建立有數字索引鍵的有序集合，卻又不必擔心長度問題。切片底下的核心仍舊是陣列，但 Go 語言會處理好細節，例如動態調整陣列長度等等。除此以外，切片用起來就跟陣列完全一樣；它同樣只能容納單一型別的元素，你可以用中括號 [] 去讀寫任一元素，也能用 for i 迴圈走訪它。

切片的另一個優勢，是你可以用 Go 語言的內建函式 **append()** 輕易新增切片元素。這個函式的輸入值是你的切片和你要加入的值，它會輸出添加了新元素的新切片：

```
<新切片> = append(<切片>, <新元素>)
```

在很多時候，我們一開始會先宣告一個空切片，然後取得資料後再慢慢擴充它。

在現實生活中，你應該儘量使用切片來處理所有的有序集合；事實上大部分程式碼都鮮少使用陣列。既然你不必再像操作陣列那樣，替不同長度的陣列寫出重複的程式碼，生產力自然更高。只有當你得把元素限制在某個數量時，才會用到陣列，而且即便如此，人們多數時候還是會用切片，因為它們更容易拿來在函式之間傳遞。

不過，既然切片是陣列的擴充版，這意味著你必須搞懂切片的內部運作方式 (後面我們會討論)，否則寫程式時就可能遇上微妙且難以排除的臭蟲。

4-4-1 使用切片

練習：建立與使用切片

在這個練習中，我們就來展示切片的彈性：你能輕易從切片讀取資料、傳給其他函式、走訪和附加新的元素進去。這支程式需要你在執行時輸入至少 3 個參數，然後它會判斷當中最長的參數 (單字) 是誰。

---

os.Args

為了讀取使用者在執行程式時傳入的參數，我們要使用 os 套件的 Args 變數。它在 os 套件 (https://golang.org/pkg/os/) 的定義如下：

```
var Args []string
```

可知 os.Args 是個字串切片型別。它的內容是使用者用 go run 執行程式時，附加在後面的數量不定參數：

```
go run <.go 程式檔> 參數1 參數 2 參數 3...
```

Chapter04\Exercise04.08

```
package main

import (
    "fmt"
    "os"  // 使用 os 套件
)

// 將 os.Args 參數的每個元素放進一個切片後傳回
func getPassedArgs(minArgs int) []string {
    if len(os.Args) < minArgs { // 如果使用者提供的程式參數數量不足，就結束程式
        fmt.Printf("至少需要輸入 %v 個參數\n", minArgs)
        os.Exit(1)  // 強制結束程式
```

接下頁

```
    }
    var args []string  // 建立空切片
    // os.Args 的第一個參數是執行的程式名稱，不是參數，
    // 所以得從索引 1（第二個元素）開始走訪：
    for i := 1; i < len(os.Args); i++ {
        args = append(args, os.Args[i])  // 把os.Args 元素附加到新切片
    }
    return args  // 傳回切片
}


// 接收一個切片為參數，用 len() 尋找當中最長的字串
func findLongest(args []string) string {
    var longest string  // 建立空字串
    for i := 0; i < len(args); i++ {
        if len(args[i]) > len(longest) {
            longest = args[i]  // 記錄目前為止找到的最長單字
        }
    }
    return longest  // 傳回最長單字（如果切片為空，這裡就仍是空字串）
}


func main() {
    // 在 if 用起始賦值取得最長單字，並檢查其長度
    // 若字串長度大於 0 就是有找到最長單字
    if longest := findLongest(getPassedArgs(3)); len(longest) > 0 {
        fmt.Println("傳入的最長單字:", longest)
    } else {  // 沒有找到最長單字就回報錯誤
        fmt.Println("發生錯誤")
        os.Exit(1)
    }
}
```

執行結果

```
PS F1741\Chapter04\Exercise04.08> go run . Get ready to Go
傳入的最長單字: ready
```

　　此次練習讓我們見識到切片的彈性，以及它和陣列的相似程度。切片的高度彈性，正是 Go 語言讓人感覺近似動態程式語言的另一個理由。

4-4-2 為切片附加多重元素

　　append() 其實可以一次附加多個值到切片裡, 因為該函式的第二個參數可接收**數量不定**的值:

```
<新切片> = append(<切片>, <新元素 1>, <新元素 2>, <新元素3>...)
```

　　而這也意味著你能在 append() 傳入一個切片, 並在後面加上**解包算符 (unpack operator)**, 也就是三個點 **...** 來『解開』它, 使得切片的元素會被拆成單獨的值傳入 append(), 有多少元素就傳多少。

　　真實世界的程式很常用這種方式, 把一個以上的參數傳給 append() 處理。此舉也能讓 Go 程式保持精簡、不必再像前一個練習那樣, 得用迴圈來新增值到切片。

練習：一次為切片加入多個新元素

　　這個練習要利用 append() 的數量不定參數和解包算符, 將多筆資料 (不同的語系名稱) 放進切片中, 首先是用事先定義好的資料, 接著則加入使用者動態提供的資料。

Chapter04\Exercise04.09

```
package main

import (
    "fmt"
    "os"
)

func getPassedArgs() []string {
    // 傳回包含使用者參數的切片
    // 由於得去掉第一個參數 (程式名稱), 這裡仍得使用迴圈
    // 但後面會提到更方便的做法
    var args []string
    for i := 1; i < len(os.Args); i++ {
```

接下頁

```
        args = append(args, os.Args[i])
    }
    return args
}

func getLocals(extraLocals []string) []string {
    // 傳回包含語系名稱的切片

    var locales []string
    // 加入兩個預設『語系』元素
    locales = append(locales, "en_US", "fr_FR")
    // 加入使用者提供、數量不定的『語系』參數
    // (extraLocals 有可能是空切片)
    locales = append(locales, extraLocals...)
    return locales
}

func main() {
    locales := getLocals(getPassedArgs())
    fmt.Println("要使用的語系:", locales)
}
```

執行結果

```
PS F1741\Chapter04\Exercise04.09> go run . fr_CN, en_AU
要使用的語系: [en_US fr_FR fr_CN en_AU]
```

　　此次練習中運用了兩種呼叫 append() 的方式，為切片加入多重資料值，而且這麼做時不需用到迴圈。如果你想把兩個切片連接起來，也可以使用相同的手法。

4-4-3　從切片和陣列建立新的切片

　　你不只可以用中括號 [] 從陣列或切片取出單一元素，更可以用類似的語法擷取出一段新切片。這種做法最常見的語法為：

```
<新切片> = <陣列或切片>[<起始索引>:<結束索引(不含)>]
```

　　這會讓 Go 語言參考來源陣列或切片，將指定範圍的元素放進新切片中。這個範圍會從起始索引算起、一直到結束索引的**前一個索引**。起始和結束索引都並非必要；若省略起點，Go 會從第一個元素（索引 0）開始取值。若省略結束索引，Go 會取到最後一個索引（長度減 1）。假如兩個都省略（寫成 **[:]**)，那麼就等於是取出原集合的所有元素。

　　要注意的是，當你用以上方式建立新切片時，Go 語言並不是真的將資料複製到新切片。下一小節我們就會來探討切片的這個特性。

練習：從切片再建立其它切片

　　這次練習要利用切片的範圍標記寫法，以不同的初始值建立各種切片：

Chapter04\Exercise04.10

```go
package main

import "fmt"

func message() string {
    s := []int{1, 2, 3, 4, 5, 6, 7, 8, 9}
    // 用 Sprintln() 傳回格式化字串（每一行會包含換行）
    m := fmt.Sprintln("第一個元素:", s[0], s[0:1], s[:1])
    m += fmt.Sprintln("最末的元素:", s[len(s)-1], s[len(s)-1:len(s)],
s[len(s)-1:])
    m += fmt.Sprintln("前五個元素:", s[:5])
    m += fmt.Sprintln("末四個元素:", s[5:])
    m += fmt.Sprintln("中間五元素:", s[2:7])
    m += fmt.Sprintln("全部的元素:", s[:])
    return m
}

func main() {
    fmt.Print(message())
}
```

```
PS F1741\Chapter04\Exercise04.10> go run .
第一個元素: 1 [1] [1]      ← 直接取得元素和取出切片的差異
最末的元素: 9 [9] [9]
前五個元素: [1 2 3 4 5]
末四個元素: [6 7 8 9]
中間五元素: [3 4 5 6 7]
全部的元素: [1 2 3 4 5 6 7 8 9]
```

　　以上練習嘗試用幾種方式從某個切片建立另一個切片。同樣的技巧也可以拿來從陣列另建切片。我們看到若起始和結束索引都省略不寫，Go 語言就會自動以來源集合的開頭或結尾取值。當然，通常真實世界的程式碼都只須處理一小部分的切片或陣列，而且也可以用 for range 迴圈來走訪每個元素。

　　如果產生新切片時，起始和結束索引都不寫，就等於是將整個陣列轉換成切片，是個很方便的技巧。不過，這方式沒辦法拿來複製另一個切片，因為這會使兩個切片共享相同的底層資料，等一下我們就會來說明原因。

▶ 延伸習題 04.02：一週日子切片的輪轉／習題 04.03：從切片去掉一個元素

4-4-4　了解切片的內部運作

　　切片非常好用，也應該是你操作有序清單時的首選，但若你不了解它底下的運作方式，就可能會形成難以察覺的錯誤。

　　陣列是一種資料型別，就像字串 string 或整數 int 一樣。有型別的資料是可以複製的，也可以與同型別的資料做比較。這些資料一經複製，就與原來的資料值沒有關聯了。但切片不一樣；它的運作比較像指標，但又不是真正的指標。

　　若要安全操作切片，關鍵就在於你得知道它底下其實有個**隱藏陣列**，用來真正儲存資料。若你對切片加入新的值，這個隱藏陣列有可能（但不見得）

會被換成更大的陣列。正因隱藏陣列的管理都是在背景自動進行，你一開始自然會比較難理解切片為何會有某些奇怪的表現。

切片擁有三項隱藏屬性：

❏ 指向隱藏陣列起始位置的**指標 (pointer)**

❏ **長度 (length)**

❏ **容量 (capacity)**

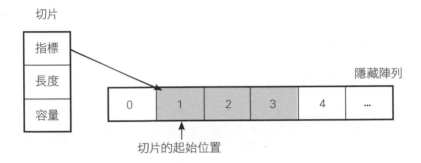

所以你可以用 len() 函式查詢切片的長度，而另一個 Go 語言內建函式 **cap()** 可以告訴我們切片的容量。長度和切片有何不同呢？

簡單來說，長度是切片**現有的元素數量**，而容量是切片**可以放入的元素總量**。當你用 append() 對切片加入一個值時，取決於切片的容量值，可能發生的狀況如下：

❏ 如果切片的容量尚有剩餘，意即隱藏陣列還沒裝滿，那麼新值就會放進隱藏陣列，並更新切片的長度值。

❏ 若切片的容量已滿，Go 語言就會產生一個更大的新隱藏陣列、把舊陣列的元素複製過去，並放入新的值。接著 Go 語言會更新切片長度值，需要的話也更新切片在陣列的起始位置。

切片也會記住它在原始陣列中的起始位置。若切片和原集合一樣長，其指向的陣列起點就自然是隱藏陣列的第一個元素。

你可以在定義切片時就做初始化、控制它的長度跟容量，辦法是使用內建函式 **make()**：

<新切片> = make(<切片型別>, <長度>, [<容量>])

make() 的長度參數為必填，容量則為選擇性 (不寫時容量即為長度)。它實際上會建立一個內容全為零值的陣列，並傳回指向這個陣列的新切片。也就是說，切片的內容已經隨著陣列初始化好了。

用 make() 來控制切片容量

這個練習要利用 var 關鍵字和 make() 函式建立若干切片，並顯示其長度和容量。

Chapter04\Exercise04.11

```go
package main

import "fmt"

func genSlices() ([]int, []int, []int) {
    var s1 []int  // 用 var 建立切片
    s2 := make([]int, 10)  // 用 make() 建立切片，指定長度
    s3 := make([]int, 10, 50)  // 用 make() 建立切片，指定長度與容量
    return s1, s2, s3
}

func main() {
    s1, s2, s3 := genSlices()
    fmt.Printf("s1: len = %v cap = %v\n", len(s1), cap(s1))
    fmt.Printf("s2: len = %v cap = %v\n", len(s2), cap(s2))
    fmt.Printf("s3: len = %v cap = %v\n", len(s3), cap(s3))
}
```

執行結果

```
PS F1741\Chapter04\Exercise04.11> go run .
s1: len = 0 cap = 0
```
接下頁

```
s2: len = 10 cap = 10
s3: len = 10 cap = 50
```

以上練習運用了 make() 來控制切片的長度和容量，並用 len() 和 cap() 來顯示這些資訊。

如果你很肯定切片該有多大，通常就需要指定容量，這樣 Go 語言就不必做額外的隱藏陣列管理，可以大大提升運作效能。

4-4-5　切片的隱藏陣列置換

有鑑於切片的可變性和其運作方式，切片是無法拿來相互比較的。如果你非要這樣做，Go 語言就會丟個錯誤給你。你唯一能做的是拿切片和 nil 做比較。

前面曾提過，切片的運作像指標，可是又不是指標，那麼它到底是什麼呢？切片其實是 Go 語言的一種特殊資料結構，本身不直接儲存值，而是在背景透過隱藏陣列存放資料。切片本身只指向該隱藏陣列的指標，代表切片從陣列的哪裡開始，然後就只記錄了切片的長度與容量。這三個屬性使得切片變成該隱藏陣列的**窗格 (window)**，就像在陣列上開了一扇窗，讓你能窺見底下陣列的一部分面貌。

窗格可能跟整個陣列一樣大，也有可能只是一小塊。同一個隱藏陣列也能被多重切片共用 (你從切片建立的所有新切片，都會指向同一個原始陣列)，但彼此的窗格不見得一樣大，也就是某些切片的值會比其他切片多。

既然切片本身不儲存值，底下也可能會共用陣列，這表示當你更改其中一個切片的元素值時，實際上是在修改隱藏陣列，連帶改變其他切片看到的窗格。若你事先不曉得切片會有這種行為，你在開發程式時便會遇到出乎預期的細微臭蟲。

而更大的問題是，當切片需要擴充到超過其隱藏陣列的大小 (窗格比隱藏陣列更大) 時，Go 語言就會建立出更大的陣列，把舊陣列的內容搬過去、再把切片的指標指向這個新陣列。而這種**陣列置換**的動作，就可能導致不同的切片失去連結性。在這之後，若再更改其中一方的元素，改變就不會反映在另一個切片內。

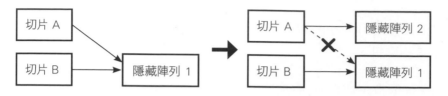

切片 A 和 B 都指向同一個隱藏陣列　　對切片 A 新增元素，導致陣列置換發生

若你想複製一份切片、又要確保該切片能指向一個新隱藏陣列，不要跟原本的切片有連結，你有以下兩種方式：

❑ 用 append() 把來源切片附加到另一個無關的新切片。

❑ 用 Go 內建函式 **copy()** 把來源切片複製到目標切片：

```
copy(<目標切片>, <來源切片>)
```

注意在使用 copy() 函式時，Go 語言不會改變目標切片的大小，所以請確定目標切片有足夠的空間容納你要複製的所有元素。

練習：觀察切片的連結行為

這次的練習，我們要探索幾種把資料從一個切片複製到另一個切片的方式，然後觀察這些手法對切片內部運作的不同影響。

Chapter04\Exercise04.12

```
package main

import "fmt"

func linked() (int, int, int) {
    s1 := []int{1, 2, 3, 4, 5}
    s2 := s1     // 直接複製切片 (指向同一個陣列)
    s3 := s1[:]  // 從切片建立同長度切片 (指向同一個陣列)
```

接下頁

```
    s1[3] = 99
    return s1[3], s2[3], s3[3]
}

func noLink() (int, int) {
    s1 := []int{1, 2, 3, 4, 5}
    s2 := s1
    s1 = append(s1, 6)  // 加入新值，超過 s1 容量，使 s1 置換陣列
    s1[3] = 99   // 更動不會反映在 s2
    return s1[3], s2[3]
}

func capLinked() (int, int) {
    s1 := make([]int, 5, 10)  // s1 容量設為 10
    s1[0], s1[1], s1[2], s1[3], s1[4] = 1, 2, 3, 4, 5
    s2 := s1
    s1 = append(s1, 6)  // 加入新值，不超過 s1 容量，s1 不會置換陣列
    s1[3] = 99   // 更動仍會反映在 s2
    return s1[3], s2[3]
}

func capNoLink() (int, int) {
    s1 := make([]int, 5, 10)
    s1[0], s1[1], s1[2], s1[3], s1[4] = 1, 2, 3, 4, 5
    s2 := s1
    s1 = append(s1, []int{10: 11}...)  // 加入新值（索引 10），超過 s1 容量
    s1[3] = 99
    return s1[3], s2[3]
}

func copyNoLink() (int, int, int) {
    s1 := []int{1, 2, 3, 4, 5}
    s2 := make([]int, len(s1))  // 用 make 建立與 s1 同長度的切片
    copied := copy(s2, s1)  // 用 copy() 複製切片元素，並傳回複製的數量
    s1[3] = 99
    return s1[3], s2[3], copied
}

func appendNoLink() (int, int) {
    s1 := []int{1, 2, 3, 4, 5}
    s2 := append([]int{}, s1...)  // 將 s1 的元素附加到一個新切片
    s1[3] = 99
    return s1[3], s2[3]
```

接下頁

```
}

func main() {
    l1, l2, l3 := linked()
    fmt.Println("有連結              :", l1, l2, l3)
    nl1, nl2 := noLink()
    fmt.Println("無連結              :", nl1, nl2)
    cl1, cl2 := capLinked()
    fmt.Println("有設容量, 有連結      :", cl1, cl2)
    cnl1, cnl2 := capNoLink()
    fmt.Println("有設容量, 無連結      :", cnl1, cnl2)
    copy1, copy2, copied := copyNoLink()
    fmt.Print("使用 copy(), 無連結   : ", copy1, copy2)
    fmt.Printf(" (複製了 %v 個元素)\n", copied)
    a1, a2 := appendNoLink()
    fmt.Println("使用 append(), 無連結:", a1, a2)
}
```

```
PS F1741\Chapter04\Exercise04.12> go run .
有連結              : 99 99 99  ←── linked
無連結              : 99 4      ←── noLink()
有設容量, 有連結      : 99 99    ←── capLinked()
有設容量, 無連結      : 99 4     ←── capNoLink()
使用 copy(), 無連結   : 99 4 (複製了 5 個元素) ←── copyNoLink()
使用 append(), 無連結 : 99 4     ←── appendNoLink()
```

以上練習看了幾種不同的切片資料複製方式。以下我們就來逐一檢視發生了什麼事。

在 noLink() 函式中,它和 linked() 函式一樣先建立切片 s1,然後複製到 s2,使兩個切片都指向同一個隱藏陣列。然而,接著這裡用 append() 加入了新的值,使得 s1 不得不換上一個新陣列來容納第 6 個元素。s2 仍指向舊的隱藏陣列,因此這時修改 s1 的元素,就不會像 linked() 牽連到 s2 了。

在 capLinked() 函式,我們在用 make() 初始化切片 s1 時,故意讓其容量大於長度,代表它的隱藏陣列有額外空間,於是用 append() 附加新元素時,s1 就不需要置換陣列,繼續與 s2 指向同一陣列。

至於在 capNoLink() 函式，我們故意在附加新值時指定索引為 10（即第 11 個元素），但原始容量是 10，使得陣列置換再度發生，切片 s1 與 s2 的連結又中斷了。

最後是用 copy() 和 append() 來複製切片。在 copyNoLink() 中，我們建了一個跟 s1 相同長度、但指向不同陣列的切片 s2，並用 copy() 將資料複製過去，這麼做也不會增加 s2 的大小。這裡有個重點：目標切片一定要有足夠的長度，才能完整容納來源切片的所有元素。這也是為何在現實世界的程式碼中，copy() 並不常用，因為它很容易被誤用。

★小編補充　copy() 的行為

copy() 事實上會以來源和目標切片當中的**最短長度**來複製元素。因此若目標切片長度比較短，那麼複製的元素數量就只會符合目標切片。而 copy() 也會傳回一個 int 值（即以上範例中 copyNoLink() 內的變數 copied），這就是它實際複製的元素量。

另外，copy() 的來源與目標切片可以是同一個，意即你能將切片的某一段內容搬移到該切片的其他位置。

至於在 appendNoLink()，我們用 append() 做到類似 copy() 的效果，但你不必擔心目標切片的長度是否足夠，因為我們是把 s1 的元素附加到一個獨立的空切片裡。這個寫法在真實世界的程式裡是最常用的，不僅容易理解，而且只要一行程式就能解決。

其實拿 append() 複製切片還有一個稍微更有效率的寫法，可以避免多建立一個空切片來傳入 append() 的第一個參數。下面利用了原有的切片 s1 來建一個容量為 0 的拷貝：

```
s1 := []int{1, 2, 3, 4, 5}
s2 := append(s1[:0:0], s1...)
```

看出差異了嗎？這裡引用了一般極少用到的擷取範圍語法：

<切片>[<起始索引>:<結束索引(不含)>:<容量>]

雖然 s1[:0:0] 仍指向原始的陣列，但既然切片容量被設為 0，它在接收額外的值時就會自動置換底下的陣列。這麼一來，一開始就不需要浪費記憶體多建一個空切片了。

4-5 映射表 (map)

4-5-1 map 的基礎

陣列和切片彼此相似，有時也可通用，但 Go 語言的另一種集合**映射表 (map)** 與前兩者截然不同。這是因為 Go 語言的 map 是要用在不同的用途。

以電腦科學術語來說，Go 語言的 map 是一種雜湊表 (hashmap)。與其他形式的集合相比，雜湊表的差別在於索引鍵：對陣列或切片來說，索引鍵只代表位置和計數器，本身並無意義，跟資料也並無直接的關係。但在 map 中，索引鍵本身**同時**也是資料，與其對應值有真實的關聯。

舉例來說，你可以在 map 儲存一系列使用者帳戶資料。索引鍵是員工編號，這本身也是貨真價實的資料，不只是代表資料位置而已。如果某人給你他的員工編號，你就可以調出相關帳戶資料，毋須逐一走訪整個陣列或切片才能找到。有了 map，你就可以快速建立、取得和刪除集合中的資料。

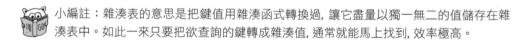 小編註：雜湊表的意思是把鍵值用雜湊函式轉換過，讓它盡量以獨一無二的值儲存在雜湊表中。如此一來只要把欲查詢的鍵轉成雜湊值，通常就能馬上找到，效率極高。

要取得 map 內的元素，做法和存取陣列跟切片很類似：使用中括號 []。任何可以用來做比較的資料型別，都可以當成 map 的索引鍵型別，不論整數或字串都可以。切片不能當作索引鍵，因為切片不能被比較；至於 map 的資料值則可以是任何型別，包括指標、切片、甚至是另一個 map。

你不應該用 map 來儲存有序資料。即使你用 int 整數型別當 map 的索引鍵，這也不保證走訪整個 map 時資料會照索引鍵大小排序。事實上 Go 語言在你用 for range 時會故意打亂元素順序 (不是隨機而是非決定性 (nondeterministic) 的), 好確保沒人會走撇步、只靠元素的次序取值。若你真的需要以特定順序走訪資料 , 最好還是改用陣列或切片吧。

map 的定義與新增元素方式

map 的定義語法如下：

```
map[<鍵型別>]<值型別>
```

由於 Go 語言不會替你初始化 map 的鍵與值 (map 的零值就是 **nil**), 你必須在定義 map 時一併賦予索引鍵跟其值：

```
map[<鍵型別>]<值型別>{<鍵1>: <值1>, <鍵2>: <值2>, ... <鍵N>:, <值N>}
```

如果你嘗試對一個未經初始化的 map 賦值 , 就會引發執行期間 panic (關於 panic 見第 6 章), 所以請盡量避免定義一個零值 map。

更常用的方式是使用 make() 函式傳回一個經過初始化的 map, 但 make() 在此傳入的參數會和初始化切片時有所不同：

```
make(map[<鍵型別>]<值型別>, <容量>)
```

和切片不同的是 , Go 語言不會替 map 建立索引鍵 , 所以你沒辦法像切片那樣在 make() 給它指定的特定長度。至於 map 的容量則是選擇性的 , 你可以替它設置更大的空間 , 但你不能用 cap() 函式來查詢 map 的容量。

還有注意 map 跟切片一樣 , 若你將一個 map 複製給另一個 map, 它們底下實際上會指向一樣的資料 (有連結性)。若要複製 map 但避免這種連結性 , 就得用迴圈走訪其中一個 map、然後將鍵與值寫入另一個 map。

初始化完畢後，你就能用中括號 [] 對 map 加入元素 (鍵與值)，且不必像在處理陣列或切片時擔心其長度問題：

```
<map名稱>[<索引鍵>] = <值>
```

練習：建立、讀取和寫入一個 map

這次的練習要定義一個 map，放一些資料來初始化它，然後再添加一個新元素，最後則把 map 的內容顯示在主控台。

Chapter04\Exercise04.13

```go
package main

import "fmt"

func getUsers() map[string]string {
    users := map[string]string{
        "305": "Sue",
        "204": "Bob",
        "631": "Jake",
    }
    users["073"] = "Tracy"   // 加入新的鍵與對應值
    return users
}

func main() {
    fmt.Println("Users:", getUsers())
}
```

執行結果

```
PS F1741\Chapter04\Exercise04.13> go run .
Users: map[073:Tracy 204:Bob 305:Sue 631:Jake]
```

我們在此次練習建立了一個 map，賦予元素初始值，然後也加入了新元素。從程式內容看來，處理 map 的方式和處理陣列、切片十分相似。但

map 的使用時機，就取決於你要在其中儲存何種資料、以及是否需要取用各別資料 (而非一系列資料的清單) 了。

4-5-2 從 map 讀取元素

只有當你嘗試用索引鍵在 map 中取用資料值時，你才會知道該鍵存在與否。萬一索引鍵並不存在，Go 語言就會傳回 map 資料值型別的零值。藉由檢查零值來判斷索引鍵是否存在也是可行的，但你沒辦法永遠擔保零值就表示查無此鍵 (零值也有可能是有意義的資料)。

在這種情況下，你在取值時可從 map 多接收一個參數，寫法如下：

<值>, <存在狀態> := <map名稱>[<索引鍵>]

存在狀態是個布林值。如果 map 含有你傳入的索引鍵，該值就會為 true, 反之為 false。

練習：讀取 map 元素並檢查它存在與否

這個練習將以直接存取和迴圈走訪兩種方式，從一個 map 讀取資料，並檢視某個索引鍵是否存在於 map 中。

Chapter04\Exercise04.14

```
package main

import (
    "fmt"
    "os"
)

func getUsers() map[string]string {
    return map[string]string{
        "305": "Sue",
        "204": "Bob",
        "631": "Jake",
```

接下頁

```
            "073": "Tracy",
    }
}

func getUser(id string) (string, bool) {
    users := getUsers()
    user, exists := users[id]
    return user, exists
}

func main() {
    if len(os.Args) < 2 {   // 檢查是否至少有傳入一個參數
        fmt.Println("未傳入使用者 ID")
        os.Exit(1)
    }
    userID := os.Args[1]
    name, exists := getUser(userID)   // 取值並檢查鍵是否存在
    if !exists {
        fmt.Printf("查無傳入的使用者 ID (%v).\n使用者列表:\n", userID)
        for key, value := range getUsers() {
            fmt.Println("使用者 ID:", key, "  名字:", value)
        }
        os.Exit(1)
    }
    fmt.Println("查得名字:", name)
}
```

執行結果

```
PS F1741\Chapter04\Exercise04.14> go run . 123
查無傳入的使用者 ID (123).
使用者列表:
使用者 ID: 305     名字: Sue
使用者 ID: 204     名字: Bob
使用者 ID: 631     名字: Jake
使用者 ID: 073     名字: Tracy
exit status 1
PS F1741\Chapter04\Exercise04.14> go run . 305
查得名字: Sue
```

你看到的 map 輸出順序不一定會跟以上相同，正是因為 Go 語言會在你使用 for range 時故意打亂元素。

我們從以上練習學到，如何檢查 map 中某個索引鍵是否存在。別種程式語言都會要求在取值前先確認索引鍵存在與否，Go 語言卻是先取值再來檢查後果，確實是有點奇怪，但這種方式可以大幅減少執行期間的錯誤。如果你的程式沒辦法用資料零值來判別鍵是否存在 (記得嗎？map 找不到索引鍵時就會傳回零值)，就該利用 map 的第二個傳回值來檢查索引鍵存在與否。

▶ 延伸習題 4.04：查詢多重使用者

4-5-3 從 map 刪除元素

如果你要從 map 移除元素，做法會跟陣列及切片都不一樣。陣列的元素是無法移除的，因為陣列長度已經固定，你頂多只能把該元素設為零值而已。至於切片，你可以用零值清空該元素，或是用 append() 組合新的切片範圍，並在過程中去掉某些元素。

但在 map 中，你可以將元素變為零值，但元素仍然存在，所以你的程式在檢查時會得到『鍵仍然存在』的錯誤結論。map 也沒法像切片那樣靠著擷取範圍來『丟掉』元素 (如延伸習題 04.03 的做法)。

要移除 map 元素，必須引用 Go 語言的內建函式 **delete()**：

```
delete(<map名稱>, <索引鍵>)
```

delete() 沒有任何傳回值；如果要刪除的索引不存在，它也不會發生問題或提出異議。

練習：從 map 刪除一個元素

這個練習要定義一個 map，然後依據使用者輸入的鍵來刪除一個元素，最後把刪減過的 map 顯示在主控台。

```go
package main

import (
    "fmt"
    "os"
)

var users = map[string]string{
    "305": "Sue",
    "204": "Bob",
    "631": "Jake",
    "073": "Tracy",
}

func deleteUser(id string) {
    delete(users, id)  // 刪除 map 元素
}

func main() {
    if len(os.Args) < 2 {
        fmt.Println("未傳入使用者 ID")
        os.Exit(1)
    }
    userID := os.Args[1]
    deleteUser(userID)
    fmt.Println("使用者列表:", users)
}
```

執行結果

```
PS F1741\Chapter04\Exercise04.15> go run . 305
使用者列表: map[073:Tracy 204:Bob 631:Jake]
```

此練習利用了 Go 語言內建的 delete() 將某元素從 map 中刪去。該函式唯一的限制是它只能搭配 map；你不能對陣列或切片使用 delete()。

4-6 簡易自訂型別 (custom types)

你可以用 Go 語言的核心型別當成起點,建立你的自訂型別:

> type <自訂型別名稱> <核心型別>

如果我們想以字串為基礎建立一個叫做『id』的型別,可以寫成如下:

```
type id string
```

自訂型別的行為就跟其核心型別一樣,包括擁有零值、能跟同型別的資料比對等等,但自訂型別不能直接和它根據的核心型別相互做比較,除非你先轉換其型別。(本章後面我們會探討到型別轉換。)

如果自訂型別只不過是拿另一個型別來換個名稱,這有什麼用呢?重點就在於,你可以替自訂型別加上自訂的行為 (函式或『方法』),但你不能對核心型別這麼做。下一節談到結構型別時,我們會再看到什麼是「方法」。

練習:定義一個簡易自訂型別

在這個練習中,我們要定義一個簡單、以字串為基礎的自訂型別,拿它建立一些資料,並跟彼此作比對,甚至和字串型別比對。

Chapter04\Exercise04.16

```go
package main

import "fmt"

type id string  // 自訂型別

func getIDs() (id, id, id) {
    // 用自訂型別建立變數
    var id1 id
    var id2 id = "1234-5678"
    var id3 id
```

接下頁

```
    id3 = "1234-5678"
    return id1, id2, id3
}

func main() {
    id1, id2, id3 := getIDs()
    // 自訂型別相互比對
    fmt.Println("id1 == id2        :", id1 == id2)
    fmt.Println("id2 == id3        :", id2 == id3)
    // 轉成字串後跟字串比對
    fmt.Println("id2 == \"1234-5678\":", string(id2) == "1234-5678")
}
```

執行結果

```
PS F1741\Chapter04\Exercise04.16> go run .
id1 == id2        : false
id2 == id3        : true
id2 == "1234-5678": true
```

　　這個練習中建立了自訂型別，並賦予資料，然後在同型別資料間進行比較，也設法與其核心型別做比較 (得先轉換成同樣的型別)。

　　你在現實世界的程式中，會看到人們很常用自訂型別來包裝資料。當你讓型別的名稱反映你需要處理的資料時，你的程式碼就會變得更好理解和維護。

★ 小編補充　型別別名

Go 語言也允許你替型別取別名 (alias)，這樣並不會創造出新型別，而是讓你能用不同的名稱來使用該型別：

> **type** <別名> = <型別>

例如，定義 『type num = int』 會替 int 型別創造一個別名 **num**，於是你能將 num 當成 int 使用，而它仍然會被視為 int 型別。

4-7 結構 (struct)

陣列、切片、map 集合都十分適合用來把型別及用途相同的資料放在一起，但 Go 語言還有另一種收集資料的方式，用途也不相同。當簡單的字串、數值或布林值都無法正確地捕捉你手中資料的本質時，你就需要用上以下這種更複雜的資料型別。

舉個例，以我們先前建立的使用者 map 來說，一筆使用者資料會由不重複的識別碼 ID 和使用者的名字構成。然而，你需要儲存的個人資料可能五花八門，像是姓名、稱謂、生日、身高、體重、甚至工作地點都有可能，而 map 這種形式根本不夠應付所有類型的資料。當然，你可以用多個 map 來維護這些資料，每個都使用相同的索引鍵，以便對到不同型別的值，但這樣做起來既麻煩又難以維護。

因此理想的做法是把這些型別各異的資料收在一個單獨的資料結構之中，你可以任意調整和控制它。這就是 Go 語言的**結構 (struct)** 型別：它是一種自訂型別，你可以命名它、並指定其中的**欄位 (field)** 名稱以及其型別。

4-7-1 結構的定義

結構型別的定義會像這樣：

```
type <結構型別名稱> struct {
    <欄位 1> <型別>
    <欄位 2> <型別>
    ...
    <欄位 N> <型別>
}
```

欄位就是隸屬於結構的變數。每個欄位的名稱必須獨一無二，但其型別毫無限制，可以是指標、集合、甚至另一個結構都可以。欄位和型別必須寫在大括號 {} 之間。

讀取結構欄位和對它們賦值的語法如下：

Go 語言不是物件導向語言，而結構就是它最近似於其他語言的**類別 (class)** 的東西。Go 語言的設計者特意簡化結構設計，其關鍵差異在於結構無法被繼承 (inheritance)；這是因為 Go 語言的設計者認為，繼承在真實世界的程式開發中弊多於利。

 小編註：當然, 許多人 (包括 Go 語言官方文件) 經常還是會出於習慣稱結構為物件, 並將其欄位稱為屬性。

一旦定義好你的結構型別，就可以用它來建立變數。用結構型別建立變數的方式很多, 以下練習就來看看有哪些做法。

練習：定義結構型別和建立變數

這個練習要定義一個使用者結構。我們會該結構中定義若干不同型別的欄位, 然後用幾種不同的方式對結構賦值。

Chapter04\Exercise04.17

```go
package main

import "fmt"

type user struct {   // 自訂結構型別
    name    string  // 定義欄位名稱與型別
    age     int
    balance float64
    member  bool
}

func getUsers() []user {
    u1 := user{
        name:    "Tracy",  // 搭配欄位名稱的賦值法 (不必照順序)
        age:     51,
        balance: 98.43,
```

接下頁

```
            member:  true,
        }
    u2 := user{
            age:  19,
            name: "Nick",
            // 其餘沒有賦值的欄位則會是零值
        }
    u3 := user{
            "Bob",  // 不使用欄位名稱的賦值法（必須照順序、資料不能有缺）
            25,
            0,
            false,
        }
    var u4 user
    u4.name = "Sue"  // 透過『結構.欄位』賦值
    u4.age = 31
    u4.member = true
    u4.balance = 17.09

    return []user{u1, u2, u3, u4}
}

func main() {
    users := getUsers()
    for i := 0; i < len(users); i++ {
        fmt.Printf("%v: %#v\n", i, users[i])
    }
}
```

執行結果

```
PS F1741\Chapter04\Exercise04.17> go run .
0: main.user{name:"Tracy", age:51, balance:98.43, member:true}
1: main.user{name:"Nick", age:19, balance:0, member:false}
2: main.user{name:"Bob", age:25, balance:0, member:false}
3: main.user{name:"Sue", age:31, balance:17.09, member:true}
```

　　這次的練習定義了你自訂的結構型別，其中含有多重欄位，每一個欄位的型別都不相同。然後我們用不同的方式拿結構初始化了變數——每種方式都是有效的，且適用於不同的場合。

小編註：於 {} 內對欄位賦值時，每個欄位之間不見得必須換行，但一定要用逗點分開。如果有換行，那麼最後一行的結尾必須要有逗號。

匿名結構

結構型別一般會在套件層級宣告，因為可能會有多重函式需要用它建立變數，但你也可以把結構型別定義在函式層級內，只是這麼一來就只能在該函式內使用。

這種於函式內定義的結構型別（注意不是結構變數）稱為**匿名結構 (anonymous strut)**。這種結構沒有名稱，並可在宣告時一併對欄位賦值。這樣的結構型別就只能有一個變數，沒辦法再用來建立其他結構。匿名結構的寫法如下：

```
<結構變數名稱> := struct {
    <欄位 1> <型別>
    <欄位 2> <型別>
    ...
    <欄位 N> <型別>
}{
    <值 1>,
    <值 2>,
    ...
    <值 N>,
}
```

就和具名結構一樣，初始值之間需用逗號隔開。你在這裡當然也可以用『< 欄位 >: < 值 >』來給欄位初始值，不過對於匿名結構，後面賦值時只寫出值、不寫欄位名稱仍是最常見的做法。

4-7-2　結構的相互比較

如果結構中的每個欄位都相同、且使用可以比較的型別，那麼該結構型別的變數就可以相互比較。比如，若你的結構是以字串和整數構成，它就能跟同型別的結構比較，並在欄位值完全相同時傳回 true。但如果你的結構中使用切片作為欄位，就不能互比了。

Go 屬於強型別語言，只有相同的型別才能做比較，然而結構在這方面比較有彈性一點。如果在函式中定義的匿名結構型別和其他結構型別擁有相同的欄位，那麼 Go 語言也允許它們做比較。當所有欄位的值都相同時，比較就會得到 true。

練習：比較結構

這次的練習，要定義出幾個可比較的結構型別 (包括匿名結構型別) 和拿來建立變數，而這些結構型別都有相同名稱與型別的欄位。最後我們就會比較這些個結構，並把結果顯示在主控台。

Chapter04\Exercise04.18

```go
package main

import "fmt"

type point struct {  // 具名結構
    x int
    y int
}

func compare() (bool, bool) {
    point1 := struct {  // 匿名結構 (有給初始值)
        x int
        y int
    }{
        10,
        10,
    }
    point2 := struct {  // 匿名結構 (沒有初始值)
        x int
        y int
    }{}
    point2.x = 10  // 設定欄位值
    point2.y = 5
    point3 := point{10, 10}
```

接下頁

```
    return point1 == point2, point1 == point3
}

func main() {
    a, b := compare()
    fmt.Println("point1 == point2:", a)
    fmt.Println("point1 == point3:", b)
}
```

執行結果

```
PS F1741\Chapter04\Exercise04.18> go run .
point1 == point2: false
point1 == point3: true
```

　　這個練習證明了，儘管匿名結構變數只能建立一次，但用起來跟具名結構型別的變數一樣，而且確實可以相互比較。

4-7-3　內嵌結構

　　雖然說 Go 語言的結構型不支援繼承，但其設計者倒是提供了個有趣的替代方式：在結構型別中**內嵌 (embedding)** 其他結構。

　　內嵌和拿其他結構型別當成欄位是不一樣的；當你把結構 B 內嵌到結構 A 時，B 的欄位會被**提升 (promoted)** 成 A 結構自身的欄位，就好像是直接在 A 結構型別內定義的一樣。

　　要內嵌一個結構，寫法就像平時定義欄位一樣，只是不必指定欄位名稱，只需在加上來源的結構型別名稱即可：

```
type <型別名稱> struct {
    <欄位> <型別>  // 正常的欄位定義
    <結構型別>  // 內嵌結構型別（不寫欄位名稱）
}
```

其實你可以內嵌**任何**型別到結構內，只是內嵌核心型別並非常見的做法，通常也沒什麼用處，一般會拿來內嵌的還是自訂型別或結構。你可以用下面的語法存取內嵌型別：

> <結構變數>.<內嵌(結構)型別>

於是，你就可用同樣的方式存取內嵌結構的欄位，這麼做的效果跟直接存取被提升的欄位是一樣的：

> <結構變數>.<內嵌結構型別>.<欄位名稱>
> <結構變數>.<提升的欄位名稱>

但若要能直接存取提升的欄位名稱，這意味著這些欄位的名字都必須是獨一無二，不能跟目標結構的欄位撞名。如果嵌入的結構和目標結構有欄位同名，Go 語言還是會允許內嵌，只是子結構的欄位不會被提升而已。這時唯一存取該欄位的方式就是透過內嵌結構型別名稱了。

在初始化欄位值時，你也不能直接對內嵌結構的欄位賦值，同樣必須透過其型別名稱 (下面會看到做法)。

練習：嵌入結構與賦予初始值

這次的練習要定義若干結構和自訂型別，並把這些型別嵌入到另一個結構中。

Chapter04\Exercise04.19

```go
package main

import (
    "fmt"
)

type name string  // 自訂型別
```

接下頁

```go
type location struct {   // 結構型別
    x int
    y int
}

type size struct {   // 結構型別
    width  int
    height int
}

type dot struct {
    name   // 內嵌自訂型別
    location   // 內嵌結構
    size   // 內嵌結構
}

func getDots() []dot {
    var dot1 dot

    dot2 := dot{}
    dot2.name = "A"   // 存取內嵌的自訂型別
    dot2.x = 5   // 內嵌結構型別的欄位被 "提升" 了
    dot2.y = 6
    dot2.width = 10
    dot2.height = 20

    dot3 := dot{
        name: "B",
        location: location{   // 透過嵌入型別賦予初始值
            x: 13,
            y: 27,
        },
        size: size{
            width:  5,
            height: 7,
        },
    }

    dot4 := dot{}
    dot4.name = "C"
    dot4.location.x = 101   // 透過嵌入型別賦值
    dot4.location.y = 209
    dot4.size.width = 87
    dot4.size.height = 43
```

接下頁

```
        return []dot{dot1, dot2, dot3, dot4}
}

func main() {
    dots := getDots()
    for i := 0; i < len(dots); i++ {
        fmt.Printf("dot%v: %#v\n", i+1, dots[i])
    }

}
```

執行結果

```
PS F1741\Chapter04\Exercise04.19> go run .
dot1: main.dot{name:"", location:main.location{x:0, y:0},
size:main.size{width:0, height:0}}
dot2: main.dot{name:"A", location:main.location{x:5, y:6},
size:main.size{width:10, height:20}}
dot3: main.dot{name:"B", location:main.location{x:13, y:27},
size:main.size{width:5, height:7}}
dot4: main.dot{name:"C", location:main.location{x:101, y:209},
size:main.size{width:87, height:43}}
```

　　我們從以上練習學到，如何以嵌入其它型別的方式定義出一個更複雜的型別。透過嵌入，我們就可以沿用共通的資料架構，減少重複的程式碼，但仍然使你的結構保有扁平的欄位結構 (不必多透過一層名稱來存取)。

　　在真實世界的 Go 語言程式中，嵌入的用法並不常見，因為它會帶來額外的複雜度跟問題。因此 Go 程式設計師通常會偏好直接將其他結構當成目標結構的具名欄位。

 小編註：將結構當成具名欄位的做法 (將結構包在其他結構中)，就相當於物件導向的組合 (composition)。

 小編註 2：內嵌的型別本身不能定義成指標型別 (例如把上面的 name 宣告成 type name *string 會產生錯誤)，但可以在內嵌時用指標指向該型別 (如在 dot 中把 size 寫成 *size)。不過這麼一來，內嵌結構型別的零值就會是 nil，必須賦予初始值。

▶ 延伸習題 4.05：語系驗證器

4-7-3 替自訂型別加上方法 (method)

值接收器 vs. 指標接收器

結構可以包含不同型別的欄位，用起來很方便，但你能不能讓它也具備一些功能，像是擁有自己的函式可供呼叫？

Go 語言雖不是物件導向語言，沒有所謂的**類別 (class)**，但我們確實可以在定義函式時，將它們指向特定型別的變數——通常是個結構變數。而正如前面所提，這些綁 (bind) 到結構『物件』的函式，通常會被稱為結構的**方法 (method)**。(下一章我們會更深入介紹函式的定義方式，不過各位已經在前面幾章看過不少函式的例子了。)

為了定義型別方法，有**值接收器 (value receiver)** 和『指標接收器』**指標接收器 (point receiver)** 兩種寫法。首先來看『值接收器』：

```
func （<接收器變數> <型別>）函式名稱() {
    // 程式碼
}
```

而指標接收器的語法和值接收器非常相似，只差型別前面要加上 *：

```
func （<接收器變數> <*型別>）函式名稱() {
    // 程式碼
}
```

等一下我們會來看這兩者有何差別。但函式只要有接收器，你就就能用『變數.函式()』的語法呼叫它們。接收器會讓結構變數以參數的形式傳給函式，使我們能從函式內部存取特定結構的欄位和其他方法。附帶一提，不同型別 (自訂型別或結構型別) 可以定義名稱一模一樣、但參數與傳回值完全不同的方法。

要注意的是接收器變數的型別有以下限制：

❏ 不能是核心型別 (如 int, string)、介面 (interface) 型別或指標型別

❏ 方法必須與該型別必須定義在同一套件中

簡單來說，你只能對你在同一套件定義的自訂型別、結構綁上方法，還有就是若某個結構是定義在外部套件，你就不被允許替它新增方法。

 小編註：如果你在結構 A 中內嵌自訂型別或結構型別 B, 那麼你就能透過 A 呼叫你替 B 綁定的方法。這有點像是某種反向的物件繼承。

下面我們就來看一個例子，了解一下方法是如何實作的。

建立並呼叫型別方法

這裡我們修改之前的練習，替自訂型別和結構加上它們的方法：

```go
package main

import "fmt"

type name string  // name 型別

type point struct {  // point 結構型別
    x int
    y int
}

func (n name) printName() {  // name 型別方法 (值接收器)
    fmt.Println("name:", n)
}

func (p *point) setPoint(x, y int) {  // point 結構方法 (指標接收器)
    p.x = x  // 存取結構欄位
    p.y = y
}

func (p point) getPoint() string {  // point 結構方法 (值接收器)
    return fmt.Sprintf("(%v, %v)", p.x, p.y)
}

func main() {
    var n name = "Golang"
```

接下頁

```
    n.printName()  // 呼叫 n 的方法 printName()

    a, b := point{}, point{}
    a.setPoint(10, 10)  // 呼叫 a 的 setPoint() 方法
    b.setPoint(10, 5)   // 呼叫 b 的 setPoint() 方法
    fmt.Println("point1:", a.getPoint())  // 呼叫 a 的 getPoint() 方法
    fmt.Println("point2:", b.getPoint())  // 呼叫 b 的 getPoint() 方法
}
```

我們在此替 name 自訂型別以及 point 結構型別定義了各自的方法，而且同一個方法定義能套用在不同的變數上。

那麼，以 point 結構為例，(p point) 和 (p *point) 究竟有何不同？

❏ (p point) 是**值接收器**，它會複製變數到 p 並傳給函式。函式可以讀取到原變數的欄位，但若函式修改 p，其變動不會反映在原變數身上。

❏ (p *point) 是**指標接收器**，它會把 p 轉成指標 &p 傳給函式。函式對 p 的任何修改，都會反映在原變數身上。

我們可以來試試看將 setPoint() 方法從指標接收器改成值接收器，然後再次執行程式，瞧瞧這樣對結構變數有何影響：

```
func (p point) setPoint(x, y int) {  // 改成值接收器
    p.x = x  // 修改 p 的欄位
    p.y = y
}
```

```
name: Golang
point1: (0, 0)
point2: (0, 0)
```

改成使用值接收器後，setPoint() 只修改了它收到的複本，因此 main() 內的 a 和 b 結構欄位仍然維持在零值。

接收器值與指標的自動轉換

上面提到 Go 語言在將值傳入指標接收器時，會自行將它轉成指標傳入。其實這是個雙向的機制，這裡我們就來更仔細檢視一下它是如何運作的。

我們可試著修改以上程式，把其中一個 point{} 結構變數換成指標：

```go
package main

import "fmt"

type point struct {
    x int
    y int
}

func (p *point) setPoint(x, y int) {
    p.x = x
    p.y = y
}

func (p point) getPoint() string {
    return fmt.Sprintf("(%v, %v)", p.x, p.y)
}

func main() {
    a := point{}    // a 是結構值
    b := &point{}   // b 是指向結構變數的指標
    a.setPoint(10, 10)
    b.setPoint(10, 5)
    fmt.Println("point1:", a.getPoint())
    fmt.Println("point2:", b.getPoint())
}
```

對結構指標的自動解除參照

注意到上面的 b 雖然是指標, 但呼叫其方法時並不需要寫成像是 (*b).setPoint()。這是因為 Go 語言做了第 1 章提過的**自動解除參照**。

出於同理, 你可以用 b.x 直接存取欄位 x 的值, 而無須寫成 (*b).x。

重新執行程式看看：

```
point1: (10, 10)
point2: (10, 5)
```

可以看到即使 b 變成指標，它在使用方法 setPoint()（指標接收器）和 getPoint()（值接收器）時仍舊表現正常。事實上仔細想想，當我們呼叫 a.setPoint() 時，a 也會被自動轉成指標。這是由於 Go 語言會在背後做以下的自動處理：

❑ 呼叫 a.setPoint() 時，a 是一個值，setPoint() 卻使用了指標接收器，因此 Go 語言會自行把它轉成 **(&a)**.setPoint()。

❑ 呼叫 b.getPoint() 時，b 是一個指標，getPoint() 卻使用了值接收器，Go 語言會自行把它轉成 **(*b)**.getPoint()。

拜 Go 語言的便利轉換之賜，我們不需要自行轉換值或指標，就能直接呼叫型別的任何方法。

4-8 介面與型別檢查

4-8-1 型別轉換

在開發 Go 程式時，你遲早會遇上資料型別就是不一致的時候，偏偏 Go 語言又採用了嚴格型別系統。就算是兩個數值，只要其型別不同，彼此就不能互動。

這時你有兩個選擇。首先如果可行的話，你可以做**型別轉換 (type conversion)**，亦即將其中一的值從原有型別轉成另一個型別的值：

```
<型別>(<值>)
```

我們在前一章看過，你可以用 []rune(string) 把字串轉成 rune 陣列，或者可以用 string([]rune) 從 rune 陣列轉回 string。這種轉換之所以可行，是因為字串是一種特殊型別，用 bytes 切片來儲存齊資料。

字串轉換不會有損失，但其他型別轉換不見得都是如此。比如轉換數值時就可能會有問題：若你把 int64 變數轉成 int8，或是將 uint64 轉成 int64，由於儲存數字的範圍變小了，就有可能發生溢位錯誤。把 int 轉成 float 也有可能溢位，因為浮點數會把儲存空間分割成整數和小數位。至於將 float 轉成 int 時，小數位就會直接被截去。

進行這類有可能損失資料的轉換，仍然是很合理的行為，而且在真實世界的程式也很常見。只要你確定轉換後的資料不會超過溢位門檻，那你就沒啥好擔心的。

 小編註：也有的 Go 核心型別之間是無法轉換的，例如字串不能直接轉成數字，布林值也不能直接轉成字串或數字。不過, strconv 套件提供了一系列能將字串轉成指定型別的功能, 各位可參考官方文件：https://golang.org/pkg/strconv/。

最後，Go 語言沒有隱性型別轉換 (implicit type conversion)，但對於**未定義型別 (untyped)** 的值會竭盡所能推斷其型別：

```
b := true  // true 會被推斷為 bool 型別
v := 1     // 1 會被推斷為 int 型別
v := 1 * uint64(5)  // 1 會被推斷為 uint64 型別 (跟 uint64 的值運算)
s := "test"         // "test" 會被推斷為 string 型別
```

基於這種特質，你能在 Go 程式中宣告沒有指定型別的數值常數，事後再把它賦值給特定數值型別的變數。

練習：數值型別轉換

這次的練習要來做幾個數值型別轉換，並刻意造成資料溢位問題。

Chapter04\Exercise04.20

```
package main

import (
    "fmt"
    "math"
)

func convert() string{
    var i8 int8 = math.MaxInt8
    i := 128
```

接下頁

```
    f64 := 3.14
    m := fmt.Sprintf("int8    = %v  > in64    = %v\n", i8, int64(i8))
    m += fmt.Sprintf("int     = %v  > in8     = %v\n", i, int8(i))
    m += fmt.Sprintf("int8    = %v  > float32 = %v\n", i8, float64(i8))
    m += fmt.Sprintf("float64 = %v > int     = %v\n", f64, int(f64))
    return m
}

func main() {
    fmt.Print(convert())
}
```

```
PS F1741\Chapter04\Exercise04.20> go run .
int8    = 127  > in64    = 127
int     = 128  > in8     = -128
int8    = 127  > float32 = 127
float64 = 3.14 > int     = 3
```

　　以上練習將 int 和 int8 型別變數轉換成不同型別，而你可以看到轉換成容量較大的型別時並不會有問題。但當程式將值為 128 的 int 型別轉為 int8 時，便產生了越界繞回現象。

4-8-2　型別斷言與 interface{} 空介面

　　到目前為止，我們在本書的範例大量使用了 fmt.Print() 函式及其相關形式來印出資料，但各位可曾想過，fmt.Print() 這樣的函式為何能接收任何型別的值做為參數呢？Go 語言不是強型別語言嗎？且讓我們看一下該函式在 Go 語言標準函式庫內的定義：

```
// Print formats using the default formats for its operands and writes to
standard output.
// Spaces are added between operands when neither is a string.
// It returns the number of bytes written and any write error
encountered.
func Print(a ...interface{}) (n int, err error) {
    return Fprint(os.Stdout, a...)
}
```

希望讀者們可以發現到，Go 語言的原始碼 (也是用 Go 語言寫成) 讀起來並不嚇人——這反而是學習如何運用程式功能的絕佳途徑。筆者建議大家，只要你好奇 Go 語言是如何做某件事，就應該讀讀它的原始碼。

從以上原始碼可以看出，fmt.Print() 能接受數量不定的 **interface{}** 型別參數。我們稍後在第 7 章會再詳談什麼是**介面 (interface)**：不過現在你只需知道，介面型別是個規範，會列出若干函式的定義，而任何型別只要具備相同的函式 (前面提過的『方法』)，就會被視為符合該介面型別。

這麼一來，若某個函式的參數為某種介面型別，那麼任何變數的型別只要符合該介面就可以傳入。介面不會決定傳入值得變成什麼型別，它只會決定哪些型別『符合資格』而已。

有意思的是，interface{} 型別描述的是個沒指定任何函式的空型別，本身也不具任何欄位。你會問，這種值有什麼用？答案是沒有用處，但它仍然是個可以傳給函式的值。那麼，有哪些型別會符合空介面型別呢？答案是全部！不論是 Go 語言的內建型別，還是你建立的自訂型別，都必然會符合 interface{} 型別，因為它並不要求型別得具備任何特定的方法。這正是 fmt.Print() 何以能接受任意型別做為參數的緣由。你同樣能在自己的程式碼中使用 interface{} 來達到同樣的效果。

不過，就算你的變數符合 interface{} 型別，你要怎麼讀取它？就算這個變數擁有自己的欄位或方法，你還是不能存取它們，因為一旦以空介面傳入函式後，Go 語言會強迫你遵循該介面獨有的協議，你只能存取介面裡列出的方法 (而 interface{} 並沒有任何方法)。這也是為何空介面型別依然能夠維持型別安全。

若想挖出被 interface{} 掩蓋的資料型別功能，我們就得使用下面的**型別斷言 (type assertion)**。

使用型別斷言

型別斷言會嘗試把值轉換成指定的型別並傳回。其語法如下：

```
<值> := <變數名稱>.(<型別>)
```

這時你還可接收第二個選擇性傳回值，代表轉換成功與否：

```
<值>, <ok> := <變數名稱>.(<型別>)
```

如果不接收第二傳回值，而型別斷言轉換失敗的話，Go 語言會引發 panic。

若你把某個值傳入 interface{} 型別參數，Go 語言不會從中移除任何內容，但你也因此無法存取原始的值。唯一將該值解鎖的辦法，就是用型別斷言告訴 Go 語言說你想取用這個值。當你在執行階段執行型別斷言時，Go 語言會做跟編譯階段一樣的型別安全檢查，而這些檢查有可能失敗，因此在使用上就該格外謹慎，處理錯誤也會變成你的責任 (見第 6 章)。

練習：用型別斷言檢查型別

以下的練習要進行若干型別斷言，並確認做型別斷言時都有附上型別安全檢查。我們要寫一個函式，它能把特定型別的值加倍，並對不符的型別丟出錯誤。

Chapter04\Exercise04.21

```
package main

import (
    "errors"
    "fmt"
)

// 接收一個 interface{} 型別的函式
func doubler(v interface{}) (string, error) {
    if i, ok := v.(int); ok {  // 嘗試轉成 int
        return fmt.Sprint(i * 2), nil
    }
```

接下頁

```
    if s, ok := v.(string); ok {  // 嘗試轉成 string
        return s + s, nil
    }
    // 型別不符前面的檢查, 傳回錯誤
    return "", errors.New("傳入了未支援的值")
}

func main() {
    res, _ := doubler(5)
    fmt.Println("5   :", res)
    res, _ = doubler("yum")
    fmt.Println("yum :", res)
    _, err := doubler(true)
    fmt.Println("true:", err)
}
```

執行結果

```
PS F1741\Chapter04\Exercise04.21> go run .
5   : 10
yum : yumyum
true: 傳入了未支援的值
```

　　只要結合 interface{} 和型別斷言, 就可以幫你繞過 Go 語言嚴格的型別控制, 讓你建立可接受任何型別做為參數的函式。缺點則是你會失去 Go 語言在編譯階段提供的型別安全保護, 確保型別安全的責任現在轉到你身上──只要沒處理好, 就等著碰上討厭的執行階段錯誤吧。

4-8-3 型別 switch

用 switch 搭配型別斷言

　　如果要進一步改寫前面練習中的 doubler() 函式, 使它能涵蓋所有整數型別, 你勢必要寫出一大堆重複的 if 邏輯判斷敘述。但 Go 語言有個絕佳的辦法, 可以簡化更複雜的型別斷言, 野就是所謂的**型別 switch** (type switch):

```
switch <值> := <變數>.(型別) {
case <型別>:
```

接下頁

```
        <敘述>
case <型別>, <型別>:
        <敘述>
default:
        <敘述>
}
```

型別 switch 只會執行符合型別的 case 所對應的程式敘述，並把值設定成那個型別。你可以在 case 內比對一種以上的型別，但這麼一來 Go 語言就無法自動調整值型別，你還是得在 case 底下加入額外的型別斷言。

型別 switch 跟第 2 章使用運算式的 switch 並不一樣，後面必須寫成『<值> := <變數>.(型別)』，沒有第二種寫法。由於型別 switch 獨一無二，你也不能對它使用 fallthrough 敘述 (也就是無法執行一個以上的 case)。

使用型別 switch

在這個練習中，我們要利用型別 switch 改寫先前的 doubler() 函式，將它的判斷範圍擴大到更多種型別。

Chapter04\Exercise04.22

```
package main

import (
    "errors"
    "fmt"
)

func doubler(v interface{}) (string, error) {
    switch t := v.(type) {
    case string:  // 型別為字串時
        return t + t, nil
    case bool:  // 型別為布林值時
        if t {
            return "truetrue", nil
        }
        return "falsefalse", nil
    case float32, float64:  // 型別為浮點數時
        if f, ok := t.(float64); ok {  // 用型別斷言檢查是否為 float64
            return fmt.Sprint(f * 2), nil
```

接下頁

```
        }
        return fmt.Sprint(t.(float32) * 2), nil
    case int:   // 其餘整數型別的檢查
        return fmt.Sprint(t * 2), nil
    case int8:
        return fmt.Sprint(t * 2), nil
    case int16:
        return fmt.Sprint(t * 2), nil
    case int32:
        return fmt.Sprint(t * 2), nil
    case int64:
        return fmt.Sprint(t * 2), nil
    case uint:
        return fmt.Sprint(t * 2), nil
    case uint8:
        return fmt.Sprint(t * 2), nil
    case uint16:
        return fmt.Sprint(t * 2), nil
    case uint32:
        return fmt.Sprint(t * 2), nil
    case uint64:
        return fmt.Sprint(t * 2), nil
    default:   // 以上型別都不符時
        return "", errors.New("傳入了未支援的值")
    }
}

func main() {
    res, _ := doubler(-5)
    fmt.Println("-5  :", res)
    res, _ = doubler(5)
    fmt.Println("5   :", res)
    res, _ = doubler("yum")
    fmt.Println("yum :", res)
    res, _ = doubler(true)
    fmt.Println("true:", res)
    res, _ = doubler(float32(3.14))
    fmt.Println("3.14:", res)
}
```

執行結果

```
PS F1741\Chapter04\Exercise04.22> go run .
-5  : -10
5   : 10
```

接下頁

```
yum : yumyum
true: truetrue
3.14: 6.28
```

　　以上練習使用了型別 switch 來建立一個複雜的型別斷言。如果我們不需要精確控制型別斷言檢查，利用這個型別 switch 敘述就能簡化型別安全檢查，但仍能讓我們完全掌控型別斷言的檢查結果。

➤ 延伸習題 4.06：型別檢查器

4-9　本章回顧

　　在這一章當中，我們介紹了 Go 語言變數和型別的進階用法。現實世界中的程式碼很容易變得過於複雜，因為它依據的真實世界本來就是複雜的。若能在程式碼中精準地打造資料模型，並以合乎邏輯的方式整頓資料，就有助於將程式碼的複雜度減到最低。

　　現在讀者已學到如何將類似的資料收集在一起，包括用陣列這種長度固定、或是切片這樣長度可變的有序清單，以及像 map 這種以鍵和值配成對的雜湊表。

　　我們也學到如何拿 Go 語言的核心型別進一步延伸，使用核心型別來直接建立自訂型別，或者把幾種不同的型別包裝成一個自訂結構型別。你更可對這些自訂型別與結構加上函式，使之成為其『方法』。

　　有時我們會遇上型別不一致、無法共同運算的問題，而 Go 語言提供了相容型別間相互轉換的功能，讓它們可以在保持型別安全性的前提下互動。Go 語言甚至允許你打破型別安全性的藩籬，採取完全的控制權。只要利用型別斷言和 interface{} 空介面型別，就可以在函式中接收任意型別，然後再讓這些型別還原成原貌。

　　在下一章中，我們要研究如何將程式碼集中成可以重複運用的元件，組織成函式 (function) 的形式，讓程式碼變得更直接了當和更易於維護。

5

Chapter

函式

這一章將詳盡介紹函式的各個組成部分，包括如何定義函式、函式的識別名稱、參數清單、傳回型別以及函式本體。我們也會探討設計函式時的最佳實務做法，例如讓一個函式只負責單一任務、如何精簡函式的程式碼、如何保持函式小巧精悍、以及怎麼讓函式易於重複使用。

讀完本章後，讀者就會懂該如何描述一個函式和它的各種組成部分、並且了解函式中的變數範圍。讀者們也會學到如何建立和呼叫函式，包括建立參數不定函式、匿名函式和**閉包** (closure)。各位也將學到如何將函式當成參數和傳回值來使用，並用 defer 敘述來延遲函式執行。

5-1 前言

　　函式 (function) 是許多程式語言的關鍵核心，Go 語言也不例外。函式其實就是我們宣告來從事一項任務的一段程式碼；Go 語言函式可以完全沒有輸入和輸出、也可以有多重輸入和輸出。而 Go 語言函式與其他程式語言的不同處之一，就在於有能力傳回多重值——大多數程式語言都只能傳回一個值。

　　在以下各節，我們會陸續看到 Go 語言一些與眾不同的函式特性，適用於以下不同的場合：

❏ 將函式當成引數傳遞給其它函式

❏ 將函式賦值給變數、以及當成另一個函式的傳回值

❏ 將函式視為型別

❏ 匿名 (anonymous) 和閉包 (closures) 函式

　　Go 語言函式是所謂的**一級函式 (first-class functions)**，也就是函式可以當成其他函式的引數（傳給參數的值）或傳回值。可以接收其他函式為引數的函式，又稱為**高階函式 (higher-order functions)**。

5-2 函式

　　函式是程式語言的重要部分之一，但它能做什麼呢？下面是使用函式的幾個好理由：

❏ **分解複雜的任務**：程式就是要拿來執行任務的，但若任務本身很複雜，你應該將其分解成多個較小的任務。函式可以應付各個小任務，藉以解決更大的問題。此外小任務比較容易撰寫，而且讓不同的函式來完成不同任務，能讓整體程式更易於維護。

❑ **精簡程式碼**：當你發現程式中有一再重複出現的類似程式碼時，這就表示你應該把那些程式碼放進函式。重複的程式碼片段更難以維護，畢竟若這段程式碼有所變動，所有重複的地方都必須改到。

❑ **重複使用性**：一旦定義了函式，就可以一再呼叫它，甚至可被其他程式開發人員使用。這種函式可共享的特性，讓你能減少程式碼行數和省下時間，不必自己從頭全部來過。

設計函式時，也有些你應當遵循的守則：

❑ **單一責任制**：一個函式應該只負責一項任務。舉例來說，一個函式不該計算兩點之間的距離、同時又估計在兩點之間移動所需的時間。每個任務都應該有自己的函式，這樣測試比較簡單，維護起來也方便。當然，要將任務切割到讓各函式只處理單一任務並不容易，因此若你一開始做不到，也不必覺得沮喪。畢竟就算是程式設計老手，也會為如何為函式賦予單一任務而傷透腦筋。

❑ **短小精悍**：函式的程式碼不該動輒就超過數百行。若你的程式是這樣，就表示程式碼需要重構了，十有八九肯定沒有遵守上述的單一責任制。一個好的經驗法則是盡量讓函式的程式碼保持在 25 行以內，不過這也不是什麼鐵則。保持程式碼簡潔的好處，是你可以避免替大型函式除錯時面臨的複雜性，撰寫單元測試時也能得到更好的程式碼覆蓋率 (code coverage, 被測試的原始碼比例)。

5-2-1 函式的宣告和組成

宣告函式

我們現在來看看宣告函式時的各個組成部分。下圖是 Go 語言函式典型的結構：

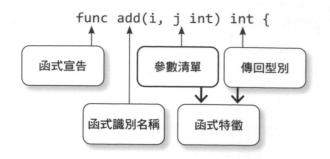

□ **函式宣告**：在 Go 語言中，函式宣告一律始於關鍵字 **func**。你可以在套件層級的任何位置使用 func 定義函式。

□ **函式識別名稱 (identifier)**：即函式名稱。在 Go 語言中，函式名稱的慣例是採用駝峰式大小寫 (camelCase)，這種命名方式會讓第一個字母使用首字小寫，但隨後的每一個單字都以大寫開頭，比如 calculateTax、totalSum、fetchId 這樣的函式名稱。

> 小編註：以上慣例也適用於一般變數名稱。你雖仍可使用全大寫字或帶有底線 _ 的變數／函式名稱，但 VS Code 的 Go 語言延伸套件會對這類名稱提出警告，代表不鼓勵你這樣寫。

□ 函式名稱應該要能望文生義，讓程式碼簡明易懂、一看便知函式的用意。不過函式名稱並非絕對必要，函式也可以沒有名稱；沒有名稱的函式就是所謂的匿名函式，本章稍後會詳細介紹。

> ⚡ 注意 當函式名稱的首字母為小寫時，代表該函式不能被匯出到套件範圍之外，亦即該函式是套件的私有成員，你無法從套件外部呼叫它。如果你想讓函式可匯出到套件外，函式名稱的首字就得為大寫。第 8 章會再討論到這個部分。

□ **參數清單**：參數 (parameters) 是函式的輸入值，它們是函式執行任務時所需的資料，為函式之內的區域變數。參數在函式定義的格式如下：

```
<名稱 1> <型別 1>, <名稱 2> <型別 2>...
```

❏ 比如，參數清單會像『name string, age int』，代表第一個變數 name 是字串，第二個變數 age 是整數。

❏ 一個函式可以完全不用參數，也可以有多重參數。當多個參數型別一致時，可以使用所謂的參數簡寫法，將每個參數後面重複的型別去掉。例如：『firstName **string**, lastName **string**』可以簡寫成『firstName, lastName **string**』。這樣寫比較省事，也比較容易看懂。

❏ **傳回型別**：傳回型別是一系列資料型別，而諸如布林值、字串、map 或另一個函式都可以被函式傳回。

❏ 以宣告函式的角度來說，我們將這些型別稱為傳回型別。然而在呼叫函式時，它們就稱作**傳回值**。傳回值是函式的輸出，通常是拿引數運算後的結果。函式傳回值和參數一樣可以不必寫（沒有傳回值）。此外，大多數程式語言的函式只能傳回單一值，但 Go 語言函式卻可一口氣傳回多個值。

❏ **函式特徵 (signature)**：函式特徵其實是一個術語，它是函式輸入參數和輸出型別的合稱。當你定義了個要被其他使用者運用的函式時，你必須盡量避免更改函式特徵（等於是函式的呼叫與傳回值規格），以免在程式上線後對你自己和別人的程式造成影響。

 小編註：在某些定義中（包括本書第 7 章講到介面時），函式特徵也包含函式的名稱。

❏ **函式本體**：函式主體是指包含在一對大括弧 {} 之間的程式碼，這些程式碼決定了函式會做什麼事。

❏ 若函式有定義傳回型別，函式本體就必須有 **return** 敘述（函式中可有不只一個 return 敘述）。return 敘述會令函式立即停止、並傳回列在 return 後面的一連串值。這一連串值的型別必須與宣告時的傳回型別清單一致。

❏ Go 語言還有一個異於其它程式語言之處，就是左大括號 { 必須跟函式定義位於同一行（不換行）。如果 Go 語言在編譯時發現大括號跟函式特徵不在同一行，就會出現錯誤。

小編註：這是因為在諸如 C 之類的語言中，會使用分號 (;) 來對編譯器標示各指令的結尾，但這種寫法對使用者並不友善。Go 語言為了去掉撰寫分號的麻煩，會在編譯時自動加上分號，不過這也使得左大括號必須跟 if、for、函式定義等語法寫在同一行。

我們會在本章逐一深入以上函式的各個部分。透過以下的探討，這些函式的組成元件就會更容易理解，因此若你還不太能領會上述的所有內容，也無須擔心。等你讀完本章後，一切就會豁然開朗了。

呼叫函式

當你定義好函式，但卻不執行它，函式就不會有任何作用。那麼要如何執行函式？就是用其名稱呼叫：

函式名稱(參數 1，參數 2...)

函式 (包括 main()) 可以呼叫其他的函式，甚至可以呼叫自己。一旦出現呼叫動作，就代表控制權從呼叫的一方移交給被呼叫的一方。等到被呼叫的函式傳回資料、或是來到代表函式結束的右大括號 }，控制權才會再度轉回先前呼叫函式的那一方。

下面我們來看一個例子。

練習：印出銷售績效

這個練習要建立一個函式，它不需要輸入參數和輸出型別，定義上非常簡單，但內部會走訪一個 map，印出當中的業務員名字和其商品銷售數量，同時也根據業務員的表現印出他們的績效。

Chapter05\Exercise05.01

```
package main

import (
```
接下頁

```
        "fmt"
)

func main() {
    itemsSold()  // 呼叫函式
}

// 宣告函式 (寫下函式特徵)
func itemsSold() {
    // 建立 map
    items := make(map[string]int)
    items["John"] = 41
    items["Celina"] = 109
    items["Micah"] = 24

    for k, v := range items {
        fmt.Printf("%s 賣出 %d 件商品, 表現", k, v)
        if v < 40 {
            fmt.Println("低於預期.")
        } else if v > 40 && v <= 100 {
            fmt.Println("符合預期")
        } else if v > 100 {
            fmt.Println("超乎預期")
        }
    }
}
```

執行結果

```
PS F1741\Chapter05\Exercise05.01> go run .
John 賣出 41 件商品, 表現符合預期
Celina 賣出 109 件商品, 表現超乎預期
Micah 賣出 24 件商品, 表現低於預期.
```

我們從以上練習中看到了函式的若干基本部分, 並展示了如何以關鍵字 func 宣告函式、並為函式賦予 itemSold 這個名稱。最後, 我們在函式中加入一些程式碼, 並從函式 main() 內呼叫它來完成一件任務。

在下個主題裡，我們會擴充函式的核心部分，學習如何用參數傳值給函式。

5-2-2　函式參數

參數決定了你能把哪些**引數 (arguments)** 或值傳給函式。函式可以沒有參數、也可以有多個參數。但就算 Go 語言允許我們在函式定義多重參數，你也不應該弄出一大串參數——那只會讓程式碼更難讀。下面就是個函式參數清單過度膨脹的例子：

```
func calculateSalary(lastName string, firstName string, age int, state
string, country string, hoursWorked int, hourlyRate, isEmployee bool) {
    // 程式碼
}
```

選擇參數時，只有函式的單一職責解決問題時需要的參數，才應該列入定義。

引數與參數的差別

這裡來談一下引數與參數的差別。以上例來說，當我們寫下像 greeting(name string, age int) 這樣的函式定義時，括弧裡的 name 和 age 是**參數**。而當你呼叫函式，例如 greeting("Cayden", 45)，這時括弧裡的字串 "Cayden" 和數字 45 就是**引數**。

若用變數當成引數，變數名稱與參數名稱也不須一致。不管是什麼名稱的變數傳入函式，只要型別正確，其值就會被賦予給參數。

函式參數就是它的區域變數，亦即作用範圍只限函式內部，在函式以外就無法存取。此外，在呼叫函式時，引數傳入的型別與順序必須呼應參數的定義。

比如，下面的函式有兩個參數，並會用它收到的值印出一段文字：

```
func greeting(name string, age int) {
    fmt.Printf("%s is %d",name, age)
}
```

greeting() 函式的正確呼叫方式如下：

```
greeting("Cayden", 45)  // 輸出 Cayden is 45
```

但以下呼叫方式就不正確了：

```
greeting(45, "Cayden")
```

這會在編譯時引發類似下面的錯誤，指出你傳入的引數和參數的型別不符：

```
main.go:8:11: cannot use 45 (type untyped int) as type string in argument
to greeting
main.go:8:15: cannot use "Cayden" (type untyped string) as type int in
argument to greeting
```

練習：對應特定標頭的索引值

現在我們要建立另一個函式，它接收的參數是一份 CSV 資料的標頭所構成的切片。我們要尋找特定標頭和它們所在的索引，並以 map 的形式印出來。

Chapter05\Exercise05.02

```
package main

import (
    "fmt"
    "strings"
)

func main() {
    hdr := []string{"empid", "employee", "address", "hours worked", 接下行
"hourly rate", "manager"}
    csvHdrCol(hdr)
    hdr2 := []string{"Employee", "Empid", "Hours Worked", "Address", 接下行
"Manager", "Hourly Rate"}
    csvHdrCol(hdr2)
}                                                                    接下頁
```

```go
func csvHdrCol(header []string) {
    csvHeadersToColumnIndex := make(map[int]string)
    for i, v := range header {
        // 用 TrimSpace() 把標頭去掉空白和用 ToLower() 轉成小寫，
        // 然後比對我們要找的標頭，以其索引為鍵將之放進 map
        switch v := strings.ToLower(strings.TrimSpace(v)); v {
        case "employee":
            csvHeadersToColumnIndex[i] = v
        case "hours worked":
            csvHeadersToColumnIndex[i] = v
        case "hourly rate":
            csvHeadersToColumnIndex[i] = v
        }
    }
    fmt.Println(csvHeadersToColumnIndex)
}
```

執行結果

```
PS F1741\Chapter05\Exercise05.02> go run .
map[1:employee 3:hours worked 4:hourly rate]
map[0:employee 2:hours worked 5:hourly rate]
```

函式變數的作用範圍

第一章我們提過變數的作用範圍，這決定了變數能否在程式不同部位被存取。在函式層級宣告的變數和參數都會成為該函式的區域變數，只能在該函式的主體內使用。若嘗試在其他地方存取，會得到變數名稱未定義的錯誤。

此外，函式也無法存取呼叫它的父函式的變數。若要存取那些變數，唯一方式就是透過參數傳遞。

　　以上我們展示了如何定義參數來讓函式接收資料，呼叫函式的一方可以用引數傳值給函式。接下來我們還會學到 Go 語言的各種函式功能；下節將講到如何從從函式取出資料。

5-2-3 函式傳回值

接收多重傳回值

到目前為止，我們建立的函式都還不具備傳回值，但函式通常會接收輸入值、做若干處理後傳回處理結果。而且，如同前面提過的，Go 語言的特別之處是它允許函式傳回多個值：

```
值 1, 值 2... := 函式名稱()
```

⚡注意 有傳回值的函式，裡面必須有 return 敘述，否則 Go 語言編譯器會拋出『函式結尾缺少 return 敘述』(missing return at the end of function) 的錯誤訊息。

練習：有傳回值的 fizzBuzz() 函式

現在我們要改寫一下第 2 章延伸習題 02.01 的 fizzBuzz() 函式。如果你還沒做習題，這函式是個經典的程式設計遊戲，其規則如下：

1. 用迴圈讓一個數字從 1 累加到某個值，比如 15, 並印出該值。但例外條件如下：

2. 如果數字是 3 的倍數，改為顯示文字『Fizz』。

3. 如果數字是 5 的倍數，改為顯示『Buzz』。

4. 如果數字是 3 和 5 的公倍數，改為顯示『FizzBuzz』。

在延伸習題 02.01 中，這些結果會在函式 fizzBuzz() 直接印出來，但這回我們要讓該函式接受一個整數引數，並傳回兩個值，第一個是走訪到的數字，第二個是該數字要對應的『Fizz』、『Buzz』、『FizzBuzz』或空字串（不為 3、5 或 15 的倍數時）。至於用迴圈累加數字的動作，則留給呼叫者（即 main()) 處理。

```go
package main

import (
    "fmt"
)

func main() {
    for i := 1; i <= 15; i++ {
        // 建立兩個變數來接收 fizzBuzz() 的傳回值
        n, s := fizzBuzz(i)
        fmt.Printf("Results:  %d %s\n", n, s)
    }
}

func fizzBuzz(i int) (int, string) {
    switch {
    case i%15 == 0:  // 若數字是 15 的倍數
        return i, "FizzBuzz"
    case i%3 == 0:  // 若數字是 3 的倍數
        return i, "Fizz"
    case i%5 == 0:  // 若數字是 5 的倍數
        return i, "Buzz"
    }
    return i, ""
}
```

執行結果

```
PS F1741\Chapter05\Exercise05.03> go run .
Results:  1
Results:  2
Results:  3 Fizz
Results:  4
Results:  5 Buzz
Results:  6 Fizz
Results:  7
Results:  8
Results:  9 Fizz
Results:  10 Buzz
Results:  11
Results:  12 Fizz
```

接下頁

```
Results:  13
Results:  14
Results:  15 FizzBuzz
```

這次的練習中我們學到了函式如何傳回多個值，並將這些值賦予給變數，而這些變數的接收順序也必得對應到傳回值型別。

下一小節我們要來介紹，如何在函式本體內執行所謂的 naked return，即不在 return 後面指明傳回值的做法。

忽略一部分傳回值

Go 語言允許你忽略傳回的變數。舉例來說，假設我們對 fizzBuzz() 函式傳回的整數不感興趣，又不能只接收第二個傳回值，那麼你可以用一個空白符號 (blank identifier, 即底線) 來忽略該傳回值：

```go
func main() {
    for i := 1; i <= 15; i++ {
        _, s := fizzBuzz(i)   // 忽略第一個傳回值
        fmt.Printf("Results: %s\n",s)
    }
}
```

小編註：注意用 := 短變數宣告賦值時，左邊一定至少要有一個實際變數。比如，若上面兩個傳回值都用 _ 接收，Go 語言編譯器就會產生錯誤。

再舉一個例子。當我們讀取檔案時，檔案物件會傳回你讀入的位元組數量以及潛在的錯誤。但若我們並不關心讀了多少東西，只想知道檔案是否存在 (查無檔案時會傳回 error)，就可以把函式傳回的第一個參數 (位元組數量) 寫成底線：

```go
_, err := file.Read(bytes)
```

讀者們到現在應該已經發現，很多 Go 語言函式都會以 error 做為第二個傳回值，事實上這也是設計 Go 函式時應遵循的慣例。對於有可能傳回 error 的函式，最好不要忽略其 error 傳回值，並對它做妥善處理，否則有可能導致意料之外的後果 (參閱第 6 章)。

結構方法也是函式

在第 4 章中，我們已經看到你能如何宣告函式、並把它綁在指定的結構型別，成為該結構變數的『方法』。除了呼叫上稍微不同外，結構方法其實仍然是函式，其參數與傳回值的寫法完全適用於前面提到的東西。

延伸習題 05.01 將請你利用結構方法，來把程式功能切割成幾個小區塊，並讓函式能與其處理的資料產生更緊密的關聯。

▶ 延伸習題 05.01：計算員工工時

5-2-4　Naked Returns

在宣告 Go 語言函式時，你也可以選擇給傳回值加上變數名稱。這會讓程式碼更容易閱讀，就好像自帶說明文件一樣。

如果你給傳回值取名，這就會在函式內建立該名稱的區域變數，其作用範圍和參數一樣。這麼一來你就能賦值給傳回值變數：

```go
func greeting() (name string, age int){
    name = "John"  // 變數已經存在，用 = 賦值而不是用 :=
    age = 21
    return name, age
}
```

如果你沒有在 return 敘述後面指定要傳回的變數，Go 語言會將傳回值清單裡的變數傳回，而這便是所謂的 **naked return**, 也可以稱為**具名 return (named return)**：

```go
func greeting() (name string, age int){
    name = "John"
    age = 21
    return  // 傳回 name 和 age 變數
}
```

naked return 的缺點之一是，如果用在比較長的函式中，可能讓讀程式碼的人搞糊塗、弄不清楚到底傳回了什麼變數。所以在函式稍微複雜一點的情況下，你就應該避免使用 naked return。此外，naked return 還可能衍生出變數遮蔽 (shadowing) 問題：

```go
func message() (message string, err error) {
    message = "hi"
    if message == "hi"{
        err := fmt.Errorf("say bye\n")
        return
    }
    return
}
```

以上程式碼會導致錯誤『err is shadowed during return』。這是因為變數 err 先在函式的傳回值清單宣告過，接著又在 if 敘述的大括號範圍內被宣告和初始化，往上**遮蔽 (shadow)** 了函式層級的同名變數。那麼這時你在 if 內部使用 naked return，它到底該傳回哪一個 err 變數呢？有鑑於這種混亂，Go 編譯器就會提出錯誤。

練習：對應特定標頭的索引值：naked return 版

儘管你不應該在較長的函式中使用 naked return，但下面我們還是來改寫練習 05.02，讓它用 naked return 傳回一個 map。

```
Chapter05\Exercise05.04
```

```go
package main

import (
    "fmt"
    "strings"
)

func main() {
    hdr := []string{"empid", "employee", "address", "hours worked",    接下行
"hourly rate", "manager"}
    result := csvHdrCol(hdr)  // 接收傳回值    接下頁
```

```go
    fmt.Println("Result:")
    fmt.Println(result)
    fmt.Println()

    hdr2 := []string{"employee", "empid", "hours worked", "address", 接下行
"manager", "hourly rate"}
    result2 := csvHdrCol(hdr2)
    fmt.Println("Result2:")
    fmt.Println(result2)
    fmt.Println()
}

func csvHdrCol(hdr []string) (csvIdxToCol map[int]string) { // 定義傳回值的
                                                            //    名稱及型別
    csvIdxToCol = make(map[int]string)  // 初始化傳回變數
    for i, v := range hdr {
        switch v := strings.ToLower(strings.TrimSpace(v)); v {
        case "employee":
            csvIdxToCol[i] = v
        case "hours worked":
            csvIdxToCol[i] = v
        case "hourly rate":
            csvIdxToCol[i] = v
        }
    }
    return  // 使用 naked return 傳回 csvIdxToCol
}
```

執行結果

```
PS F1741\Chapter05\Exercise05.04> go run .
Result:
map[1:employee 3:hours worked 4:hourly rate]

Result2:
map[0:employee 2:hours worked 5:hourly rate]
```

5-3 參數不定函式

所謂的**參數不定函式 (variadic function)**，指的是一個函式可以接收數量不確定的參數。如果你無法確認某參數要接收的引數究竟有多少個，就是使用參數不定函式的時機。

```
func f(參數名稱 ...型別)
```

這就是典型的參數不定函式的寫法，型別前的三個點 ... 稱為**打包算符 (pack operator)**。正是這個算符讓函式參數變成可接收數量不定的引數。它的作用在於告訴 Go 語言，把所有符合該型別的引數都放進此參數名稱，打包成一個切片。這種數量可變參數於是就能接收任意數量的引數，甚至可以完全沒有引數。

讓函式接收數量不定的引數

先來看一個簡單的例子，示範加上 ... 的函式參數會收到什麼樣的內容：

```go
func main() {
    nums(99, 100)
    nums(200)
    nums()
}

func nums(i ...int) {
    fmt.Println(i)
}
```

執行結果

```
[99 100]
[200]
[]
```

以上的 nums() 函式就是一個參數不定函式，它接受 int 型別的參數，而且如前所述，你可以給它任何數量的引數，從零到一個以上都可。

參數不定函式也可以有其他參數，但數量不定的參數**必須放在所有數量固定的參數的最後面**。此外，一個函式只能容許一組數量可變的參數。以下就是錯誤寫法，會導致編譯錯誤：

```
package main

import "fmt"

func main() {
    nums(99, 100, "James")
}

func nums(i ...int, person string) {
    fmt.Println(person)
    fmt.Println(i)
}
```

這會產生以下錯誤，告訴你你不能把數量不定參數放前面：

```
syntax error: cannot use ... with non-final parameter i
```

 小編註：這是因為數量不定參數在前面的話, Go 語言就無法分辨哪些引數是要傳給後面的參數。

正確寫法如下：

```
func main() {
    nums("James", 99, 100)
}

func nums(person string, i ...int) {
    fmt.Println(person)
    fmt.Println(i)
}
```

如此便能得到以下結果：

執行結果

```
James
[99 100]
```

在以上程式中，參數 i 的型別為 int, 但因為加上 ..., Go 語言會在函式中將它轉換成 []int 型別，也就是一個切片：

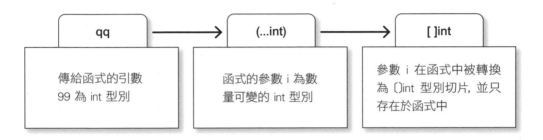

我們可以來驗證一下參數 i 在函式內是否為切片，它的長度與容量又是多少：

```go
func main() {
    nums(99, 100)
}

func nums(i ...int) {
    fmt.Println(i)
    fmt.Printf("%T\n", i)
    fmt.Printf("Len: %d\n", len(i))
    fmt.Printf("Cap: %d\n", cap(i))
}
```

輸出如下：

```
[99 100]
[]int
Len: 2
Cap: 2
```

以上的結果證明，函式定義中的數量不定參數，在函式內確實會被轉成切片。這個切片有長度和容量，正好與你傳入的引數數量相同。

將切片元素傳給參數不定函式

在下一段程式碼中，我們來試著把一個整數切片傳給參數不定函式 nums()：

```
package main

import "fmt"

func main() {
    i := []int{5, 10, 15}
    nums(i)  // 傳入切片
}

func nums(i ...int) {
    fmt.Println(i)
}
```

這會產生以下錯誤 (不能將 []int 型別引數傳給 int 型別參數)：

執行結果

```
cannot use i (type []int) as type int in argument to nums
```

為什麼這樣無法運作呢？我們不是才證明，數量不定參數在函式內是個切片嗎？

其實，函式等待接收的是一連串型別為 int 的引數，然後才會把它們收集成一段 []int 切片。而 Go 語言確實有個機制能將切片引數的元素拆解出來、一一傳給數量可變參數，就是在切片變數後面使用 **...**。如我們在第 4 章 4-4-2 看過的，這三個點的符號在此稱為**解包算符 (unpack operator)**。

```
func main() {
    i := []int{5, 10, 15}
    nums(i...)  // 相當於呼叫 num(5, 10, 15)
}

func nums(i ...int) {
    fmt.Println(i)
}
```

執行結果

```
[5 10 15]
```

　　如此一來，切片引數會被『解開』、效果等於把元素一一傳入函式，函式也就能將這些值打包成新的切片。

 小編註：只有切片可以使用解包算符。長度固定的陣列會被認為其型別與參數型別不同。但你可以用『陣列[:]...』的語法把它轉成切片傳入數量不定參數。

練習：數值加總函式

　　這次的練習要將數量不等的引數加總。我們會把兩種引數傳入給函式：一是引數清單、另一則是切片。函式的傳回值會是整數，亦即引數的加總結果。

Chapter05\Exercise05.05

```
package main

import (
    "fmt"
)

func main() {
    i := []int{5, 10, 15}
    fmt.Println(sum(5, 4))
    fmt.Println(sum(i...))
}
```

接下頁

```
func sum(nums ...int) int {
    total := 0
    for _, num := range nums {   // 走訪數量不定參數的切片和加總
        total += num
    }
    return total
}
```

```
PS F1741\Chapter05\Exercise05.05> go run .
9
30
```

　　藉由接收數量不等的引數，我們寫的加總函式就能加總任意數量的引數，甚至可將任何長度的切片解開元素後傳入。

5-4　匿名函式與閉包

　　截至目前為止，我們使用的都是具名函式，也就是自帶識別名稱的函式，且必須在套件層級宣告。但其實還有一種函式是沒有名稱的，並且只能在其他函式內宣告，稱為**匿名函式 (anonymous functions)**，或稱函式常值 (function literals)。

　　顧名思義，匿名函式沒有名稱，也只能使用一次，除非你在建立它後指派給一個變數，這樣才能重複呼叫。其宣告方式和具名函式幾乎一樣，連接收引數、傳回值都相同，主要差別在於宣告時不會寫函式名稱。本小節就要來介紹匿名函式的基礎概念，以及其基本用法。稍後讀者們會見識到匿名函式的真正威力。

　　匿名函式可以搭配以下目的或功能：

❑ 定義只使用一次的函式

❑ 定義要傳回給另一個函式的函式

❑ 定義 Goroutine 的程式碼區塊 (見第 16 章)

❑ 實作閉包

❑ 搭配 defer 敘述延後執行程式碼

5-4-1　宣告匿名函式

下面是宣告一個匿名函式的最基本方式：

```
func main() {
    // 宣告匿名函式（沒有名稱）
    func() {
        fmt.Println("Greeting")
    }()  // 用 () 立即呼叫它
}
```

我們是在一個函式 (main()) 中宣告另一個函式，且和宣告具名函式一樣，你必須以關鍵字 func 做為這段函式定義的起頭。以上函式沒有參數和傳回值，本體同樣用 {} 標記。這個函式只包含一行程式碼，就是印出『Greeting』字樣。

注意到在右大括號後面有一對小括號 ()，稱為執行小括號 (execution parentheses)。這對小括號會當場呼叫匿名函式並執行它。要傳給函式的引數必須寫在執行小括號：

```
func main() {
    message := "Greeting"

    func(str string) {
        fmt.Println(str)
    }(message)
}
```

以上的寫法，都是在宣告匿名函式後就馬上執行它，而且就只能用這麼一次。不過，我們也可以把匿名函式儲存在變數裡，好讓我們能用其他截然不同的方式運用匿名函式 (本章最後會一一介紹)。

```
func main() {
    f := func() {   // f 會變成 func() 型別
        fmt.Println("透過變數呼叫一個匿名函式")
    }
    fmt.Println("匿名函式宣告的下一行")
    f()  // 透過變數 f 呼叫匿名函式
}
```

執行結果

```
匿名函式宣告的下一行
透過變數呼叫一個匿名函式
```

練習：建立一個匿名函式來計算數值平方

匿名函式非常適合用來在其他函式中包裝小段的程式碼，好讓後面使用時能保持語法簡潔。以下我們就要建立一個匿名函式，傳遞一個引數給它，好計算引數的平方值。

Chapter05\Exercise05.06

```
package main

import (
    "fmt"
)

func main() {
    x := 9
    sqr := func(i int) int {
        return i * i
    }
    fmt.Printf("%d 的平方為 %d\n", x, sqr(x))
}
```

執行結果

```
PS F1741\Chapter05\Exercise05.06> go run .
9 的平方為 81
```

以上練習展示了如何將匿名函式賦值給變數，稍後再利用該變數來呼叫函式。上例也展示了，當我們在函式中需要一個小函式、而且在主程式的其他部位可能不需重新利用時，就可以直接建立一個匿名函式，並將其賦予給變數。

從下一節開始，我們要把匿名函式的應用擴展到『閉包』的範疇。

5-4-2　建立閉包

前面介紹了匿名函式的基本語法，我們也對匿名函式的運作有了基本認識，接著就要來看我們如何進一步運用這個強大的概念。

閉包 (closure) 是匿名函式的諸多形式之一。一般函式在離開某個函式範圍後，就沒辦法繼續引用父函式的區域變數，可是閉包卻能這麼做。我們先來看以下這個看似正常的匿名函式：

```go
package main

import (
    "fmt"
)

func main() {
    i := 0
    increment := func() int {
        i++
        return i
    }

    fmt.Println(increment())
    fmt.Println(increment())
    i += 10
    fmt.Println(increment())
}
```

匿名函式 increment() 會把父函式 main() 的變數 i 遞增 1 並傳回，而在 main() 每次呼叫它時，都可以看到 i 的值改變：

```
1
2
13
```

但是,如果 increment() 是宣告在另一個函式裡面,然後被當成該函式的傳回值呢?

```go
package main

import (
    "fmt"
)

func main() {
    increment := incrementor()  // 接收傳回的函式
    fmt.Println(increment())
    fmt.Println(increment())
    fmt.Println(increment())
}
func incrementor() func() int {
    i := 0  // 定義在匿名函式之父函式內的變數
    return func() int {  // 傳回一個匿名函式
        i++
        return i
    }
}
```

```
1
2
3
```

當我們從 main() 呼叫 incrementor() 傳回的匿名函式 increment() 時,你會發現它居然記得父函式 incrementor() 的區域變數 i, 儘管 incrementor() 已經執行完畢了!

在這裡，increment 就是所謂的**語意閉包 (lexical closure)** 或簡稱閉包，因為這函式『包住了』它所引用的外部變數。換言之，閉包能夠**記住**父函式的變數，即使離開了父函式的執行範圍也一樣。

閉包會記得外部變數的這種特點，我們可以拿來加以運用。比如，你可以替匿名函式設定一些起始狀態，並將這些資料隱藏在函式中。以下練習就要來示範這種用途。

練習：建立一個閉包函式來製作倒數計數器

這個練習要來建立一個閉包函式，它有一個計數器，並會隨著每一次呼叫，從我們指定的整數遞減到 0。這裡我們也要把至目前為止學過的技巧，例如如何將引數傳給匿名函式，跟閉包結合起來。

Chapter05\Exercise05.07

```go
package main

import "fmt"

func main() {
    max := 4

    counter := decrement(max)  // 取得閉包函式
    fmt.Println(counter())     // 呼叫閉包函式
    fmt.Println(counter())
    fmt.Println(counter())
    fmt.Println(counter())
}

func decrement(i int) func() int {
    return func() int {
        // 閉包會記住父函式的參數 i
        if i > 0 {  // 若 i 仍大於 0 就遞減
            i--
        }
        return i
    }
}
```

```
PS F1741\Chapter05\Exercise05.07> go run .
3
2
1
0
```

在這次的練習，我們看到閉包如何能存取不在自身範圍內的變數。在下個小節裡，我們則要來學習如何將函式當成引數，傳遞給另一個函式。

▶ 延伸習題 05.02：計算程式設計師的工時——工時追蹤版

5-5　以函式為型別的參數

5-5-1　自訂函式型別

現在我們已經了解到，Go 語言對於函式提供了豐富的功能。但不僅如此，函式在 Go 語言中也是一種型別，就像整數、字串或布林值型別那樣。這表示我們可以將函式當成引數，傳遞給其他函式；函式也可以傳回函式，甚至可以拿函式賦值給變數 (如前面的閉包函式)。

如果想把函式當成引數，你得指明該接收參數的型別。函式型別的定義會包括它的參數與傳回值型別，換言之就是函式特徵。這時我們可以利用第 4 章自訂型別的手段來**自訂函式型別**，以便用個更好記的名字代表該特徵。

不僅如此，任何函式的參數與傳回值只要**完全符合**該自訂型別，就可被視為該自訂型別。這代表你能傳入多個不同的函式做為引數，只要它們的特徵都符合參數定義即可。

下面我們來看幾個自訂函式型別的例子：

```
type message func()
```

這段程式定義了一個名為 message 的新函式型別，特徵為 func()。它不具備輸入參數、也不提供傳回值。

接著：

```
type calc func(int, int) string
```

這裡定義了一個名為 calc 的函式型別，它接受兩個整數型別參數、並傳回一個字串型別的值。這個型別和前面的 func() 會是兩個不同的型別。

5-5-2　使用自訂函式型別的參數

現在我們來寫點程式，展示一下自訂函式型別的用途：

Chapter05\Example05.01

```go
package main

import "fmt"

type calc func(int, int) string  // 自訂函式型別

func main() {
    calculator(add, 5, 6)  // 把其他函式當引數
}

// add 函式會符合自訂的 calc 型別
func add(i, j int) string {
    result := i + j
    return fmt.Sprintf("%d + %d = %d", i, j, result)
}

// 接收自訂函式型別參數 f
// 效果等同於寫 f func(int, int) string
func calculator(f calc, i, j int) {
    fmt.Println(f(i, j))  // 呼叫傳入的函式
}
```

```
PS F1741\Chapter05\Example05.01> go run .
5 + 6 = 11
```

在以上程式碼中，函式 add(i, j int) 的特徵與 calc 型別 func(int, int) 定義相同，因此它可被視為 calc 型別。而函式 calculator() 接受一個 calc 型別的參數，因此我們可以將 add 傳給它 (只填入名稱，不帶小括號)。

下圖總結了以上每個函式以及它們彼此的關係：

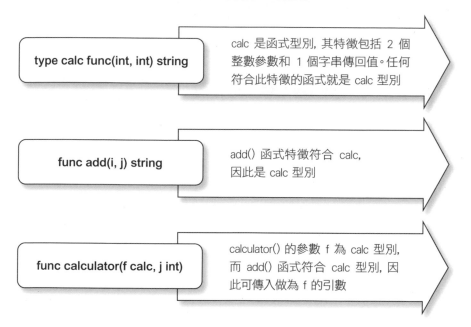

type calc func(int, int) string
calc 是函式型別，其特徵包括 2 個整數參數和 1 個字串傳回值。任何符合此特徵的函式就是 calc 型別

func add(i, j) string
add() 函式特徵符合 calc，因此是 calc 型別

func calculator(f calc, j int)
calculator() 的參數 f 為 calc 型別，而 add() 函式符合 calc 型別，因此可傳入做為 f 的引數

上面我們看到如何定義一個函式，使之符合某個自訂函式型別，並把它當成引數傳給另一個函式。那麼，同樣的原理要套用到其他函式就不難了。下面我們稍微修改前面的例子，示範你能如何將幾個不同的函式傳給 calculator()：

Chapter05\Example05.02

```
package main

import (
```

接下頁

```
        "fmt"
)

func main() {
    calculator(add, 5, 6)
    calculator(subtract, 10, 5)
}

func add(i, j int) int {
    return i + j
}

func subtract(i, j int) int {
    return i - j
}

func calculator(f func(int, int) int, i, j int) {
    fmt.Println(f(i, j))
}
```

執行結果

```
PS F1741\Chapter05\Example05.02> go run .
11
5
```

在這個版本中，我們直接將自訂函式型別寫在 calculator() 的特徵內，而 add() 與 subtract() 函式都符合這個型別，故可當成 calculator() 的引數。

練習：建立各種函式來計算薪資

這次我們要建立幾個函式，以便計算程式開發人員和其經理的薪資。但我們也希望這個程式要有足夠的彈性，以便將來也可以計算不同職別人員的薪資。

```
package main

import "fmt"

type salaryFunc func(int, int) int

func main() {
    devSalary := salary(50, 2080, developerSalary)
    bossSalary := salary(150000, 25000, managerSalary)

    fmt.Printf("經理薪資      : %d\n", bossSalary)
    fmt.Printf("程式設計師薪資: %d\n", devSalary)
}

// 薪資計算
func salary(x, y int, f salaryFunc) int {
    pay := f(x, y)
    return pay
}

func managerSalary(baseSalary, bonus int) int {
    return baseSalary + bonus
}

func developerSalary(hourlyRate, hoursWorked int) int {
    return hourlyRate * hoursWorked
}
```

我們從以上的練習看到，如何以一個 salary() 函式簡化我們的程式碼。如果我們將來需要額外計算比如測試人員的薪資，只需再建立一個新函式、使之符合 salary() 函式要求的輸入函式型別，就可以當成引數傳入了。這樣的彈性使我們不必再更動 salary() 函式本身的寫法，就能創造出更多功能。

5-5-3 用自訂函式型別作為傳回值

你不只能在函式參數使用自訂函式型別，亦可將之當成傳回值型別。我們來進一步改造之前的計算機程式例子，讓它能依據情況傳回不同的函式：

```go
package main

import "fmt"

func main() {
    add := calculator("+")  // 接收 calculator() 傳回的函式
    subtract := calculator("-")

    fmt.Println(add(5, 6))
    fmt.Println(subtract(10, 5))

    fmt.Printf("add()       型別: %T\n", add)
    fmt.Printf("subtract() 型別: %T\n", subtract)
}

func calculator(operator string) func(int, int) int {
    // 根據使用者的引數傳回對應的函式
    switch operator {
    case "+":
        return func(i, j int) int {
            return i + j
        }
    case "-":
        return func(i, j int) int {
            return i - j
        }
    }
    return nil
}
```

執行結果

```
PS F1741\Chapter05\Example05.03> go run .
11
5
add()       型別: func(int, int) int
subtract() 型別: func(int, int) int
```

5-6 defer

5-6-1 用 defer 延後函式執行

在本章最後的小節中，我們要來看看如何改變函式執行的時機點。

defer 敘述能延後函式的執行時機，使該函式等到父函式結束（跑完所有程式碼或執行 return）的前一刻才會被執行。白話一點來說，當你在呼叫某個函式時加上 defer，它並不會當場執行，而是變成它所在的父函式裡最後一個執行的東西。

聽了還是一頭霧水嗎？也許用個範例能把概念講得更好懂：

```go
package main

import "fmt"

func main() {
    defer done()  // 延後執行 done()
    fmt.Println("main() 開始")
    fmt.Println("main() 結束")
}

func done() {
    fmt.Println("換我結束了!")
}
```

執行結果

```
main() 開始
main() 結束
換我結束了!
```

在 main() 函式裡，我們以 defer 延後了 done() 函式的執行時機。你能注意到 done() 函式並沒有什麼新的特殊語法，只是簡單地印出一行字而已。

看看 main() 函式裡的敘述，你會發現那兩行 Println() 居然都比 done() 先執行。這顯示了用 defer 延後的函式，確實變成 main() 內最晚執行的東西。就算你將 defer done() 寫在 main() 的兩行敘述中間，得到的結果也會一樣。

被延後的函式有什麼用處呢？它們通常是用來『善後』的，包括像是釋出資源、關閉已開啟的檔案、關閉仍在連結的資料庫連線、還有移除程式先前建立的設定／暫存檔案等。此外，defer 函式也可用來從程式的錯誤狀況復原，下一章就會談到這部分。

defer 敘述並不限於搭配具名函式，事實上你也可以對匿名函式使用 defer。下面拿前一個程式片段為例，我們延後了一個呼叫匿名函式的動作：

```
func main() {
    defer func() {
        fmt.Println("換我結束了!")
    }()

    fmt.Println("main() 開始")
    fmt.Println("main() 結束")
}
```

執行結果

```
main() 開始
main() 結束
換我結束了!
```

和之前一模一樣，只是這回被延後執行的函式沒有名稱。從某種程度上來說，前面具名函式的寫法會有比較好的可讀性。

5-6-2 多重 defer 的執行順序

我們也可以在同一個函式內使用多個 defer 敘述來延後多個函式，但這些函式被延後的順序，卻有可能跟你想的有出入。

當我們對多個函式使用 defer 時，其執行順序會遵循所謂的先進後出原則 (First In Last Out, FILO)。請把 FILO 的過程想像成疊盤子：第一片放下的盤子位在底部，第二片盤子會疊在第一片上面，依此類推。但等到你要拿起盤子時，最先被拿起的會是最頂上的那片，也就是最晚放上去的盤子。至於最早放下的盤子，要等到最後才能被拿起來。

我們來看一個對多重匿名函式使用 defer 的例子：

Chapter05\Example05.04

```go
package main

import "fmt"

func main() {
    defer func() {
        fmt.Println("我是第 1 個宣告的!")
    }()
    defer func() {
        fmt.Println("我是第 2 個宣告的!")
    }()
    defer func() {
        fmt.Println("我是第 3 個宣告的!")
    }()
    f1 := func() {
        fmt.Println("f1 開始")
    }
    f2 := func() {
        fmt.Println("f2 結束")
    }

    f1()
    f2()
    fmt.Println("main() 結束")
}
```

執行結果

```
PS F1741\Chapter05\Example05.04> go run .
f1 開始
f2 結束
```

接下頁

```
main() 結束
我是第 3 個宣告的!
我是第 2 個宣告的!
我是第 1 個宣告的!
```

由上可以發現,所有使用 defer 的函式會在 main() 結尾執行,且執行順序與加上 defer 的順序相反。

5-6-3　defer 對變數值的副作用

使用 defer 敘述時請務必審慎。其中一個你必須考量到的是,若 defer 函式有使用到外部變數,它執行時會發生怎樣的結果。

當變數傳給被延後的函式時,函式會取得變數在傳遞**那一刻當下**的值。就算變數值在該函式之後有所變動,等到 defer 函式實際執行時,它看到的變數值也不會反映外圍函式中的變動:

Chapter05\Example05.05

```go
package main

import "fmt"

func main() {
    age := 25
    name := "John"
    defer personAge(name, age)  // 傳入 "John", 25

    age *= 2  // 改變變數值
    fmt.Println("年齡加倍:")
    personAge(name, age)  // 傳入 "John", 50
}

func personAge(name string, i int) {
    fmt.Printf("%s 是 %d 歲\n", name, i)
}
```

```
PS F1741\Chapter05\Example05.05> go run .
年齡加倍:
John 是 50 歲
John 是 25 歲
```

可見儘管 age 變數在呼叫 personAge() 函式後有所變動，但該函式看到的仍是變動之前的值。

5-7 摘要

本章我們學到函式為何是構成 Go 語言的關鍵，同時也探討了 Go 語言中提供的各種函式功能。這些功能除了能改善程式的可用性和可讀性、用來解決真實世界問題外，也正是當中某些功能令 Go 語言跟其他程式語言與眾不同。

我們學會如何定義和呼叫函式，也研究了 Go 語言的各種函式類型與使用場合。我們更探索了閉包的概念，基本上就是一個匿名函式，可以存取其外圍環境定義的變數。最後我們也看了函式的各種參數與傳回型別，以及如何用 defer 來延遲函式執行。

下一章我們將要看 Go 語言的 error 值及錯誤型別，並學習如何定義自訂錯誤，進而打造從執行時其錯誤中復原的機制 (得用到匿名函式與 defer)。

6

Chapter

錯誤處理

／本章提要／

在本章中, 我們將檢視 Go 語言標準套件本身的
程式碼片段, 來了解 Go 語言對於錯誤處理的慣
例為何。此外, 我們也會探討如何在 Go 語言
建立自訂 **error**, 並觀察標準函式庫中建立自訂
error 值／型別的範例。

讀完本章後, 讀者們應當會有能力分辨各種類
型的錯誤, 同時區分錯誤處理 (error handling) 和
例外處理 (exception handling) 的差別。最後各
位也會懂得怎麼利用 **panic()** 來處理錯誤狀
況、並如何從 panic 嚴重錯誤中復原。

6-1 前言

　　在前一章中，我們學到了如何建立函式，而我們提過 Go 函式在傳回值時，最後一個值應該要是 error, 而這個錯誤值也應該得到妥善處理。

　　開發人員絕非聖賢，他們寫的程式亦然，所有軟體在某個階段都一定會出錯。錯誤處理是軟體開發過程的關鍵，因為程式錯誤會對使用者造成程度不等的負面影響，而且程度還有可能遠超出你的想像。

　　舉個例子：2003 年美加大停電。那年 8 月 14 日，北美東北地帶約有五千萬人碰上了為時數小時至數天不等的停電。這件事的起因，是 FirstEnergy 電力公司中控室的警報系統有個判斷條件存在著競爭狀況 (race condition) 臭蟲。技術上來說，競爭狀況是有兩個不同的執行緒嘗試在同一時間寫入同一個記憶體位置，導致程式當掉或不正常運作。這個錯誤使得一個電力過載警報未能及時發出，最終導致兩百多座發電廠為了安全而緊急關閉，並令將近 100 人死亡。

　　身為開發人員，我們的重要職責就是正確地處理程式中發生的錯誤。如果錯誤沒有得到適當處理，就會對影響到使用者，甚至他們的波及日常生活，如前述的大停電一樣。

　　在本章當中，我們就要來檢視何謂程式錯誤、Go 語言中的錯誤又長什麼樣，以及更重要的，在 Go 語言中要如何處理錯誤。

6-2 程式錯誤的類型

　　你應該已經知道，所謂的程式錯誤 (error) 就是會讓程式發生意料之外結果的原因。錯誤造成的影響多不勝數，從傳回錯誤訊息、產生不當計算結果 (例如銀行交易未正確處理)、應用程式當掉，甚至是完全沒有傳回任何東西都有。

　　你會遇到的錯誤包含以下三種類型：

❏ **語法錯誤** (syntax errors)

❏ **執行期間錯誤** (runtime errors)

❏ **邏輯錯誤** (logic error) 或語意錯誤 (semantic errors)

我們在本章會著重於執行期間錯誤。不過先了解一下程式設計師可能碰上的錯誤類型，也是很有幫助的。

6-2-1 語法錯誤

語法錯誤來自於程式語言運用不當，通常是對程式語言不夠熟悉、或者出於疏失而打錯字或寫錯語法所致。隨著你對程式語言越來越熟練，這種錯誤也會漸漸減少。

如今大部分編輯器都有能力用視覺化的方式標示出語法錯誤，甚至能在編譯或執行前就抓出一些問題。常見的一些語法錯誤像是：

❏ 迴圈語法不正確

❏ 各種括號 (不論大中小) 放錯地方

❏ 寫錯函式或套件名稱

❏ 將型別不符的引數傳給函式參數

以下就是個典型的語法錯誤：

```
package main

import "fmt"

func main() {
    fmt.println("Enter your city:")
}
```

若你嘗試編譯和執行它，輸出會像這樣：

```
# main
.\main.go:6:2: cannot refer to unexported name fmt.println
```

這是因為 fmt 套件的 Println() 函式是大寫 P 開頭，因此 println 應更正為 Println。

6-2-2　執行期間錯誤

這種錯誤來自於程式被要求進行它做不到的動作。與語法錯誤不同之處在於，這種錯誤只能等到實際執行程式時才會出現。

以下是常見的執行期間錯誤：

❏ 連接一個不存在的資料庫

❏ 開啟不存在的檔案

❏ 以迴圈走訪切片或陣列，但是迴圈索引卻超過集合中的索引範圍

❏ 變數的數值計算後超過範圍，發生了越界繞回

❏ 不當的數學運算，例如將數字除以 0

練習：加總數字時的執行期間錯誤

這個練習是個簡單的程式，把切片中的數字元素加總。不過，程式中的迴圈執行在某個階段時會發生一個執行期間錯誤，導致程式當掉：

Chapter06\Exercise06.01

```go
package main

import "fmt"

func main() {
    nums := []int{2, 4, 6, 8}
    total := 0
    for i := 0; i <= 10; i++ {
        total += nums[i]  // 將發生錯誤
```

接下頁

```
    }

    fmt.Println("總和:", total)
}
```

執行結果

```
PS F1741\Chapter06\Exercise06.01> go run .
panic: runtime error: index out of range [4] with length 4

goroutine 1 [running]:
main.main()
        F1741/Chapter06/Exercise06.01/main.go:9 +0x127
exit status 2
```

程式掛掉了，原因是發生 index out of range（索引超出範圍）錯誤。不管 Go 語言新手或老手，都一定會碰過這種錯誤。

這其實是用 for 迴圈走訪切片時，索引 i 遞增到 4 時超出了切片的最大索引 3，於是引發了個 panic（本章稍後會探討這是什麼）。解決辦法之一是用 range 來根據切片長度走訪：

```
func main() {
    nums := []int{2, 4, 6, 8}
    total := 0
    for i := range nums {
        total += nums[i]
    }

    fmt.Println("總和:", total)
}
```

6-2-3　邏輯錯誤／語意錯誤

語法錯誤最容易排除，其次是執行期間錯誤。而邏輯錯誤（或稱語意錯誤）是最難被找出來的，也就是程式對資料做了不正確的判斷，有時在第一時間極為難以察覺。

舉個例子：1998 年發射的火星氣候探測者號 (Mars Climate Orbiter) 太空船，其任務為研究火星氣候，但這艘造價 2.35 億美元的太空船在隔年進入火星軌道時卻墜毀了。分析後發現，地面控制系統的計算單位是英制，太空船本身的軟體卻採用公制！這個人為錯誤混淆了導航系統，讓太空船以低於預期的高度接近火星，令它在火星大氣層中瓦解。

由此可知，若程式處理資料的邏輯有缺陷，同樣會造成問題。會發生這種錯誤的可能原因包括：

❑ 錯誤的計算方式

❑ 存取錯誤資源 (檔案、資料庫、伺服器、變數等)

❑ 變數邏輯判斷不當

練習：評估步行距離的邏輯錯誤

現在我們要來寫一隻程式，判斷你是否應該步行或搭車前往目的地。如果距離目的地有 2 公里**以上**就搭車，否則走路過去。這隻程式會展示一個簡單但典型的邏輯錯誤。

```
Chapter06\Exercise06.02
```

```go
package main

import "fmt"

func main() {
    km := 2   // 目的地距離
    if km > 2 {
        fmt.Println("搭車吧")
    } else {
        fmt.Println("用走的好了")
    }
}
```

```
PS F1741\Chapter06\Exercise06.02> go run .
用走的好了
```

程式執行時未發生錯誤，但顯示的訊息卻不如預期。目的地距離是 2 公里，為什麼還是要走路呢？

你可能已經發現，這是因為程式中是用大於 (>) 2 而不是大於等於 (>=) 來判斷，以至於程式未能做出正確回應。不過修正方式也很簡單，修改邏輯算符就行了：

```go
func main() {
    km := 2
    if km >= 2 {
        fmt.Println("搭車吧")
    } else {
        fmt.Println("用走的好了")
    }
}
```

當然，以上程式的邏輯錯誤不難解決。但在更大型的程式中，這類錯誤就不見得那麼容易能抓出來了。

6-3 其它程式語言的錯誤處理方式

如果你初學 Go 語言時已經有其他程式語言的背景，一開始想必會覺得 Go 語言處理錯誤的方式很奇怪。這是因為 Go 語言處理錯誤的方式跟 Java、Python、C# 和 Ruby 等語言都不一樣，這些其他語言做的是所謂的**例外處理** (exception handling)。

以下程式碼片段示範了其它程式語言如何以例外處理的方式應付錯誤：

Java, C#

```
try {
    // 可能產生錯誤的程式碼
} catch (exception e) {
    // 處理錯誤的程式碼
} finally {
    // 處理完後的程式碼
}
```

Python

```
try:
    # 可能產生錯誤的程式碼
except:
    # 處理錯誤的程式碼
else:
    # 沒有發生錯誤時的程式碼
finally:
    # 處理完後的程式碼
```

Ruby

```
begin
    # 可能產生錯誤的程式碼
rescue =>
    # 處理錯誤的程式碼
else
    # 沒有發生錯誤時的程式碼
ensure
    # 處理完後的程式碼
end
```

　　在大部份程式語言中，例外處理是隱性 (implicit) 的：任何函式都有可能出錯和拋出例外，但你事先無法預知是誰會這麼做，只能試著用 try...error 來攔截它們。若你沒有處理例外，該函式就會導致整個程式當掉。

　　然而在 Go 語言中，錯誤的處理是顯性 (explicit) 的。許多函式會很明確傳回一個你無法拒絕的錯誤值，但該值在函式執行成功時會是 nil。就算真的傳回非 nil 錯誤，函式也不見得會讓程式當掉，但你有責任要在錯誤值不為 nil 時處理它。

我們來講得稍微清楚一點：在大部份程式語言中，若某些功能有發生錯誤的可能性，你就得撰寫 try...catch 敘述來包住它。但是在 Go 語言裡，你會很明確的先接收 error 值，然後自己判斷該對它做什麼事：

```
val, err := someFunc() // 呼叫函式，接收傳回值（包括 error）
if err != nil {
    // 若有錯誤存在，做些處理然後把它繼續往外傳
    return err
}
return nil  // 沒有錯誤，對上一層傳回 nil
```

如果只是要檢查一個函式是否正確執行，你也可以寫成如下，讓語法更簡潔一點：

```
if _, err := someFunc(); err != nil {

}
```

Go 語言藉由這種方式，明白要求開發者承擔起處理錯誤的責任，不僅簡化了檢查錯誤的流程，也能讓你對程式碼付出更多關注、主動減少程式的潛在問題。

接下來，我們就要來看 Go 語言中的錯誤值究竟是什麼東西。

6-4 error 介面

6-4-1 Go 語言的 error 值

在 Go 語言中，一個 error 是一個**值**。Go 語言創始人之一的 Rob Pike 是這樣形容 error 的：

資料值是能用程式設定的, 而既然 error 也是值, 所以error 同樣可以用程式設定內容。error 不是程式例外, 它並無任何特別之處, 因為未處理的例外會讓程式當掉, error 卻不見得。

既然 error 是個值, 它就可以當成引數傳給函式、被函式傳回, 並能像 Go 語言的任何值一樣被讀取和做比較。

事實上, Go 語言的 error 值都必須實作來符合 error 介面的定義 (第 7 章將詳細介紹何謂介面實作)。下面是 Go 語言中宣告的 error 介面型別:

```
//https://golang.org/pkg/builtin/#error
type error interface {
    Error() string
}
```

 小編註:這個型別被宣告在最高層級, 因此任何 Go 程式都能直接取用。

Go 語言的美妙之處, 在於其語言功能設計得很簡單。如同我們在第 4 章曾短暫提過的, 一個型別只要符合介面的規範 (擁有一樣的方法函式), 就會被視為符合該介面型別。也就是說, 任何型別只要符合 error 介面的要求, 它就能當成 error 型別:

❏ 型別得擁有一個函式 (或稱方法) 叫 Error()

❏ Error() 得傳回一個 string 型別的值

就這樣。在 Go 語言標準函式庫中, 各套件可能會定義自己的 error 型別, 包含不同的欄位和方法。但只要這些型別具備 Error() string 方法, 就可以用 error 介面型別的形式建立 error 值, 而且能被許多跟錯誤處理有關的功能共用。

我們要用下面這段程式碼當成起點, 以程式內的錯誤處理部分來說明 Go 語言如何處理錯誤:

```
    v := "10"
    s, err := strconv.Atoi(v)
    if err != nil {
        fmt.Println(err)
    }
    fmt.Printf("%T, %v\n", s, s)

    v = "s2"
    s2, err := strconv.Atoi(v)
    if err != nil {
        fmt.Println(err)
    }
    fmt.Printf("%T, %v\n", s2, s)
```

　　我們在第 5 章介紹函式時，提過函式可以傳回多個值，這是大部份程式語言所沒有的強大功能。這點對於錯誤處理更是深具好處；從上面可以看到，Go 標準函式庫的 strconv.Atoi() 函式會接收一個字串，並遵循 Go 語言的設計慣例傳回一個 int、以及一個 error 值。任何函式若要傳回錯誤，error 就應該當成最後一個傳回值。

 小編註：注意到 main() 中的 err 變數是重複利用的。如我們在第 1 章補充過，短變數宣告左側只要有至少一個新變數即可成立。事實上，重複使用 err 值是 Go 語言常見的撰寫習慣，畢竟你在檢查過它的值之後就用不到了。

　　若函式有傳回 error 卻置之不理，就是很糟糕的習慣，因為你事後可能得浪費大量精力除錯，還可能造成程式發生非預期的後果。error 值是 nil 時代表沒有錯誤，毋須採取行動，但若 error 值不是 nil 便代表有錯誤發生，我們必須決定如何因應之。依據不同場合，我們想做的事可能如下：

❏ 將 error 傳給函式呼叫者

❏ 用 log 記錄錯誤然後繼續執行

❏ 停止程式執行

❏ 忽略 error (極度不建議)

❏ 引發 panic (只有很罕見的狀況才會這麼做；稍後會提到)

6-4-2　error 型別定義

我們繼續來研究 Go 語言標準套件中的 error 型別。首先從 Go 語言函式庫中的 errors.go 著手：

```
// https://golang.org/src/errors/errors.go
type errorString struct {
    s string
}
```

errorString 這個結構型別位於 error 套件中，有一個字串型別欄位 s 來儲存錯誤的內容。注意到 errorString 型別和其欄位 s 都是以英文小寫開頭 (第 8 章會進一步說明)，這代表它們是不可匯出或公開的，亦即我們不能在外部程式直接使用它們：

```
package main

import (
    "errors"
    "fmt"
)

func main() {
    es := errors.errorString{}
    es.s = "slacker"
    fmt.Println(es)
}
```

執行結果

```
# main
main.go:9:8: cannot refer to unexported name errors.errorString
main.go:10:4: es.s undefined (cannot refer to unexported field or
method s)
Build process exiting with code: 2 signal: null
```

從錯誤訊息可看出 errorString 和其欄位 s 都沒有匯出 (unexported)。

看起來 errorString 似乎毫無用處，不過先別急著跳過。errors.go 中還有這麼一段：

```
// https://golang.org/src/errors/errors.go
func (e *errorString) Error() string {
    return e.s
}
```

Error() 函式透過指標接收器變成 errorString 結構的方法，這麼一來 errorString 結構的定義就符合 error 介面的要求，使得 errorString 結構可被視為 error 型別。而若你需要查看錯誤內容，只要呼叫其 Error() 方法和取得傳回字串即可。這表示在 Go 語言中，你能用各式各樣的方式定義 error 值，而它的型別一旦符合 error 介面，你就能用完全一樣的方式操作它們。

這種共通性為何重要？因為像是 fmt.Print() 這類函式在印出符合 error 介面的值時，就會呼叫其 Error() 方法。下一章談到介面時，你就會更能理解 Go 語言的這種強大特性。

現在你應該對 Go 語言中的 error 值與型別略知一二了。我們接著要來看看如何建立你自己的 error 值。

6-4-3　建立 error 值

在 errors.go 裡有一個函式，可以用來建立你自己的 error 值：

```
// https://golang.org/src/errors/errors.go
func New(text string) error {
    return &errorString{text}
}
```

New() 函式會接收一個字串引數，並以此產生一個新的指標結構變數 *errors.errString, 再以 error 介面型別傳回。雖然說傳回值是 error 介面，但實際傳回的其實是 *errors.errString 型別。

以下程式碼可以證明這一點：

```
func main() {
    ErrBadData := errors.New("Some bad data")
    fmt.Printf("ErrBadData type: %T", ErrBadData)  // 印出 error 值的型別
}
```

執行結果

```
errBadData type: *errors.errorString
```

error.New() 非常有用處，它能讓你快速產生包含自訂訊息的 error 值，無須自己另外定義一個符合 error 介面的型別。下面就是 Go 語言標準套件 http 的內容，它也一樣使用 errors.New() 來建立不同錯誤，好代表不同類型的錯誤，以便在必要時傳回給使用者：

```
var (
    ErrBodyNotAllowed = errors.New("http: request method or response 接下行
status code does not allow body")
    ErrHijacked = errors.New("http: connection has been hijacked")
    ErrContentLength = errors.New("http: wrote more than the declared 接下行
Content-Length")
    ErrWriteAfterFlush = errors.New("unused")
)
```

在 Go 語言中，error 值的名稱習慣上會以 **Err** 開頭 (首字大寫)，並採用駝峰式命名法。

練習：建立一個周薪計算程式

這個練習要建立一個函式來計算周薪。此函式會接收兩個引數，一個是該周工作時數，另一個是時薪。函式也要檢查這兩個參數是否有效，並且得計算加班費：

1. 時薪必須介於 10 至 75 美元。

2. 一周工時必須介於 0 至 80 小時。

3. 若工時超過 40 小時，額外工時的時薪乘以 2。

4. 若時薪或工時有誤，周薪傳回 0, 並傳回對應的 error 值。如果沒有錯誤，傳回計算後的周薪，錯誤則傳回 nil。

Chapter06\Exercise06.03

```go
package main

import (
    "errors"
    "fmt"
)

var (  // 定義兩個自訂 error 值
    ErrHourlyRate  = errors.New("無效的時薪")
    ErrHoursWorked = errors.New("無效的一周工時")
)

func main() {
    pay, err := payDay(81, 50)
    if err != nil {  // 若 payDay() 傳回錯誤就印出來
        fmt.Println(err)
    }
    fmt.Println(pay)

    pay, err = payDay(80, 5)
    if err != nil {  // 同上
        fmt.Println(err)
    }
    fmt.Println(pay)

    pay, err = payDay(80, 50)
    if err != nil {  // 同上
        fmt.Println(err)
    }
    fmt.Println(pay)
}

func payDay(hoursWorked, hourlyRate int) (int, error) {
    if hourlyRate < 10 || hourlyRate > 75 {
        return 0, ErrHourlyRate  // 若時薪不正確, 傳回時薪錯誤 error
```

接下頁

```
    }
    if hoursWorked < 0 || hoursWorked > 80 {
        return 0, ErrHoursWorked   // 若工時不正確, 傳回工時錯誤 error
    }
    // 計算加班費
    if hoursWorked > 40 {
        hoursOver := hoursWorked - 40
        hoursRegular := hoursWorked - hoursOver
        return hoursRegular*hourlyRate + hoursOver*hourlyRate*2, nil
    }
    // 沒有錯誤就傳回計算後的周薪 (含加班費), 錯誤傳回 nil
    return hoursWorked * hourlyRate, nil
}
```

執行結果

```
PS F1741\Chapter06\Exercise06.03> go run .
無效的一周工時
0
無效的時薪
0
6000
```

　　我們在這次的練習看到如何建立自訂 error (即錯誤訊息), 這些訊息能讓
函式呼叫者一眼看出發生了什麼錯誤。而在下一個主題, 我們則要來探討如
何在應用程式中運用 panic。

▶ 延伸習題 06.01：為金融應用程式建立自訂錯誤訊息

▶ 延伸習題 06.02：驗證銀行客戶的輸入資料

6-4-4　(小編補充) 使用 fmt.Errorf() 建立 error 值

　　前面的練習是先用 error.New() 建立 error 值。還有另一個方式是使用
fmt.Errorf(), 讓你建立格式化的錯誤訊息：

```
func payDay(hoursWorked, hourlyRate int) (int, error) {
    if hourlyRate < 10 || hourlyRate > 75 {
        return 0, fmt.Errorf("無效的時薪: %d", hourlyRate)
    }
    if hoursWorked < 0 || hoursWorked > 80 {
        return 0, fmt.Errorf("無效的一周工時: %d", hoursWorked)
    }
...
```

這表示我們更可以把其他 error 值的內容讀出來，連同其他訊息合併成一個新的 error 值：

```
func payDay(hoursWorked, hourlyRate int) (int, error) {
    if hourlyRate < 10 || hourlyRate > 75 {
        // 用 error 值的 Error() 方法取得內容字串，產生成新 error 值後傳回
        return 0, fmt.Errorf("payDay 錯誤: %s", ErrHourlyRate.Error())
    }
    if hoursWorked < 0 || hoursWorked > 80 {
        return 0, fmt.Errorf("payDay 錯誤: %s", ErrHourlyWorked.Error())
    }
...
```

但這種合併法意味著舊的 error 值會被新型別蓋掉，而特定的 error 值可能是有其特殊意義的。此外，原本的 error 值也可能擁有額外的欄位、方法等等，而這些資訊都會在合併過程中消失。

因此從 Go 1.13 起，fmt.Errorf() 提供了另一種結合 error 值的做法 —— error 值可以**包覆 (wrap)** 其他的 error 值。辦法是在格式化字串中用 **%w** 符號來對應到要被包覆的 error：

```
func payDay(hoursWorked, hourlyRate int) (int, error) {
    if hourlyRate < 10 || hourlyRate > 75 {
        return 0, fmt.Errorf("無效的時薪: %w", ErrHourlyRate)
    }
    if hoursWorked < 0 || hoursWorked > 80 {
        return 0, fmt.Errorf("無效的一周工時: %w", ErrHourlyWorked)
    }
...
```

若仔細觀察 error 套件的原始碼，會發現 fmt.Errorf() 傳回的 error 型別實際上為 wrapError 結構，它有個 error 型別欄位能記住它『包覆』的錯誤值，並且有額外的方法能夠讀取該欄位：

```
// https://golang.org/src/fmt/errors.go
type wrapError struct {
    msg string
    err error
}

// wrapError 有實作 Error() 因此符合 error 介面型別
func (e *wrapError) Error() string {
    return e.msg
}

func (e *wrapError) Unwrap() error {
    return e.err
}
```

當你在 fmt.Errorf() 使用 %w 符號來包覆其他 error 值時，後者會被儲存到新 error 值 (wrapError 型別) 的 err 欄位中：

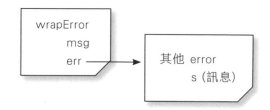

這也意外著當函式接受了 error 值並往外傳時，可以將錯誤值一層層包覆起來，形成所謂的錯誤鏈 (error chain)，而當中所有資訊都不會喪失。

Go 語言也提供了兩個新方法，error.Is() 和 error.As()，使你能夠檢查錯誤鏈中是否存在著某個 error 值或特定的 error 型別：

❏ **error.Is(err, target)** 能檢查一個 err (一個 error 值) 中是否包含 target 的值，有的話傳回 true。

❏ **error.As(err, target)** 能檢查一個 err (一個 error 值) 中，是否有 error 值的型別符合 target 的型別，有的話就將該值指定給 target (target 須為指標) 並傳為 true。

簡單說，error.Is() 是在做值的檢查，而 error.As() 的效果則像是 error 型別斷言。本書不會深入討論這些新方法的詳細使用，有興趣者可參閱 Go 官方部落格：https://blog.golang.org/go1.13-errors。

6-5　panic

6-5-1　何謂 panic？

如前面所提，很多程式語言都會用例外的形式來處理錯誤，但是 Go 語言並不這麼做。在大多情況下，Go 語言的錯誤會以 error 值的形式傳回，這也通常不會影響程式運作。但若遇到真正嚴重的狀況，Go 還是會引發所謂的 **panic (恐慌)**。和例外有些類似的是，panic 會在函式中一路往上傳、最終使整個程式當掉，除非你選擇處理它。

⚡ 注意　發生 panic 時，你會在錯誤訊息中看到看到像是 『Goroutine running』 的字樣。這是因為 main() 函式自己也是一個 Goroutine；我們會在第 16 章繼續討論這一點。

如果發生了 panic，代表程式遭遇了完全不正常的狀況。而 Go 語言執行環境或開發者之所以引發 panic，通常是要保護程式的完整性 (integrity)，藉由中斷程式來避免造成其他影響。

試想，若在一個銀行應用程式中，使用者輸入了錯誤的銀行帳戶，而要是這時沒有引發 panic，那麼程式繼續操作下去時就可能發生不正確的扣款、影響到後續程式運作等等。為了保護使用者，或者避免程式錯誤影響到整個系統運作，讓它當場當掉反而是更好的選擇。

6-5-2　panic() 函式

panic 也可由開發者在程式執行期間觸發，辦法是使用 **panic()** 函式。它接受一個空介面型別 interface{} 參數，我們在第 4 章得知這意味著 panic() 能接受任何型別的資料。但在大部份情況下，你應該傳入一個 error 介面型別的值，這也是 Go 語言的既定慣例。

對於你的函式的使用者來說，要是能得知 panic 為何發生，自然會比較好懂。我們後面還會看到如何從 panic 狀況中恢復過來，以及如果 panic() 有收到 error 值，這能帶給我們哪些不同的救援選項。

當 panic 發生時，一般會伴隨以下動作：

1. 停止程式執行。

2. 發生 panic 的函式中若有延後執行 (deferred) 的函式，它們會被呼叫。

3. 發生 panic 的函式的上層函式中，若有延後執行 (deferred) 的函式，它們會被呼叫。

4. 沿著函式堆疊一路往上，最後抵達 main()。

5. 發生 panic 的函式之後的所有敘述都不會執行。

6. 程式當掉。

panic 運作方式的圖解如右：

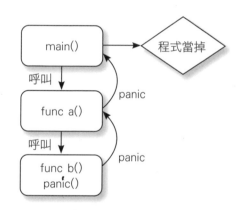

上圖顯示 main() 呼叫了函式 a()，然後函式 a() 又呼叫了函式 b()，結果 b() 當中發生了 panic。panic 會依次往上傳到 a() 和 main()，但這些上層函式都沒有處理 panic() 函式，使程式最終當掉。

手動引發 panic

現在我們回頭來看本章開頭的練習 06.01，看看它的錯誤訊息內容：

```
Chapter06\Exercise06.01

package main

import "fmt"

func main() {
    nums := []int{2, 4, 6, 8}
    total := 0
    for i := 0; i <= 10; i++ {
        total += nums[i]
    }

    fmt.Println("總和:", total)
}
```

執行結果

```
PS F1741\Chapter06\Exercise06.01> go run .
panic: runtime error: index out of range [4] with length 4

goroutine 1 [running]:
main.main()
        F1741/Chapter06/Exercise06.01/main.go:9 +0x127 exit status 2
```

Go 語言之所以將這情況視為 panic，是因為我們企圖走訪一個切片、索引範圍卻超過元素數量，Go 認為這使程式進入不正常狀況，因而觸發了 panic。

下面的程式碼片段則展示了如何主動使用 panic() 來讓程式當掉：

```
Examples\Example06.01

package main

import (
    "errors"
    "fmt"
)
```

接下頁

```go
func main() {
    msg := "good-bye"
    message(msg)
    fmt.Println("這行不會印出")
}

func message(msg string) {
    if msg == "good-bye" {  // 收到 "good-bye", 引發 panic
        panic(errors.New("出事了"))
    }
}
```

這段程式的預期輸出如下：

執行結果

```
panic: 出事了

goroutine 1 [running]:
main.message(...)
    main.go:16
main.main()
    main.go:10 +0x65
```

panic 時 defer 的執行效果

在以上程式中，發生 panic 之後的程式碼就不會執行了。不過，我們來看看若 panic 後面的函式加上 defer 敘述 (見第 5 章) 會如何運作：

Examples\Example06.01

```go
package main

import (
    "errors"
    "fmt"
)

func main() {
    defer fmt.Println("在 main() 使用 defer")
```

接下頁

```
    test()
    fmt.Println("這一行不會印出")
}

func test() {
    defer fmt.Println("在 test() 使用 defer")
    msg := "good-bye"
    message(msg)
}

func message(msg string) {
    defer fmt.Println("在 message() 使用 defer")
    if msg == "good-bye" {
        panic(errors.New("出事了"))
    }
}
```

以上程式的輸出如下：

執行結果

```
PS F1741\Chapter06\Examples\Example06.01> go run .
在 message() 使用 defer ◀── 最晚使用 defer 的函式會最早呼叫
在 test() 使用 defer
在 main() 使用 defer
panic:出事了

goroutine 1 [running]:
main.message(0x6fcec3, 0x8)
        F1741/Chapter06/Example06.01/main.go:23 +0x116 main.test()
        F1741/Chapter06/Example06.01/main.go:17 +0xa5 main.main()
        F1741/Chapter06/Example06.01/main.go:10 +0x9d exit status 2
```

我們逐步剖析這段程式碼：

1. 由於 panic 發生在 message() 中，該函式內使用 defer 敘述的 fmt. Println() 會先被執行。

2. 程式沿著函式呼叫堆疊往上，上一層函式是 test(), 它當中延遲執行的 fmt. Println() 這時也會執行。

3. 接著來到 main() 函式，其中延遲執行的 fmt.Println() 也被呼叫。

4. 最後程式終於因 panic() 中斷。

⚡注意 你可能在 Go 語言程式碼中看過以 **os.Exit(1)** 停止程式執行的作法。os.Exit() 會立即中斷程式，並傳回一個狀態碼 (習慣上 0 代表正常，正整數代表錯誤，其意義由使用者決定)，但使用 os.Exit() 時一律不會執行被延遲的函式。因此在特定情況下，使用 panic() 會比 os.Exit() 來得合適。

練習：利用 panic() 函式讓程式在發生錯誤時當掉

我們現在要改寫練習 06.03 的周薪計算應用程式。這回需求有所變更：有人抱怨薪資支票有誤，我們認為是使用者呼叫 payDay() 函式時忽略了傳回的 error 所致。我們由此認定使用者並不可靠，他們無法正確地處理錯誤。

於是，新版的 payDay() 函式只需傳回薪資值，不必再傳回 error。如果傳給函式的引數無效，函式就直接引發 panic 讓程式當掉，不會繼續處理薪資支票。此外為了

Chapter06\Exercise06.04

```go
package main

import (
    "errors"
    "fmt"
)

var (
    ErrHourlyRate  = errors.New("無效的時薪")
    ErrHoursWorked = errors.New("無效的一周工時")
)

func main() {
    pay := payDay(81, 50)
    fmt.Println(pay)
}

func payDay(hoursWorked, hourlyRate int) int {  // 不回傳 error
    // 不管有沒有引發 panic, 在 payDay() 結束時印出工時與薪資
```

接下頁

```
    report := func() {
        fmt.Printf("工時: %d\n時薪: %d\n", hoursWorked, hourlyRate)
    }
    defer report()

    if hourlyRate < 10 || hourlyRate > 75 {
        panic(ErrHourlyRate)
    }
    if hoursWorked < 0 || hoursWorked > 80 {
        panic(ErrHoursWorked)
    }
    return hoursWorked * hourlyRate
}
```

執行結果

```
PS F1741\Chapter06\Exercise06.04> go run .
工時: 81
時薪: 50
panic: 無效的一周工時

goroutine 1 [running]:
main.payDay(0x51, 0x32, 0x0)
        F1741/Chapter06/Exercise06.04/main.go:29 +0xf9 main.main()
        F1741/Chapter06/Exercise06.04/main.go:14 +0x3e exit status 2
```

在 payDay() 函式中，我們用匿名函式的方式建立 report() 函式。就算
payDay() 不再傳回錯誤，被延遲執行的 report() 也會在 panic 發生後照常執
行，如此一來就能在程式當掉時印出一些細節。此外，我們也將 error 值傳
給 panic() 函式並引發 panic，這會讓函式使用者對於程式掛掉的發生原因更
有概念。

在下一個主題，我們則要來說明如何在 panic 時用 recover 取回程式控
制權。

➤ 延伸習題 06.03：輸入資料無效時引發 panic

6-6 recover (復原)

panic 狀況其實也並非無法補救。Go 語言提供了 recover() 函式，可以在某個 Goroutine 發生 panic 後取回其控制權。recover() 函式的定義如下：

```
func recover() interface{}
```

recover() 函式沒有參數，傳回值則是一個空介面，這意味著傳回資料可以是任意型別。實際上，recover() 傳回的會是你一開始傳給 panic() 函式的值。

recover() 只有在使用 defer 延遲執行的函式中才有作用。各位應該還記得，延遲的函式會在外層函式結束前的前一刻執行。如果你在延遲執行的函式當中呼叫 recover()，就可以恢復正常執行和停止 panic。但若 recover() 函式是在延遲函式之外的地方呼叫，就無法阻止 panic 發生。

下圖展示了一支程式在使用 panic()、recover() 和 defer 時會經歷的過程：

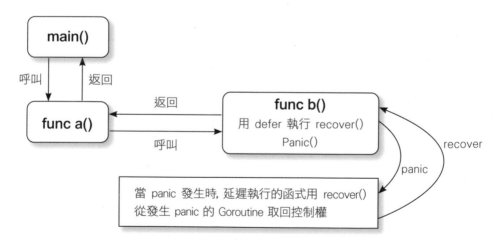

上圖流程的說明如下：

1. main() 呼叫 a(), a() 再呼叫 b()。

2. 在 b() 當中發生了 panic。

3. b() 當中一個延遲執行的函式在 b() 結束之前被呼叫，而這函式執行了 recover()。

4. recover() 阻止了 panic，使程式流程正常地回到 a()，然後再回到 main()。

下面的程式碼模擬了以上的流程：

Examples\Example06.02

```go
package main

import (
    "errors"
    "fmt"
)

func main() {
    a()
    fmt.Println("這一行現在會印出了")
}

func a() {
    b("good-bye")
    fmt.Println("返回 a()")
}

func b(msg string) {
    defer func() {  // 用 defer 來確保匿名函式在 panic 發生後執行
        // 若有 panic 發生，用 recover() 救回程式
        if r := recover(); r != nil {
            fmt.Println("b() 發生錯誤:", r)  // 印出 error
        }
    }()
    if msg == "good-bye" {
        panic(errors.New("事情出代誌了"))  // 引發 panic
    }
    fmt.Print(msg)
}
```

```
PS F1741\Chapter06\Examples\Example06.02> go run .
b() 發生錯誤: 事情出代誌了
返回 a()
這一行現在會印出了
```

　　不管 b() 有沒有發生 panic，都會呼叫延遲執行的匿名函式，而這匿名函式會呼叫 recover()。如果它傳回的 error 值是 nil，就代表 b() 沒有發生 panic；如果不為 nail，則會印出 error 的值 (也就是後面傳入 panic() 的錯誤內容)。

　　現在 recover() 就會阻止 b() 內發生的 panic，因此 panic 就不會往上傳到 a() 以及 main()、最終令整個程式掛掉了。

練習：從 panic 中復原

　　這個練習要繼續改良 payDay() 函式，讓它從 panic 中復原，同時我們也要調查造成 panic 的錯誤是什麼，最後根據錯誤原因印出有意義的訊息給使用者看。

```go
package main

import (
    "errors"
    "fmt"
)

var (
    ErrHourlyRate  = errors.New("無效的時薪")
    ErrHoursWorked = errors.New("無效的一周工時")
)

func main() {
    pay := payDay(100, 25)
    fmt.Printf("周薪: %d\n\n", pay)

    pay = payDay(100, 200)
    fmt.Printf("周薪: %d\n\n", pay)
```

接下頁

```go
    pay = payDay(60, 25)
    fmt.Printf("周薪: %d\n\n", pay)
}

func payDay(hoursWorked, hourlyRate int) int {
    defer func() {
        if r := recover(); r != nil {
            if r == ErrHourlyRate { // 若 panic 是隨 ErrHourlyRate 錯誤發生
                fmt.Printf("時薪: %d\n錯誤: %v\n", hourlyRate, r)
            }
            if r == ErrHoursWorked {// 若 panic 是隨 ErrHoursWorked 錯誤發生
                fmt.Printf("工時: %d\n錯誤: %v\n", hoursWorked, r)
            }
        }
        fmt.Printf("計算周薪的依據: 工時: %d / 時薪: %d\n", hoursWorked,
hourlyRate)
    }()
    if hourlyRate < 10 || hourlyRate > 75 {
        panic(ErrHourlyRate)
    }

    if hoursWorked < 0 || hoursWorked > 80 {
        panic(ErrHoursWorked)
    }

    if hoursWorked > 40 {
        hoursOver := hoursWorked - 40
        overTime := hoursOver * 2
        regularPay := hoursWorked * hourlyRate
        return regularPay + overTime
    }
    return hoursWorked * hourlyRate
}
```

執行結果

```
PS F1741\Chapter06\Exercise06.05> go run .
工時: 100
錯誤: 無效的一周工時
計算周薪的依據: 工時: 100 / 時薪: 25
周薪: 0
```

接下頁

```
時薪：200
錯誤：無效的時薪
計算周薪的依據：工時：100 / 時薪：200
周薪：0

計算周薪的依據：工時：60 / 時薪：25
周薪：1540
```

▶ 延伸習題 06.04：避免讓 panic 造成應用程式當掉

6-7 處理 error 與 panic 的指導方針

在本章的範例與練習中，我們學到了如何建立並傳回自訂 error，必要時如何用 panic() 讓程式當掉，最後則是怎麼從 panic 狀態復原、並在復原時根據傳給 panic() 函式的 error 值來顯示錯誤訊息。最後，我們要來看一些基本的指導方針，關於你在 Go 語言中該如何處理錯誤。

指導方針僅供參考，它們不是金科玉律。這意思是說你通常應該遵守這些方向，但總也有例外的時候。以下有一部份已在先前提過，但我們在此一併匯總，帶各位迅速回顧一下：。

❏ 宣告自訂的 error 值時，變數命名應以 Err 開頭，並遵照駱駝式命名寫法慣例。例如：

```
var ErrExampleNotAllowd= errors.New("error example text")
```

❏ error 的字串若是英文，應以小寫字母開頭，結尾也沒有標點符號。這樣做的原因之一是，error 值可被傳回、甚至跟其他相關資訊合併。

❏ 如果函式或方法會傳回 error，呼叫者就應檢查其內容是否為 nil。未檢查的 error 傳回值可能會造成程式產生出乎預期的表現。

❏ 使用 panic() 時，請傳入一個 error 值為引數，不要只傳入空介面或空字串等等。

❏ 不要拿 error 中的字串內容來做運算或比對。

❏ 盡量少使用 panic()；只有真正不得已，需要保護程式的完整性時才用它。

此外，在使用其他套件時，它們所引發的 panic 也不建議用 recover() 去救回，因為你很難預知救回後套件會處於何種狀態，繼續使用上是否會有問題。

6-8　本章回顧

在本章中，我們看到了你撰寫程式時會遇到的各種錯誤，包括語法錯誤、執行期間錯誤以及邏輯錯誤。我們在本章將焦點放在執行期間錯誤，這類錯誤比較難以排除。

我們也探討了各種程式語言處理錯誤的思維。我們得知，比起其它程式語言以例外來處理的方式，Go 語言的錯誤處理語法更為單純。

Go 語言的 error 是一個值，也就是說它可以在函式之間傳遞。而任何型別只要實作了 error 介面型別，其變數值就可以當成 error。我們發現建立 error 真的很簡單，也學到你應該將 error 命名為 Err 開頭、使用駱駝式命名法、望文生義的變數名稱。

接著我們探討了 panic，以及它和例外的相似之處。我們得知 panic 其實和例外很像，且若我們不處理 panic，它就會讓程式當掉。不過，Go 語言自有機制，能在發生 panic 後用 recover() 函式將控制權還給程式。若要做到這點，就得把 recover() 放在一個用 defer 延後執行的函式中。在本章結尾，我們更介紹了一些在 Go 語言處理錯誤的指導方針。

下一章開始，我們要來正式探討介面及其用途，以及它們與其它程式語言的介面有何差別。我們會學到如何使用介面來解決程式設計師會遇到的各種問題。

MEMO

7

Chapter

介面

／本章提要／

本章的目的在於說明你要如何在 Go 語言中實作
介面 (interfaces)。相較於其它程式語言, Go 語
言的做法相當簡單, 因為 Go 語言的介面實作是
隱性 (implicit) 的, 不若其他語言會要求你明確地
實作介面。

一開始各位會先學習如何為應用程式定義和
宣告介面, 以及如何在應用程式中實作一個介
面。本章也會向大家介紹何謂**鴨子定型 (duck
typing)** 以及**多型 (polymorphism)**, 以及如何在
函式中接收介面、並抽取出其底下的結構。

到本章尾聲時, 各位將學會運用型別斷言來存取
介面底下的實質資料值, 並再次回顧型別 switch
的用法。

7-1 前言

我們在上一章探討了 Go 語言的錯誤處理，了解到 error 值在 Go 語言當中的地位。我們也得知 Go 語言的 error 值其實可以是任意型別，只要它符合 error 介面的要求即可，但我們當時並沒有深入討論介面背後的機制為何。在這一章中，我們便要來好好研究 Go 介面的本質跟實作。

舉個例，你的主管希望你寫出一個可以接收 JSON 格式字串的 API，資料中會含有各個員工的資料，比如他們的住址、專案工時。程式必須解析 JSON 字串 (第 11 章會談到這部分)、再匯入至 employee 結構的變數。這個任務並不難，所以你寫一個 loadEmployee(s string) 的函式來處理之。

你的主管對成果很滿意，於是提出新要求。使用者希望程式還可以接收含有 JSON 資料的檔案，於是你又寫了個 loadEmployeeFromFile(f *os.File) 函式，以便從檔案讀出資料、解析後寫入 employee 結構。儘管資料來源不同，這兩個函式本質做的事是完全一樣的。

接著你的主管又說，員工資料也有可能來自 HTTP API 的請求 (見第 14 ／15 章)。於是你還得再寫一個 loadEmployeeFromHTTP(r *Request) 函式，以便從 HTTP 請求讀出 JSON 格式資料。

上面這三個函式解析和處理資料的行為其實完全一樣，只有讀入的資料型別有所不同 (string、os.File 和 http.Request)。那麼，能不能只要寫一個函式就好呢？你又該怎麼繞過不同資料型別帶來的限制，讓同一個函式能接收不同型別的值？

這個問題的解答就是使用**介面 (interface)**。以上面的情況來說，你可以只要寫一個 loadEmployee(r **io.Reader**) 來取代以上三個函式，而 Go 語言內建的 io.Reader 型別就是所謂的介面，它可以接受包括 string、os.File 和 http.Request 在內的不同型別。

在本章中，我們將來研究介面為什麼能夠接收多重型別，並探討介面如何引進**鴨子定型 (duck typing)** 和**多型 (polymorphism)** 的機制。最後我們會回顧第 4 章講過的空介面型別，以及它要怎麼搭配型別斷言和型別 switch 來檢查空介面底下的型別。

如果你現在還覺得聽了一頭霧水，別擔心；隨著本章進展，各位將逐漸摸透 Go 語言介面的奧妙。

7-2 介面 (interface)

7-2-1 認識介面

我們在第 4 章提過，你能對自訂型別或結構綁定**方法 (method)**。方法其實便代表型別的**行為**；現實世界中，幾乎所有事物都會具備特定的行為。比如，貓咪會喵喵叫、走動、跳動和發出呼嚕聲，這些是貓特有的行為，而一輛車則擁有加速、轉彎和剎車等行為。

一個介面所做的事，就是描述了某類事物應具備哪些行為。例如，若『車輛』介面定義了一輛車得有加速、轉彎和剎車行為，那麼不管是『腳踏車』或『電動車』型別，只要具備相同的行為，就可以被當成『車輛』看待，即使這些車可能還有別的行為 (如電動車可以充電)。

更精確來說，Go 語言的介面型別會包含一系列函式或方法特徵 (method signatures)，而其他型別只要定義了完全相同的方法，就等於是**實作 (implement)** 了此介面、並可被當成該介面型別來看待：

```
type 型別名稱 interface {
    <方法 1 特徵>
    <方法 2 特徵>
    ...
}
```

下面是個例子，示範了一個介面 Speaker 應實作的方法，這些方法只有特徵 (名稱、參數與傳回值) 而不帶實作細節：

```
type Speaker interface {
    Speak(message string) string  // 方法特徵
    Greet() string  // 方法特徵
}
```

　　現在我們已經對介面有基本的認識了，下面就要來介紹如何定義一個介面。

7-2-2　定義介面型別

　　我們沿用前面的 Speaker() 介面範例，來看看定義介面的步驟：

```
type Speaker interface {
    Speak(message string) string
    Greet() string
}
```

1. 首先是關鍵字 type，緊接著是介面名稱（動詞），接著是另一個關鍵字 interface。

2. 慣例上介面名稱會拿其中一個方法的名稱加上 er 結尾，特別是介面中就只有一個方法的時候。

3. 在介面的大括號之間定義方法特徵，在此為 Speak(message string) string 以及 Greet() string。

　　以下則是前面提過的介面 io.Reader，定義於 Go 語言的 io 套件中：

```
// https://golang.org/pkg/io/#Reader
type Reader interface {
    Read(p []byte) (n int, err error)
}
```

　　可以看到介面名稱是 Reader，它唯一的方法叫做 Read()，而 Read() 方法的參數與傳回值特徵是 (p []byte) (n int, err error)。

介面當然也能擁有眾多方法。下面是另一個來自 Go 語言套件的例子：

```
// https://golang.org/pkg/os/#FileInfo
type FileInfo interface {
  Name() string // base name of the file
  Size() int64 // length in bytes for regular files; system-dependent for
others
  Mode() FileMode // file mode bits
  ModTime() time.Time // modification time
  IsDir() bool // abbreviation for Mode().IsDir()
  Sys() interface{} // underlying data source (can return nil)
}
```

可見 os.FileInfo 介面擁有 6 個方法，而任何型別想符合這個介面，就得實作出以上這些方法 (所有方法的特徵也都得符合才行)。

總結來說，介面是一種型別，但其內容就是方法特徵的集合。與其他程式語言類似的是，Go 語言的介面型別不會明訂實作者要怎麼撰寫這些方法，畢竟實作細節並非介面定義的一部份。

接下來我們就介紹如何用 Go 語言實作一個介面。

7-2-3　實作一個介面

其他程式語言都得以明確的方式實作介面；這話的意思是，你必須明白陳述一個物件是在沿用哪個介面的規範。以 Java 為例：

```
class Dog implements Pet
```

這便是在明確指出，Dog 類別 (class) 實作了 Pet 介面。也就是說，現在 Dog 類別已經表明它要實作 Pet 介面，它就必須實作介面要求的方法，否則會產生錯誤。

然而在 Go 語言中，介面實作是**隱性**的。這是在說，只要一個型別綁定的方法特徵完全符合一個介面的規範，該型別就等於是自動實作了該介面。以下是個例子：

```
package main

import (
    "fmt"
)

type Speaker interface {   // Speaker 介面
    Speak() string
}

type cat struct {   // cat 結構
}

func main() {
    c := cat{}
    fmt.Println(c.Speak())
    c.Greeting()
}

func (c cat) Speak() string {   // cat 的方法 (這使 cat 符合 Speaker 介面)
    return "Purrrr Meow"
}

func (c cat) Greeting() {   // cat 的方法
    fmt.Println("Meow, mmmeeeeooowwww!!!!")
}
```

執行結果

```
Purr Meow
Meow,Meow!!!!mmmeeeeooooowwww
```

我們來分析下面這段程式碼:

```
type Speaker interface {
    Speak() string
}
```

這裡定義了個 Speaker 介面，裡面列出一個方法特徵 Speak() string。接著我們建立了一個名為 cat 的空白結構型別，並給它一個特徵相同的方法 Speak()：

```
type cat struct {
}

func (c cat) Speak() string {
    return "Purrrr Meow"
}
```

cat 的 Speak() 方法滿足了 Speaker 介面的規範，因此 cat 型別就可被視為 Speaker 型別。注意到程式裡並沒有明確的敘述指出 cat 是在實作 Speaker 介面；當你替 cat 定義 Speak() 方法時，隱含實作就發生了。

另外在前面的程式碼中，cat 結構還有另一個方法 Greeting()。這方法並未定義在 Speaker 中，但既然 cat 型別已經滿足了 Speaker 型別，這便不影響 cat 對 Speaker 介面的實作。

7-2-4 隱性介面實作的優點

以隱性方式自動實作介面，是有其好處的。我們已經看過，當你想在其他程式語言中實作介面，你必須明確表達這個意圖 (比如在 Java 使用關鍵字 implements)。此外在其他語言中，若你修改了一個介面定義的方法，就得一一找出實作該介面的類別和修改、或者將不符資格者的 implements 關鍵字移除。

在 Go 語言中，只要型別的行為滿足了某個介面，就自動實作了該介面，而若你後來修改了介面的方法集合，那麼不符資格的實作也會自動失效 (但這不會影響該型別的其他方面)。

隱性實作的另一個優點是，你可以讓型別實作其他套件內定義的介面，這麼一來就能將介面與其實作型別的定義分開 (去耦合，decouple)。我們會在第 8 章再探討如何運用自訂套件來將程式功能分類。

我們下面來看一個在主程式 (即 main 套件) 中運用其他套件定義的介面的例子。fmt 套件的 Stringer 就是一個例子，不僅許多套件會用到，fmt 套件本身也會拿它來對主控台印出資料：

```
type Stringer interface {
    String() string
}
```

以 fmt.Println() 為例，若傳入的型別符合 Stringer 介面型別，那麼 Println() 就會呼叫其 String() 方法來取得字串。

現在，我們來修改前面的 cat 結構範例，給它加上兩個欄位，刪除 Greeting() 方法、換上一個新方法 String()：

```
package main

import (
    "fmt"
)

type Speaker interface {
    Speak() string
}

type cat struct {   // 加入欄位
    name string
    age  int
}

func (c cat) Speak() string {
    return "Purrrr Meow"
}

func (c cat) String() string {   // String() 方法
    return fmt.Sprintf("%v (%v years old)", c.name, c.age)
}

func main() {
    c := cat{name: "Oreo", age: 9}
    fmt.Println(c.Speak())
    fmt.Println(c)   // 用 fmt 套件直接印出 cat
}
```

執行結果如下：

執行結果

```
Purrrr Meow
Oreo (9 years old)
```

現在我們的 cat 結構型別同時實作了兩個介面，一個是在 main 套件內自訂的 Speaker，另一個是來自 fmt 套件的 Stringer：

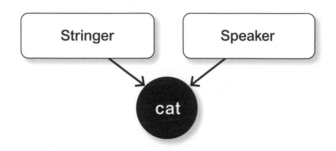

目前我們還沒有程式會用到 Speaker 介面，但你會發現用 fmt.Println() 印出 cat 結構變數 c 時，Println() 自動呼叫了它的 String() 方法。這代表 c 符合並實作了 Stringer 介面，使得它能夠被 Println() 接受和表現出特定的行為。

★ 小編補充 實作介面時使用值接收器 vs. 指標接收器的差別

如果我們把前面程式碼中 cat 的方法改成如下，用指標接收器的形式來指向 cat 結構變數：

```
func (c *cat) Speak() string {
    return "Purrrr Meow"
}

func (c *cat) String() string {
    return fmt.Sprintf("%v (%v years old)", c.name, c.age)
}
...
```

接下頁

```
Purrrr Meow   ◄──── fmt.Println(c.Speak())
{Oreo 9}      ◄──── fmt.Println(c)
```

Speak() 依然正確運作，因為它是 cat 結構的方法，可是這次 fmt.Println() 就沒有呼叫 cat.String() 了，只單純印出結構內容，為什麼呢？

這是因為加上指標接收器後，就變成是指標型別 ***cat** 而不是型別 **cat** 實作了 Stringer 介面，使得在此建立的 cat 變數就不再被認為符合 Stringer 介面了。

解決方式是把 cat 變數宣告成指標：

```
c := &cat{name: "Oreo", age: 9}
```

附帶一提，方法若使用值接收器，該型別的變數不管是值或指標，都可以正確實作介面。

練習：實作一個介面

在這個練習中，我們要來寫一支簡單的程式，練習如何隱性實作介面。

首先訂出一個 person 結構型別，含有 name、age、isMarried 等欄位。它擁有 Speak() 方法，隱含實作了我們自訂的 Speaker 介面，此外它也有 String() 方法，好隱含實作 fmt 套件的 Stringer 介面。

Chapter07\Exercise07.01

```
package main

import (
    "fmt"
)
```

接下頁

```go
type Speaker interface {
    Speak() string
}

type person struct {
    name     string
    age      int
    isMarried bool
}

func main() {
    p := person{name: "Cailyn", age: 44, isMarried: false}
    fmt.Println(p.Speak())
    fmt.Println(p)
}

func (p person) String() string {  // 實作 Stringer 介面的方法
    return fmt.Sprintf("%v (%v 歲)\n已婚: %v ", p.name, p.age,
p.isMarried)
}

func (p person) Speak() string {  // 實作 Speaker 介面的方法
    return "各位好，我的名字是 " + p.name
}
```

執行結果

```
PS F1741\Chapter07\Exercise07.01> go run .
各位好，我的名字是 Cailyn
Cailyn (44 歲)
已婚: false
```

　　以上的練習顯示，要讓型別隱性地實作介面是多麼簡單的事。下個主題
我們則要更深入說明，如何讓多個型別來實作同一個介面，然後拿這介面當
成函式的引數型別。我們也會探討這麼做有什麼好處。

7-3 鴨子定型和多型

7-3-1 鴨子定型

我們前面實作 Speaker 及 Strinter 介面時所做的事，其實就是所謂的**鴨子定型 (duck typing)**（也稱**鴨子型別**）。鴨子定型是程式設計中的一種歸納推理：『只要一個東西長得像鴨子、游泳像鴨子、叫聲也像鴨子，那麼它就是鴨子。』以 Go 語言來說，任何型別只要符合某個介面的行為規範，那麼它們就通通能當成該介面型別來使用。

意即，Go 語言的鴨子定型是根據型別方法來判斷型別符合介面，而不是明確地指定哪些型別能夠符合。下面來看一個例子：

```
package main

import "fmt"

type Speaker interface {
    Speak() string
}

type cat struct {   // 結構 cat
}

func (c cat) Speak() string { // cat 實作了 Speaker 介面
    return "Purr Meow"
}

func chatter(s Speaker) { // 接收 Speaker 介面型別的引數
    fmt.Println(s.Speak())
}

func main() {
    c := cat{}
    chatter(c)
}
```

```
Purr Meow
```

這回我們有個函式 chatter(), 它接收的參數型別是 Speaker 介面。既然 cat 結構隱性實作了 Speaker 介面, 因此它透過鴨子定型被視為 Speaker 型別, 可以傳入 chatter() 的參數！

而這種鴨子定型不只限於單一一種型別。下面我們就來看, 這個原理如何能套用在多重型別身上。

7-3-2　多型

多型 (polymophism) 指的是一樣東西可以用多種形式呈現。舉例來說, 一個形狀可以是正方形、圓形、矩形, 或是任意其他形狀。

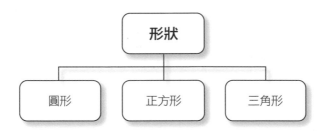

在其他物件導向程式語言中, **子類別化 (subclassing)** 意指讓一個類別**繼承 (inherit)** 另一個類別的欄位和行為 (例如, 『圓形』會從『形狀』繼承面積)。若你設計出多個子類別, 每個子類別都經過修改而各有差異, 這就是物件導向中的多型。當然 Go 語言不是物件導向語言, 它沒有類別, 但仍可透過內嵌結構和介面來實現類似子類別化的概念。

在 Go 語言使用多型的好處之一, 是若你手上有已經寫好且經過測試的程式碼, 你就可以重複利用它。你只要讓該函式接收介面型別參數, 那麼任何符合介面規範的型別都可以傳入, 而不是只限於 int、float 或 bool 等核心型別。你甚至不需要在函式中撰寫額外的程式碼來應付每一種型別——畢竟, 只有正確實作介面 (具備特定行為) 的型別才有辦法傳入你的函式。

現在來看一個較為進階的例子，展示如何在 Go 語言中運用多型。如我們在前面看過的，任何實質型別都能實作一種以上的介面。反過來說，同一個介面也能被多個型別實作。例如，Speaker 可以同時由 dog（狗）、cat（貓）或 person（人）型別實作：

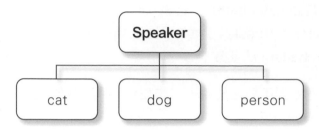

如果 cat, dog 和 person 都實作了 Speaker 介面，這代表它們一定都有 Speaker() 方法，而且會傳回一個字串。這表示我們可以撰寫一個共用函式，接收 Speaker 介面型別的參數，然後對任何傳入的值呼叫相同的行為：

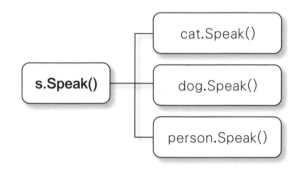

```
package main

import "fmt"

type Speaker interface {  // Speaker 介面
    Speak() string
}

type cat struct {  // cat 結構
}

type dog string     // dog 自訂型別
```

接下頁

```
type person struct {   // person 結構
    name string
}

func main() {
    c := cat{}
    d := dog("")
    p := person{name: "Heather"}
    thingSpeak(c)
    thingSpeak(d)
    thingSpeak(p)
}

func (c cat) Speak() string {
    return "Purr Meow"
}

func (d dog) Speak() string {
    return "Woof Woof"
}

func (p person) Speak() string {
    return "Hi, my name is " + p.name + "."
}

func thingSpeak(s Speaker) {
    fmt.Println(s.Speak())
}
```

執行結果

```
Purr Meow
Woof Woof
Hi my name is Heather.
```

可以看到函式 thingSpeak() 能夠接收 cat、dog 和 person 型別的值，並呼叫它們的 Speak() 方法。

下面來做一點變化，把 thingSpeak() 換成接收數量不定的參數（見第 5 章）：

```go
func thingSpeak(speakers ...Speaker) {
    for _, s := range speakers {
        fmt.Println(s.Speak())
    }
}
```

thingSpeak() 現在會走訪 speakers（一個 Speaker 型別切片），並輪流呼叫每個元素的 Speak() 方法。

接著我們就能修改 main() 函式內呼叫 thingSpeak() 的方式如下：

```go
thingSpeak(c, d, p)
```

執行結果

```
Purr Meow
Woof Woof
Hi, my name is Heather.
```

如此一來程式碼就更加簡潔了。假如各位還有印象，第 4 章提過 fmt 套件的 Print()/Println() 也是這樣接收多重參數的。

本節透過一些例子，展示了如何透過鴨子定型和多型，讓同一個函式能接收並操作多種型別的值，使我們減少重複的程式碼。下面我們就來做個練習，進一步探索 Go 語言的這種特色。

練習：使用多型來計算不同形狀的面積

現在我們要寫一段程式，能印出圓形、正方形和三角形的名稱與面積。負責印出資訊的函式會接收 Shape 這個介面型別的數量不定參數，使得任何滿足 Shape 規範的形狀都可以當成引數傳入。

介面

```go
package main

import (
    "fmt"
    "math"
)

type Shape interface {  // Shape 介面
    Area() float64
    Name() string
}

type circle struct {  // 圓形
    radius float64  // 半徑
}

type square struct {  // 方形
    side float64  // 邊長
}

type triangle struct {  // 三角形
    base   float64  // 底邊長
    height float64  // 高
}

func main() {
    s := square{side: 10}
    c := circle{radius: 6.4}
    t := triangle{base: 15.5, height: 20.1}
    printShapeDetails(s, c, t)
}

func printShapeDetails(shapes ...Shape) {
    for _, item := range shapes {
        fmt.Printf("%s的面積: %.2f\n", item.Name(), item.Area())
    }
}

// 以下是實作介面所需的方法

func (c circle) Area() float64 {
```

接下頁

```
        return c.radius * c.radius * math.Pi   // 計算圓面積
}

func (c circle) Name() string {
    return "圓形"
}

func (s square) Area() float64 {
    return s.side * s.side   // 計算正方形面積
}

func (s square) Name() string {
    return "正方形"
}

func (t triangle) Area() float64 {
    return (t.base * t.height) / 2   // 計算三角形面積
}

func (t triangle) Name() string {
    return "三角形"
}
```

現在每一種形狀 (circle、square、triangle) 都滿足 Shape 介面，因為它們都具備 Area() 和 Name() 這兩種方法，且方法特徵也吻合。因此儘管每個結構的欄位有所不同，它們都可以被 printShapeDetails() 函式使用：

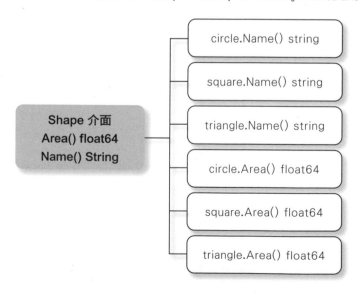

此練習預期的輸出如下：

執行結果

```
PS F1741\Chapter07\Exercise07.02> go run .
正方形的面積: 100.00
圓形的面積: 128.68
三角形的面積: 155.78
```

在以上練習中，我們見識到了介面帶來的彈性，以及為何能增進程式碼的重複使用性。接下來我們則將進一步了解介面在函式中的真正威力。

7-4 在函式中活用介面

7-4-1 以介面為參數的函式

在本章一開始時，我們提過 io.Reader 介面可以用來接收不同型別的值。在看過前面幾個簡單練習後，我們就來看看 io.Reader 介面的實際運用效果。

以下範例會寫出兩個任務相同的函式，用來解碼三筆 JSON 格式文字，但這兩個函式的參數型別不同，一個只是字串，另一個則是 io.Reader 介面。此外，前兩筆 JSON 資料是字串，但第三筆資料儲存在專案目錄下的文字檔 data.json, 會被 Go 程式讀取成 io.File 檔案物件：

Chapter\Example07.01\data.json

```
{"Name":"John","Age":20}
```

我們在第 11 章會再探討 JSON 資料的處理，並在第 12 章講到檔案讀寫。

以下是範例主程式：

```go
package main

import (
    "encoding/json"
    "fmt"
    "io"
    "os"
    "strings"
)

type Person struct {  // 用於 JSON 資料的結構
    Name string `json:"name"`
    Age  int    `json:"age"`
}

func main() {
    s  := `{"Name":"Joe","Age":18}`   // 第一筆資料
    s2 := `{"Name":"Jane","Age":21}`  // 第二筆資料

    // 第一筆資料 (字串)
    p, err := loadPerson(s)
    if err != nil {
        fmt.Println(err)
    }
    fmt.Println(p)

    // 第二筆資料
    // strings.NewReader() 會傳回一個 strings.Reader 結構, 符合 io.Reader 介面
    p2, err := loadPerson2(strings.NewReader(s2))
    if err != nil {
        fmt.Println(err)
    }
    fmt.Println(p2)

    // 第三筆資料 (讀取檔案後傳回 os.File 結構, 符合 io.Reader 介面)
    f, err := os.Open("data.json")  // 開啟同資料夾下的文字檔
    if err != nil {
        fmt.Println(err)
    }
    p3, err := loadPerson2(f)
    if err != nil {
```

接下頁

```
        fmt.Println(err)
    }
    fmt.Println(p3)
}

// 第一個 JSON 解析函式，接收字串參數
func loadPerson(s string) (Person, error) {
    var p Person
    err := json.NewDecoder(strings.NewReader(s)).Decode(&p)
    if err != nil {
        return p, err
    }
    return p, nil
}

// 第二個 JSON 解析函式，接收 io.Reader 介面參數
func loadPerson2(r io.Reader) (Person, error) {
    var p Person
    err := json.NewDecoder(r).Decode(&p)
    if err != nil {
        return p, err
    }
    return p, err
}
```

預期輸出如下：

執行結果

```
PS F1741\Chapter07\Example07.01> go run .
{Joe 18}
{Jane 21}
{John 20}
```

　　json 套件的 NewDecoder() 函式能夠解析 JSON 資料。它實際上就會接收一個 io.Reader 介面參數，並傳回解碼過的 Decoder 結構：

```
// https://golang.org/pkg/encoding/json/#NewDecoder
func NewDecoder(r io.Reader) *Decoder
```

然後程式會直接呼叫 Decoder 的 Decode() 方法，好將資料寫入 Person 結構變數的各個欄位。細節我們會留到第 11 章深入介紹。

為了示範起見，函式 loadPerson() 會接收一個 string 型別引數，然後再呼叫 strings.NewReader() 把字串轉成 **strings.Reader** 結構傳給 json.NewDecoder()；strint.Reader 即是一個實作了 io.Reader 介面的結構型別。至於在功能完全相同的函式 loadPerson2() 中，我們就直接接收一個 io.Reader 介面參數，重複完全一樣的過程。

現在我們來複習一下 io.Reader 介面的定義：

```
// https://golang.org/pkg/io/#Reader
type Reader interface {
    Read(p []byte) (n int, err error)
}
```

這顯示 io.Reader 介面要求型別有一個 Read() 方法，接收 []byte 切片 (這可以代表字串) 並傳回一個 int 和一個 error。

如果看看 strings.Reader 和 os.File 的定義，會發現它們都實作了這個方法：

```
// https://golang.org/pkg/strings/#Reader
func (r *Reader) Read(b []byte) (n int, err error)


// https://golang.org/pkg/os/#File
func (f *File) Read(b []byte) (n int, err error)
```

這便解釋了為何函式──或者應該說裡頭的 json.NewDecoder() ──能接收這些不同型別的值，並正確解讀出 JSON 資料了。io.Reader 是 Go 語言標準函式庫中最常用的介面之一，這意味著你能解碼 JSON 資料的來源遠遠不僅於此。比如，我們在 14、15 章講 HTTP 網路存取時會用的 response.Body，就是另一個好例子。

當你在開發 API 時，使用介面型別做為參數，就意味著使用者傳入的資料不會受限於特定型別、可以用更大的彈性打造物件，只要它們符合介面的規範即可。

7-4-2 以介面為傳回值的函式

既然把介面當成函式參數有這麼多彈性，你也許會想：為何不在傳回值也使用介面型別？

```
func someFunc() Speaker{} {   // 傳回值是 Speaker{} 介面
    // 程式碼
}
```

其實 Go 語言中已經在這麼做了。我們在第 6 章已經看過，任何型別只要實作 Error() string 方法就能符合 Go 語言的 error 介面，而事實上每個套件都會定義它們自己的 error 型別。下面我們就來拿前一個範例做點修改，看看不同套件傳回的 error 值實際上是什麼型別：

Chapter07\Example07.02

```
package main

import (
    "encoding/json"
    "fmt"
    "os"
)

type Person struct {
    Name string `json:"name"`
    Age  string `json:"age"`   // 故意把欄位型別改錯
}

func main() {
    p, err := loadPerson("data.json")  // 讀取同目錄下的文字檔
    if err != nil {
        // 若有錯誤，印出其值和型別
        fmt.Printf("%v", err)
        fmt.Printf("%T", err)
    }
    fmt.Println(p)
}

func loadPerson(fname string) (Person, error) {
```

接下頁

```
    var p Person
    f, err := os.Open(fname)
    if err != nil {
        return p, err   // 傳回檔案開啟錯誤
    }
    err = json.NewDecoder(f).Decode(&p)
    if err != nil {
        return p, err   // 傳回 JSON 解析錯誤
    }
    return p, err
}
```

現在 loadPerson() 會接收一個檔名，它會同時完成讀取檔案和解析 JSON 字串的任務。然而，程式中 Person 結構的 Age 欄位使用了錯誤的型別。因此會傳回 JSON 解析錯誤 (***json.UnmarshalTypeError** 型別)：

執行結果

```
PS F1741\Chapter07\Example07.02> go run .
json: cannot unmarshal number into Go struct field Person.age of
type string
*json.UnmarshalTypeError{John }
```

接著，試著把 p, err := loadPerson("data.json") 這行的檔名也故意寫錯 (例如改成 data1.json)，然後重新執行程式：

執行結果

```
PS F1741\Chapter07\Example07.02> go run .
open data1.json: The system cannot find the file specified.
*fs.PathError{ }
```

可以看到這次傳回的 err 變數是 ***fs.PathError** 型別。這顯示了 Go 語言可以透過 error 介面傳回不同型別的錯誤，而你也確實能將這點應用在你的 API 中。

那麼，你究竟該不該使用介面為傳回值呢？幾年前 Go 語言圈子就流傳著一句諺語：『接收介面、並傳回結構』(accept interfaces, return structs)。這意思是，你可以讓函式接收介面來增加使用者的實作彈性，但傳回值就不該這麼做，以免造成使用者實作上的混淆。畢竟，使用者有可能得做額外的型別斷言（見下下小節），更有可能得花時間查詢程式文件，才能了解不同型別的欄位及其行為差異。

不過，也有許多人抱持相反意見：API 將來可以修改其傳回型別，只要其行為符合介面即可，這比起死守著特定的傳回型別，反而具有更大的開發彈性。

你究竟該不該在函式傳回介面，這仍然見仁見智、得視實際狀況而定。不過下面是一些簡單的方針，可以協助你判斷使用介面傳回值的場合：

1. 如果沒有絕對必要，就不要在函式傳回介面型別。

2. 介面定義越精簡越好，好讓使用者更容易實作它。

3. 盡量在實質型別（需求）存在之後，才根據它們撰寫介面，而不是反過來。

4. 通常介面會定義在用到該型別的套件內（例如將它用於函式參數型別的套件）。對外用不到的介面就不應該匯出。

 小編註：介面也可以內嵌在其他介面或結構型別中，讓你藉此覆蓋原始介面定義的方法，或者在單元測試中產生模擬物件，不過這些就是更進階的主題了。

7-4-3　空介面 interfac{}

所謂空介面，就是一個沒有任何方法集合、亦即沒有定義任何行為的介面。空介面的寫法就如下：

```
interface{}
```

儘管我們在第 4 章已經看過它，空介面仍是個既簡單又複雜的概念，一開始有可能讓你一頭霧水。讀者們應該還有印象，介面的實作是隱性的，我們不需要像 Java 或 Python 等語言一樣明確表示型別要實作哪個介面。既然空介面未指定任何方法，這表示 **Go 語言的任何型別都會自動實作空介面**。亦即，任何型別都能滿足空介面的規範。

在以下的程式碼中，我們要展示函式如何透過空介面，來接收任意型別的傳入值：

Chapter07\Example07.03

```go
package main

import "fmt"

type cat struct {
    name string
}

func main() {
    i := 99  // 整數型別
    b := false  // 布林值型別
    str := "test"  // 字串型別
    c := cat{name: "oreo"}  // cat 結構型別
    printDetails(i, b, str, c)
}

func printDetails(data ...interface{}) {  // 接收數量不定的空介面參數
    for _, i := range data {
        fmt.Printf("%v, %T\n", i, i)  // 印出值和型別
    }
}
```

預期輸出如下：

執行結果

```
PS F1741\Chapter07\Example07.02> go run .
99, int
false, bool
test, string
{oreo}, main.cat
```

　　printDetails() 函式接收一個數量不定的參數 data（會成為一個切片），其型別為空介面型別。函式會走訪 data 內的所有元素，並用 fmt.Printf() 印出每筆資料的值和型別。各位可以看到，傳入的每個值有各自的型別，但它們全都自動實作了 interface{} 空介面型別，於是可以一視同仁地傳入 printDetails()。

◆小編補充 Go 語言的泛型

有些程式語言如 Java 支援**泛型 (generic)**，也就是允許函式接收不確定型別的參數，這型別等到呼叫時才會確定。Go 語言目前並不支援泛型——其實 interface{} 就相當於某種形式的泛型——然而空介面能做的事還是有限，而且在 Go 語言圈子中，要求加入泛型的呼聲也向來居高不下。

因此，Go 語言開發團隊已經在推動加入泛型的提案，預計將在 2022 年初的 Go 1.18 會加入。下面的連結就是此提案的完整內容：

```
https://go.googlesource.com/proposal/+/refs/heads/master/
design/43651-type-parameters.md
```

Go 語言泛型 (稱為 Type Parameters) 會比空介面更強大，此外開發團隊也向我們保證：這並不會讓 Go 變成 Java。當然泛型將來會如何改變 Go 語言的開發面貌，就有待時間見證了。

下面是個簡單的例子，函式 Print() 接受一個切片參數 s，其型別為泛型 T，而 T 型別的限制為 any (任意)。等到實際傳入值時，T 才會可能會是數值或字串等型別：

```
// Print prints the elements of any slice.
// Print has a type parameter T and has a single (non-type)
// parameter s which is a slice of that type parameter.
func Print[T any](s []T) {
    // same as above
}
```

這使得你可以用 Print(s []int) 或 Print(s []string) 的形式呼叫它，而且不需要經過空介面的包裝，語法上也更加簡潔。但如何限制可傳入的型別類型、在操作型別時確保安全，這則是泛型的額外主題了。

7-4-4　型別斷言與型別 switch

型別斷言

型別斷言 (type assertion) 讓你可以檢查並取用介面背後的實質型別。還記得空介面 interface{} 可以接受任何型別的值吧？然而實際處理資料時，你必須知道空介面底下的實質型別為何。例如，若實質型別是字串或整數，你就需要針對不同型別做不同的事。

我們在處理來源未知的 JSON 格式資料時也是如此，因為 Go 語言會用 map[string]interface{} 的型別來儲存解讀 JSON 字串後得到的結果；我們事先不曉得解析出來的 JSON 資料會是數字或字串等等。

若你試圖直接轉換空介面的型別，會發生什麼事？下面我們來試著用 **strconv.Atoi()** 把底層值為字串的空介面轉為整數：

```go
package main

import (
    "fmt"
    "strconv"
)

func main() {
    var s interface{} = "42"
    fmt.Println(strconv.Atoi(s))
}
```

執行結果

```
# main
main.go:10:26: cannot use i (type interface {}) as type string in
argument to strconv.Atoi: need type assertion
Build process exiting with code: 2 signal: null
```

　　錯誤訊息指出 strconv.Atoi() 的參數不接受空介面型別，你必須做型別斷言才行。

★ 小編補充　介面型別的真面目

既然之前用 fmt.Printf() 印出空介面時，就能看到它底下的型別，為什麼你不能直接用介面型別來處理？

其實，介面型別會包含兩部分：宣告時的**靜態型別 (static type)**，以及在執行階段的**動態型別 (dynamic type)**。例如：

```
var str interface{} = "some string"  // 靜態型別為介面，動態型別為 str
var i interface{} = 42      // 靜態型別為介面，動態型別為 int
var b interface{} = true    // 靜態型別為介面，動態型別為 bool
```

既然以上變數的靜態型別仍為介面，你必須將之轉換過才能與其他值做運算，而唯一安全的轉換方式就是透過型別斷言。

另外，要注意介面的值和動態型別也可以是 nil：

```
var p *int
var e interface{} = p    // 動態型別為 *int，值為 nil
var n interface{}        // 未指定值和動態型別
var s *interface{}       // 同上，但變成指標空介面
fmt.Printf("%v, %T\n", e, e)
fmt.Printf("%v, %T\n", n, n)
fmt.Printf("%v, %T\n", s, s)
```

執行結果

```
<nil>, *int
<nil>, <nil>
<nil>, *interface {}
```

我們來回顧第 4 章提過的型別斷言語法：

```
v := s.(T)
```

這句敘述的意思是，用斷言『主張』介面值 s 底下的型別是 T, 如果確實是就將 T 型別的值 s 賦予給 v：

```go
package main

import (
    "fmt"
    "strconv"
)

func main() {
    var s interface{} = "42"
    v := s.(string)  // 用型別斷言把介面轉成字串
    fmt.Println(strconv.Atoi(v))  // 將字串轉為整數
}
```

執行結果

```
42 <nil>
// 第二個值是 strconv.Atoi() 傳回的 error, nil 代表轉換成功
```

使用型別斷言時，若值跟你想轉換的型別剛好符合當然很好，可是萬一型別不符怎麼辦？我們先來看看轉換失敗會發生什麼事：

```go
func main() {
    var i interface{} = 42  // 換成整數
    s := i.(string)
    fmt.Println(strconv.Atoi(s))
}
```

我們試圖用型別斷言來把介面值轉成字串，但它底下的實質型別為 int，因此引發了 panic：

```
panic: interface conversion: interface {} is int, not string

goroutine 1 [running]:
main.main()
    main.go:10 +0x4c
Process exiting with code: 2 signal: false
```

有 panic 發生和導致程式掛掉，自然不是我們樂見的事。

幸好，型別斷言會傳回第二個值 (布林值)，指出轉換是否成功：

```
func main() {
    var str interface{} = 42
    if s, ok := str.(string); ok {  // 做型別斷言，並檢查是否轉換成功
        fmt.Println(strconv.Atoi(s))
    } else {
        fmt.Println("Type assertion failed")
    }
}
```

```
Type assertion failed
```

型別 switch

你也可能遇上一種情況，就是空白型別背後的實質型別會有很多種，但你事先無法知道是什麼。為了避免寫下眾多型別斷言，**型別 switch** 就派上用場了。

同樣的來回顧一下語法：

```
switch v:= i.(type){
case S:
    // v 是型別 S 時要執行的程式碼
}
```

　　型別 switch 後面的語法和型別斷言十分類似，差別在於把型別換成關鍵字 type 而已。型別 switch 會比對每個 case 後面的型別，尋找吻合的對象：

Chapter07\Example07.04

```
package main

import "fmt"

type cat struct {
    name string
}

func main() {
    // 建立一個空介面切片，放入不同型別的值
    i := []interface{}{42, "The book club", true, cat{name: "oreo"}}
    typeExample(i)
}

func typeExample(i []interface{}) {
    for _, x := range i {
        switch v := x.(type) {   // 對切片每個值做型別 switch
        case int:
            fmt.Printf("%v is int\n", v)
        case string:
            fmt.Printf("%v is a string\n", v)
        case bool:
            fmt.Printf("%v is a bool\n", v)
        default:
            fmt.Printf("%T is unknown type\n", v)
        }
    }
}
```

執行結果

```
PS F1741\Chapter07\Example07.03> go run .
42 is int
The book club is a string
true is a bool
main.cat is unknown type
```

以上的 for 迴圈會走訪切片中的每一個介面值，並在型別 switch 中尋找型別相符的 case 敘述。但由於所有的 case 都未提及 cat 型別，於是 cat 型別的值就會落到 default 敘述對應的區塊。

練習：分析空介面的資料

了解了型別斷言與型別 switch 之後，我們來做個比較複雜的練習。

現在我們會拿到一個 map，其索引鍵是字串，對應值則是 interface{} 空介面，也就是說它有可能儲存不同型別的資料。我們的任務是找出每一個鍵對應元素值的型別，並把每個元素包裝成結構 record。record 當中會用不同的欄位來記錄原始的鍵與值，並有個字串欄位來記錄該資料的型別。

Chapter07\Exercise07.03

```go
package main

import (
    "fmt"
)

type person struct {  // 自訂結構
    lastName   string
    age        int
    isMarried  bool
}

type animal struct {  // 自訂結構
    name       string
    category   string
```

接下頁

```go
}

type record struct {  // 用來整理 map 元素的結構
    key       string  // 鍵
    data      interface{}  // 值
    valueType string  // 值的型別
}

func main() {
    m := make(map[string]interface{})  // 建立並初始化一個 map

    // 在 map 內加入不同型別的多筆資料
    m["person"] = person{lastName: "Doe", isMarried: false, age: 19}
    m["firstname"] = "Smith"
    m["age"] = 54
    m["isMarried"] = true
    m["animal"] = animal{name: "oreo", category: "cat"}

    // 解析 map 的每個元素, 轉換成 record 結構和放進一個切片
    rs := []record{}
    for k, v := range m {
        rs = append(rs, newRecord(k, v))
    }

    // 印出 record 結構切片的內容
    for _, v := range rs {
        fmt.Println("Key: ", v.key)
        fmt.Println("Data: ", v.data)
        fmt.Println("Type: ", v.valueType)
        fmt.Println()
    }
}

// 處理 map 資料並輸出成結構
func newRecord(key string, i interface{}) record {
    r := record{}
    r.key = key
    switch v := i.(type) {  // 對 map 元素值做型別 switch
    case int:
        r.valueType = "int"
        r.data = v
        return r
```

接下頁

```
        case bool:
            r.valueType = "bool"
            r.data = v
            return r
        case string:
            r.valueType = "string"
            r.data = v
            return r
        case person:
            r.valueType = "person"
            r.data = v
            return r
        default:
            r.valueType = "unknown"
            r.data = v
            return r
        }
}
```

IN

```
PS F1741\Chapter07\Exercise07.03> go run .
Key:  animal
Data:  {oreo cat}
Type:  unknown

Key:  person
Data:  {Doe 19 false}
Type:  person

Key:  firstname
Data:  Smith
Type:  string

Key:  age
Data:  54
Type:  int

Key:  isMarried
Data:  true
Type:  bool
```

此練習展示了 Go 語言有能力用空白介面型別儲存各種不同的型別，並檢查空介面底下隱藏的實質型別是否屬於特定型別。注意到程式中的型別 switch 並沒有設立 case 來辨識 animal 結構型別，使得 animal 值在輸出之後的『型別』欄位被標為『unknown』。

 這裡的型別 switch 只是為了展示其用途，實際上做的事並不多。如果你是要單純用字串記錄某個值的型別，也許可以這樣寫：

```
r.valueType = fmt.Sprintf("%T", i)
```

fmt.**Sprintf**() 的作用和 fmt.Printf() 很像，但不會印出字串到主控台，而是傳回格式化後的字串。

▶ 延伸習題 07.01：計算年薪與工作考核分數

7-5 本章回顧

本章展示了運用型別時的若干基本及進階主題。我們學到，Go 語言在介面的實作上與其它程式語言有其類似之處，例如介面只定義行為 (提供方法藍圖)，但不包括這些行為的實作細節：不同的型別在實作介面時，就可對這些行為實作出不同細節。不過，我們也得知 Go 語言介面是以隱性的方式實作，而非其他程式語言必須明確實作之。

Go 語言並非物件導向語言，不支援子類別化 (如繼承)，但仍然能藉由介面實現多型，讓同一個介面型別能以多種實質型別的形式來呈現。

我們也探討了在 Go 語言可以用介面當成函式的參數與傳回值，以及如何用 interface{} 空介面接收任何型別的值。最後我們回顧第 4 章談過的型別斷言及型別 switch，以便判斷空介面底下的實質型別為何。只要理解並練習這些工具，就有助於讓你打造出更穩健、更流暢的程式。

下一章要探討的是 Go 語言如何運用套件，以及如何以套件協助建構出組織良好、用途單一的程式碼。

8

Chapter

套件

／本章提要／

本章的目的，是要示範在 Go 語言程式中運用套
件的重要性，並説明如何藉此讓程式碼變得更易
維護、有更好的組織架構、以及讓功能更方便
重複利用。而讀者看完本章後，也將有辦法理
解套件要如何定義、套件內名稱的匯出方式、
替套件建立別名等等，最後則理解如何透過 **Go
Modules** 及 **go get** 來匯入自訂／第三方套件。

8-1 前言

8-1-1 何謂套件

在本章中，我們要說明 Go 語言如何將程式碼組織成**套件 (package)**。各位會學到如何透過套件隱藏或顯示 Go 語言中的各種物件，比如結構、介面、函式等等。

到目前為止，我們寫的程式在規模跟複雜度上都很有限，大部份程式都只包含在一個 main.go 檔案中，而該檔案屬於單一套件 main。若你現在還不太懂什麼是 main 套件，也不必太擔心，本章稍後就會說明 **package main** 的重要性。然而，當你在一個開發團隊中工作時，Go 程式就很可能不再只限於單一檔案；這時的程式碼數量通常會變得龐大，並涉及多重檔案跟函式庫，你甚至得跟多位團隊成員合作開發程式。要是沒有將程式碼拆解成較小而且易於管理的單元，程式寫起來就會綁手綁腳。

Go 語言可以將相關的程式概念『模組化』和轉成套件，藉以解決上述大規模程式碼的複雜性問題。事實上，Go 語言自身的標準函式庫就是套件的最佳典範，目的是要克服相同的問題──這本書到目前為止，你已經見識過和用過許多內建套件了，像是 fmt、strconv、error 等等。

這裡我們就拿 Go 語言的 **strings** 套件舉個例。顧名思義，這個套件收集了各種操作字串用的函式，而且就只包含字串處理相關功能。因此 Go 語言開發人員需要應付字串時，就能從這個套件找到需要的東西，不需要再自己重新定義。strings 套件的結構如右 (https://golang.org/pkg/strings/)：

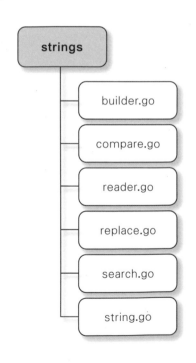

上圖顯示了 strings 套件其實由不只一個檔案構成，這些檔案也都根據它們提供的功能來命名，但全都宣告為 string 套件 (package string)。換言之，套件的組織邏輯不僅在於程式面，也延伸到檔案的管理方式。這麼一來，我們不僅可輕易地看出 strings 套件的用途是操作字串，更可推斷它底下的 replace.go 檔案含有置換字串內容的函式。

各位應該看得出來，套件的概念有助於將程式碼組織為模組化的單元。你首先把一群具備單一目的的程式碼擺在一個套件當中，接著把程式碼依其功能分割成各別的 .go 檔案，並依其功能命名之，確保每個檔案中的各個函式只會用於特定功能。

8-1-2　運用套件的好處

程式開發的重點，在於寫出**易於維護**、**可重複利用**、而且**模組化**的程式碼，而套件在這三個方面都能帶來好處。我們下面就來簡短說明一下這三個核心觀念跟套件的關聯。

易於維護

程式碼若要易於維護，就要很容易修改、容易擴充且容易看懂，而且必須降低任何修改對於程式會產生的負面影響。當軟體歷經不同的開發階段時，修改程式的成本會逐步上升，而已上線的系統之所以需要修改，也許是因為軟體有臭蟲、有必要進行改良，或者客戶的需求有所變化。如果程式碼不易維護，修改的代價就會更高。

讓程式碼易於維護的另一個好理由，是在業界保持競爭力。若你寫的程式碼不易維護，而對手推出了更有賣點的功能時，你就很難跟上。而模組能夠將程式碼分割成小單元，檔案的名稱也會反映模組各部分的功能，使程式維護跟修改起來自然更加容易。

可重複利用

可重複利用的程式碼，代表可以快速地沿用到新軟體中。譬如，你以前替某應用程式寫了一段程式碼，裡面有個函式可以傳回郵寄地址，然後有個新應用程式需要為客戶下的訂單回傳客戶地址。這時，你就可以直接套用這段現成的程式碼，不再需要重寫了。

套件意味著將程式碼包裝成可重複利用的形式，使之具備以下優點：

❑ 沿用既有套件，不必『重新發明輪子』，就能減少未來專案的開發成本和交付時間。

❑ 既有套件已經經歷過更多的測試和使用，因而能提升程式品質、減少潛在臭蟲。

❑ 既然能省下開發時間，這表示你可以將更多心思投注在需要創新的地方。

❑ 隨著套件數量成長，你就能更迅速地規劃好未來的專案。

模組化

在某程度上，模組化和可重複利用是相近的概念，因為模組化的程式碼通常會比較容易重複使用。

開發程式碼時的主要難題之一，就是如何組織你的程式碼。在一個雜亂無章、毫無組織的大型程式中，若想找出特定的函式，幾乎是難如登天，甚至就連要確認具備某種功能的程式碼是否存在，也會像是不可能的任務。模組化可以解決這種問題：重點在於將程式碼的各個明確功能放在特定的位置，使得它們非常容易尋找。

Go 語言鼓勵你透過套件寫出易於維護、可重複利用的模組化程式碼，而且是在設計之初就有意如此。下面我們會深入了解，Go 語言如何藉由套件達到上面三個目的。我們將來探討何謂套件，以及構成套件的各項元件。

8-2 使用套件

8-2-1 何謂套件

Go 語言追求所謂的『別重複你自己』(Don't Repeat Yourself, DRY) 法則，亦即同樣的程式碼不該寫兩次。DRY 法則的第一步，是先將程式碼重構成一個個函式。可是若你有成千上百個常用的函式呢？你如何記住這些函式的存在？

有些函式可能具有類似的性質。或許你會想像下面這樣，把負責數學運算、字串處理、列印、甚至是操作檔案的函式分開集中在特定檔案中，每個檔案當成一個套件，例如 string. go 專門負責字串相關函式：

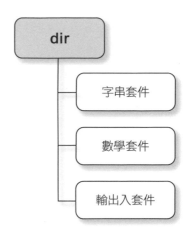

這樣確實可以解決一點問題，但要是你的字串函式越來越多呢？這樣單一檔案裡就會塞滿一堆函式，而你開發的每一個應用程式都得包含這些程式碼，比如 string.go、math.go、io.go 等等。要是某一個檔案的程式碼有問題，你就得把所有包含該檔案的應用程式都改過。

這樣的架構到頭來當然難以維護，也無法促進重複利用程式碼的精神。然而，Go 語言允許你讓好幾個檔案共享同一個套件，意即你能將同一套件的程式碼拆成更易維護的小單元，而每個檔案都應該以該單元的功能來命名。Go 語言並不在意套件含有多少個檔案；只要同資料夾的所有檔案都宣告為某某套件，它們就都可以透過該套件來存取。

而實際上，這些檔案會收集在電腦中的一個資料夾底下，而該資料夾名稱就是前述檔案所宣告的套件名稱。也就是說，一個套件實際上是系統中的一個目錄，它會收集屬於該套件的所有檔案：

例如，前面提到的標準 strings 套件，就位於名為 strings 的目錄下 (例如 Windows 系統的 C:\Program Files\Go\src\strings 或 Unix 系統的 /usr/lib/go/src/strings)。該目錄含有多個 Go 語言原始檔，共同構成了 strings 套件：

```
strings
    builder.go
    compare.go
    reader.go
    replace.go
    search.go
    strings.go
    ...
```

8-2-2　套件的命名

在開始探討如何建立套件之前，我們先提一下 Go 語言套件的命名慣例。套件名稱非常重要，它代表著套件的內容和用途。各位不妨將套件名稱當成是套件自帶的說明文件，而且應該簡明易懂、不該太瑣碎，通常用簡單的名詞就好。這便是為何為套件命名時要三思。譬如，以下套件名稱便**不適當**：

```
stringconversion
synchronizationprimitives
measureingtime
```

比較好的命名方式如下（這些都是取自 Go 語言標準函式庫中的真實例子）：

```
strconv
sync
time
```

此外，套件的命名風格也應列入命名考量。良好的套件名稱應該符合：

❑ 全小寫，不要大小寫混雜，不該有底線

❑ 簡潔

❑ 使用非複數名詞

❑ 避免太通用的名稱

你應該避免使用 misc、util、common 或 data 這類字眼為套件名稱，這會讓套件使用者更難判斷套件的真正用途。當然總有例外的時候，不過大多數情況下你還是應該遵守這個方針。

駝峰式（每個單字字首大寫）或蛇行式（每個單字之間用底線連接）名稱都不適合用來命名套件：

```
StringConversion
synchronization_primitives
measureingTime
```

Go 語言本身確實仍有很多套件會用複數型態的名詞或者動詞來命名，但這點仍是能免則免。

最後，Go 語言也鼓勵使用縮寫，只要縮寫在程式設計社群中很好認或很常見，讓人一看便知用途即可。例如：

```
strconv (string conversion, 字串轉換)
regexp (regular expression, 正規表示式)
sync (synchronization, 同步運算)
os (operating system, 作業系統)
```

8-2-3　套件的宣告

　　每一個 Go 語言檔案開頭都一定是套件宣告，指出該檔案屬於的套件名稱：

```
package <套件名稱>
```

　　還記得前面提到的標準函式庫 strings 套件嗎？它含有以下的 Go 原始碼檔案 (這裡我們只列出一部分)。這些 .go 檔案開頭都宣告說它們屬於 strings 套件：

Chapter08\Example1

```go
// https://golang.org/src/strings/builder.go
package strings
import (
    "unicode/utf8"
    "unsafe"
)
type Builder struct {
    addr *Builder // of receiver, to detect copies by value
    buf  []byte
}

// https://golang.org/src/strings/compare.go
package strings
func Compare(a, b string) int {
    if a == b {
        return 0
    }
    if a < b {
        return -1
    }
    return +1
}

// https://golang.org/src/strings/replace.go
package strings
import (
```

接下頁

```
    "io"
    "sync"
)
type Replacer struct {
    once    sync.Once // guards buildOnce method
    r       replacer
    oldnew  []string
}
```

 小編註：以上這個範例無法直接執行, 只是要示範套件內各檔案的內容是什麼樣子。

　　而所有定義在 strings 套件內 (位於 string 目錄底下) 的這些 Go 原始碼檔案, 其函式、型別及變數都能統一透過匯入 strings 套件來存取。就算這些功能分散在多個檔案之間, 它們仍是同一個套件。而且從內部來說, 所有檔案也可自由存取彼此的內容, 比如位於其他檔案的函式或型別定義。

　　不過, 對於套件之外的程式, 套件必須決定有哪些東西是可被外部『看見』。下面我們就來看 Go 語言的套件匯出機制是如何運作的。

8-2-4　將套件的功能匯出

　　在 Go 語言中, 套件的變數、常數、型別跟函式等如果有**匯出 (exported)**, 就表示它們可被套件外的程式存取。反之若是**未匯出 (unexported),** 則只能被套件內部使用。

　　Go 語言採用一種非常簡單的方式來決定某功能是否有匯出：**以英文大寫字母開頭**的東西就是有匯出的, 反之則是未匯出。Go 語言沒有所謂的存取修飾符 (access modifier), 例如 public 或 private 這類關鍵字, 而是單純以功能名稱的首字大小寫來決定它是否匯出。

 小編註：更精確來說, Go 語言會以名稱字首是否為 Unicode 大寫字元 (見 https://www.compart.com/en/unicode/category/Lu) 來判斷該功能是否匯出。儘管函式、型別、變數名稱可以使用中文、日文等非英文文字, 但既然它們不是 Unicode 大寫字元, 就會使功能被視為未匯出。Go 官方建議的替代方式是在這類前面加上一個 X 或 x。

你應該只匯出必要的部分 (其他程式必須使用的功能)。其它不必要的東西, 就該隱藏起來。

來看一段範例:

```go
package main

import (
    "fmt"
    "strings"
)

func main() {
    str := "found me"
    if strings.Contains(str, "found") {
        fmt.Println("value found in str")
    }
}
```

這段程式碼匯入了 strings 套件, 並呼叫其函式 Contains()。strings. Contains() 會檢查 str 變數, 看其中是否含有字串 "found", 有的話就傳回 true, 使 if 敘述印出訊息:

執行結果

```
value found in str
```

我們可以來檢視 strings.go 的原始碼, 看看 Contains() 的定義:

```go
// Contains reports whether substr is within s.
func Contains(s, substr string) bool {
    return Index(s, substr) >= 0
}
```

 小編註: Contain() 函式會檢查參數 s 的字串是否包含 substr。它使用的 Index() 函式會尋找 substr 在 s 中的起始索引, 找不到會傳回 -1, 因此傳回 0 以上的值即代表存在。

而在 strings 套件中，還有另一個函式 explode()，同樣位於原始檔 strings.go，其功能是把字串根據特定的分隔字元拆成切片。注意到它是以小寫開頭，表示它是未匯出的功能：

```go
// explode splits s into a slice of UTF-8 strings,
// one string per Unicode character up to a maximum of n (n < 0 means no limit).
// Invalid UTF-8 sequences become correct encodings of U+FFFD.
func explode(s string, n int) []string {
    l := utf8.RuneCountInString(s)
    if n < 0 || n > l {
        n = l
    }
    a := make([]string, n)
    for i := 0; i < n-1; i++ {
        ch, size := utf8.DecodeRuneInString(s)
        a[i] = s[:size]
        s = s[size:]
        if ch == utf8.RuneError {
            a[i] = string(utf8.RuneError)
        }
    }
    if n > 0 {
        a[n-1] = s
    }
    return a
}
```

現在我們來嘗試從自己的程式呼叫 strings.explode()，看看會發生什麼事：

```go
package main

import (
    "fmt"
    "strings"
)

func main() {
    str := "found me"
    slc := strings.explode(str, 3)
    fmt.Println(slc)
}
```

執行後果然發生錯誤，指出你試圖存取未匯出的名稱：

```
# main
main.go:10:9: cannot refer to unexported name strings.explode
Build process exiting with code: 2 signal: null
```

 小編註：若你使用 VS Code 並安裝 Go 語言工具，存檔時 strings 套件會自動被拿掉，因為編輯器認為你沒有使用到 strings 套件的任何東西。若想模擬以上結果，請按 Ctrl ＋ Shift ＋ P 然後在選單輸入『Save without Formatting』並點選之，以便跳過格式化而直接存檔。

8-3 管理套件

現在我們了解了套件的本質與用途，也看到套件可以由多個檔案組成，並介紹了 Go 語言命名套件的慣例和匯出功能的辦法。但在你開始打造自己的套件之前，還有一個重要觀念得說明——我們務必理解 Go 編譯器會去哪裡尋找我們的應用程式所引用的套件。

8-3-1 GOROOT

Go 編譯器必須知道如何找到我們用 import 匯入的套件的原始檔，這樣它才能建置和安裝套件。對於 Go 語言的標準函式庫，編譯器會利用環境變數 **$GOROOT** 去尋找它們。$GOROOT 其實就是 Go 語言在你的電腦的安裝路徑，例如 Windows 的『C:\Program Files\Go』或 Unix 的『/usr/lib/go-1.1x』。

若要檢視包括 $GOROOT 在內的 Go 環境變數，請在主控台輸入以下指令：

```
go env
```

你會看到一連串環境變數，當中即可找到 $GOROOT：

```
C:\Users\使用者名稱> go env
...
set GOROOT=C:\Program Files\Go
...
```

8-3-2 GOPATH

$GOPATH 通常指向使用者家目錄 (home directory) 下的 Go 目錄，如 Windows 的『C:\Users\ 使用者名稱 \go』或 Unix 的『/home/user/go』。在 $GOPATH 底下則會有三個子目錄：**bin**、**pkg** 和 **src**。

目錄 bin 的用途最容易理解——當你執行 **go install** 命令時，Go 語言會把編譯好的二進位執行檔放在此處。至於 pkg 目錄除了用來放編譯過的套件以外，也會於其 mod 子資料夾下存放你用 **go get** 下載的第三方套件 (見本章稍後說明)。

在 Go 1.11 版之前，使用者的所有專案及套件都得置於 $GOPATH\src 目錄下，但新的 Go Modules 功能解除了這種限制。

8-3-4 Go Modules

從 Go 1.11 版起，新的 Go Modules 功能取代了 $GOPATH，這個功能從 Go 1.16 版之後也預設為啟用。模組 (module) 代表一系列套件的集合，而**模組路徑 (module path)** 會被用來協助 Go 語言尋找你的套件。這麼一來，你就再也不必倚賴 $GOPATH 來放置套件了。

若你有使用到自訂或外部套件，你必須在專案的根目錄建立一個 **go.mod** 檔案，辦法是在主控台輸入以下指令：

```
go mod init <模組名稱>
```

這會建立類似如下的 go.mod 檔案：

```
go.mod

module <模組名稱>

go 1.16
```

go.mod 內也會標明此模組所需的最低 Go 語言版本，好讓其他人下載時能用來檢查相容性。至於模組名稱，它不需跟專案名稱或專案資料夾同名，而且實際上可能會寫成像是『example.com/mymodule』之類的形式，後面我們談到第三方套件時會再詳談。

當你對程式加入或移除了套件時，你應該在專案目錄下輸入以下主控台指令，好重整 go.mod 的內容：

```
go mod tidy
```

Go Modules 其實不只能用來尋找套件而已，它也能用於套件版本控管。各位可到官方文件取得它的詳盡內容：https://golang.org/ref/mod。

★ 小編補充 **GO111MODULE 環境變數**

你可以使用 GO111MODULE 環境變數 (和 GOROOT, GOPATH 一樣可透過 go env 觀看) 來控制 Go Modules 是否啟用：

GO111MODULE=off	關閉 Go Modules, 會去 &GOPATH\src 尋找套件
GO111MODULE=on	啟用 Go Modules, 會透過 go.mod 尋找套件
GO111MODULE=auto	若專案目錄或父目錄有 go.mod 就啟用 Go Modules, 否則去 &GOPATH\src 尋找套件

修改 GO111MODULE 的主控台指令為：

接下頁

```
go env -w GO111MODULE=on
```

在 Go 1.11 至 1.15 版, GO111MODULE 預設為 auto, 而從 1.16 版起則改為 on。特別注意, 官方指出 1.17 版起會停止支援 GOPATH, 也就是直接忽略 GO111MODULE 環境變數；因此除非考量到舊版相容性, 各位都應只用 Go Modules 來管理套件。

練習：建立一個能計算形狀面積的套件

在第 7 章, 我們實作過一個能計算各種形狀之面積的程式。這次練習的目的是將所有跟形狀面積計算有關的程式碼 (介面、結構與函式) 移到稱為 shape 的套件當中, 並改寫 main 套件主程式 (置於 area 子目錄下) 來匯入 shape 套件。main() 函式中的程式碼則維持不變。

此專案 (以下命名為 Exercise08.01) 的檔案結構如下：

```
Exercise08.01\
        area\
                main.go
        shape\
                shape.go
        go.mod
```

shape 套件

shape 套件只有一個檔案 shape.go, 位於同名的 shape 子目錄底下。shape.go 的內容與練習 Chapter07\Exercise07.02 中 main() 以外的部分相同, 但這回欲匯出的介面、結構與函式必須改成大寫字母開頭：

```go
package shape

import "fmt"

type Shape interface {
    area() float64
    name() string
}

type Triangle struct {
    Base    float64
    Height  float64
}

type Rectangle struct {
    Length  float64
    Width   float64
}

type Square struct {
    Side float64
}

func PrintShapeDetails(shapes ...Shape) {
    for _, item := range shapes {
        fmt.Printf("%s的面積: %.2f\n", item.name(), item.area())
    }
}

func (t Triangle) area() float64 {
    return (t.Base * t.Height) / 2
}

func (t Triangle) name() string {
    return "三角形"
}

func (r Rectangle) area() float64 {
    return r.Length * r.Width
}
```

接下頁

```
func (r Rectangle) name() string {
    return "長方形"
}

func (s Square) area() float64 {
    return s.Side * s.Side
}

func (s Square) name() string {
    return "正方形"
}
```

　　同時請注意，以上所有結構的方法 (函式) 仍維持小寫英文字母開頭，這是因為我們並不想匯出這些功能給使用者使用。

建立 go.mod

　　現在我們要替專案 Exercise08.01 建立它自己的 go.mod 檔，以便設定其模組路徑、進而使 main 套件能夠正確地匯入 shape 套件。

　　在專案的根目錄位置執行以下指令：

```
PS F1741\Chapter08\Exercise08.01> go mod init Exercise08.01   ◄─ 注意是在
go: creating new go.mod: module Exercise08.01                    專案根目錄
go: to add module requirements and sums:
        go mod tidy
```

　　模組名稱可以自訂，在此我們沿用專案的名稱 Exercise08.01。同時 Go 語言也提示，你可以用 go mod tidy 指令來重整 go.mod。

　　現在 Exercise08.01 資料夾下會多出一個 go.mod 檔：

F1741\Chapter08\Exercise08.01\go.mod

```
module Exercise08.01

go 1.16
```

main 套件

最後我們來撰寫 main 套件, 而 main.go 位於 Exercise08.01\area 子目錄之下。這裡的重點在於使用模組路徑來匯入 shape 套件:

Chapter08\Exercise08.01\area\main.go

```go
package main  // main 套件 (主程式)

import "Exercise08.01/shape"  // 以模組路徑匯入自訂套件

func main() {
    t := shape.Triangle{Base: 15.5, Height: 20.1}
    r := shape.Rectangle{Length: 20, Width: 10}
    s := shape.Square{Side: 10}
    shape.PrintShapeDetails(t, r, s)
}
```

現在跟第 7 章的程式相比, main 套件變得清爽許多, 因為許多功能已經改而包裝在 shape 套件中了。

本練習執行後的輸出如下:

執行結果

```
PS F1741\Chapter08\Exercise08.01\area> go run .
三角形的面積: 155.78
長方形的面積: 200.00
正方形的面積: 100.00
```

將 main 套件編譯成執行檔

最後我們來將 main 套件編譯成一個可執行的二進位檔 (注意要在 \area 底下執行命令):

執行結果

```
PS F1741\Chapter08\Exercise08.01\area> go build
```

這會使 Go 編譯器在 Exercise08.01\area 目錄下產生一個名為 area 的執行檔:

執行結果

```
PS F1741\Chapter08\Exercise08.01> .\area\area.exe
三角形的面積: 155.78
長方形的面積: 200.00
正方形的面積: 100.00
```

 小編註:上面是在 Windows Powershell 的呼叫方式。在 Windows 下, 執行檔預設會有 .exe 附檔名, Unix 系統則無。在 Unix 系統終端機中, 可以用 『Exercise08.01> ./area』 執行之。

 小編註 2:如果你把上面的 go build 指令換成 **go install**, Go 語言會將執行檔放到 $GOPATH\bin 目錄底下。

8-3-5 下載第三方模組或套件

如果你要使用其他人已經放置於網路上的公開套件，可用 **go get** 指令下載它到系統中的 $GOPATH\pkg\mod 位置。有必要時，你可用 **go mod tidy** 來重整 go.mod 檔案，讓 Go 語言尋找你下載的套件位於何處。

用 go get 下載第三方模組或套件

下面我們要使用的套件為 Go 語言官方提供的範例模組 example (https://github.com/golang/example)，當中有個 stringutil 套件，內含一個可反轉字串的 Reverse() 函式。

若你打開上面這個連結，你會看到下面寫著安裝說明：

```
go get golang.org/x/example/hello
```

go get 後面的網址，代表下載對象是 golang.org/x/example 這個模組以下的 hello 套件。

Go 語言的模組與套件路徑

Go 語言的模組與套件路徑，一般由以下部分組成：

- **儲存庫根路徑 (repository root path)**：例如 golang.org/x/example 或 github.com/golang/example。

- 如果模組不是定義在儲存庫的根路徑，那麼它會有**模組子目錄 (module subdirectory)**。以上例來說，example 模組就位於其儲存庫根路徑內。

- 要是模組有第二版以上的發行版本，模組路徑也應該包含版本號，如 ...example/sub/v2。

- 對於模組底下的套件，其路徑就是模組路徑加上套件路徑，如 ...example/hello。

可以看到在此儲存庫對應的就是 Github 網站的路徑。而這個 example 模組比較特別，它有註冊在 Go 語言的官方套件目錄網站 https://pkg.go.dev/，因此可用 golang.org/x/<模組名稱> 的路徑存取。稍後我們會看到，不是所有模組和套件都能使用這樣的路徑。

我們撰寫主程式如下：

Chapter08\Example08.03

```
package main

import (
    "fmt"

    "golang.org/x/example/stringutil"   // 匯入第三方套件
)

func main() {
    // 呼叫套件功能來反轉字串
    fmt.Println(stringutil.Reverse("!selpmaxe oG ,olleH"))
}
```

接著在專案路徑下執行 go mod init < 套件名稱 >：

執行結果

```
PS F1741\Chapter08\Example08.03> go mod init Example08.03
go: creating new go.mod: module Example08.03
go: to add module requirements and sums:
        go mod tidy
```

和之前的練習一樣，這會在專案下產生 go.mod，將專案的模組路徑指定為 **Example08.03** (當然你也可取為其他名稱)。

第二步是下載套件。在此便依照 example 模組提供的指示，用 go get 來下載它：

執行結果

```
PS F1741\Chapter08\Example08.03> go get golang.org/x/example/stringutil
go get: added golang.org/x/example v0.0.0-20210407023211-09c3a5e06b5d
```

 小編註：即使你打開本書提供的範例檔，你的系統中也不會有相關模組或套件。請記得自行下載一次。

這時你到系統中的 $GOPATH\pkg\mod\ 底下 (Windows 的『C:\Users\
使用者名稱 \go』或 Unix 的『/home/user/go』), 就會發現有以下資料夾出
現, 即為你剛才下載的模組:

```
golang.org\x\example@v0.0.0-20210407023211-09c3a5e06b5d
```

在用 go get 下載模組或套件時, Go 語言應該會自動更新 go.mod 的內
容。現在回來檢視專案 Example08.03 本身的 go.mod, 你會看到它確實加
入了 example 模組的路徑:

Chapter08\Example08.03\go.mod

```
module Example08.03

go 1.16

require golang.org/x/example v0.0.0-20210407023211-09c3a5e06b5d
```

在 golang.org/x/example 後面的 v0.0.0... 代表你的專案模組所引用的
example 模組版本。

 小編註:如果 go.mod 沒有自動更新, 請在主控台執行 『go mod tidy』 來重整它 (見下一
段)。你也應該會看到專案多出一個 go.sum 檔案;這是用來記錄套件的雜湊長度 (hash),
以便確保下載的套件未經竄改。

這麼一來, 專案執行時就能順利於 $GOPATH\pkg\mod\ 存取第三方套
件。下面是執行此專案會得到的結果:

執行結果

```
PS F1741\Chapter08\Example08.03> go run .
Hello, Go examples!
```

用 go mod tidy 整理／更新 go.mod

下面再來看個例子，這回要修改上面的範例，改用另一個位置不同、但功能一模一樣的第三方套件 https://github.com/ozgio/strutil：

```go
package main

import (
    "fmt"

    "github.com/ozgio/strutil"  // 第三方套件路徑
)

func main() {
    fmt.Println(strutil.Reverse("!selpmaxe oG ,olleH"))
}
```

為了使用這個套件，我們同樣得用 go get 下載它。不過這裡還可以嘗試另一種方式：你可以先如上加入套件路徑，再用 **go mod tidy** 來重整 go.mod, 這會使 Go 語言自動尋找並下載你指定的套件以及其相依套件：

執行結果

```
PS F1741\Chapter08\Example08.03> go mod tidy
go: finding module for package github.com/ozgio/strutil
go: found github.com/ozgio/strutil in github.com/ozgio/strutil v0.3.0
go: finding module for package github.com/stretchr/testify/assert
go: found github.com/stretchr/testify/assert in github.com/stretchr/
testify v1.7.0
```

無論用哪種方式，Go 語言都會下載該套件到你系統內的 $GOPATH\pkg\mod\github.com\ozgio\strutil@v0.3.0。

以下是重新執行程式的結果：

```
PS F1741\Chapter08\Example08.03> go run .
Hello, Go examples!
```

以上範例應該能使各位發現，你不只能替自己的程式打造套件，更可以將它發佈到網路上供人使用。但關於模組管理就講到這裡為止；下面我們來看看更多 Go 語言中跟運用套件有關的功能。

★ 小編補充　go mod vendor

若在主控台執行『**go mod vendor**』指令, 這會將第三方模組／套件拷貝一份放在專案資料夾的 vendor 子目錄下, 系統內沒有的話則會嘗試自行下載。

若專案內含有 vendor 資料夾, 專案就會使用它內含的原始碼, 而不是從 $GOPATH 存取。這麼做的好處之一是你能將相依套件打包在一起, 其他人不須下載就能直接使用, 缺點則是套件或模組本身可能會很占空間。

8-4　套件的呼叫與執行

8-4-1　套件別名

Go 語言也允許你替套件賦予別名。你需要這麼做的理由可能如下：

❑ 其他人的套件名稱不易讓人理解其目的。為了在程式中闡明用途，改用別名稱呼之。

❑ 套件名稱可能過長，於是用別名來簡化。

❑ 某些場合中，就算兩個套件的路徑完全不同，套件名稱卻撞名了。這時就必須用別名來區分它們。

套件別名語法非常簡單，只需將別名放在 import 敘述的套件名稱前面即可：

```
import <別名> <套件>
```

以下是套件別名的運用實例：

Chapter08\Example08.02

```go
package main

import (
    f "fmt"  // 給 fmt 套件取別名為 f
)

func main() {
    // 以別名呼叫 fmt 套件
    f.Println("Hello, Go 技術者們!")
}
```

執行結果如下：

執行結果

```
PS F1741\Chapter08\Example08.02> go run .
Hello, Go 技術者們!
```

8-4-2　init() 函式

Go 語言中的套件基本上分成兩種：可執行的和不可執行的。main 套件是個特殊套件，也是可以執行的那種。main 套件裡一定要有一個 main() 函式，這即是 Go 語言在 go run、go build 等指令會尋找並執行的對象。

不過，任何套件檔案——包括 main 套件在內——還可以定義一個特殊的函式 init()，它可以用來替套件設置初始狀態或初始值。下面是幾個運用 init() 的例子：

❏ 設置資料庫物件和連線

❏ 初始化套件變數

❏ 建立檔案

❏ 載入設定組態

❏ 驗證或修復程式狀態

對於一個套件檔案，Go 語言會以下面的順序呼叫 init() 和 main()：

1. 匯入的外部套件的套件層級最先初始化。

2. 接著套件自身的套件層級會初始化。

3. 呼叫外部套件的 init()。

4. 呼叫套件本身的 init()。

5. 如果執行的檔案是 main 套件，最後會呼叫套件本身的 main() 函式。

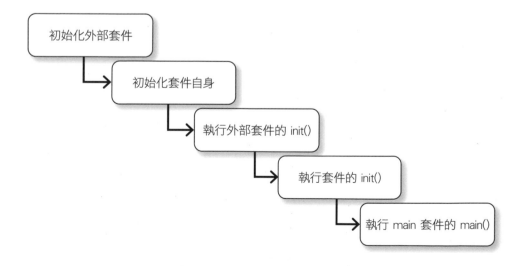

以下是一個示範 init() 與 main() 執行順序的簡單例子：

```go
package main

import (
    "fmt"
)

var name = "Gopher"

func init() {
    fmt.Println("哈囉, ", name)
}

func main() {
    fmt.Println("哈囉, main() 函式")
}
```

輸出會像這樣：

執行結果

```
PS F1741\Chapter08\Example08.04> go run .
哈囉, Gopher  ◀── init() 先執行, 但其使用的變數更早初始化
哈囉, main() 函式
```

我們來分析一下：

以上輸出結果證明，套件層級的變數宣告會最先執行 (字串變數 name)，接著是 init(), 最後則是 main()。

注意 init() 函式不能有參數跟傳回值，比如若改成下面這樣，嘗試執行就會產生錯誤：

```go
func init(age int) {
    fmt.Println("哈囉, ", name)
}
```

```
# F1741/Chapter08/Example08.04
.\main.go:9:6: func init must have no arguments and no return values
```

練習：載入預算分類

撰寫一隻程式，在執行 main() 函式之前將一系列的支出預算分類 (budget categories) 存入一個 map 集合，以便讓 main() 函式只需負責印出 map 的內容。

Chapter08\Exercise08.02

```go
package main

import "fmt"

var budgetCategories = make(map[int]string)

func init() {
    fmt.Println("初始化 budgetCategories...")
    budgetCategories[1] = "汽車保險"
    budgetCategories[2] = "房屋貸款"
    budgetCategories[3] = "電費"
    budgetCategories[4] = "退休金"
    budgetCategories[5] = "旅遊補助"
    budgetCategories[7] = "雜貨支出"
    budgetCategories[8] = "汽車貸款"
}

func main() {
    for k, v := range budgetCategories {
        fmt.Printf("鍵: %d, 值: %s\n", k, v)
    }
}
```

此處的目的，在於展示 init() 函式如何能用於資料初始化，讓 main() 的內容更加簡潔，並有現成的資料可加以運用：

執行結果

```
PS F1741\Chapter08\Exercise08.02> go run .
初始化預算分類...
鍵：1，值：汽車保險
鍵：2，值：房屋貸款
鍵：3，值：電費
鍵：4，值：退休金
鍵：5，值：旅遊補助
鍵：7，值：雜貨支出
鍵：8，值：汽車貸款
```

 你看到的輸出的順序有可能不同, 因為 for range 走訪 map 時元素時的順序是隨機的。

　　至於要供其他使用者匯入的套件，儘管沒有 main() 函式，但仍然可以透過 init() 來對套件內的資料做初始化。

執行多個 init() 函式

　　在一個套件裡也可以有多個 init() 函式，這樣一來就可以將初始化動作也加以模組化，讓程式更容易維護。

　　舉例來說，假設你需要設置不同的檔案和資料庫連線、還要修復環境的狀態以利程式執行，只靠一個 init() 函式來做所有的事，未免就太過繁複了，維護與除錯時也會難以區分各部分的功能。

　　套件內有多重 init() 函式時，其執行順序會按照由上而下的方式依序執行。下面我們就來看個示範。

練習：將收款方與預算分類做配對

　　現在我們要延伸前一個練習，進一步把一些收款方資料對應到支出預算分類，最後將收款方與其預算分類的文字印出來：

```go
package main

import "fmt"

var budgetCategories = make(map[int]string)
var payeeToCategory = make(map[string]int)

func init() {  // 第一個執行的 init()
    fmt.Println("初始化預算分類...")
    budgetCategories[1] = "汽車保險"
    budgetCategories[2] = "房屋貸款"
    budgetCategories[3] = "電費"
    budgetCategories[4] = "退休金"
    budgetCategories[5] = "旅遊補助"
    budgetCategories[7] = "雜貨支出"
    budgetCategories[8] = "汽車貸款"
}

func init() {  // 第二個執行的 init()
    fmt.Println("設定收款人與其預算分類...")
    payeeToCategory["Nationwide"] = 1
    payeeToCategory["BBT Loan"] = 2
    payeeToCategory["First Energy Electric"] = 3
    payeeToCategory["Ameriprise Financial"] = 4
    payeeToCategory["Walt Disney World"] = 5
    payeeToCategory["ALDI"] = 7
    payeeToCategory["Martins"] = 7
    payeeToCategory["Wal Mart"] = 7
    payeeToCategory["Chevy Loan"] = 8
}

func main() {
    fmt.Println("主程式: 印出收款人與預算分類名稱")
    for k, v := range payeeToCategory {
        fmt.Printf("收款人: %s, 分類: %s\n", k, budgetCategories[v])
    }
}
```

以下是輸出結果：

執行結果

```
PS F1741\Chapter08\Exercise08.03> go run .
初始化預算分類...          ← 第一個 init()
設定收款人與其預算分類...   ← 第二個 init()
主程式：印出收款人與預算分類名稱
收款人：Ameriprise Financial, 分類：退休金
收款人：Walt Disney World, 分類：旅遊補助
收款人：ALDI, 分類：雜貨支出
收款人：Chevy Loan, 分類：汽車貸款
收款人：Nationwide, 分類：汽車保險
收款人：BBT Loan, 分類：房屋貸款
收款人：First Energy Electric, 分類：電費
收款人：Martins, 分類：雜貨支出
收款人：Wal Mart, 分類：雜貨支出
```

從上可以看到，多個 init() 會按照它們被定義的順序執行，全部完成後才會執行 main() 函式。但既然 init() 修改的都是套件層級變數（全域變數），你就得格外當心，若弄錯 init() 的順序，就有可能導致無法預知的後果。

你可以在延伸習題運用前面學到的套件概念，親自練習一下這些技巧如何整合起來。

➤ 延伸習題 08.01：用套件計算年薪與工作考核分數

8-5 本章回顧

在本章中，我們探討了開發出易於維護、可重複利用且模組化的軟體，是多麼重要的一件事。我們也發現，Go 語言的套件能大大幫助我們實現以上這三個目標。

我們看到套件的架構，其實就是一個目錄，底下有多個檔案 (模組則是多個套件的集合)。而同一目錄中所有的檔案只要宣告成同一套件，它們的程式碼就會彼此相關。同一個套件內的程式可存取彼此的東西，但只有它匯出的功能才能被外部使用。我們討論到模組的命名法則，以及如何只要用功能名稱字首的大小寫，來決定要匯出哪些使用者需要的功能。

此外，我們看到如何在專案中運用 Go Modules 新增自訂套件，以及從網路下載第三方套件。我們也發現，不管是任何套件，你都能在套件中加入一個以上的 init() 來做初始化工作。

透過本章的練習與延伸習題，各位便學到學到如何有條理地將程式碼拆開成各別的檔案，使主程式的部分更精簡且更容易維護。

9

Chapter

程式除錯：格式化訊息、日誌與單元測試

／本章提要／

在本章中, 我們要來介紹在 Go 語言中除錯的基本方法, 首先會談到幾種積極的除錯途徑, 能夠減少我們自己無意間在程式中弄出的臭蟲數量。

而了解這些手法後, 我們則會來談如何使用格式化的訊息和**日誌 (log)** 來追蹤程式的運作, 以便找到臭蟲可能的發生位置。最後, 讀者們會了解如何撰寫**單元測試 (unit test)** 來驗證程式功能是否運作如常。

9-1 前言

你開發的應用程式正式上線後，仍然有可能因開發時的疏忽，導致它做出看似不按牌理出牌的行為。譬如，程式有可能傳回錯誤或直接當掉，也有可能表面上運作正常，執行結果卻是錯的。這不僅將影響到程式運作，甚至會衝擊到使用者的生活。

一個著名案例便是加拿大原子能公司在 1982 年生產的 Therac-25 放射線療法機器，其程式設計師沿用了舊型機器的程式碼；然而，開發人員不曉得這款機器取消了舊型機器上的硬體互斥鎖，軟體無力確保機器設定在正確的放射線模式，而機器在醫院組裝前也未做過任何測試。這使得一些病患意外承受了 100 倍的輻射劑量，最終有 3 人死亡。這個案例足以說明，為何你應該在交付程式給客戶之前就盡量除去所有臭蟲。

我們在第 6 章已經學到，程式錯誤可以分為三類：語法錯誤 (syntax errors)、執行期間錯誤 (runtime errors) 和邏輯錯誤 (logic error)。如果是語法錯誤，Go 語言編譯器 (甚至是編輯器本身) 會對你指出問題，而第 6 章討論的是如何處理執行期間產生的 error 值和 panic 狀況。至於最後一種——邏輯錯誤——是最難以察覺的，因為這在編譯階段無法偵測到，也不見得會傳回錯誤值。

9-1-1 臭蟲的發生原因

揪出這些**臭蟲 (bug)** 的最主要辦法，就是在程式執行過程中印出除錯訊息，好觀察程式執行過程和執行結果是否合乎預期。而在本章中，我們就要來看在 Go 程式中**除錯 (debugging)** 的一些基本方法。

至於為何臭蟲會進入出現在正式上線的程式中？原因有以下幾種：

❑ **直到開發尾聲時才做測試**：在開發過程中，人們很容易偷懶，不願意做**漸增測試 (incremental testing)**。舉例來說，我們會替應用程式撰寫好幾個函式，而且等到全部完成後才一塊測試。但更好的做法是在每一個函式完成時就做**單元測試 (unit tests)**，然後依次測試各單元串聯起來的結果，這稱為漸增測試。這樣一來，我們就更容易增進程式碼的穩定性。如果一個函式在寫完後就做好測試，那麼使用它的其他函式就比較不容易碰上臭蟲、連帶影響到使用者。

❑ **改良應用程式或因應需求變更**：我們的程式碼即使在正式上線後，也很可能會經常異動。你會收到使用者的回饋或錯誤回報，客戶也有可能提出新需求、甚至希望改良既有功能，但修改正式上線程式碼就有可能無意間引入新臭蟲。倘若開發團隊採用單元測試，就有助於在交付程式碼之前減少引進新臭蟲的可能性。

❑ **不切實際的開發時程**：有時客戶會要求在非常急迫的時限內完成程式，這往往導致開發者抄捷徑而非採用最佳實務做法、壓縮需求設計的階段、減少測試次數，甚至來不及釐清客戶需求就逕行開發。這一切都會增加引入新臭蟲的可能性。

❑ **未善加處理錯誤**：有些開發人員會偷懶，選擇不要處理錯誤。例如，應用程式找不到來源設定檔案、客戶端無法與伺服器建立連線、或者數學計算做出除以 0 的不合法行為，這些都會傳回錯誤，但若你刻意忽略它們、不積極處理或不曉得有錯誤存在，就會變成程式臭蟲了。

9-1-2 除錯原則

我們首先來很快看一些原則，這些都有助於你減少在程式碼中引入的新臭蟲數量，並讓你對於程式的可靠性繼續保持良好信心：

❑ **漸增式程式設計／經常性測試**：這意味著在逐步開發程式功能時，每完成一塊就做測試，並逐次加大測試範圍。這個模式有助於讓你輕鬆追蹤臭蟲，因為你一開始測試的都是一小塊程式碼，而非一整個大型程式。

❑ **撰寫單元測試**：若典型的單元測試會輸入既定的測試資料，驗證處理結果是否符合預期。如果單元測試在程式碼變更之前能夠通過，變更之後卻測試失敗，這就代表我們做的更改造成了副作用。若你有事先寫好的單元測試，就能快速驗證程式是否執行正常。在程式碼正式上線之前，一定得先通過單元測試。

❏ **所有錯誤都要處理**：我們已經在第 6 章談過這部分。忽視 error 值可能導致程式發生預料之外的結果；我們必須正確處理所有錯誤，才不會增加整體除錯的困難度。

❏ **做日誌記錄 (logging)：日誌 (log)** 是另一種可以用來判斷程式中發生什麼狀況的手法。log 的種類很多，若按層級來分，常見的包括 trace（追蹤）、debug（除錯訊息）、info（資訊）、warn（警告）、fatal（重大錯誤）等。這些訊息通常用來記錄程式在臭蟲出現之前的狀態，替開發者收集諸如變數值、正在執行哪塊程式碼（例如函式名稱）、傳入函式的引數值、函式或方法的傳回值等等。

在本章中，我們將運用 Go 語言標準函式庫的 log 套件來輸出自訂的日誌訊息。log 訊息會附帶時間戳記，這是很有用的資訊，能讓我們能理解程式事件的發生順序。不過，各位也得謹記在心：系統在尖峰運作期間有可能會密集輸出日誌訊息、進而影響到軟體效能，甚至有可能拖慢程式的反應。

不過，你有時可能不見得需要用到 log 來提供除錯訊息；事實上標準套件 fmt 就是個很好用的工具。下面我們就來回顧並深入探討 fmt 套件的格式化字串輸出功能。

9-2 以 fmt 套件做格式化輸出

9-2-1 fmt 套件

fmt 套件的主要用途，就是將資料輸出到主控台（命令提示字元、Powershell 或終端機）或傳回格式化後的字串。我們在前面各章已經大量運用過 fmt 套件。

下面是 fmt 套件的一些常用函式，你能從它們的名稱看出其用途：

函式	功能
Print()	於主控台印出多筆資料, 非字串的資料之間以空格隔開 (因此字串之間會相連)
Println()	於主控台印出多筆資料, 但所有資料之間一定加入空格, 結尾也加上換行字元
Printf()	於主控台印出多筆資料, 使用格式化字串 (結尾無換行)
Sprint()	同 Print() 但傳回 string
Sprintln()	同 Println() 但傳回 string
Sprintf()	同 Printf() 但傳回 string

由此可知，函式結尾有 ln 代表會在印出字串的尾端加上換行字元 \n, 若是 f 則代表有格式化功能。稍後各位會發現這個命名規則也適用於 log 套件。

 小編註：Print(), Println() 和 Printf() 其實也有傳回值 (n int, err error)；n 為寫入主控台的位元組數, err 則為寫入時可能有的錯誤, 但一般不會接收。

練習：用 fmt 套件印出字串

在這個練習中，我們要用 fmt 的幾種功能在主控台印出打招呼訊息：

Chapter09\Exercise09.01

```go
package main

import (
    "fmt"
)

func greeting(fname, lname string) string {
    return fmt.Sprintln("哈囉:", fname, lname)
}

func main() {
    fname := "Edward"
    lname := "Scissorhands"
    fmt.Println("哈囉:", fname, lname)
    fmt.Printf("哈囉: %v %v\n", fname, lname)
    fmt.Print(greeting(fname, lname))
}
```

```
PS F1741\Chapter09\Exercise09.01> go run .
哈囉: Edward Scissorhands
哈囉: Edward Scissorhands
哈囉: Edward Scissorhands          ← Print() 印出 Sprintln() 傳回的字串, 所以還是會換行
```

以上展示了用 fmt 套件印出訊息的基本功, 並顯示了結尾有 ln 的函式會自動加上換行字元。接下來則要來介紹如何格式化列印的資料。

9-2-2　fmt 的格式化輸出

現在我們要正式來看看 fmt.Printf(), 它可使用更有彈性的方式組合不同的值、輸出我們想要的字串, 我們也不須先將那些值轉成字串。

第一章我們就提過格式化樣板語言以及格式化符號。在 Go 語言中, 格式化符號也稱為**動詞 (verbs)** 或**指定符號 (specifier)**, 而這些會在格式字串中成為占位符 (placeholder), 好讓 Printf() 知道該在何處插入轉換過的值:

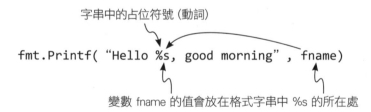

字串中的占位符號 (動詞)

fmt.Printf("Hello %s, good morning" , fname)

變數 fname 的值會放在格式字串中 %s 的所在處

格式化用的動詞

符號	格式化結果
%d	印出 10 進位整數
%f	印出浮點數
%e	印出帶有科學記號的浮點數
%t	印出布林值
%s	印出字串
%b	印出 2 進位值
%x	印出 16 進位值

當然還有其他動詞存在，但等我們後面講到基本除錯時再來介紹。

來看以下範例：

Chapter09\Example09.01

```go
package main

import "fmt"

func main() {
    fname := "Joe"
    gpa := 3.75
    hasJob := true
    age := 24
    hourlyWage := 45.53
    // 印出字串與浮點數
    fmt.Printf("%s 的 GPA: %f\n", fname, gpa)
    // 印出布林值
    fmt.Printf("有工作: %t\n", hasJob)
    // 印出整數與一般值
    fmt.Printf("年齡: %d, 時薪: %v\n", age, hourlyWage)
}
```

此範例的輸出如下：

執行結果

```
PS F1741\Chapter09\Example09.01> go run .
Joe 的 GPA: 3.750000
有工作: true
年齡: 24, 時薪: 45.53
```

注意在以上範例中，浮點數動詞 %f 會輸出預設的小數點長度。下面我們就來看要如何照想要的方式控制浮點數的輸出精確度。

練習：印出數值的 10 進位、2 進位及 16 進位版本

在這個練習，我們要用迴圈從整數 1 數到 255，然後觀察它們以 10 進位、2 進位和 16 進位印出的效果。這個練習可以讓各位進一步了解格式化動詞的作用。

Chapter09\Exercise09.02

```go
package main

import (
    "fmt"
)

func main() {
    for i := 1; i <= 255; i++ {
        fmt.Printf("10 進位: %3.d | ", i) // 10 進位數，最長 3 位數
        fmt.Printf("2 進位: %8.b | ", i)  // 2 進位數，最長 8 位數
        fmt.Printf("16 進位: %2.x\n", i)  // 16 進位數，最長 2 位數
    }
}
```

執行結果

```
PS F1741\Chapter09\Exercise09.02> go run .
10 進位:   1 | 2 進位:        1 | 16 進位:   1
10 進位:   2 | 2 進位:       10 | 16 進位:   2
10 進位:   3 | 2 進位:       11 | 16 進位:   3
10 進位:   4 | 2 進位:      100 | 16 進位:   4
10 進位:   5 | 2 進位:      101 | 16 進位:   5
10 進位:   6 | 2 進位:      110 | 16 進位:   6
10 進位:   7 | 2 進位:      111 | 16 進位:   7
// ... 中略
10 進位: 249 | 2 進位: 11111001 | 16 進位:  f9
10 進位: 250 | 2 進位: 11111010 | 16 進位:  fa
10 進位: 251 | 2 進位: 11111011 | 16 進位:  fb
10 進位: 252 | 2 進位: 11111100 | 16 進位:  fc
10 進位: 253 | 2 進位: 11111101 | 16 進位:  fd
10 進位: 254 | 2 進位: 11111110 | 16 進位:  fe
10 進位: 255 | 2 進位: 11111111 | 16 進位:  ff
```

9-2-3 印出浮點數的進階格式化

在前面的程式中，浮點數變數 gpa 印出時後面有 4 個 0，但我們或許會希望只要印出到小數第二位就好。

這時我們可以改寫 %f 動詞，在中間加上一個 **.2**，來代表把結果進位到小數第二位。這意味著只要修改 .2 這個數字，就能隨意控制要輸出的小數位數：

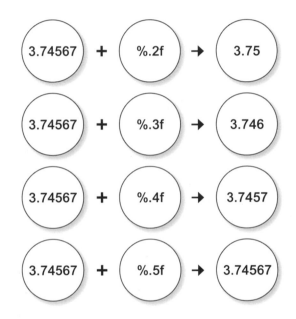

你更可以指定浮點數的整體長度，包括整數部分和小數點本身。例如，**%10.2f** 就代表分配 10 個字元的長度給浮點數，包括 1 個小數點和 2 個小數位，因此整數部分的顯示長度便是 7 字元。若實際數字的長度不足，就會把數字向右對齊、不足部份以空白填補。

下面來看一個例子，能夠反映不同浮點數格式對於輸出結果的影響：

Chapter09\Example09.02

```go
package main

import "fmt"
```

接下頁

```go
func main() {
    v := 1234.678915  // 原始數字
    fmt.Printf("%10.0f\n", v)
    fmt.Printf("%10.1f\n", v)
    fmt.Printf("%10.2f\n", v)
    fmt.Printf("%10.3f\n", v)
    fmt.Printf("%10.4f\n", v)
    fmt.Printf("%10.5f\n", v)
}
```

這會印出結果如下：

執行結果

```
PS F1741\Chapter09\Example09.02> go run .
      1235
    1234.7
   1234.68
  1234.679
 1234.6789
1234.67891
```

注意到 Go 語言在印出上述浮點數時，也會將浮點數四捨五入到指定的位數，然後才轉成字串印出。

補 0 和靠左對齊

若你希望輸出結果左側補滿 0, 可以將格式化動詞寫成如下：

```go
fmt.Printf("%010.2f\n", 1234.678915)  // 印出 0001234.68
```

如果想讓輸出結果靠左而不是靠右對齊, 可在格式化動詞中加入短折線 (-)：

```go
fmt.Printf("%-10.2f\n", 1234.678915)  // 印出靠左的 1234.68
```

至此，我們已經理解了 Go 語言格式化字串如何使用動詞，這對於我們接下來運用 log 套件提供了非常有幫助的知識。

 小編補充

9-2-4　用 strconv.FormatFloat() 格式化浮點數

strconv 套件的功能是將其他型別的值轉換成字串，但 FormatFloat() 在轉換過程中也可以指定要四捨五入的小數位數。事實上，FormatFloat() 這麼做的底層運作機制跟 fmt.Printf() 或 Sprintf() 是一樣的。

```
<格式化 string> := strconv.FormatFloat(<float64 浮點數>,
<格式化符號>, <小數位數>, <原始資料位元數>)
```

傳入的浮點數為 float64 型別，因此得注意型別轉換。格式化符號參數則和 fmt 的格式化動詞相同，只是改用字元形式且不寫 %。最後一個參數則用來示意浮點數原始值是 32 或 64 位元。

Chapter09\Exercise09.02

```
strconv.FormatFloat(1234.678915, "f", 2, 64)  // 傳回 "1234.68"
```

那麼，什麼時候該用 strconv 套件而不是 fmt 呢？strconv 套件不須像 fmt 得判斷輸入的型別為何，因此處理速度更 快且消耗記憶體更少。當程式運作效率和記憶體用量是重要因素時，使用 strconv 就可能是更好的主意。

9-3　使用 log 提供追蹤訊息／日誌

到目前為止，我們寫程式一直寫得很開心，不過現在見真章的時候到了；你得學著如何在程式執行結果不如預期、甚至錯得離譜時，找出問題的根源。其實，程式有臭蟲是開發人員必定經歷過的事，而你能用下面這些基本的除錯技巧來找出它的位置，或者起碼收集一些關於臭蟲的資訊：

1. **印出變數值**：追蹤變數值的變化，讓你知道它在什麼時候有所改變。

2. **印出變數型別**：若不確定收到的資料是何種型別，可以先用這種方式檢查它。

3. **印出追蹤訊息**：印出一些文字訊息，讓我們知道程式執行到哪裡才發生臭蟲，有哪些程式碼順利執行等等。

4. **輸出訊息到檔案**：有時你必須把除錯訊息輸出到檔案裡，因為有些錯誤可能只會發生在正式上線後的環境，或者因某種緣故，你無法透過主控台監控 log 訊息。這時你就能用檔案先收集除錯訊息。

我們在第 2 章已經看過，如何像上面前兩點印出變數的值與型別了。下面我們就來看看第 3 點的應用。第 4 點在第 12 章談到檔案處理時會再提到。

9-3-1 印出追蹤訊息

除錯的初步動作之一，就是在分析任何資料之前，先用追蹤訊息找出臭蟲在程式碼中的大略位置。通常所謂的追蹤訊息就只是在程式碼某處用 fmt. Println() 等功能對主控台印出一段句子，好讓我們知道程式執行到何處才遭遇到臭蟲、變數的值變成如何等等。

用追蹤訊息找出錯誤發生位置

下面來看一個例子，這個程式會隨機產生一個介於 1 到 20 之間的整數，而它呼叫的 a() 和 b() 函式一定會有一個傳回錯誤：a() 會在數字小於 10 時傳回 error, b() 則會在數字大於等於 10 時傳回 error。

Chapter09\Example09.03

```
package main

import (
    "errors"
    "fmt"
    "math/rand"
    "os"
```

接下頁

```go
    "time"
)

func main() {
    r := random(1, 20)
    err := a(r)
    if err != nil {
        fmt.Println(err)
        os.Exit(1)
    }
    err = b(r)
    if err != nil {
        fmt.Println(err)
        os.Exit(1)
    }
}

func random(min, max int) int {
    rand.Seed(time.Now().UTC().UnixNano())
    return rand.Intn((max-min)+1) + min
}

func a(i int) error {
    if i < 10 {
        return errors.New("incorrect value")
    }
    return nil
}

func b(i int) error {
    if i >= 10 {
        return errors.New("incorrect value")
    }
    return nil
}
```

執行結果

```
PS Chapter09\Example09.03> go run .
incorrect value
exit status 1
```

這支程式是出於展示目的而故意寫成如此，好模擬你有可能無法確知錯誤的真正發生位置。如上所見，a() 或 b() 傳回了錯誤，可是從執行結果完全看不出是哪裡有錯。

針對這種情況，你當然可以在 main() 印出隨機數 r 的值，藉此判斷是 a() 還是 b() 傳回了 error。但更簡單的方式是在兩個函式內部印出訊息，好讓你曉得是執行到哪個函式時出了錯：

修改 Chapter09\Example09.03

```go
func a(i int) error {
    if i < 10 {
        fmt.Println("錯誤發生在 a()")
        return errors.New("incorrect value")
    }
    return nil
}

func b(i int) error {
    if i >= 10 {
        fmt.Println("錯誤發生在 b()")
        return errors.New("incorrect value")
    }
    return nil
}
```

這回重新執行程式後，就能得知是哪個函式傳回 error 了 (當然你看到的結果不一定與下面相同)：

執行結果

```
PS F1741\Chapter09\Example09.03> go run .
錯誤發生在 b()
incorrect value
exit status 1
```

9-3-2 用 log 套件輸出日誌

使用 log.Println()

但與其使用 fmt.Println() 或類似的功能輸出追蹤訊息，Go 語言的 **log** 套件能讓我們用更豐富的細節來記錄程式執行資訊。請參考以下範例：

Chapter09\Examples09.04

```
package main

import (
    "errors"
    "log"
)

func main() {
    log.Println("Start of our app")
    err := errors.New("application aborted!")
    if err != nil {
        log.Println(err)
    }
    log.Println("End of our app")
}
```

執行結果

```
PS F1741\Chapter09\Examples09.04> go run .
2021/04/19 11:17:09 Start of our app
2021/04/19 11:17:09 application aborted!
2021/04/19 11:17:09 End of our app
```

如上所見，**log.Println()** 使用起來和 fmt.Println() 一模一樣，但還會加上訊息的時間戳記，這對於日後我們檢視日誌、設法釐清臭蟲的發生時間跟順序時就非常有用。出於同理，log 套件的 Print()、與 Printf() 的使用方式就跟 fmt 套件的同名函式是一樣的。

你甚至能自訂 log 套件的日誌訊息格式，辦法是使用該套件的 SetFlags()
函式：

```go
func main() {
    log.SetFlags(log.Ldate | log.Lmicroseconds | log.Llongfile)
    log.Println("Start of our app")
    err := errors.New("application aborted!")
    if err != nil {
        log.Println(err)
    }
    log.Println("End of our app")
}
```

輸出結果如下：

執行結果

```
PS F1741\Chapter09\Examples09.04> go run .
2021/04/19 11:37:28.738930 F1741/.../main.go:10: Start of our app
2021/04/19 11:37:28.792506 F1741/.../main.go:14: application aborted!
2021/04/19 11:37:28.793039 F1741/.../main.go:16: End of our app
```

在以上程式碼中，log.SetFlags() 以聯集算符 (|) 串聯了三個旗標，這些旗
標都是 log 套件提供的常數。這下日誌訊息時間會精確到微秒，並會包括原
始檔的完整路徑 (上面為了節省版面而刪減了一部分)。

log.SetFlags 可用的旗標

若想了解 log.SetFlags() 可設定那些旗標，可參閱 log 套件的官方文件 (https://golang.
org/pkg/log/#pkg-constants)：

```go
const (
    Ldate         = 1 << iota // 本地日期 (年、月、日)
    Ltime                     // 本地時間 (時、分、秒)
    Lmicroseconds             // 本地時間 (時、分、秒、微秒)
    Llongfile                 // 寫出完整路徑、檔名和程式行號
    Lshortfile                // 寫出簡短檔名和程式行號
```
接下頁

```
    LUTC                          // 若有使用 Ldate 和 Ltime 旗標, 改顯示 UTC 時間
    Lmsgprefix                    // 若有前綴詞, 將之挪到使用者自己的訊息前面
    LstdFlags    = Ldate | Ltime // loggger 的預設旗標
)
```

正常情況下, 前綴詞會放在整個 log 訊息的最前面, 比如：

```
<前綴詞> <時間> <程式名稱>: <使用者訊息>
```

但若啟用 Lmsgprefix 旗標, 前綴詞會挪到使用者訊息前面：

```
<時間> <程式名稱>: <前綴詞> <使用者訊息>
```

你也可以用 log.SetPrefix() 或 log.New() (見後介紹) 設定日誌訊息的前綴詞。

使用 log.Fatal() 和 log.Panic() 記錄嚴重錯誤

　　log 套件也讓我們能記錄程式的嚴重錯誤。**Fatal()**、**Fatalln()** 和 **Fatalf()** 方法的作用跟 log 或 fmt 的 Print()、Println() 及 Printf() 相同, 唯一差別在於 Fatal() 與其姊妹函式在輸出訊息後, 接著會呼叫 os.Exit(1) 來中止程式。

　　除此之外, log 還有 **Panic()**、**Panicln()** 與 **Panicf()**, 用法和 Fatal() 系列相同, 差別在於它們會引發 panic。正如第 6 章所提, panic 可以用 recover() 函式救回來, 但 os.Exit() 就不行了。

　　換言之, 當有重大錯誤發生時, 你可以在輸出日誌追蹤資訊的同時決定是否要中止程式, 而且該不該給使用者機會挽救。例如, 若錯誤可能會令應用程式的資料受損、或者發生難以預期的行為, 那麼就最好在事態惡化之前先讓程式當掉。若程式結束時需要做一些安全操作, 例如透過用 defer 延遲執行的函式來關閉檔案或資料庫, 那麼使用 log.Panic() 會是比較好的選擇。

下面來修改前面的範例，用 log.Fatal() 讓程式在遭遇錯誤時當掉：

修改 Chapter09\Examples09.04

```
package main

import (
    "errors"
    "log"
)

func main() {
    log.SetFlags(log.Ldate | log.Lmicroseconds | log.Lshortfile | log.Lmsgprefix)
    log.Println("Start of our app")
    err := errors.New("application aborted!")
    if err != nil {
        log.Fatal(err)
    }
    log.Println("End of our app")
}
```

執行結果

```
PS F1741\Chapter09\Examples09.04> go run .
2021/04/19 13:37:46.960106 EF1741/.../main.go:10: Start of our app
2021/04/19 13:37:47.011554 F1741/.../main.go:13: application aborted!
exit status 1 ◄── 程式中止
```

9-3-3　建立自訂 logger 物件

到目前為止，我們在本章使用 log 印出日誌時，事實上都是透過該套件提供的標準 logger (standard logger)。你也可以依需要建立自己的（多重）logger，以便針對不同的情境輸出訊息：

```
<logger> := log.New(<io.Writer 介面>, <前綴詞>, <旗標>)
```

標準 logger 的第一個參數會使用 os.Stdout，這個符合 io.Writer 介面的物件其實就是將訊息印出到主控台。這也當然可以換成其他物件；例如，第 12 章要討論的 os.File 結構就是另一個符合 io.Writer 介面的東西，這使得你能將日誌訊息寫到檔案中。

 小編註：在使用標準 logger 時，你也可以用 log.SetOutput() 函式來設定它要寫入的 io.Writer 介面物件。

前綴詞是個字串，會加在 log 訊息最前面，除非你用 log.Lmsgprefix 旗標讓它挪到使用者自己的訊息之前。旗標參數則和前面使用 SetFlags() 設定的一樣，能用來決定 logger 訊息的格式。

來看下面的範例，我們將 log 套件的標準 logger 換成自訂的 logger, 不過使用方式依然相同：

修改 Chapter09\Examples09.04)

```go
package main

import (
    "errors"
    "log"
    "os"
)

func main() {
    logger := log.New(os.Stdout, "log: ", log.Ldate|log.
Lmicroseconds|log.Llongfile)
    logger.Println("Start of our app")
    err := errors.New("application aborted!")
    if err != nil {
        logger.Fatal(err)
    }
    logger.Println("End of our app")
}
```

```
PS F1741\Chapter09\Examples09.04> go run .
log: 2021/04/19 14:09:17.457924 F1741/.../main.go:11: Start of our app
log: 2021/04/19 14:09:17.506585 EF1741/.../main.go:14: application aborted!
exit status 1
```

以上我們自訂了一個 logger 物件，在建立時指定前綴詞 (『log:』) 和旗標。各位應該能看出，logger 物件擁有的方法就和之前用過的 log 套件函式一模一樣。

▶ 延伸習題 09.01：建立社會安全碼驗證程式

9-4　撰寫單元測試

最後我們要來看如何替 Go 程式撰寫簡單的**單元測試 (unit test)**，並使用 **go test** 工具來替我們測試函式與套件。正如本章開頭所提，你應該在開發階段先測試各別單元，然後逐步測試這些單元整合起來的結果，以便提早找出潛在的臭蟲。

下面我們要沿用第 8 章所建立的 shape 套件，來測試它對於不同形狀傳回的名稱及面積是否正確。然而在第 8 章中，shape 套件唯一匯出的函式只會直接印出訊息到主控台。為了能夠示範如何套用單元測試，我們稍微修改了程式碼：

Chapter09\Example09.04\shape\shape.go

```go
package shape

type Shape interface {
    area() float64
    name() string
}


type Triangle struct {
    Base    float64
```

接下頁

```go
        Height float64
}

type Rectangle struct {
        Length float64
        Width  float64
}

type Square struct {
        Side float64
}

func GetName(shape Shape) string {   // 修改過的新函式，傳回 shape 介面的名稱
        return shape.name()
}

func GetArea(shape Shape) float64 {   // 修改過的新函式，傳回 shape 介面的面積
        return shape.area()
}

func (t Triangle) area() float64 {
        return (t.Base * t.Height) / 2
}

func (t Triangle) name() string {
        return "三角形"
}

func (r Rectangle) area() float64 {
        return r.Length * r.Width
}

func (r Rectangle) name() string {
        return "長方形"
}

func (s Square) area() float64 {
        return s.Side * s.Side
}

func (s Square) name() string {
        return "正方形"
}
```

這個範例也附有修改過的 main.go，並建立 go.mod 來提供模組路徑，但這裡就不多贅述。

撰寫測試檔

Go 語言測試檔的名稱不重要，但結尾必須加上『_test』，例如 shape_test.go。而在這個檔案中，你必須宣告一個測試用函式：

```
func Test<名稱>(t *testing.T)
```

同樣的函式名稱也不重要，但必須以『Test』開頭，例如 TestGetName。此函式會接收一個型別為 testing.T 的指標變數 t (來自 testing 套件)。

 小編註：當 .go 檔案符合測試檔的要件時，裝有 Go extension 的 VS Code 編輯器也會自動在函式上方顯示 **run test | debug test** 的快捷功能，你可以直接點擊來單元測試。

現在，於 shape 子目錄下建立測試檔 **shape_test.go**，並撰寫兩個測試函式：

```
Chapter09\Example09.04\payroll\payroll_test.go
```

```go
package shape  // 由於測試對象是 shape，故宣告為同一套件

import "testing"

// 測試 shape 套件的 GetName() 函式
func TestGetName(t *testing.T) {
    // 測試用結構
    triangle := Triangle{Base: 15.5, Height: 20.1}
    rectangle := Rectangle{Length: 20, Width: 10}
    square := Square{Side: 10}

    if name := GetName(triangle); name != "三角形" {
        t.Errorf("%T 形狀錯誤: %v", triangle, name) // 傳回值錯誤時回報測試錯誤
    }
    if name := GetName(rectangle); name != "長方形" {
        t.Errorf("%T 形狀錯誤: %v", rectangle, name)
```

接下頁

```
    }
    if name := GetName(square); name != "正方形" {
        t.Errorf("%T 形狀錯誤: %v", square, name)
    }
}

// 測試 shape 套件的 GetArea() 函式
func TestGetArea(t *testing.T) {
    // 測試用結構
    triangle := Triangle{Base: 15.5, Height: 20.1}
    rectangle := Rectangle{Length: 20, Width: 10}
    square := Square{Side: 10}

    if value := GetArea(triangle); value != 155.775 {
        t.Errorf("%T 面積錯誤: %v", triangle, value)
    }
    if value := GetArea(rectangle); value != 200 {
        t.Errorf("%T 面積錯誤: %v", rectangle, value)
    }
    if value := GetArea(square); value != 100 {
        t.Errorf("%T 面積錯誤: %v", square, value)
    }
}
```

注意到上面將測試用的結構寫在個別測試函式中，而不是宣告為 shape 的套件層級變數，以免影響到 shape 套件本身。測試函式會使用這些結構來測試 shape 公開函式的傳回值，看看結果是否跟已知的正確結果相符。

測試檔寫好後，就能用 go test 來跑測試，這裡我們也加上旗標 -v 好印出更詳盡的測試過程。go test 會自動尋找目錄中的 Go 語言測試檔並執行之；如果你只想執行特定的測試檔，可用『go test 檔名』的寫法。

執行結果

```
PS F1741\Chapter09\Example09.04\shape> go test -v
=== RUN   TestGetName
--- PASS: TestGetName (0.00s)
=== RUN   TestGetArea
--- PASS: TestGetArea (0.00s)
```

接下頁

```
PASS
ok      Example09.04/shape        0.941s
```

現在，我們來模擬一個程式在修改後意外引入臭蟲的情境：開發人員不小心將 shape 套件 Rectangle 結構的 name() 傳回的名稱改成『矩形』，而 Triangle 結構的 area() 方法則忘記將底乘上高後除以 2。在這種前提下再次執行 go test, 就會看到如下的結果：

執行結果

```
PS F1741\Chapter09\Example09.04\shape> go test -v
=== RUN    TestGetName
    shape_test.go:16: shape.Rectangle 形狀錯誤：矩形
--- FAIL: TestGetName (0.00s)
=== RUN    TestGetArea
    shape_test.go:25: shape.Triangle 面積錯誤：311.55
--- FAIL: TestGetArea (0.00s)
FAIL
exit status 1
FAIL      Example09.04/shape        0.946s
```

本書的 Go 語言單元測試介紹就到此為止。你可以在同一個測試檔撰寫多個測試函式, 甚至可以撰寫多個測試檔案, 而下面是 testing 套件 (https://golang.org/pkg/testing/) 對於 testing.T 型別提供的一系列方法, 能讓你決定要如何完成各個單元的測試：

函式	功能
t.Skip()	跳過此單元的檢查 (在 go test -v 會顯示 SKIP) 但繼續測試其他單元
t.SkipNow()	跳過此單元的檢查並停止整個測試
t.Fail()	讓目前單元檢查失敗, 但繼續測試其他單元
t.FailNow()	讓目前單元檢查失敗並停止整個測試
t.Log()/Logf()	輸出日誌訊息／輸出格式化日誌訊息
t.Error()/Errorf()	相當於呼叫 Log()/Logf() 後呼叫 Fail()
t.Fatal()/Fatalf()	相當於呼叫 Log()/Logf() 後呼叫 FailNow()

9-5 本章回顧

　　在這一章中，我們研究了各種基本除錯手法，並先了解一些除錯的方針，比如在開發時採用漸增測試法和做大量測試、撰寫單元測試、好好處理所有 error 值，以及在程式碼中用日誌做為追蹤訊息、記錄程式的執行狀況。

　　對於追蹤訊息，我們首先看了如何用 fmt 套件以及『動詞』來格式化輸出字串，接著看 log 套件如何提供更豐富的日誌資訊，並可用旗標控制日誌的格式、或者乾脆自訂你的 logger 物件。最後我們看到如何撰寫簡單的單元測試，以便用自動化的方式測試函式與套件。

　　在 log 的日誌訊息中，我們看到它會輸出時間戳記，但我們還沒探討過 Go 語言要如何處理這方面的資訊。因此在下一章中，我們就要來看 Go 的時間型別，了解 time 套件如何處理時間資料，以及如何將時間轉換成各種時間單位。

MEMO

10 時間處理

Chapter

／本章提要／

本章將展示開發者如何透過 Go 語言的 **time** 套件, 來處理代表時間或時間長度資料的值, 這是 Go 語言中非常重要的一環。

讀完本章後, 讀者們就有能力建立自訂時間格式的資料、並依據使用者需求來格式化時間顯示, 並比較或增減時間、計算時間長度等等。

10-1 前言

前一章我們介紹了 Go 語言的基本除錯。在除錯輸出的 log 訊息中，通常都會包含時間資料，但你或許會想用自己的格式輸出時間。或者，你可能會想衡量一段程式碼的平均執行時間，以便判斷它在某個時候是否效能不佳。

這一切都牽涉到時間處理；可想而知，時間處理是 Go 程式的核心之一。而在 Go 語言中，**time** 套件 (https://golang.org/pkg/time) 就負責主要的時間處理功能。

10-2 建立時間資料

10-2-1 取得系統時間

在 Go 語言中，時間資料會是 **time.Time** 結構型別。你能建立一個變數，記錄特定的時間，並使用該結構的各種方法來抽出時間資料的不同部分。

在所有時間資料中，最容易取得的就是系統當前時間。請看以下範例：

Chapter10\Example10.01

```go
package main

import (
    "fmt"
    "time"
)

func main() {
    start := time.Now() // 取得當下系統時間
    fmt.Println("程式開始時間:", start)
    fmt.Println("資料處理中...")
    time.Sleep(2 * time.Second)  // 讓程式停頓 2 秒，模擬資料處理
    end := time.Now()  // 再次取得當下系統時間
    fmt.Println("程式結束時間:", end)
}
```

我們稍後會解釋 Sleep() 函式的使用。此範例的執行結果如下：

執行結果

```
PS F1741\Chapter10\Example10.01> go run .
程式開始時間: 2021-04-22 12:15:23.7421984 +0800 CST m=+0.003680601
資料處理中...
程式結束時間: 2021-04-22 12:15:25.8076936 +0800 CST m=+2.069175801
```

如上所見，這個時間資訊有點長，不過各位讀完本章後就會知道要怎麼把它弄成更好讀的版本，以及如何計算兩個時間之間的長度。

wall clock vs. monotonic clock

在以上時間值中，其實包含兩個部分：

wall clock	2021-04-22 12:15:23.7421984 +0800 CST
monotonic clock	m=+0.003680601

wall clock 部分就是人們熟知的電腦系統時間，會透過 NTP (network time protocol, 網路時間協定) 來同步，這通常根據的是原子鐘或衛星時間。相對的，monotonic clock 是程序啟動後經過的時間 (單位為奈秒)，它不會跟外界同步、也有可能在電腦關機後就停擺，其唯一功用就是拿來比較時間。

 對某些語言或系統來說，monotonic clock 是電腦開機後經過的時間。

Go 語言的時間值一定包含 wall clock 值，但不一定有 monotonic clock 值，而各位在使用 time 套件時也不必擔心這些細節。

10-2-2　取得時間資料中的特定項目

接著來思考以下情境：你的上司交代你一項任務，用 Go 語言寫一支小程式來測試公司的網頁應用程式。這支小程式平常只會做幾分鐘的簡易測試，對系統影響很小，不過伺服器在每周一凌晨 0 點到 3 點會停機，以便上線新版程式。上線過程約需 1 小時，而完全測試也需 1 小時左右，因此你只能在凌晨 0 點至 2 點之間執行全功能測試。

可想而知，你的程式必須判斷現在的時間是否允許進行全功能測試，以免對系統造成負擔：

星期一	凌晨 1 點到 2 點	全功能測試
星期一	凌晨 2 點後	簡易測試
其他日子	不限時間	簡易測試

Chapter10\Example10.02

```go
package main

import (
    "fmt"
    "time"
)

func main() {
    now := time.Now()     // 取得當下時間
    day := now.Weekday() // 取得星期幾
    hour := now.Hour()    // 取得小時
    fmt.Println("Day:", day, "/ hour:", hour)
    if day.String() == "Monday" && (hour >= 0 && hour < 2) {
        fmt.Println("執行全功能測試")
    } else {
        fmt.Println("執行簡易測試")
    }
}
```

程式會先取得當下的執行時間，然後用 now (time.Time 結構) 的 Weekday() 方法取得今天是星期幾、用 Hour() 方法取得小時。

因此不管你何時執行程式，它都會根據當下取得的時間判斷現在該做哪種測試：

執行結果

```
PS F1741\Chapter10\Example10.02> go run .
Day: Sunday / hour: 23
執行簡易測試
```

執行結果

```
PS F1741\Chapter10\Example10.01> go run .
Day: Monday / hour: 1
執行全功能測試
```

⚡ 注意 ／ 上面為了示範起見, 我們假設程式是在特定時間執行的。各位可以將範例中的測試程式碼的註解拿掉, 藉此模擬特定的日期與時間。

下面是 time.Time 結構的常用方法與其傳回值：

Date()	傳回年 (int)、月 (Month 型別)、日 (int) (Month 型別本質為 int, 1~12 代表 1~12 月)
Clock()	傳回時 (int)、分 (int)、秒 (int)
YearDay()	傳回是該年第幾天 (int)
Year()	傳回年 (int)
Month()	傳回月 (Month 型別)
Month().String()	傳回月名稱 (string)
Day()	傳回日 (int)
Weekday()	傳回星期幾 (Weekday 型別, 本質為 int, 0~6 代表星期日~星期六)
Weekday().String()	傳回星期幾名稱 (string)
Hour()	傳回小時 (int)
Minute()	傳回分鐘 (int)
Second()	傳回秒 (int)
Nanosecond()	傳回奈秒 (int)
Unix()	傳回 Unix epoch 時間 (int64), 即從 1970 年 1 月 1 日 0 時到這個時間經過的總秒數
UnixNano()	同上, 但傳回奈秒數 (1 秒 = 10 億奈秒)
String()	將整個時間轉成字串

對於月分和星期幾，time 套件也有定義相關常數。因此以前面的範例來說，你也可以用『day == time.Monday』來比對 day 變數是否為星期一：

```
const (
    January Month = 1 + iota  // January == 1
    February
    March
    April
    May
    June
    July
    August
    September
    October
    November
    December
)

const (
    Sunday Weekday = iota   // Sunday == 0
    Monday
    Tuesday
    Wednesday
    Thursday
    Friday
    Saturday
)
```

轉換時間資料為字串

再來看一個例子，現在我們想用 Go 語言建立特定的 log 檔名，好讓日誌檔能反映應用程式名稱、程式所做的事，以及日誌內容涵蓋的日期：

```
<程式名稱>_<行為>_<年>_<月>_<日>.log
```

在前一個範例中，時間資料的星期幾可以用 Weekday().String() 轉成字串，然而並不是 time.Time 的所有方法都能這樣做。Time 結構大多數方法傳回的資料就是 int 型別，而在 Go 語言中若想將 int 轉為 string，你得使用 strconv 套件提供的轉換功能：

Chapter10\Example10.03

```go
package main

import (
    "fmt"
    "strconv"
    "time"
)

func main() {
    appName := "HTTPCHECKER"
    action := "BASIC"
    date := time.Now()
    logFileName := appName + "_" + action + "_" + 接下行
        strconv.Itoa(date. Year()) + "_" + date.Month().String() + 接下行
        "_" + strconv.Itoa(date.Day()) + ".log"
    fmt.Println("log 檔名稱:", logFileName)
}
```

strconv.Itoa() 函式其實也會傳回 error 值，但既然時間資料的特定部分已知一定是 int 型別，我們就不必特地檢查轉換是否會失敗。

輸出會像這樣：

執行結果

```
PS F1741\Chapter10\Example10.03> go run .
log 檔名稱: HTTPCHECKER_BASIC_2021_April_22.log
```

 其實各位也可以用 fmt.Sprintf() 來產生格式化字串，這麼做也不需要自己轉換型別，只是轉換速度會比 strconv 套件慢：

```go
logFileName := fmt.Sprintf("%v_%v_%v_%v_%v.log", appName, action, date.
Year(), date.Month().String(), date.Day())
```

下面我們會來看看怎麼用 time 套件自身的功能來替日期時間做格式化。

10-3　時間值的格式化

10-3-1　將時間轉成指定格式的字串

time.Time 結構的 Format() 方法可以將時間轉成特定格式的字串：

```
func (t Time) Format(layout string) string
```

參數 layout 為時間格式字串。在 time 套件對此定義了一系列常數：

```
const (
    ANSIC       ="Mon Jan _2 15:04:05 2006"
    UnixDate    ="Mon Jan _2 15:04:05 MST 2006"
    RubyDate    ="Mon Jan 02 15:04:05 -0700 2006"
    RFC822      ="02 Jan 06 15:04 MST"
    RFC822Z     ="02 Jan 06 15:04 -0700" // RFC822 with numeric zone
    RFC850      ="Monday, 02-Jan-06 15:04:05 MST"
    RFC1123     ="Mon, 02 Jan 2006 15:04:05 MST"
    RFC1123Z    ="Mon, 02 Jan 2006 15:04:05 -0700"// RFC1123 with numeric zone
    RFC3339     ="2006-01-02T15:04:05Z07:00"
    RFC3339Nano ="2006-01-02T15:04:05.999999999Z07:00"
    Kitchen     ="3:04PM"
    // Handy time stamps.
    Stamp       ="Jan _2 15:04:05"
    StampMilli  ="Jan _2 15:04:05.000"
    StampMicro  ="Jan _2 15:04:05.000000"
    StampNano   ="Jan _2 15:04:05.000000000"
)
```

後面我們會再解釋 Go 語言是如何解讀這些時間格式的。

練習：用不同格式輸出時間字串

在此練習中，我們要試著將 time.Now() 傳回的系統時間轉成不同的格式並印出，分別是 ANSIC (美國國家時間標準) 格式、Unix 系統格式以及網路上常見的 RFC3339 格式。甚至，我們也要來嘗試自訂時間格式。

Chapter10\Exercise10.01

```go
package main

import (
    "fmt"
    "time"
)

func main() {
    fmt.Println(time.Now().Format(time.ANSIC))      // 美國國家時間格式
    fmt.Println(time.Now().Format(time.UnixDate))    // Unix 系統格式
    fmt.Println(time.Now().Format(time.RFC3339))     // RFC3339 格式
    fmt.Println(time.Now().Format("2006/1/2 3:4:5")) // 自訂格式
}
```

執行結果

```
PS F1741\Chapter10\Exercise10.01> go run .
Thu Apr 22 16:44:05 2021
Thu Apr 22 16:44:05 CST 2021
2021-04-22T16:44:05+08:00
2021/4/22 4:44:5
```

自訂時間格式

Go 語言使用一個叫做『魔法參照時間』(magical reference date) 的字串來讓你自定時間格式。

各位可能已經發現, 前面的時間常數都有特定的值, 比如『Jan 2 15:04:05 2006 -0700』:

月	日	時	分	秒	年	時區
Jan	2	15	04	05	2006	-0700
1	**2**	**3**	**4**	**5**	**6**	**7**

也就是說, 在這個時間字串中, 每個值會照順序對應到 1 2 3 4 5 6 7。Go 語言會用這些值來判定各值的位置, 使你能用來自定想要的格式。

接下頁

其他一些格式規則包括：

- 星期必須寫 Mon（輸出縮寫）或 Monday（完整名稱）。

- 月份寫 Jan 代表用英文簡寫，January 則用完整名稱，寫 1 則是以數字顯示。

- 小時寫 15 代表 24 小時制，寫 3 代表 12 小時制。你也可用 PM 來代表要顯示 AM/PM。

- 月、時、分、秒的數字前面加上 0 代表補 0。底線則是補空白，不過這不一定有作用。

- 日一定是 2 位數，年一定是 4 位數。

- 時區可以不寫，或寫成 -07, -0700 或 Z0700。注意這樣寫並不是設定時區，而是沿用時間資料中的既有時區。你也可寫 MST 來表示要輸出時區的簡寫。

下面是一些範例，格式化的目標時間為 2021/04/22 下午 4:44:5：

時間格式	輸出
"Mon, 02 Jan 2006 15:04:05 -0700"	Thu, 22 Apr 2021 16:44:05 ＋0800
"2006 年 1 月 2 日 3 時 4 分 5 秒"	2021 年 4 月 22 日 16 時 44 分 5 秒
"今天是 Mon 2006-01-02"	今天是 Thu 2021-04-22
"現在時間: Monday 15:04:05 MST!"	現在時間: Thursday 16:44:05 CST!
"PM 03:04:05, January/2, Mon 2006 (GMT-0700)"	PM 04:44:05, April/22, Thu 2021 (GMT+0800)

若想了解自訂格式化的進一步細節，請參考官方文件：https://golang.org/pkg/time/#pkg-constants。

10-3-2　將特定格式的時間字串轉成時間值

　　Go 語言也允許你將符合特定格式的時間字串轉成 time.Time 結構。打個比方，下面這段文字應該會讓你感覺很難閱讀：

```
The transaction has started at: 2019-09-27 13:50:58.2715452 +0200 CEST
m=+0.002992801
```

要是能夠將字串中的時間轉換成 Time 結構，那麼我們就能照想要的方式格式化它了，輸出閱讀性好得多的結果。而 time 套件確實也提供了這方面的功能：

```
func Parse(layout, value string) (Time, error)
```

Parse() 會試圖以 layout 參數指定的格式轉換 value 中的日期時間。若格式不符而導致轉換失敗，那麼 Parse() 會傳回一個存有時間零值的 Time 結構，以及不為 nil 的 error 值。

 小編註：時間『零值』指的是 January 1, year 1, 00:00:00 UTC, 而不是結構本身的零值。若要檢查一個 Time 結構的時間是否為這個零值, 你也可使用它的 IsZero() 方法來判斷。

練習：將時間字串轉成 time.Time 結構

在這個練習，我們要把前一題得到的結果重新轉成 time.Time 結構，看看會得到什麼結果：

```
package main

import (
    "fmt"
    "time"
)

func main() {
    t1, err := time.Parse(time.ANSIC, "Thu Apr 22 16:44:05 2021")
    // 美國國家時間格式
    if err != nil {
        fmt.Println(err)
    }
    fmt.Println("from ANSIC   :", t1)

    t2, err := time.Parse(time.UnixDate, "Thu Apr 22 16:44:05 CST 2021")
    // Unix 系統格式
    if err != nil {
        fmt.Println(err)
```

接下頁

```
    }
    fmt.Println("from UnixDate:", t2)

    t3, err := time.Parse(time.RFC3339, "2021-04-22T16:44:05+08:00")
    // RFC3339 格式
    if err != nil {
        fmt.Println(err)
    }
    fmt.Println("from RFC3339 :", t3)

    t4, err := time.Parse("2006/1/2 3:4:5","2021/4/22 4:44:5") // 自訂格式
    if err != nil {
        fmt.Println(err)
    }
    fmt.Println("from custom  :", t4) }
```

執行結果

```
PS F1741\Chapter10\Exercise10.02> go run .
from ANSIC    : 2021-04-22 16:44:05 +0000 UTC
from UnixDate: 2021-04-22 16:44:05 +0800 CST
from RFC3339 : 2021-04-22 16:44:05 +0800 CST
from custom  : 2021-04-22 04:44:05 +0000 UTC
```

各位會發現轉換出來的 Time 結構內容，似乎跟前一個練習的結果相同，但仍有些差異。這是因為 Unix 系統格式時間與 RFC3339 格式會含有時區資訊 (CST 時區，即 UTF+8), 但 ANSIC 時間沒有，因此被 time 套件認定為 UTC 標準時間。

接著，我們自訂的時間格式使用了 12 小時制小時，但 time 套件將它解讀成 24 小時制，將下午 4 點當成上午 4 點。解決方式是以 24 制來表達時間 (把原格式中的 3 改成 15), 或者用 PM 標示時間是上午或下午：

執行結果

```
t4, err := time.Parse("2006/1/2 PM 3:4:5", "2021/4/22 PM 4:44:5")
// 產生 2021-04-22 16:44:05 +0000 UT
```

從這點便可了解，時間的表達格式不僅能決定閱讀性，對於時間資訊的正確性也會有所影響。

在下一節中，我們就會談到如何直接建立時間值，當中包括設定時間的時區。

10-4 時間值的管理

10-4-1 建立和增減時間值

除了用 time.Now() 取得當下系統時間，Go 語言允許你建立代表特定時間的 time.Time 結構：

```
func Date(year int, month Month, day, hour, min, sec, nsec int,
loc *Location) Time
```

這個方式是依次傳入年、月、日、時、分、秒、奈秒，最後一個則是時區 (**time.Location** 型別)，然後傳回一個 Time 結構。

在建立 Time 結構後，你就可以用它的 AddDate() 方法來增減其日期：

```
func (t Time) AddDate(years int, months int, days int) Time
```

建立並改變時間值

```
Chapter10\Exercise10.03
```

```
package main

import (
    "fmt"
    "time"
```

接下頁

```
)

func main() {
    date1 := time.Date(2021, 4, 22, 16, 44, 05, 324359102, time.UTC)  //
使用 UTC 時區
    fmt.Println(date1)
    date2 := time.Date(2021, 4, 22, 16, 44, 05, 324359102, time.Local)
// 使用本地時區
    fmt.Println(date2)
    date3 := date2.AddDate(-1, 3, 5)  // 減 1 年, 加 3 個月又 5 天
    fmt.Println(date3)
}
```

上面我們建立的前兩個 Time 結構, 分別使用了 time 套件中代表 UTC 時間和本地時區的變數。稍後我們就會看到如何對 Time 結構指定特定的時區。

執行結果

```
PS F1741\Chapter10\Exercise10.03> go run .
2021-04-22 16:44:05.324359102 +0000 UTC
2021-04-22 16:44:05.324359102 +0800 CST
2020-07-27 16:44:05.324359102 +0800 CST  ◄── 增減後改變了的時間
```

10-4-2 設定時區來取得新時間值

除了在使用 New() 建立 Time 結構時設定時區, 你也可以用 Time 結構本身的 In() 來指定時區, 並傳回一個新時間值:

```
func (t Time) In(loc *Location) Time
```

如前面看過的, time 套件中的時區是 **time.Location** 結構型別, 之前我們使用的 time.UTC 和 time.Local 都屬於這種型別。如果想使用特定的時區、甚至建立自訂時區, 有以下兩種方式:

```
func LoadLocation(name string) (*Location, error)
func FixedZone(name string, offset int) *Location
```

LoadLocation() 函式要傳入一個現有的 IANA 時區名稱，以此來建立時區結構 (失敗時傳回不為 nil 的 error)。FixedZone() 則以 UTC 時區為準，加減 offset 填入的秒數後，傳回一個以 name 參數為名稱的自訂時區。下面我們就來看個練習，運用這兩個函式建立時區值、再拿來設定時間。

 小編註：你可以到維基百科查詢全球的 IANA 時區名稱：https://en.wikipedia.org/wiki/List_of_tz_database_time_zones。

練習：設定不同時區

Chapter10\Exercise10.04

```
package main

import (
    "fmt"
    "time"
)

func displayTimeZone(t time.Time) {
    fmt.Print("Time: ", t, "\nTimezone: ", t.Location(), "\n\n")
}

func main() {
    // 本地時間
    date := time.Date(2021, 4, 22, 16, 44, 05, 324359102, time.Local)
    // 設為美國紐約時區
    timeZone1, _ := time.LoadLocation("America/New_York")
    // 美國紐約時區
    remoteTime1 := date.In(timeZone1)
    // 設為澳洲雪梨時區
    timeZone2, _ := time.LoadLocation("Australia/Sydney")
    // 澳洲雪梨時區
    remoteTime2 := date.In(timeZone2)
    // 自訂時區
```

接下頁

```
    timeZone3 := time.FixedZone("MyTimeZone", -1*60*60)
    // 自訂時區, 即 UTC 時區減 1 小時
    remoteTime3 := date.In(timeZone3)

    displayTimeZone(date)
    displayTimeZone(remoteTime1)
    displayTimeZone(remoteTime2)
    displayTimeZone(remoteTime3)
}
```

FixedZone() 函式的時區調整單位為秒, 因此 -1 x 60 x 60 (-3600) 秒即為負 1 小時。

執行結果

```
PS F1741\Chapter10\Exercise10.04> go run .
Time: 2021-04-22 16:44:05.324359102 +0800 CST
Timezone: Local

Time: 2021-04-22 04:44:05.324359102 -0400 EDT
Timezone: America/New_York

Time: 2021-04-22 18:44:05.324359102 +1000 AEST
Timezone: Australia/Sydney

Time: 2021-04-22 07:44:05.324359102 -0100 MyTimeZone
Timezone: MyTimeZone
```

★ 小編補充

正此外, time 套件函式 ParseInLocation() 的作用與前面介紹過的 Parse() 相同, 能把字串轉換成時間值, 但多了第三個參數可指定時區, 這麼一來就能修正之前時區被誤判的問題:

```
t1, _ := time.ParseInLocation(time.ANSIC,"Thu Apr 22 16:44:05 2021", time.Local)
```

▶ 延伸習題 10.01:計算保險申請期限

10-5 時間值的比較與時間長度處理

10-5-1 比較時間

有些時候，你或許得確保你的 Go 程式必須在特定日期時間之前或之後執行特定任務。而與其像本章開頭的例子那樣個別比較時間值的各個部分，time 套件提供了更容易的方式來判斷兩個時間的先後順序。

練習：比較時間順序

下面我們要建立一個時間值當成門檻，並使用 Time 結構的 **Equal()**、**Before()** 及 **After()** 方法來檢查現在的系統時間是否等於、小於或大於這個門檻：

Chapter10\Exercise10.05

```go
package main

import (
    "fmt"
    "time"
)

func main() {
    date := time.Date(2050, 12, 31, 0, 0, 0, 0, time.Local)

    fmt.Println("Equal :", time.Now().Equal(date))  // 當下時間是否等於 date
    fmt.Println("Before:", time.Now().Before(date)) // 當下時間是否早於 date
    fmt.Println("After :", time.Now().After(date))  // 當下時間是否晚於 date
}
```

執行結果

```
PS F1741\Chapter10\Exercise10.05> go run .
Equal : false
Before: true
After : false
```

10-5-2　用時間長度來改變時間

在前一節中，AddDate() 只能用來更動日期 (對時間值增減年、月、日)。若要做出時、分、秒甚至小於 1 秒的改變，你必須使用時間長度值 (**time.Duration** 結構) 來搭配時間值的 **Add()** 方法：

```
func (t Time) Add(d Duration) Time
```

time.Duration 是自訂型別，代表著時間的變量 (單位為奈秒)，或者說兩個時間值之間的差異，其底下的型別為 int64

時間長度常數

time 套件內定義了以下常數,讓使用者能更容易建立想要的時間長度值：

```
const (
    Nanosecond  Duration = 1  // 奈秒
    Microsecond          = 1000 * Nanosecond  // 微秒 (= 1000 奈秒)
    Millisecond          = 1000 * Microsecond  // 毫秒
    Second               = 1000 * Millisecond  // 秒
    Minute               = 60 * Second  // 分
    Hour                 = 60 * Minute  // 時
)
```

因此若寫 time.Millisecond * 100 就代表 100 毫秒 (0.1 秒)。

Duration 型別也擁有以下方法，讓你將時間長度值轉換成特定的格式：

方法	功能
Hours()	以小時為單位呈現
Minutes()	以分為單位呈現
Seconds()	以秒為單位呈現
Milliseconds()	以毫秒為單位呈現
Microseconds()	以微秒為單位呈現
Nanoseconds()	以奈秒為單位呈現
String()	轉為字串 (單位為毫秒)

練習：使用 Duration 改變時間

```go
package main

import (
    "fmt"
    "time"
)

func main() {
    now := time.Now()
    // 時間長度 1 (360 秒，等於 6 分鐘)
    duration1 := time.Duration(time.Second * 360)
    // 時間長度 2 (1 小時又 30 分鐘)
    duration2 := time.Duration(time.Hour*1 + time.Minute*30)
    // 顯示時間長度值 (以奈秒為單位)
    fmt.Println("Dur1 :", duration1.Nanoseconds(), "ns")
    fmt.Println("DUr2 :", duration2.Nanoseconds(), "ns")

    // 取得加上時間長度後的新時間
    date1 := now.Add(duration1)
    date2 := now.Add(duration2)
    // 顯示時間
    fmt.Println("Now  :", now)
    fmt.Println("Date1:", date1)
    fmt.Println("Date2:", date2)
}
```

執行結果

```
PS F1741\Chapter10\Exercise10.06> go run .
Dur1 : 360000000000 ns     ← 6 分鐘時間長度
DUr2 : 5400000000000 ns     ← 1.5 小時時間長度
Now  : 2021-04-23 14:19:46.3276686 +0800 CST m=+0.004028001
Date1: 2021-04-23 14:25:46.3276686 +0800 CST m=+360.004028001  ←
                                                    加 6 分鐘
Date2: 2021-04-23 15:49:46.3276686 +0800 CST m=+5400.004028001 ←
                                                    加 1.5 小時
```

以上我們展示了如何用 time.Duration 型別建立時間長度值，並用它們來改變一個既有的時間。

10-5-3 測量時間長度

時間長度值的用途，不只是能用來改變時間值。在現實世界的應用程式中，你也可能會需要計算程式執行所耗費的時間。譬如，你能用 log 記錄一個函式讀取資料庫的時間，若哪天它們耗費的時間高得離譜，就代表你該檢查一下哪邊出錯了；或者，你能對網站做壓力測試，模擬網站在黑色星期五購物節時的流量，好判斷伺服器反應是否會變得太慢。

 小編註：時間長度測量也能用在第 9 章的單元測試中，不過這可以用 Go 語言的 benchmark 效能測試工具來取代 (本書不討論)。

若要測量某段程式執行的時間，你只需在該段程式的頭尾各取一次當下系統時間，然後用第二個時間值的 **Sub()** 方法減去第一個時間值：

```
func (t Time) Sub(u Time) Duration
```

---

time.Since() 與 Until()

除了使用 Time 結構的 Sub() 方法，假如你要用當下系統時間判斷某個時間到現在的時間長度，也可以使用 **time.Since(<時間值>)**。這功能相當於以下的寫法：

```
time.Now().Sub(<時間值>)
```

同樣的，time 套件也有 Until() 方法，可計算當下系統時間到未來某個時間還有多久：

```
time.Until(<時間值>)
// 相當於寫成 <時間值>.Sub(time.Now())
```

練習：測量程式執行時間

在這次的練習裡，我們將使用 **time.Sleep()** 方法 (讓程式停頓指定的時間，接收一個 Duration 值) 來模擬程式運算時間，然後衡量其時間長度。

```
package main

import (
    "fmt"
    "time"
)

func main() {
    start := time.Now()  // 第一次取得系統時間
    time.Sleep(time.Second * 2)    // 等待 2 秒
    end := time.Now()    // 第二次取得系統時間
    duration1 := end.Sub(start)    // 計算兩個時間值之間的長度
    duration2 := time.Since(start) // 計算 start 到 time.Now() 的時間長度

    fmt.Println("Duration1:", duration1)
    fmt.Println("Duration2:", duration2)
    // 檢查 duration1 是否小於 2500 毫秒 (2.5 秒)
    if duration1 < time.Duration(time.Millisecond*2500) {
        fmt.Println("程式執行時間符合預期")
    } else {
        fmt.Println("程式執行時間超出預期")
    }
}
```

執行結果

```
PS F1741\Chapter10\Exercise10.07> go run .
Duration1: 2.0073211s
Duration2: 2.0073211s
程式執行時間符合預期
```

　　由於程式碼本身的執行也會花費少許時間，因此測得的結果不會剛好為 2 秒整，但已經夠接近了。程式的最後檢查執行時間是否低於門檻，並回報結果是否合乎預期。

▶ 延伸習題 10.02：測量程式執行時間

10-6 本章回顧

本章介紹如何利用 Go 語言的 time 套件來建立、處理時間值和時間長度值，並格式化時間、設定時區等等。這些豐富的功能都是每一位 Go 語言開發人員不可或缺的技能。若要確保程式在特定時間執行，或者衡量程式的執行時間，time 套件都能幫你完成任務。

在下一章，我們要來介紹 Go 語言中另一個經常用到、甚至可和伺服器 REST 服務搭配的重要工具—— JSON 格式資料的編碼與解碼。

編碼／解碼 JSON 資料

Chapter 11

/ **本章提要** /

本章的目的在於讓讀者熟悉 **JSON 格式資料**的基礎, 以及如何以 Go 語言來解析 JSON。我們也會了解怎麼將 JSON 資料跟 Go 語言的結構相互轉換。各位會看到 Go 語言如何解讀 JSON 格式, 甚至讓 JSON 的鍵名能跟名稱不同的結構欄位配對。此外, 我們也會了解 Go 語言自有的 gob 二進位編碼功能。

讀完本章後, 你就會知道如何透過各種 JSON 標籤屬性來過濾要轉換的內容, 解讀結構未知的 JSON, 以及將 JSON 編碼、好用於資料傳輸。

11-1 前言

在前面各章中，我們看到了 Go 語言的各種資料及型別，包括如何用結構來組織複合資料。但 Go 語言要處理的資料不見得都來自程式本身，它也有可能會和外界交換資料。而最常見的資料交換格式之一，就是所謂的 JSON。

JSON 格式資料

JSON (JavaScript Object Notation, JavaScript 物件表示法) 儘管起源於 JavaScript，如今已被許多程式語言用來儲存和交換資料，事實上很常用於 HTTP 伺服器和客戶端之間的通訊 (我們在第 14、15 章會看到)，也有靜態網站會拿 JSON 來產生網頁。或者，像是 NoSQL 伺服器等技術也採用 JSON 做為儲存格式。

JSON 是一種與任何程式語言無關的純文字格式，其設計宗旨為精簡至上，不若 XML 那樣繁瑣，而且自帶描述資訊，這點提高了 JSON 格式的可讀性並降低了撰寫難度。它具備以下特性：

❏ 輕量 (lightweight)

❏ 和程式語言無關 (programming language-agnostic)

❏ 自我描述 (self-describing)

❏ 使用鍵與值對 (key/value pairs)

諸如 RESTful API 這類網路服務，之所以會採用 JSON 而非 XML 做為資料交換格式，就是因為 JSON 比 XML 簡明輕巧，而且也更容易閱讀。只要看看以下的 JSON 和 XML 資料就一目了然：

```
// JSON
{
    "firstname":"Captain",
    "lastname":"Marvel"
}

// XML                鍵        值
<avenger>
    <firstname>Captain</firstname>
    <lastname>"Marvel"</lastname>
</avenger>
```

鍵	值
firstname	Captain
lastname	Marvel

上面的 JSON 資料有兩對鍵與值。鍵 (key) 一定是以雙引號刮起的字串，但值 (value) 可以是多種資料型別。鍵與值之間以冒號連接，而若鍵與值對有不只一組，各組之間則以逗號隔開。

JSON 的值也可以是陣列，以中括號刮起來：

```
}
    "phonenumbers": ["123-123-1111", "123-123-2222"]
{
```

JSON 值甚至可以是另一筆 JSON 資料 (或者 JSON 物件)：

```
}
    "phonenumbers": [
        {"type":"business","number":"123-123-1111"},  ← JSON 物件
        {"type":"home","number":"123-123-2222"}        ← JSON 物件
    ]
{
```

以下是 JSON 可用的值型別：

型別	意義	範例
string	字串	{"firstname": "Captain"}
number	數字	{"age": 32}
boolean	布林值)	{"ismarried": false}
array	陣列	{"hobbies": ("Go", "Saving Earth", "Shield")}
null	空值	{"middlename": null}
object	JSON 物件	另一筆 JSON 資料

在此我們簡要地介紹了何謂 JSON。接下來我們就要來說明，Go 語言如何編碼和解碼 JSON 格式資料。

11-2 解碼 JSON 為 Go 結構

在這本書裡，我們談到解碼 JSON 時，其實是指將 JSON 資料轉換成 Go 的資料型別。Go 語言會自行將 JSON 值轉成對應的 Go 語言型別，這讓我們得以用 Go 語言的方式處理資料。

若我們事先知道 JSON 資料包含哪些鍵，就可以**解析 (unmarshal)** 它、再把結果存在一個對應的 Go 結構中，而這得用到 Go 標準函式庫 **encoding/json** 的 **Unmarshal()** 函式。

11-2-1 Unmarshal()

```
func Unmarshal(data []byte, v interface{}) error
```

參數 **data** ([]byte 切片) 就是儲存 JSON 資料的字串，而 **v** 是要用來儲存解析結果的變數，其型別為空介面，我們下面會傳入一個結構指標。Unmarshal() 會解析 JSON 字串，並試著將結果存到該結構中。v 不能為 nil，否則會傳回『call of Unmarshal passes non-pointer as second argument』(呼叫 Unmarshal 時傳入非指標) 的錯誤。

為了展示 json.Unmarshal() 如何將 JSON 資料轉成結構，下面來看個簡單例子：

Chapter11\Example11.01

```go
package main

import (
    "encoding/json"
    "fmt"
)

type greeting struct {  // 用來儲存解碼的 JSON 資料的結構
    Message string
}

func main() {
    // JSON 資料
    data := []byte(`
{
    "message": "Greetings fellow gopher!"
}
`)
    var v greeting  // 建一個空結構 v
    err := json.Unmarshal(data, &v)  // 解析 JSON 和寫入 v
    if err != nil {
        fmt.Println(err)
    }
    fmt.Println(v)  // 印出 v 的內容
}
```

執行結果

```
PS F1741\Chapter11\Example11.01> go run .
{Greetings fellow gopher!} ◀── 變成 greeting 結構
```

```
                                                      ┌──────────┐
 ┌────────────────────────────────────────────┐       │   JSON   │
 │ {                                           │       └──────────┘
 │      "message": "Greetings fellow gopher!"  │
 │ }                                           │
 └────────────────────────────────────────────┘

 ┌────────────────────────────────────────────┐       ┌──────────┐
 │   type greeting struct {                    │       │  結構 v   │
 │ ┌──▶   Message string                       │       └──────────┘
 │ │ }                                          │
 └─┼──────────────────────────────────────────┘
```

可以發現，Unmarshal() 將 JSON 的鍵 message 對應到結構欄位
Message，並將值存進去。

⚡
注意　結構的欄位必須是**可匯出的 (exportable)**，也就是名稱首字用英文大寫，才能夠被
Unmarshal() 看到和使用。未匯出 (首字小寫) 的欄位會被忽略。

11-2-2　加上結構 JSON 標籤

若想更進一步，我們可以給結構欄位加上標籤 (tag)，好讓 Unmarshal()
知道欄位要怎麼用在 JSON 解碼。標籤必須用原始字串 (用 ` 括住) 寫在欄
位後面：

```
type person struct {
    LastName string `json:"lname"`
}
```

這個標籤 **json** 的值為 **"lname"**，意思是 LastName 欄位要對應到 JSON
資料的 lname 鍵。這下我們就能隨意命名結構欄位了，只要它有匯出 (首字
大寫) 就好。換言之，標籤能提供我們更進一步的 JSON 解析彈性。

Unmarshal() 會根據以下規則來決定要把 JSON 的鍵配對到哪一個結構
欄位：

❏ 某個可匯出欄位的標籤值可以對應到 JSON 鍵

❏ 某個可匯出欄位本身的名稱有對應的 JSON 鍵 (大小寫可不同)

若找不到符合的欄位，該鍵就會被略過 (值不會放進結構的任何欄位)。

我們借用這個特點來修改前一個範例：

```
apter11\Example11.02
```

```go
package main

import (
    "encoding/json"
    "fmt"
)

type greeting struct {
    SomeMessage string `json:"message"`
}

func main() {
    // JSON 資料
    data := []byte(`
{
    "message": "Greetings fellow gopher!"
}
`)
    if !json.Valid(data) {   // 檢查 JSON 格式是否不正確
        fmt.Printf("JSON 格式無效: %s", data)
        os.Exit(1)
    }

    v := greeting{}
    err := json.Unmarshal(data, &v)
    if err != nil {
        fmt.Println(err)
    }
    fmt.Println(v)
}
```

注意到這回我們還用 **json.Valid()** 來檢查 JSON 資料是否有效，是的話會傳回 true, 否則傳回 false。在程式中，假如 JSON 格式不對，程式就會直接結束。

但既然我們提供的 JSON 格式正確無誤，執行程式後就會看到 Unmarshal() 順利解析了 JSON 資料、把它存入結構欄位：

```
                                              ┌─────────┐
┌──────────────────────────────────────────┤  JSON   │
│ {                                          └─────────┘
│     "message": "Greetings fellow gopher!"
│ }
└────────────────────────────────────────────┘

                                              ┌─────────┐
┌──────────────────────────────────────────┤  結構 ∨  │
│ type greeting struct {                     └─────────┘
│     SomeMessage string `json:"message"`
│ }
└────────────────────────────────────────────┘
```

執行結果

```
PS F1741\Chapter11\Example11.02> go run .
{Greetings fellow gopher!}
```

11-2-3　解碼 JSON 到複合結構

現在看看下面這個 JSON 資料，你覺得要用什麼樣的 Go 結構才能儲存它？

```
{
    "lname":"Smith",
    "fname":"John",
    "address":{
        "street":"Sulphur Springs Rd",
        "city":"Park City",
        "state":"VA",
        "zipcode":12345
    }
}
```

在這個 JSON 資料中，鍵 address 的值是另一個 JSON 物件。這表示我們得同樣使用雙層的 Go 結構：

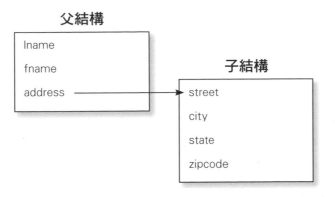

父結構

子結構

以下程式碼片段便是將一個以上的 JSON 物件解析成 Go 語言結構的示範：

```
Chapter11\Example11.03
```

```
package main

import (
    "encoding/json"
    "fmt"
)

type person struct {  // 父結構
    Lastname   string  `json:"lname"`
    Firstname  string  `json:"fname"`
    Address    address `json:"address"`  // 子結構型別欄位
}

type address struct {  // 子結構
    Street   string `json:"street"`
    City     string `json:"city"`
    State    string `json:"state"`
    ZipCode  int    `json:"zipcode"`
}

func main() {
    // JSON 資料
    data := []byte(`
{
    "lname":"Smith",
```

接下頁

```
    "fname":"John",
    "address":{
        "street":"Sulphur Springs Rd",
        "city":"Park City",
        "state":"VA",
        "zipcode":12345
    }
}
`)
    // 解析 JSON 並將值存入結構 p
    p := person{}
    if err := json.Unmarshal(data, &p); err != nil {
        fmt.Println(err)
    }
    fmt.Printf("%+v", p)
}
```

執行結果

```
PS F1741\Chapter11\Example11.03> go run .
{Lastname:Smith Firstname:John Address:{Street:Sulphur Springs Rd
City:Park City State:VA ZipCode:12345}}
```

接著我們就利用到目前為止學會的概念，來進行以下練習。

練習：解碼學生課程 JSON 資料

現在我們有個大學選課網站，會接收 JSON 資料來取得學生提交的資訊和他們選擇的課程。一份典型的 JSON 資料內容如下：

```
{
    "id":123,
    "lname":"Smith",
    "minitial":null,
    "fname":"John",
    "enrolled":true,
    "classes":[
        {
            "coursename":"Intro to Golang",
```

接下頁

```
                "coursenum":101,
                "coursehours":4
            },
            {
                "coursename":"English Lit",
                "coursenum":101,
                "coursehours":3
            },
            {
                "coursename":"World History",
                "coursenum":101,
                "coursehours":3
            }
        ]
}
```

注意鍵 classes 下面是陣列，當中每個元素是 JSON 物件。

為了讓網站能夠進一步處理，這些 JSON 資料得先轉成 Go 結構才行，印出來會變成下面這樣：

```
{123 Smith  John true [{Intro to Golang 101 4} {English Lit 101 3} {World
History 101 3}]}
```

以下是此練習的完整程式碼：

Chapter11\Exercise11.01

```go
package main

import (
    "encoding/json"
    "fmt"
)

type student struct {
    StudentId      int     `json:"id"`
    LastName       string  `json:"lname"`
    MiddleInitial  string  `json:"minitial"`
    FirstName      string  `json:"fname"`
    IsEnrolled     bool    `json:"enrolled"`
```

接下頁

```go
    Courses        []course `json:"classes"`
}

type course struct {
    Name    string `json:"coursename"`
    Number  int    `json:"coursenum"`
    Hours   int    `json:"coursehours"`
}

func main() {
    data := []byte(`
{
    "id":123,
    "lname":"Smith",
    "minitial":null,
    "fname":"John",
    "enrolled":true,
    "classes":[
        {
            "coursename":"Intro to Golang",
            "coursenum":101,
            "coursehours":4
        },
        {
            "coursename":"English Lit",
            "coursenum":101,
            "coursehours":3
        },
        {
            "coursename":"World History",
            "coursenum":101,
            "coursehours":3
        }
    ]
}
`)
    s := student{}
    if err := json.Unmarshal(data, &s); err != nil {
        fmt.Println(err)
    }
    fmt.Println(s)
}
```

執行就會看到解析後的結果：

執行結果

```
PS F1741\Chapter11\Exercise11.01> go run .
{123 Smith  John true [{Intro to Golang 101 4} {English Lit 101 3}
{World History 101 3}]}
```

 小編註：你不見得一定得將 JSON 的所有鍵與值對放進結構。假如你只需要其中一部分資料，你可以只提供一部分欄位和標籤，這樣一來無法配對的鍵與值就會被丟棄。

11-3 將 Go 結構編碼為 JSON

上面我們學到了如何將 JSON 資料解碼為結構，而現在則要反過來：把儲存在結構裡的資料**編碼 (marshal)** 成 JSON 格式。

會這麼做的典型場合之一，是將資料從檔案、資料庫讀出來和轉成 JSON 格式，以便透過網路傳給請求者，或者為了將資料寫入 NoSQL 資料庫，得先將它轉成 JSON 才行。

11-3-1 Marshal()

我們要用 encoding/json 套件的 **Marshal()** 函式來達到這個目的：

```
func Marshal(v interface{}) ([]byte, error)
```

參數 **v** 是需要編碼成 JSON 格式的原始資料，通常是個結構。Marshal() 會傳回 JSON 字串 ([]byte 切片) 以及 error 值，如果編碼失敗 error 就不為 nil。

我們先來看個簡單例子，你會發現 Marshal() 的運作方式其實就是 Unmarshal() 的相反：

```go
package main

import (
    "encoding/json"
    "fmt"
)

type greeting struct {
    SomeMessage string
}

func main() {
    // 包含原始資料的結構
    var v greeting
    v.SomeMessage = "Marshal me!"

    // 編碼成 JSON 格式字串
    json, err := json.Marshal(v)
    if err != nil {
        fmt.Println(err)
    }
    fmt.Printf("%s", json)
}
```

　　程式中的資料放在一個結構中，它只有一個可匯出的欄位 SomeMessage。執行程式後會看到以下輸出：

執行結果

```
PS F1741\Chapter11\Example11.04> go run .
{"SomeMessage":"Marshal me!"}
```

　　注意到 Marshal() 將這個單一欄位名稱轉成了 JSON 鍵，其值則是原本欄位內的字串。

　　Marshal() 在解析結構時，會遵循以下規則來產生 JSON 鍵與值對：

1. 只有可匯出的欄位 (大寫字母開頭) 才能被加入為 JSON 鍵

2. 帶有 JSON 標籤的欄位才會被加入 , 其它的則忽略。

3. 如果結構只有一個欄位 , 那麼不管有沒有 JSON 標籤都會加入。

4. 如果結構有多重欄位 , 但都沒有 JSON 標籤 , 那麼會全數忽略 (且不產生錯誤)。

11-3-2　將有多重欄位的結構轉為 JSON

　　如上所述 , 如果要轉換為 JSON 資料的結構包含多重欄位 , 那麼它們得加上 JSON 標籤才會被轉成鍵。但在下面的例子中 , 我們並沒有針對所有欄位賦值 (保持為空值)。這會對產生出來的 JSON 字串造成什麼影響 ?

Chapter11\Example11.05

```go
package main

import (
    "encoding/json"
    "fmt"
)

type book struct {
    ISBN          string `json:"isbn"`
    Title         string `json:"title"`
    YearPublished int    `json:"yearpub"`
    Author        string `json:"author"`
    CoAuthor      string `json:"coauthor"`
}

func main() {
    b := book{}
    b.ISBN = "9933HIST"
    b.Title = "Greatest of all Books"
    b.Author = "John Adams"
    // 沒有對 YearPublished 和 CoAuthor 賦值

    json, err := json.Marshal(b)
```

接下頁

```go
    if err != nil {
        fmt.Println(err)
    }
    fmt.Println(string(json))
}
```

執行結果

```
PS F1741\Chapter11\Example11.05> go run .
{"isbn":"9933HIST","title":"Greatest of all Books","yearpub":0,"aut
hor":"John Adams","coauthor":""}
```

這個結果有點難以閱讀，所以我們來把 JSON 字串做點格式化 (比如使用網站 https://jsonformatter.curiousconcept.com/)：

```
{
    "isbn":"9933HIST",
    "title":"Greatest of all Books",
    "yearpub":0,
    "author":"John Adams",
    "coauthor":""
}
```

可以發現，未賦值的欄位仍被轉成鍵和放進 JSON 資料，其值也維持 Go 語言的零值。

11-3-3 略過欄位

omitempty

你可能會希望某些欄位 (如上面的 YearPublished 和 CoAuthor) 沒有賦值 (保持在零值) 時，就不要被編碼到 JSON 資料中。這時你可以在它們的 JSON 標籤加入一個屬性 **omitempty** (略過零值)，好讓零值的欄位被 Marshal() 忽略：

修改 Example11.05

```go
type book struct {
    ISBN          string `json:"isbn"`
    Title         string `json:"title"`
    YearPublished int    `json:"yearpub,omitempty"`
    Author        string `json:"author"`
    CoAuthor      string `json:"coauthor,omitempty"`
}
```

將範例程式改成如上，然後重新執行，就會看到 JSON 資料把零值的欄位給省略了 (以下是格式化過的形式)：

```json
{
    "isbn":"9933HIST",
    "title":"Greatest of all Books",
    "author":"John Adams"
}
```

⚡ 注意 omitempty 和前面的 JSON 鍵名稱以逗點隔開，而且不帶額外空格。要是你寫成像下面這樣：

修改 Example11.05

```go
YearPublished int    `json:"yearpub, omitempty"`
                                  ↖ 空格
```

這樣執行程式得到的結果如下 (這裡也使用格式化過的形式呈現)：

```json
{
    "isbn":"9933HIST",
    "title":"Greatest of all Books",
    "yearpub":0,    ← 還是以零值加入了
    "author":"John Adams"
}
```

這樣甚至不會傳回非 nil 的 error 值，除非你用 go vet 工具來檢查 (參閱第 17 章)。因此在使用 omitempty 時務必當心標籤格式。

其他標籤的效果

下面再來觀察一些其他的 JSON 標籤。若把 book 結構的 JSON 標籤改成如下：

```go
type book struct {
    ISBN          string `json:"-"`        ←── 短折線
    Title         string `json:"title"`
    YearPublished int    `json:"yearpub,omitempty"`
    Author        string `json:""`          ←── 沒有鍵名稱
    CoAuthor      string `json:",omitempty"` ←── 沒有鍵名稱
}
```

這回欄位 ISBN 的標籤變成『-』，代表直接略過，而 YearPublished、Author 和 CoAuthor 則沒有指定 JSON 鍵名稱，這使它們會直接沿用欄位本身的名稱。

這回 main() 中會賦予以下的值給該結構的變數：

```go
b := book{}
b.ISBN = "9933HIST"  // 由於已經指定略過，這不會出現在 JSON 中
b.Title = "Greatest of all Books"
b.YearPublished = 2020
b.Author = "John Adams"
// 沒有對 CoAuthor 賦值，因此會因 omitempty 被略過
```

執行後的結果如下：

執行結果

```
{"title":"Greatest of all Books","yearpub":2020,"Author":"John
Adams"}
```

下面我們整理了 JSON 標籤可以有的不同變化：

json:"<鍵名稱>"	加入此欄位並指定鍵名稱
json:""	加入此欄位並沿用欄位名稱
json:"<鍵名稱>,omitempty"	若欄位非零值,加入此欄位並指定鍵名稱,否則略過
json:",omitempty"	若欄位非零值,加入此欄位並沿用欄位名稱,否則略過
json:"-"	略過欄位

11-3-4　有排版的 JSON 編碼結果

在前面的範例中,Marshal() 產生的 JSON 字串通通擠在同一行,沒有任何換行或縮排。儘管 JSON 的鍵與值很容易看懂,但一旦 JSON 的內容龐大複雜了點,你大概會希望能把它自動排成更美觀的格式。

這時我們可使用 **MarshalIndent()** 函式,它的作用跟 Marshal() 幾乎一樣,只差編碼結果會加入縮排和換行:

```
func MarshalIndent(v interface{}, prefix, indent string) ([]
byte, error)
```

比起 Marshal(), MarshalIndent() 多了兩個參數:**prefix** 是要放在每一行開頭的前綴詞,在這裡我們不會使用,傳入空字串即可。**indent** 參數則是縮排文字,例如幾個空格或其他字元。

在以下範例中,我們要從一個複合結構產生 JSON 格式字串,但輸出無排版和有排版的版本來比較。有排版的 JSON 字串會使用 \t (tab) 控制字元作為縮排文字:

Chapter11\Example11.06

```
package main

import (
    "encoding/json"
    "fmt"
)
```

接下頁

```go
type person struct {
    LastName  string  `json:"lname"`
    FirstName string  `json:"fname"`
    Address   address `json:"address"`
}

type address struct {
    Street   string `json:"street"`
    City     string `json:"city"`
    State    string `json:"state"`
    ZipCode int    `json:"zipcode"`
}

func main() {
    // 建立要用來編碼 JSON 的資料結構
    addr := address{
        Street:  "Galaxy Far Away",
        City:    "Dark Side",
        State:   "Tatooine",
        ZipCode: 12345,
    }
    p := person{
        LastName:  "Vader",
        FirstName: "Darth",
        Address:   addr,  // 嵌入結構
    }

    // 編碼 JSON 資料但不排版
    noPrettyPrint, err := json.Marshal(p)
    if err != nil {
        fmt.Println(err)
    }
    fmt.Println(string(noPrettyPrint))
    fmt.Println()

    // 編碼 JSON 資料並排版
    prettyPrint, err := json.MarshalIndent(p, "", "\t")
    if err != nil {
        fmt.Println(err)
    }
    fmt.Println(string(prettyPrint))
}
```

執行結果會如下，你能看到兩種不同的輸出字串：

執行結果

```
PS F1741\Chapter11\Example11.06> go run .
{"lname":"Vader","fname":"Darth","address":{"street":"Galaxy Far
Away","city":"Dark Side","state":"Tatooine","zipcode":12345}}

{
        "lname": "Vader",
        "fname": "Darth",
        "address": {
                "street": "Galaxy Far Away",
                "city": "Dark Side",
                "state": "Tatooine",
                "zipcode": 12345
        }
}
```

顯而易見，MarshalIndent() 的輸出結果好讀多了。

練習：產生學生課程 JSON 資料

　　這次的練習要做跟練習 11.01 相反的事，也就是用 Go 語言產生學生的選課資料，然後轉成 JSON 格式傳給學生。你會注意到這兩個練習使用的結構定義是一樣的，只不過這回的欄位 JSON 標籤稍有不同。本練習會用 MarshalIndent() 產生兩位學生的 JSON 選課資料，以便展示各欄位在不同的標籤下會如何被轉換為 JSON 鍵與值。

Chapter11\Exercise11.02

```
package main

import (
    "encoding/json"
    "fmt"
    "os"
)
```

接下頁

```go
type student struct {
    StudentId      int       `json:"id"`
    LastName       string    `json:"lname"`
    MiddleInitial  string    `json:"mname,omitempty"`
    FirstName      string    `json:"fname"`
    IsEnrolled     bool      `json:"enrolled"`
    Courses        []course  `json:"classes,omitempty"`
}

type course struct {
    Name   string `json:"coursename"`
    Number int    `json:"coursenum"`
    Hours  int    `json:"coursehours"`
}

func main() {
    //第一位學生的資料
    s := student{
        StudentId:     1,
        LastName:      "Williams",
        MiddleInitial: "s",
        FirstName:     "Felicia",
        IsEnrolled:    false,
    }
    // 此學生沒有課程資料, Courses 欄位為空值故會被略過

    // 編碼成 JSON, 縮排為 4 個空格
    student1, err := json.MarshalIndent(s, "", "    ")
    if err != nil {
        fmt.Println(err)
        os.Exit(1)
    }
    fmt.Println(string(student1))
    fmt.Println()

    // 第二位學生的資料
    s2 := student{
        StudentId: 2,
        LastName:  "Washington",
        // 沒有中間名資料, MiddleInitial 欄位會被略過
        FirstName: "Bill",
        IsEnrolled: true,
    }
```

接下頁

11-22

```go
    // 第二位學生的選課資料 (附加到 Courses 欄位)
    c := course{Name: "World Lit", Number: 101, Hours: 3}
    s2.Courses = append(s2.Courses, c)
    c = course{Name: "Biology", Number: 201, Hours: 4}
    s2.Courses = append(s2.Courses, c)
    c = course{Name: "Intro to Go", Number: 101, Hours: 4}
    s2.Courses = append(s2.Courses, c)

    student2, err := json.MarshalIndent(s2, "", "    ")
    if err != nil {
        fmt.Println(err)
        os.Exit(1)
    }
    fmt.Println(string(student2))
}
```

執行結果

```
PS F1741\Chapter11\Exercise11.02> go run .
{        第一位學生的資料
    "id": 1,
    "lname": "Williams",
    "mname": "s",
    "fname": "Felicia",
    "enrolled": false
}

{        第二位學生的資料
    "id": 2,
    "lname": "Washington",
    "fname": "Bill",
    "enrolled": true,
    "classes": [
        {
            "coursename": "World Lit",
            "coursenum": 101,
            "coursehours": 3
        },
        {
            "coursename": "Biology",
```

接下頁

```
            "coursenum": 201,
            "coursehours": 4
        },
        {

            "coursename": "Intro to Go",
            "coursenum": 101,
            "coursehours": 4
        }
    ]
}
```

　　以上練習旨在展示，如何將結構欄位轉成我們想要的 JSON 格式，並能讓某些欄位在零值時會於編碼過程被略過。

➤ **延伸習題：產生客戶與訂單資料的 JSON 格式**

11-4 使用 Decoder/Encoder 處理 JSON 資料

　　我們在第 7 章談到介面時，就有範例使用 json.NewDecoder() 函式來解碼 JSON 資料。你當時應該注意到，**NewDecoder()** 能接受幾種不同的資料來源，只要它們符合 io.Reader 介面規範即可。

　　事實上 json 套件還有 **NewEncoder()**，能將編碼好的 JSON 字串寫入符合 io.Writer 介面的物件。來看看這兩個函式的定義：

```
func NewDecoder(r io.Reader) *Decoder
func NewEncoder(w io.Writer) *Encoder
```

　　這兩個函式會分別傳回 json.Decoder 和 json.Encoder 結構指標，而這兩個指標結構則各自擁有用來解碼和編碼 JSON 的方法：

```
func (dec *Decoder) Decode(v interface{}) error  // 等同於 Unmarshal()
func (enc *Encoder) Encode(v interface{}) error  // 等同於 Marshal()
```

和 Unmarshal()、Marshal() 不同的是，Decoder 的資料來源會是 io.Reader 介面物件，而 Encoder 會把編碼後的字串寫入 io.Writer 介面物件。下面就是個簡單例子，把範例 11.03 改成 Decoder/Encoder 的版本：

Chapter11\Example11.07

```go
package main

import (
    "encoding/json"
    "fmt"
    "os"
    "strings"
)

type person struct {
    Lastname  string  `json:"lname"`
    Firstname string  `json:"fname"`
    Address   address `json:"address"`
}

type address struct {
    Street  string `json:"street"`
    City    string `json:"city"`
    State   string `json:"state"`
    ZipCode int    `json:"zipcode"`
}

func main() {
    data := []byte(`
{
    "lname":"Smith",
    "fname":"John",
    "address":{
        "street":"Sulphur Springs Rd",
        "city":"Park City",
        "state":"VA",
        "zipcode":12345
```

接下頁

```
        }
}
`)
    dataStr := string(data)
    p := person{}

    // 用 strings.NewReader() 從字串建立一個 io.Reader
    // 並以此建立 json.Decoder
    decoder := json.NewDecoder(strings.NewReader(dataStr))
    // Decoder 將 JSON 解碼和轉換成結構 p
    if err := decoder.Decode(&p); err != nil {
        fmt.Println(err)
        os.Exit(1)
    }
    fmt.Println(p)
    fmt.Println()

    // 建立 json.Encoder，寫入對象是 os.Stdout（主控台）
    encoder := json.NewEncoder(os.Stdout)
    // 設定前綴詞和縮排字串
    encoder.SetIndent("", "\t")
    // 將結構 p 編碼為 JSON
    if err := encoder.Encode(p); err != nil {
        fmt.Println(err)
        os.Exit(1)
    }
}
```

```
PS F1741\Chapter11\Example11.07> go run .
{Smith John {Sulphur Springs Rd Park City VA 12345}}

{
        "lname": "Smith",
        "fname": "John",
        "address": {
                "street": "Sulphur Springs Rd",
                "city": "Park City",
                "state": "VA",
                "zipcode": 12345
        }
}
```

在 Go 語言的標準函式庫中，經常可見到 io.Reader 和 io.Writer 的身影。比如你會在這本書看到下列物件，它們用途迴異，卻都可以用來搭配 json 套件的 Decoder/Encoder：

類型	io.Reader	io.Writer
字串	strings.Reader	無
主控台	os.Stdin	os.Stdout
檔案	os.File	os.File
HTTP 請求/回應	http.Request.Body	http.Response.Body

11-5 處理內容未知的 JSON 資料

11-5-1 將 JSON 格式解碼成 map

如果我們事先曉得 JSON 資料是怎樣組成的，我們就能定義對應的 Go 結構、以便在解碼時承接各個鍵與值對，或者反過來用結構編碼成 JSON 格式。問題在於，你有時就是沒辦法預知 JSON 的實際結果，比如某個網路 API 會產生動態的 JSON 回應，在不同情況下會有不同的鍵與值，或者 API 本身的規格會經常更新，導致傳回結果頻頻變動。

若是像以上這樣，那麼你也不可能一直修改結構定義來因應。你該怎麼辦呢？

幸好 json.Unmarshal() 不只是能將 JSON 解碼到結構而已，它也能使用 map 來儲存資料。更精確來說，這個 map 可定義成 map[string]interface{} 型別：

map[string]interface{}

JSON 鍵　　　JSON 值

Unmarshal() 會將 JSON 資料中的任何鍵轉成 map 鍵，並將值配對給對應的鍵。JSON 鍵一定是字串，值則有可能是不同型別，所以要用空介面接收。如此一來不管 JSON 資料中有什麼東西，通通都能放進 map 中。

看看以下範例就曉得了：

```
Chapter11\Example11.08

package main

import (
    "encoding/json"
    "fmt"
)

func main() {
    // 原始資料
    jsonData := []byte(`{"checkNum":123,"amount":200,"category": 接下行
["gift","clothing"]}`)
    // 定義 map
    var v map[string]interface{}

    // 將 JSON 資料解碼到 map
    json.Unmarshal(jsonData, &v)
    // 印出 map 內容和走訪它
    fmt.Println(v)
    for key, value := range v {
        fmt.Println(key, "=", value)
    }
}
```

注意到我們沒有初始化 map 變數 v，因為 Unmarshal() 自己會做初始化。若 v 在傳入 Unmarshal() 之前就已經有內容，那麼 Unmarshal() 會在 v 中新增其他鍵與值。

以下是這範例的執行結果：

執行結果

```
PS F1741\Chapter11\Example11.08> go run .
map[amount:200 category:[gift clothing] checkNum:123]
checkNum = 123
amount = 200
category = [gift clothing]
```

注意你看到的輸出結果可能略有不同；for range 在走訪 map 時會照隨機順序走訪其元素。

練習：分析選課 JSON 資料內容

延續之前的練習，現在假設選課系統得轉換一些舊版網站留下來的 JSON 資料，但由於當時未留下說明文件，因此你並不清楚這些資料有什麼內容。

我們得寫一支程式，分析未知的 JSON 資料和存入一個 map，接著走訪它、用型別斷言調查每個值的型別。

Chapter11\Exercise11.03

```
package main

import (
    "encoding/json"
    "fmt"
    "os"
)

func main() {
    jsonData := []byte(`
{
    "id": 2,
    "lname": "Washington",
    "fname": "Bill",
    "IsEnrolled": true,
    "grades":[100,76,93,50],
    "class":
```

接下頁

```go
        {
            "coursename": "World Lit",
            "coursenum": 101,
            "coursehours": 3
        }
    }
`)

    if !json.Valid(jsonData) {   // 先檢查資料是否符合 JSON 格式
        fmt.Println("JSON 格式不合法:", jsonData)
        os.Exit(1)
    }

    // 解碼 JSON 格式到 map
    var v map[string]interface{}
    if err := json.Unmarshal(jsonData, &v); err != nil {
        fmt.Println(err)
        os.Exit(1)
    }

    // 走訪 map
    for key, value := range v {
        fmt.Printf("%s = %v (%s)\n", key, value, findTypeName(value))
    }
}

// 用型別斷言來檢查值的函式
func findTypeName(i interface{}) string {
    switch i.(type) {   // 型別斷言
    case string:
        return "string"
    case int:
        return "int"
    case float64:
        return "float64"
    case bool:
        return "bool"
    default:
        return fmt.Sprintf("%T", i)
    }
}
```

本練習的執行效果如下：

執行結果

```
PS F1741\Chapter11\Exercise11.03> go run .
id = 2 (float64)
lname = Washington (string)
fname = Bill (string)
IsEnrolled = true (bool)
grades = [100 76 93 50] ([]interface {})
class = map[coursehours:3 coursename:World Lit coursenum:101]
(map[string]interface {})
```

以上練習展示，即使我們不曉得 JSON 資料中的鍵與值如何組成，我們仍然能用一個 map[string]interface{} 容器來儲存解碼結果。當然，既然每個值都透過空介面儲存，你事後就得做型別斷言或使用 fmt.Sprintf() 才能判斷值的型別。

 小編註：第 19 章的『反射』(reflection) 其實提供了另一個檢查型別的方式。

11-5-2　將 map 編碼成 JSON 格式

出於同理，你也可以用 map 來提供原始資料、讓 json.Marshal() 或 MarshalIndent() 產生成 JSON 格式字串。這些函式會將 map 鍵轉成 JSON 鍵，並根據 map 的元素值自動轉成適當的 JSON 值：

Chapter11\Example11.09

```
package main

import (
    "encoding/json"
    "fmt"
)

func main() {
    v := make(map[string]interface{})  // 初始化 map
    // 存入原始資料
```

接下頁

```
    v["checkNum"] = 123
    v["amount"] = 200
    v["category"] = []string{"gift", "clothing"}

    // 將 map 編碼成 JSON 格式
    jsonData, err := json.MarshalIndent(v, "", "\t")
    if err != nil {
        fmt.Println(err)
    }
    fmt.Println(string(jsonData))
}
```

```
PS F1741\Chapter11\Example11.09> go run .
{
        "amount": 200,
        "category": [
                "gift",
                "clothing"
        ],
        "checkNum": 123
}
```

11-6 gob：Go 自有的編碼格式

在本章最後，我們來看個並不是 JSON、但仍然有關的編碼功能。

儘管 JSON 和 XML 之類的資料格式四海皆通，這些以純文字為基礎的格式在解讀上仍然慢了點，這對追求高效率的現代網路通訊來說是個問題。要是你的系統完全以 Go 語言撰寫，那麼你就可以改用 Go 語言自己的二進位編碼格式——**gob**。

Go 語言設計 gob 時,是以高效率、簡單易用和完整為考量,不需要額外設定,甚至收發雙方使用的 Go 結構也不見得需要相同。其實,gob 套件用起來就和 json 的 Encoder/Decoder 很像:

```
func NewEncoder(w io.Writer) *Encoder
func NewDecoder(r io.Reader) *Decoder
func (enc *Encoder) Encode(e interface{}) error
func (dec *Decoder) Decode(e interface{}) error
```

下面我們就來做個練習,透過 gob 而不是 JSON 來交換資料。

 小編註:有人做過測試, Go 1.16 下 gob 編碼及解碼的所需時間只有 JSON 的三分之一。

練習:使用 gob 編碼和解碼資料

在此我們繼續沿用前面各練習題的結構,只是改用 gob 來編碼和解碼:

Chapter11\Exercise11.04

```go
package main

import (
    "bytes"
    "encoding/gob"
    "fmt"
    "os"
)

type student struct {
    StudentId     int
    LastName      string
    MiddleInitial string
    FirstName     string
    IsEnrolled    bool
    Courses       []course
}

type course struct {
```

接下頁

```go
        Name     string
        Number int
        Hours    int
}

func main() {
    // 原始資料
    s := student{
        StudentId:  2,
        LastName:   "Washington",
        FirstName:  "Bill",
        IsEnrolled: true,
        Courses: []course{
            {Name: "World Lit", Number: 101, Hours: 3},
            {Name: "Biology", Number: 201, Hours: 4},
            {Name: "Intro to Go", Number: 101, Hours: 4},
        },
    }

    var conn bytes.Buffer  // 模擬通訊用的 io.Reader/io.Writer
    encoder := gob.NewEncoder(&conn)  // 產生 encoder
    if err := encoder.Encode(&s); err != nil {  // 編碼 gob
        fmt.Println("GOB 編碼錯誤:", err)
        os.Exit(1)
    }

    fmt.Printf("%x\n", conn.String())  // 把 conn 的內容用 16 進位形式印出

    s2 := student{}  // 接收解碼後資料的結構
    decoder := gob.NewDecoder(&conn)  // 產生 decoder
    if err := decoder.Decode(&s2); err != nil {  // 解碼 gob
        fmt.Println("GOB 解碼錯誤:", err)
        os.Exit(1)
    }

    fmt.Println(s2)  // 解碼後的資料
}
```

執行結果

```
PS F1741\Chapter11\Exercise11.04> go run .
6cff81030101077374756465e7401ff82000106010953747564656e7449640104
0001084c6173744e616d65010c00010d4d6964646c65496e697469616c010c0001
0946697273744e616d65010c00010a4973456e726f6c6c65640102000107436f75
7273657301ff860000001cff850201010d5b5d6d61696e2e636f7572736501ff86
0001ff84000032ff8303010106636f7572736501ff8400010301044e616d65010c
0001064e756d626572010400010548f7572730104000000 4fff820104010a5761
7368696e67746f6e020442696c6c010101030109576f726c64204c697401ffca01
0600010742696f6c6f677901fe0192010800010b496e74726f20746f20476f01ff
ca01080000   ◄── 用 gob 編碼後的內容 (以 16 進位呈現)
{2 Washington  Bill true [{World Lit 101 3} {Biology 201 4} {Intro
to Go 101 4}]}
```

在以上程式中，gob 的 Encoder 與 Decoder 結構共用一個 **bytes. Buffer** 結構，後者同時能滿足 io.Writer 及 io.Reader 介面的定義。這有什麼意義呢？因為若你把它換成其他結構，例如用於網路通訊的 net.TCPConn，就可以透過 gob 來在網路訊息交換中使用二進位編碼、進而提高通訊的效率了，或者透過 io.File 來將訊息寫入檔案和讀出，比如在伺服器備份收到的訊息、以免系統重啟後遺失資料等等。

rpc 套件

其實 Go 語言的網路通訊套件 **rpc** (https://golang.org/pkg/net/rpc/) 套件預設就會使用 gob 來編碼，這也意味著 rpc 效率更高、但只能在 Go 語言程式之間使用。這本書不會介紹 rpc 套件，有興趣者請參閱官方連結。

11-7 本章回顧

在本章中，我們了解了什麼是 JSON 格式。JSON 資料以鍵與值對的形式構成，鍵都是字串，而值則可以是字串、數字、布林值、陣列，甚至是另一個 JSON 物件。

我們看到 Go 語言的 encoding/json 套件能如何處理 JSON 格式文字，將它解碼（使用 Unmarshal()）成 Go 語言結構、或者從結構編碼（使用 Marshal()）成 JSON。我們也能藉由結構欄位的標籤，來指定欄位是否要在零值時被編碼過程略過。若希望編碼後能有更美觀的排版，也可使用 MarshalIndent() 函式。

不僅如此，Go 語言的 gob 套件提供了類似但以二進位形式編碼／解碼訊息的能力，進一步提高處理資料的效率，而且可以用於 Go 語言的多種資料物件，比如檔案或網路請求／回應。

下一章我們將介紹系統與檔案，包括多種讀寫純文字檔和 CSV 格式檔的方式，以及檔案存取權限等議題。

12 系統與檔案

Chapter

／本章提要／

本章將帶領讀者理解如何操作檔案系統, 包括在
磁碟上建立與修改檔案、以及檢查檔案是否存
在。我們也會實作一個命令列應用程式, 可以接
收各種旗標 (flag) 及其引數, 以便控制你的程式
行為、顯示說明文件等等。我們還會學到怎麼
攔截作業系統發出的中斷訊息, 並決定要在關閉
程式之前做什麼處理。

12-1 前言

在前一章當中，我們學到如何編碼及解碼 JSON 資料，而第 7 章中其實就有一個練習是從檔案讀取 JSON 字串。Go 語言的標準函式庫提供了豐富的檔案操作功能，支援開啟、建立和修改檔案等等的動作。因此在這一章，我們要來看看這方面的主題。

除此之外，程式和系統的互動也不侷限於檔案本身。你的程式可以接收來自使用者的命令列**旗標 (flag)**，以便指定程式該做些什麼事；或者，作業系統可能會對程式發出中斷訊息 (例如使用者在程式執行時按下 `Ctrl` + `C`)。為了避免程式中斷時無法正確完成關閉檔案、清理快取等等動作，你可以註冊中斷訊息和決定該對它們做什麼處理。

本章就會來逐一檢視這些方面。首先，我們先來看看在系統中執行程式時，你能對它做些什麼樣的控制。

12-2 命令列旗標與其引數

使用旗標

若你在命令提示字元、Powershell 或終端機使用過一些命令列工具，你很可能會用到旗標跟引數。例如：

```
go build -o .\bin\hello_world.exe main.go
```

這行指令使用 go build 來將 main.go 編譯成 \bin 子目錄下的 hello_world.exe 可執行檔，而執行檔的路徑與名稱就是透過旗標 -o (output) 來指定。

在第 4 章，我們使用過 os.Args 來接收使用者在執行程式時附加的引數。旗標跟 os.Args 引數的差別在於，旗標有個名稱和對應值，而且可以是選擇性的、傳入順序也不必固定。換言之，你能將旗標當成程式行為的『開關』，例如在程式執行時要它輸出除錯訊息、或指定欲處理檔案的位置等等。

對於旗標與其引數，Go 語言提供了 **flag** 套件來協助開發者處理它們。你的第一步是得先定義自己的旗標。flag 套件提供了多種可定義旗標的函式，以下列出幾種常用的：

```
func Bool(name string, value bool, usage string) *bool  // 布林值
func Duration(name string, value time.Duration, usage string) *time.Duration // 時間長度
func Float64(name string, value float64, usage string) *float64 // float64 浮點數
func Int(name string, value int, usage string) *int  // int 整數
func Int64(name string, value int64, usage string) *int64  // int64 整數
func String(name string, value string, usage string) *string  // 字串
func Uint(name string, value uint, usage string) *uint  // uint 正整數
func Uint64(name string, value uint64, usage string) *uint64  // uint64 正整數
```

從這些函式的名稱與傳回值便能看出，它們的用途是接收特定型別的旗標引數。每個函式都有以下三個參數：

❏ **name**：旗標的名稱，型別為字串

❏ **value**：旗標的預設值

❏ **usage**：說明旗標的用途 (也是字串)。通常在你設定旗標值錯誤時，這個內容就會顯示給使用者看。

我們來看一個簡單的例子：

```go
package main

import (
    "flag"
    "fmt"
)

func main() {
    // 定義一個旗標 -value，接收整數，預設值為 -1
    v := flag.Int("value", -1, "Needs a value for the flag.")
    flag.Parse()
    fmt.Println(*v)
}
```

對於 v := flag.Int(...) 這行程式碼，下圖說明了其參數的意義：

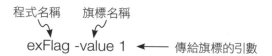

這行程式碼搭配 **flag.Parse()**，會解析使用者在命令列輸入的旗標 **–value**，並將其值以指標整數的形式賦予給 v。要是沒有這個旗標，*v 的值就設為 -1。

當使用者執行程式時，便可用以下方式在主控台內加入旗標：

程式名稱　　旗標名稱

exFlag -value 1 ◄──── 傳給旗標的引數

 小編註：『-旗標 值』也可以寫成『--旗標 值』或『-旗標=值』的形式。

執行結果

```
PS F1741\Chapter12\Example12.01> go run .
-1   ◄─ 沒有 value 旗標, 使用預設值
PS F1741\Chapter12\Example12.01> go run . -value 1
1    ◄─ value 旗標值設為 1
PS F1741\Chapter12\Example12.01> go run . --value 10
10
PS F1741\Chapter12\Example12.01> go run . -value=50
50
```

我們來試試看將以上範例編譯成執行檔，然後對它套用旗標：

執行結果

```
PS F1741\Chapter12\Example12.01> go build -o main.exe  ◄─ 產生執行檔
PS F1741\Chapter12\Example12.01> .\main.exe -value 100     main.exe
100
```

小編註：以上是 Windows Powershell 的執行方式。在 Linux 可用 『./main』 來執行之。

若你在執行程式時加上 **-h** 旗標，或者旗標的值型別不正確，程式會列出可用的旗標、旗標值型別以及其說明，然後直接結束：

執行結果

```
PS F1741\Chapter12\Example12.01> .\main -h
Usage of F1741\Chapter12\Example12.01\main.exe:
  -value int
        Needs a value for the flag. (default -1)
PS F1741\Chapter12\Example12.01> .\main -value 9b  ← 對旗標 value
invalid value "9b" for flag -value: parse error      輸入非整數
Usage of F1741\Chapter12\Example12.01\main.exe:
  -value int
        Needs a value for the flag. (default -1)
```

以旗標來決定程式執行狀態

接下來我們來看一個更複雜的例子。這回程式最多能接收三個旗標，分別是 name（名字）、age（年齡）以及 married（是否已婚）：

```
n := flag.String("name", "", "your first name") // 名字旗標是字串
i := flag.Int("age", -1, "your age")  // 年齡旗標是整數
b := flag.Bool("married", false, "are you married?") // 是否已婚旗標為布林值
```

有時，我們會希望某個旗標是執行應用程式的必要參數，查無此旗標的話就得提醒使用者。這表示你得謹慎決定旗標的預設值，因為你得用這個預設值來判斷使用者是否有加上該旗標或給予正確的值：

Chapter12\Example12.02

```
package main

import (
    "flag"
    "fmt"
    "os"
```
接下頁

```
)
func main() {
    n := flag.String("name", "", "your first name")
    i := flag.Int("age", -1, "your age")
    b := flag.Bool("married", false, "are you married?")
    flag.Parse()

    if *n == "" { // 若名字旗標值為空字串，代表使用者沒有加上該旗標，或者未給值
        fmt.Println("Name is required.")
        flag.PrintDefaults()  // 印出所有旗標的預設值
        os.Exit(1) // 結束程式
    }
    fmt.Println("Name: ", *n)
    fmt.Println("Age: ", *i)
    fmt.Println("Married: ", *b)
}
```

此範例的執行結果如下：

執行結果

```
PS F1741\Chapter12\Example12.02> go run . -name John -age 42
-married
Name:  John
Age:  42
Married:  true
PS F1741\Chapter12\Example12.02> go run . -age 42 -married=true ←
Name is required.                                       沒有 name 旗標
  -age int
        your age (default -1)
  -married
        are you married?
  -name string
        your first name
exit status 1
```

 小編註：注意到第一次執行範例時，布林旗標 married 後面並沒有引數，但它仍然收到 true 的值嗎？這表示你可以用 flag.Bool() 定義一個不需引數的旗標，讓旗標本身當成一個 『開關』。若你沒加上 -married，效果就等同於寫 -married=false。

12-3 系統中斷訊號

在本章，**訊號 (signal)** 指的是作業系統傳給我們的程式或程序的非同步通知。當程式收到訊號時，它會停下手邊的任務並設法處理這個訊號，可以的話就忽略它。

最常見的情境是，當使用者按下 `Ctrl` + `C`（有時寫成 ^C）時，系統會傳送名為 SIGINT 的中斷 (interrupt) 訊號給程式。或者作業系統要強制終止程式，會傳送 SIGTERM 訊號給它。程式收到這些訊號時會立即結束，以 Go 程式來說就是執行 os.Exit(1)。

這樣的問題就在於，就算程式內有使用 defer 延遲執行的函式（見第 5 章），它們也不會被執行。而這些延遲執行的函式有可能負責以下的善後功能：

❏ 釋出資源

❏ 關閉檔案

❏ 結束資料庫連線

❏ 跟上面的行距有點不同

舉個例，一支程式在計算員工薪資之後，會使用 employee.DepositCheck() 函式來檢查薪資是否有正確存入員工的戶頭、以及是否需要復原不正確的變更，並用 defer 確保它最後一個執行。結果使用者在計算薪資時中斷了程式，這就可能導致必要的檢查無法完成：

> 程式用 os.Exit(1) 中止, 用 defer 延後的存款檢查功能未能執行, 導致程式流程不正常

```
Func main() {
    Defer func() {
        Employee.DepositCheck()
    }()
    Employee.CalculateSalary()
}
```

> 執行到此時系統送出中斷訊號

有鑒於此，我們可以在程式中註冊這些訊號，好在收到訊號時能井然有序地完成該有的善後工作，並確保程式正常結束。

 小編註：更精確來說, Go 語言沿用了 Unix 系統的 signal 概念。Windows 系統在特定條件下 (例如在命令提示字元或 PowerShell 內) 也能發出類似通知, 但這裡就不深入討論 Go 語言如何將它們整合在一起。

接收中斷訊號通知

若希望程式能判斷它何時收到特定的作業系統訊號, 你得使用 **signal** 套件的 **Notify()** 函式來註冊之：

```
signal.Notify(<通知通道>, <訊號 1>, <訊號 2>...)
```

Notify() 的兩個參數說明如下：

❑ 當你註冊的訊號發生時, 它會被傳入通知通道。**通道 (channel)** 是 Go 語言中專門用於非同步程式資料交換的管道, 第 16 章會再完整介紹。

❑ 接著是你想接收的系統訊號, 這都定義在 syscall 套件的常數中, 如 syscall. SIGINT (中斷) 和 syscall.SIGTERM (終止) 等。

為了能註冊和收到系統訊號, 你必須先建立一個通道和用 make() 初始化它, 以便傳給 signal.Notify() 使用：

```
<通道> := make(chan os.Signal, 1)
```

chan (channel) 關鍵字代表我們要建立通道, 其內容型別為 os.Signal (即系統訊號)。後面的 1 代表通道的緩衝區 (buffer) 大小為 1, 也就是最多可暫存 1 個訊號。若想接收的訊號類型比較多, 也可以加大緩衝區, 不過目前用 1 就夠了。

 小編註：緩衝區最少必須為 1, 否則程式嘗試讀取通道時就很容易卡住。第 16 章會再解釋箇中原因。

建立好通道後，就可以用以下方式取一個值出來：

```
<值> := <-<通道>
```

箭頭 <- 是受理算符 (receive operators), 意義是從通道取出一個值。接著這裡用短變數宣告將該值賦予給一個變數，以便拿來判斷內容。

練習：接收中斷訊號並優雅地結束程式

以下練習模擬了一些程式作業，並得在使用者中斷程式時讓它『優雅地』結束。我們將攔截兩種最常見的訊號：syscall.SIGINT 以及 syscall.SIGTERM。

---

syscall.SIGTERM 信號

如果你使用 Unix 系統, SIGTERM 訊號會在強行終止程式時傳送。你可以試試用 go build 將練習題編譯成可執行檔, 在第一個終端機執行它, 然後在另一個終端機用『sudo ps -a』檢視所有程序 id, 再以『sudo kill -<id>』終止它, 這樣就能觸發 SIGTERM 訊號。

在 Windows 系統上, 只有在關閉命令提示字元／PowerShell、登出系統或關閉系統時才會傳送 SIGTERM。

當使用者在主控台按下 `Ctrl` + `C` 時，作業系統會傳送 SIGINT 中斷訊號給應用程式。由於我們註冊了這個訊號，該訊號會被存入通道變數。當我們得知這個訊號的存在，就可以自行控制程式要如何結束。以此例來說，單純就是離開無窮迴圈，然後讓一個以 defer 延遲執行的清理函式發揮應有的作用。

```go
package main

import (
    "fmt"
    "os"
    "os/signal"  // signal 套件
    "syscall"
    "time"
)

func main() {
    // 建立訊號通道 (緩衝區大小 1)
    sigs := make(chan os.Signal, 1)
    // 註冊要透過通道接收的訊號
    signal.Notify(sigs, syscall.SIGINT, syscall.SIGTERM)
    defer cleanUp()  // 延後執行的清理作業
    fmt.Println("程式執行中 (按下 Ctrl + C 來中斷)")

MainLoop:  // 一個標籤，用來代表以下這個無窮 for 迴圈
    for {
        s := <-sigs  // 試著從通道接收一個值
        switch s {   // 判斷收到的值是否為中斷或終止訊號
        case syscall.SIGINT:
            fmt.Println("程序中斷:", s)
            break MainLoop  // 脫離 MainLoop 迴圈
        case syscall.SIGTERM:
            fmt.Println("程序終止:", s)
            break MainLoop  // 脫離 MainLoop 迴圈
        }
    }
    fmt.Println("程式結果")
}

// 模擬程式中止後的清理作業
func cleanUp() {
    fmt.Println("進行清理作業...")
    for i := 0; i <= 10; i++ {
        fmt.Printf("刪除檔案 %v...(僅模擬)\n", i)
        time.Sleep(time.Millisecond * 100)
    }
}
```

執行的效果如下：

執行結果

```
PS F1741\Chapter12\Exercise12.01> go run .
程式執行中 （按下 Ctrl + C 來中斷） ◀── 程式在等待有符合條件的系統訊號
程序中斷 ◀── 使用者在主控台按下 Ctrl + C
程式結果
進行清理作業...
刪除檔案 0...(僅模擬)
刪除檔案 1...(僅模擬)
刪除檔案 2...(僅模擬)
刪除檔案 3...(僅模擬)
刪除檔案 4...(僅模擬)
刪除檔案 5...(僅模擬)
刪除檔案 6...(僅模擬)
刪除檔案 7...(僅模擬)
刪除檔案 8...(僅模擬)
刪除檔案 9...(僅模擬)
刪除檔案 10...(僅模擬)
```

在以上練習中，我們展示了 Go 語言有能力攔截使用者觸發的中斷訊號或終止訊號，並讓應用程式正常地結束，好完成必要的善後作業。

務必注意的是，由於我們尚未介紹到 Go 語言的非同步運算，所以使用一個無窮 for 迴圈來讓程式重複讀取訊號通道。此外，上面為了能從 switch 內部直接脫離 for 迴圈，for 迴圈本身也加上一個識別標籤叫做 MainLoop。這使得『break MainLoop』會打斷 for 迴圈，而不只是單純地脫離 switch 敘述而已。

正常來說，你應該將判斷訊號的程式碼放在一個非同步程序中，以免卡住其餘部分的程式。不過各位也無須擔心；等到第 16 章時，各位就會發現在 Go 語言中建立非同步程序有多麼簡單。

現在看完了命令列旗標和系統訊號，我們終於要來了解如何建立和寫入檔案了。首先，我們得先了解什麼是檔案權限。

12-4 檔案存取權限

當你需要存取檔案時，權限就成了不可不理解的重要議題。Go 語言沿用了 Unix 系統的檔案權限命名法，以符號或八進位數字來表示。檔案權限可以指定給一個待操作的檔案，以便決定你能對它做什麼。權限一共有三種：**讀取 (read)**、**寫入 (write)** 以及**執行 (execute)**。

權限	符號	八進位值	說明
read	r	4	允許你開啟並讀取檔案
write	w	2	允許你修改 (包括新建) 檔案內容
execute	e	1	如果是可執行檔或 .go 原始檔, 允許你執行它
無權限	-	0	沒有給予任何權限

此外對於每一個檔案, 會針對三組不同的個人或群組指定不同權限：

❏ **擁有人** (owner)：擁有檔案的個人, 也稱為 root user。

❏ **群組** (group)：通常包括多個個人或其他群組。

❏ **其他** (others)：不屬於以上兩類的使用者或群組。

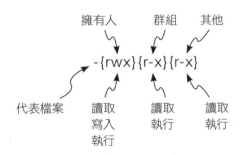

開頭的破折號代表這是一個檔案；如果是 d, 則代表這是個目錄或資料夾 (directory)。

每一組權限表達方式都採『讀取寫入執行』的格式，而且可以改寫成單一個八進位數值。舉例來說，『rw-』代表該組擁有讀取和寫入權限、但沒有執行權限，並能寫成八進位的數字 6：

右表即為單一一組權限的所有可能組合，並以數字和符號兩種寫法來呈現：

權限	符號	八進位
無權限	---	0
可執行	--x	1
可寫入	-w-	2
可執行／寫入	-wx	3
可讀取	r--	4
可讀取／執行	r-x	5
可讀取／寫入	rw-	6
可讀取／寫入／執行	rwx	7

因此出於同理，全部三組的權限就可以寫成如右的八進位數字（八進位數字則會以 0 開頭），而這也是稍後 Go 語言存取檔案時會用到的代碼：

權限	符號	八進位
Owner：讀取		
Group：讀取	0444	-r--r--r--
Others：讀取		
Owner：寫入		
Group：寫入	0222	--w--w--w-
Others：寫入		
Owner：執行		
Group：執行	0111	----x--x--x
Others：執行		
Owner：讀／寫／執行		
Group：讀／寫	0763	-rwxrw--wx
Others：寫／執行		
Owner：讀／寫		
Group：讀／寫	0666	-rw-rw-rw-
Others：讀／寫		
Owner：讀／寫／執行		
Group：讀／寫／執行	0777	-rwxrwxrwx
Others：讀／寫／執行		

12-5 建立與寫入檔案

12-5-1 用 os 套件新建檔案

Go 語言提供了多種建立和寫入資料到檔案的方式，接下來我們就來逐一檢視。

os 套件的 **Create()** 方法能新建一個空白的新檔案，並賦予權限 0666 (所有使用者／群組都可讀且可寫，見前一節)。如果該檔案已經存在，那麼該檔案的內容會被清空。

```
func Create(name string) (*File, error)
```

成功新建或清空檔案後，os.Create() 會傳回一個 *os.File 結構。我們已經在第 7 章知道 os.File 結構實作了 io.Reader 介面；事實上它同時也實作了 io.Writer 介面，稍後我們會看到這點為什麼非常重要。

以下程式會於程式目錄建立一個名叫 test.txt 的文字檔，並在程式結束時以 File 結構的 Close() 關閉它：

```go
package main

import "os"

func main() {
    f, err := os.Create("test.txt")  // 建立 test.txt
    if err != nil {  // 檢查建立檔案時是否遇到錯誤
        panic(err)
    }
    defer f.Close()  // 確保在 main() 結束時關閉檔案
}
```

 小編註：在 Windows 系統下, 檔名若包含路徑, 反斜線必須寫兩次才不會被當成特殊字元。或者你可用第 3 章提過的原始字串, 如 `\路徑\test.txt`。

12-5-2　對檔案寫入字串

建立空檔案很簡單，但我們還得對它寫入資料，檔案才會有內容。這時我們可以運用 os.File 的兩個方法：

```
Write(b []byte) (n int, err error)
WriteString(s string) (n int, err error)
```

Write() 和 WriteString() 的功能是一樣的，只是一個接收的是 []byte 切片，另一個是 string。傳回值 n 代表函式對檔案寫入了 n 個位元，並會在寫入失敗時傳回非 nil 的 error, 不過很多時候我們並不會接收這些值。

以下範例會在新建檔案之後，對該檔案結構寫入一些字串：

Chapter12\Example12.03\main.go

```go
package main

import "os"

func main() {
    f, err := os.Create("test.txt")
    if err != nil {
        panic(err)
    }
    defer f.Close()
    f.Write([]byte("使用 Write() 寫入\n"))
    f.WriteString("使用 Writestring() 寫入\n")
}
```

執行以上程式，同目錄下應該會出現 test.txt, 其內容會如下：

Chapter12\Example12.03\test.txt

```
使用 Write() 寫入
使用 Writestring() 寫入
```

12-5-3 一次完成建立檔案及寫入

Go 語言也允許我們用單一一個指令建立新檔案、並直接完成寫入資料的動作。這要用到 os 套件的 WriteFile() 函式,其定義如下:

```
func WriteFile(filename string, data []byte, perm os.FileMode)
error
```

各參數的解說如下:

❏ filename(字串)是檔名。如果檔案不存在就會新建一個,而已經存在的檔案則會清空其內容。

❏ data ([]byte 切片)是要寫入的字串。

❏ perm 是檔案權限,如前面介紹過的 0666 或 0763, 這會用來設定新建檔案的權限。但若檔案已經存在, 就不會改變原有權限。

Chapter12\Example12.04\main.go

```go
package main

import "os"

func main() {
    message := "Hello Golang!"
    // 建立檔案並寫入資料
    err := os.WriteFile("test.txt", []byte(message), 0644)
    if err != nil {
        panic(err)
    }
}
```

Chapter12\Example12.04\test.go

```
Hello Golang!
```

 小編註:在 Go 1.15 或更早的版本, 你必須使用 ioutil.WriteFile() 的寫法來呼叫 (位於 os 子套件 ioutil 內)。

12-5-4　檢查檔案是否存在

上面的 os.Create() 或 os.WriteFile() 函式在碰上已經存在的檔案時，都會毫不留情地將之清空，但這不見得永遠是我們想要的行為。我們或許會想在建立新檔案前檢查一下，免得誤把舊檔案給抹乾淨了。反過來說，當你需要查詢檔案的相關資訊時，自然得先確定它是否存在。

幸好，Go 語言提供了檢查檔案存在與否的簡單機制。這回我們直接來看程式碼：

 下面我們假設資料夾中存在 test.txt, 但是沒有 junk.txt。

Chapter12\Example12.05

```go
package main

import (
    "errors"
    "fmt"
    "os"
)

// 檢查檔案是否存在的自定函式
func checkFile(filename string) {
    finfo, err := os.Stat(filename)  // 取得檔案描述資訊
    if err != nil {
        if errors.Is(err, os.ErrNotExist) {  // 若 error 中包含檔案不存在錯誤
            fmt.Printf("%v: 檔案不存在!\n\n", filename)
            return  // 退出函式
        }
    }
    // 若檔案正確開啟，印出其檔案資訊
    fmt.Printf("檔名: %s\n是目錄: %t\n修改時間: %v\n權限: %v\n 接下行
    大小: %d\n\ n", finfo.Name(),finfo.IsDir(),finfo.ModTime(), 接下行
    finfo.Mode(),finfo.Size())
}
```

os.Stat() 方法傳回的錯誤可能會包含多重 error 值，我們得檢查當中是否包含 **os.ErrNotExist** 錯誤，是的話就代表此檔案不存在。此範例的執行結果會如下：

```
PS F1741\Chapter12\Example12.05> go run .
junk.txt: 檔案不存在!

檔名: test.txt
是目錄: false
修改時間: 2021-04-28 15:57:47.9985578 +0800 CST
權限: -rw-rw-rw-
大小: 13
```

 在 Go 1.13 之前的版本中，你得使用 os.IsNotExist(error) 來檢查 error 值是否包含 os.ErrNotExist 值。如我們在第 6 章所補充的，Go 1.13 起擴充了錯誤檢查機制，官方建議使用 errors.Is(error, <欲檢查的錯誤值>) 來取代 os.IsNotExist() 等函式。

你可以到 os 套件文件瀏覽它提供的 error 值：https://golang.org/pkg/os/#pkg-variables。

附帶一提，os.Open() 在試圖開啟不存在的檔案時，傳回的 error 也會包含 os.ErrNotExist。

os.Stat()（以及 os.File 結構的 Stat() 方法）會傳回一個 os.fileStat 結構，它實作了 FileInfo 介面。這介面的方法能查詢檔案的各種資訊：

```
// https://golang.org/pkg/io/fs/#FileInfo
type FileInfo interface {
    Name() string        // 檔名
    Size() int64         // 檔案大小（計算方式取決於系統）
    Mode() FileMode      // 修改權限
    ModTime() time.Time  // 修改時間
    IsDir() bool         // 是否為目錄，相當於呼叫 Mode().IsDir()
    Sys() interface{}    // 檔案資料來源（有可能傳回 nil）
}
```

12-5-5　一次讀取整個檔案內容

在建立檔案之後，你自然會需要讀取它。假如檔案不算太大，那麼你可以用本小節的兩種方式來一口氣讀進所有內容。但讀者們必須謹記在心，若你拿這些做法來開啟過大的檔案，就會耗掉大量系統記憶體。下一節我們會來看如何一次只讀取一行字的做法。

使用 os.ReadFile()

我們要介紹的第一種全檔案讀取方法如下：

```
func ReadFile(filename string) ([]byte, error)
```

os.ReadFile() 會開啟檔名參數 filename 指定的檔案並讀取其內容，成功的話以 []byte 切片形式傳回，err 也會傳回 nil。前面的 os.File 結構在讀取內容時，若碰到檔案結尾也會傳回 io.EOF (end of file) 錯誤，但是 ReadFile 既然是讀取整個檔案，它就不會傳回 EOF。

Chapter12\Example12.06

```go
package main

import (
    "fmt"
    "os"
)

func main() {
    // 讀取整個檔案內容
    content, err := os.ReadFile("test.txt")
    if err != nil {
        fmt.Println(err)
    }
    fmt.Println("檔案內容:")
    fmt.Println(string(content))
}
```

小編註：在 Go 1.15 與更早的版本，你必須使用 ioutil.ReadFile() 的寫法。

執行結果

```
PS F1741\Chapter12\Example12.06> go run .
檔案內容:
Golang programming language
Go 技術者們
```

使用 os.ReadAll() 搭配 os.Open()

除了 os.ReadFile()，還有另一個函式 io.ReadAll()（在 io 套件）功能很像，同樣會傳回一個 []byte 切片。不同之處在於 ReadAll() 接收的參數是 io.Reader 介面型別：

```
func ReadAll(r io.Reader) ([]byte, error)
```

這表示 ReadAll() 不只可以用來讀取 os.File 檔案，也能讀取符合 io.Reader 介面的任何物件，比如 strings.NewReader() 或 http.Request 等等。若要讀取檔案，你得先取得該檔案的 os.File 結構，辦法是使用之前在其他章節中曾看過的 os.Open() 函式：

```
func Open(name string) (*File, error)
```

來看以下範例：

Chapter12\Example12.07

```
package main

import (
    "fmt"
```

接下頁

```
    "io"
    "os"
)

func main() {
    f, err := os.Open("test.txt")   // 開啟檔案
    if err != nil {
        panic(err)
    }
    defer f.Close()
    content, err := io.ReadAll(f)   // 讀取檔案的整個內容
    if err != nil {
        fmt.Println(err)
        os.Exit(1)
    }
    fmt.Println("檔案內容:")
    fmt.Println(string(content))
}
```

執行結果

```
PS F1741\Chapter12\Example12.07> go run .
檔案內容:
Golang programming language
Go 語言
```

12-5-6　一次讀取檔案中的一行字串

如果文字檔相當大的話，像前面那樣一次讀進所有東西就會耗掉不少記憶體。這時你便可考慮一次讀取檔案的一行。為此我們要使用 bufio 套件，也就是帶有緩衝區 (buffer) 的 io 套件。

為了使用 bufio，第一步是先將檔案結構轉換成 bufio.Reader 結構：

```
func NewReader(rd io.Reader) *Reader
func NewReaderSize(rd io.Reader, size int) *Reader
```

可看到以上兩個函式都接收一個 io.Reader 介面型別，兩者的差異在於 NewReaderSize 有個 size 參數，這是你想使用的緩衝區大小。若設為小於等於 0 的值，那麼就會使用預設值 4096 (這也是 NewReader() 會使用的緩衝區大小)。

不管檔案有多大，同時間讀進記憶體的就只有緩衝區能容納的字元數而已，這樣一來就能達到節省空間的目的。附帶一提，Go 語言允許你指定的最大緩衝區是 64 * 1024 (= 65536)。

建立了 bufio.Reader 結構後，你就能使用它新增的方法來讀取檔案。最常用的叫做 ReadString()：

```
func (b *Reader) ReadString(delim byte) (string, error)
```

參數 delim 表示分隔符號 (delimiter), 通常會設為 \n, ReadString() 讀到該字元就會停下來、將包含該字元的字串傳回。要是在讀到該字元之前就碰到檔案結尾，那麼就傳回檔案結尾前的內容以及 io.EOF (eod of file) 錯誤。

來看以下範例：

```
Chapter12\Example12.08

package main

import (
    "bufio"
    "fmt"
    "io"
    "os"
)

func main() {
    file, err := os.Open("test.txt")  // 開啟檔案和取得 os.File 結構
    if err != nil {
        panic(err)
    }
    defer file.Close()
```

接下頁

```
fmt.Println("檔案內容:")
// 建立一個 bufio.Reader 結構, 緩衝區大小 10
reader := bufio.NewReaderSize(file, 10)
for {
    // 讀取 reader 直到碰到換行符號為止 (讀取一行文字)
    line, err := reader.ReadString('\n')
    fmt.Print(line)
    if err == io.EOF {  // 若已讀到檔案結尾就結束
        break
    }
}
```

執行結果

```
PS F1741\Chapter12\Example12.08> go run .
檔案內容:
Golang programming language
Go 技術者們
```

bufio 套件其實還有很多能讀取檔案的方式, 不過本書就只介紹到這裡。

12-5-7　刪除檔案

最後, 如果想刪除檔案, 可以使用 os.Remove() 函式:

```
func Remove(name string) error
```

它在刪除成功時會傳回值為 nil 的 error, 但我們在此就不替它舉例了。

12-6 最完整的檔案開啟與建立功能：os.OpenFile()

現在我們看過了各種寫入檔案、建立／開啟檔案、以及讀取檔案的方法，這些已經足夠應付大多數的狀況。但若你希望在開啟檔案時能指定更特定的行為，例如限制它採用唯讀或唯寫模式、要附加還是先清空其內容等，就得用 **os.OpenFile()** 函式：

```
func OpenFile(name string, flag int, perm FileMode) (*File, error)
```

成功開啟檔案時，OpenFile() 會傳回代表檔案的 os.File 結構。參數 name 是檔名，而 perm 參數我們前面有看過，就是要指定給新檔案的權限 (八進位數) ——若要開啟的檔案不存在，而且允許新建檔案時，新檔案就會套用這個權限。

最特別的是 flag 參數，它能決定檔案開啟後可進行哪些操作。os 套件中定義了一系列相關的常數：

```
// https://golang.org/pkg/os/#pkg-constants
const (
    // 你必須指定 O_RDONLY, O_WRONLY 或 O_RDWR 其中之一
    O_RDONLY int = syscall.O_RDONLY // 將檔案開啟為唯讀模式
    O_WRONLY int = syscall.O_WRONLY // 將檔案開啟為唯寫模式
    O_RDWR   int = syscall.O_RDWR   // 將檔案開啟為可讀寫模式
    // 使用 | 算符來連接以下旗標
    O_APPEND int = syscall.O_APPEND // 將寫入資料附加到檔案尾端
    O_CREATE int = syscall.O_CREAT  // 檔案不存在時建立新檔案
    O_EXCL   int = syscall.O_EXCL   // 配合 O_CREATE 使用，確保檔案不存在
    O_SYNC   int = syscall.O_SYNC   // I/O 同步模式（等待儲存裝置寫入完成）
    O_TRUNC  int = syscall.O_TRUNC  // 在開啟檔案時清空內容
)
```

這些旗標可以串聯使用，改變檔案在不同情況下的操作行為。下面我們就來看個例子：

```go
package main

import (
    "os"
    "time"
)

func main() {
    // 建立或開啟檔案 (見下說明)
    f, err := os.OpenFile("junk.txt", os.O_CREATE|os.O_APPEND|os.O_WRONLY, 0644)
    if err != nil {
        panic(err)
    }
    defer f.Close()

    f.Write([]byte(time.Now().String() + "\n"))
}
```

在以上範例中，OpenFIle() 函式使用了三個旗標：**os.O_CREATE**（新建）、**os.O_APPEND**（附加）以及 **os.O_WRONLY**（唯寫），並用『|』算符串聯。

下表展示了這些旗標的串聯效果：

旗標	效果
os.O_CREATE	使用預設的可讀寫模式 (O_RDWR 的值為 0)。如果檔案不存在, 新建一個檔案。如果已經存在, 則沒有動作 (寫入資料時會從頭覆蓋既有資料)
os.O_CREATE | os.O_WRONLY	同上, 但指定為唯寫模式
os.O_APPEND | os.O_WRONLY	指定為唯寫模式, 並將寫入內容附加到檔案結尾。如果檔案不存在則傳回 error
os.O_CREATE | os.O_APPEND | os.O_WRONLY	指定為唯寫模式, 並將寫入內容附加到檔案結尾。如果檔案不存在, 就新建一個檔案

 小編註：如果只是要開啟檔案 (使用唯讀模式), 使用 os.Open() 函式即可。

現在來執行程式幾次：

```
PS F1741\Chapter12\Example12.09> go run .
PS F1741\Chapter12\Example12.09> go run .
PS F1741\Chapter12\Example12.09> go run .
```

專案目錄下會新增一個 junk.txt，而且會寫入目前時間的字串。你只要重複執行程式，junk.txt 內的時間字串就會逐漸增加，因為我們使用了 O_APPEND 旗標：

Chapter12\Example12.08\junk.txt

```
2021-05-03 11:20:05.9478456 +0800 CST m=+0.004679901
2021-05-03 11:20:11.1598935 +0800 CST m=+0.007662801
2021-05-03 11:20:16.7784619 +0800 CST m=+0.009502601
```

練習：檔案備份

我們在處理檔案時，可能三不五時都得備份檔案，甚至得紀錄過去修改過的歷史版本。在這次練習中，我們要把一個既存的文字檔 note.txt 的內容拷貝到備份檔 backupFile.txt ——而且寫入的內容還不能覆蓋既有資料，必須附加在檔案結尾才行。

以下是本練習使用的 note.txt 內容：

Chapter12\Exercise12.02\note.txt

```
1. Get better at coding.
note 1
note 2
note 3
note 4
note 5
note 6
note 7
note 8
note 9
note 10
```

此外在使用 os.Open() 開啟 note.txt 時，假如檔案不存在，也得傳回一
個自訂 error 值。

```go
Chapter12\Exercise12.02\main.go

package main

import (
    "errors"
    "fmt"
    "io"
    "os"
    "time"
)

// 自訂 error
var ErrWorkingFileNotFound = errors.New("查無工作檔案")

func main() {
    workFileName := "note.txt"
    backupFileName := "backup.txt"
    err := writeBackup(workFileName, backupFileName)
    if err != nil {
        panic(err)
    }
}

// 備份檔案的函式
func writeBackup(work, backup string) error {
    workFile, err := os.Open(work)  // 開啟工作檔
    if err != nil {
        if errors.Is(err, os.ErrNotExist) {
            return ErrWorkingFileNotFound  // 查無工作檔，傳回自訂 error
        }
        return err
    }
    defer workFile.Close()  // 在備份結束後關閉工作檔

    backFile, err := os.OpenFile(backup, os.O_CREATE|os.O_APPEND | 接下行
        os.O_WRONLY, 0644)  // 開啟備份檔，沒有就建立一個，資料附加到結尾
    if err != nil {
        return err
    }
    defer backFile.Close()  // 在備份結束後關閉備份檔    接下頁
```

```
    content, err := io.ReadAll(workFile)   // 讀取工作檔內容
    if err != nil {
        return err
    }

    // 把一行日期和工作檔內容寫入備份檔
    backFile.WriteString(fmt.Sprintf("[%v]\n%v", time.Now().String(),
string(content)))
    if err != nil {
        return err
    }

    return nil
}
```

這個練習運用了前面提過的 os.Open()、io.ReadAll() 和檔案結構的 WriteString() 方法來備份來源工作檔案。為了確保原有的備份資料不會被覆蓋，我們必須使用 os.OpenFile() 來指定它的寫入旗標之一為 os.O_APPEND。

現在來執行程式，然後檢視 backup.txt 的結果：

執行結果

```
PS F1741\F1741\Chapter12\Exercise12.02> go run .
```

Chapter12\Exercise12.02\backup.txt

```
[2021-05-03 12:23:24.2518402 +0800 CST m=+0.004928101]
1. Get better at coding.
note 1
note 2
note 3
note 4
note 5
note 6
note 7
note 8
note 9
note 10
```

你可以試著修改 note.txt 的內容，然後重複執行以上練習題。你會發現程式將新版的工作檔內容複製到 backup.txt 的尾端，並且還記錄了備份的時間。

用 log 套件將日誌訊息寫入文字檔

第 9 章曾介紹過 log 套件，當時提過你可以建立自己的 logger 日誌物件，甚至能將訊息輸出到檔案而不是主控台。

下面就是個簡單的範例，展示你能如何做到這一點：

```
package main

import (
    "fmt"
    "log"
    "os"
    "time"
)

func main() {
    // 建立或開啟一個日誌檔
    // 其名稱為 log-年-月-日.txt, 以當下時間為準
    logFile, err := os.OpenFile(
        fmt.Sprintf("log-%v.txt", time.Now().Format("2006-01-02")), 接下行
        os.O_CREATE|os.O_APPEND|os.O_WRONLY, 0644)
    if err != nil {
        panic(err)
    }
    defer logFile.Close()
    // 建立 logger, 寫入對象為前面開啟的檔案
    logger := log.New(logFile,"log:", log.Ldate|log.Lmicroseconds|log.Llongfile)
    // 將日誌輸出到檔案
    logger.Println("log message")
}
```

這裡也運用了第 10 章的 time 套件，將執行當天的日期變成 log 檔的檔名。這麼一來有大量的日誌檔時，就能夠根據日期分類和排序。

接下頁

執行程式後, logger 『印出』的任何東西便會寫入到你用 os.OpenFile() 開啟的檔案中,例如:

```
log-2021-05-03.txt

 log: 2021/05/03 14:41:37.918154 C:/路徑/main.go:19: log message
```

12-7 處理 CSV 格式檔案

除了純文字檔和上一章的 JSON 資料以外,程式最常存取的檔案格式之一就是 CSV (comma-separated value, 逗號分隔值)。CSV 本身是純文字,但使用逗號來分隔每一直行 (column) 或欄位的值, 而每一橫列 (row) 則以每一行結尾的換行符號區隔。

以下是個典型的 CSV 格式資料:

```
firstName,lastName,age  ← 結尾換行
Celina,Jones,18         ← 結尾換行
Cailyn,Henderson,13     ← 結尾換行
Cayden,Smith,42         ← 結尾換行
```

第一行是標頭 (header), 即各行或欄位的名稱。若你將以上文字儲存成 .csv 檔, 並使用試算表軟體開啟, 會看到類似如下的呈現:

firstName	lastName	age
Celina	Jones	18
Cailyn	Henderson	13
Cayden	Smith	42

 小編註:通常 CSV 的分隔符號是半形逗號, 但有時依據需要, 也可能用空格或 tab (\t) 等字元。

12-7-1 走訪 CSV 檔內容

CSV 檔案實在太常見了，讀者們遲早都會碰到它。而 Go 語言也提供了個標準函式庫 **encoding/csv**，可用來解析 CSV 格式資料：

```
func NewReader(r io.Reader) *Reader
```

就和 bufio 套件一樣，csv 套件的 NewReader() 接收一個 io.Reader 介面型別，然後傳回 **csv.Reader** 結構。

此結構的 Read() 方法能用來讀取 csv 資料的一行內容，並將其轉換成 [] string 切片：

```
func (r *Reader) Read() (record []string, err error)
```

不同於 bufio.Reader 的 ReadString() 方法，csv 套件會自動判斷結尾的換行符號。但這行文字會以字串切片的形式傳回，下一小節我們會再看這點該怎麼利用。

下面的範例要從一個名為 data.csv 的檔案讀取 CSV 資料，其內容如下：

Chapter12\Example12.10\data.csv

```
firstName,lastName,age
Celina,Jones,18
Cailyn,Henderson,13
Cayden,Smith,42
```

只要開啟這個檔案，就能將 os.File 結構傳給 csv.NewReader() 來建立我們所需的物件：

```go
package main

import (
    "encoding/csv"
    "fmt"
    "io"
    "strings"
)

func main() {
    file, err := os.Open("data.csv")  // 開啟 CSV 檔案
    if err != nil {
        panic(err)
    }
    defer file.Close()

    reader := csv.NewReader(file)  // 取得 csv.Reader 結構
    for {
        record, err := reader.Read()  // 從 csv.Reader 讀取一行資料
        if err == io.EOF {  // 遇到檔案結尾錯誤，就離開迴圈
            break
        }
        if err != nil {
            fmt.Println(err)
            continue
        }
        fmt.Println(record)  // 印出該行資料
    }
}
```

以下是執行此範例會得到的結果：

執行結果

```
PS F1741\Chapter12\Example12.10> go run .
[firstName lastName age] ◄── CSV 標頭
[Celina Jones 18]
[Cailyn Henderson 13]
[Cayden Smith 42]
```

12-7-2 讀取每行資料各欄位的值

你這時也許會心想：既然可以讀出一行資料，那有辦法抽取出個別欄位的值嗎？可以跳過標頭嗎？這其實也很簡單。

如前所提，csv.Reader 的 Read() 方法會傳回 []string 切片。csv 套件會以半形逗號為依據，將各欄位轉成字串切片的不同元素：索引 0 是左邊數來第一個欄位，索引 1 則是第二個 ... 以此類推。所以只要事先知道 CSV 檔的欄位組成，就很容易取出想要的東西了。

索引 0	索引 1	索引 2
firstName	lastName	age
Celina	Jones	18

至於跳過標頭，我們可以加入一個布林變數做為開關，在 for 迴圈第一次執行時選擇不印出東西。

修改過的程式碼如下：

修改 Chapter12\Example12.10

```go
package main

import (
    "encoding/csv"
    "fmt"
    "io"
    "strings"
)

const (
    firstName = iota  // CSV 欄位索引
    lastName
    age
)

func main() {
    file, err := os.Open("data.csv")
```

接下頁

```
    if err != nil {
        panic(err)
    }
    defer file.Close()

    header := true  // 標頭開關
    reader := csv.NewReader(file)
    for {
        record, err := reader.Read()
        if err == io.EOF {
            break
        }
        if err != nil {
            fmt.Println(err)
            continue
        }
        if header {
            header = false
            continue  // 跳過第一行 (標頭)
        }
        fmt.Println("--------------------")
        fmt.Println("First name:", record[firstName])
        fmt.Println("Last name :", record[lastName])
        fmt.Println("Age       :", record[age])
    }
}
```

執行結果如下：

執行結果

```
PS F1741\Chapter12\Example12.10> go run .
--------------------
First name: Celina
Last name : Jones
Age       : 18
--------------------
First name: Cailyn
Last name : Henderson
Age       : 13
--------------------
```
接下頁

```
First name: Cayden
Last name : Smith
Age       : 42
```

 小編補充：csv.Reader 結構的 Comma 屬性可以用來指定 CSV 資料的分隔符號，例如『reader.Comma = "\t"』。該屬性為 rune 型別，因此可以是任何合法字元，但不可使用換行字元 \n 或回車字元 \r。

下面的延伸習題將結合本章開頭的旗標功能，撰寫一支能讓使用者重複使用、處理 CSV 檔案並輸出 log 日誌檔的 Go 程式。

▶ 延伸習題 12.01：解析銀行交易 CSV 檔

12-8 本章回顧

在本章中，我們學到了 Go 語言如何允許我們使用旗標來傳遞參數給程式，並讓程式偵測到作業系統的中斷訊號。接著，我們看到標準函式庫 os、io、bufio 提供了一系列建立、開啟、讀取和寫入檔案的功能，甚至可用 csv 套件來解析 CSV 格式資料的欄位。

但是，一般文字檔或 CSV 檔並不是你唯一能儲存和管理資料的方式。下一章我們將來看 Go 語言如何能連接和操作資料庫，並對資料庫執行 SQL 敘述。這種在後台存取資料的能力，對於本書後面的 HTTP 相關應用及並行性運算來說，都是非常有幫助的。

MEMO

13
Chapter

SQL 與資料庫

/本章提要/

本章的目標在於讓讀者了解, 如何透過 Go 語言
連接 SQL 資料庫並進行基本的操作。

各位會先從如何連接資料庫學起, 然後是怎麼在
資料庫中建立資料表、並對資料表做新增、查
詢、更新與刪除動作, 最後則是如何清空和移除
資料表。

13-1 前言

在前一章中，我們學到如何在 Go 語言與程式所在的系統互動，以及如何讀寫本機檔案。然而在現實世界中，**資料庫 (database)** 也是很重要的資料來源，而且不僅能放在本地端，更能從遠端供人存取。有些像是微軟 Azure 或亞馬遜 AWS 也提供了雲端資料庫服務。

這一章不會深入講解資料庫本身的管理及 SQL 語言，主要用意還是在展示 Go 語言是如何連接 SQL 資料庫，讓各位能夠擴展技能、成為更上一層樓的 Go 語言開發人員。

 小編註：欲進一步了解 SQL 語言者, 可參閱旗標出版社的 **從零開始！邁向數據分析 SQL 資料庫語法入門** 一書。

Go 語言使用一種更高階的方式來連接資料庫，也就是使用標準套件的 **database/sql** 做為 API，而 API 底下才會連接到資料庫需要的驅動程式，例如 MySQL、Postgres、DB2、ODBC 等等。大部分資料庫都有原生的 Go 語言驅動程式套件可下載；當然也有少數需要額外套件，例如以純 C 語言實作的 SQLlite3 驅動程式，就需要你安裝 GCC 工具 (第 16 章會再提到)。

之所以要使用這種 API／驅動程式的架構，是為了以 Go 語言為統一抽象介面，使任何人無須了解資料庫的溝通細節就能操作它們。你只需在一開始匯入正確的驅動程式和登入資料庫，在這之後的控制過程就是完全一樣的。

舉個例子：假如你有個專案是使用 MySQL 資料庫，但隨著時間進展發現它逐漸不敷需求，想要換成亞馬遜的 AWS Athena 雲端資料庫。若你在專案中使用 MySQL 專屬的驅動程式介面來寫程式，那麼這下就得花大量時間改寫成另一種驅動程式的版本了！然而，若你一開始就透過 database/sql 介面，那麼只需更換驅動程式即可。你不僅可省下大量時間，更可免於修改程式碼而意外引入新臭蟲的難題。

13-2 安裝 MySQL 資料庫

Go 語言能連接的資料庫種類很多，不過本章我們將以其中一種最受歡迎的開源資料庫 MySQL 為例。在安裝好之後，你的系統就會自動執行 MySQL 伺服器，讓其他應用程式能夠連結它。

13-2-1 安裝 MySQL Server

在 Linux 安裝 MySQL Server

在 Linux 安裝 MySQL 相當簡單。下面以 Ubuntu 20.04 LTS 64 位元為例，打開終端機並輸入以下指令，即可安裝 MySQL Server：

```
sudo apt-get install mysql-server
```

 小編註：注意 MySQL 也有針對某些 Linux 平台提供其他安裝方式。詳情請參閱 https://dev.mysql.com/downloads/。

在 Windows 安裝 MySQL Server

本章的示範環境為 Windows 10 64 位元及 MySQL 8.0.25。Windows 使用者可到 https://dev.mysql.com/downloads/ 點選『MySQL Installer for Windows』下載 MySQL Server。

 小編註：在安裝之前，請確定您的電腦名稱使用英文（控制台→系統→重新命名此電腦）；中文名稱會導致 MySQL Server 無法正確啟動。

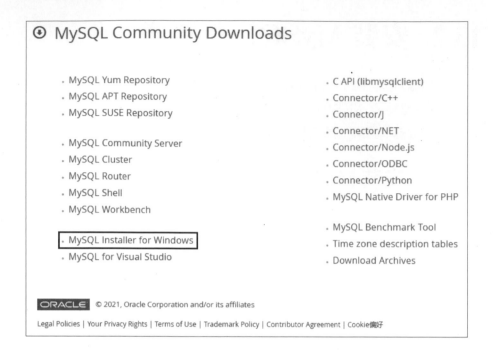

接著下載安裝程式，選擇體積較小的版本。但若你打算完整安裝所有功能，也可下載另一個版本。(MySQL 僅有 32 位元版本，但可於 64 位元系統執行。)

於下個畫面點選下圖的連結來下載檔案：

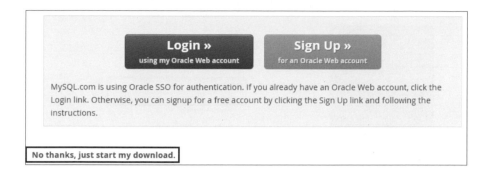

啟動安裝程式，然後選擇『Server only』。在本章我們只會用到這個功能，但你也可自行安裝其他項目。

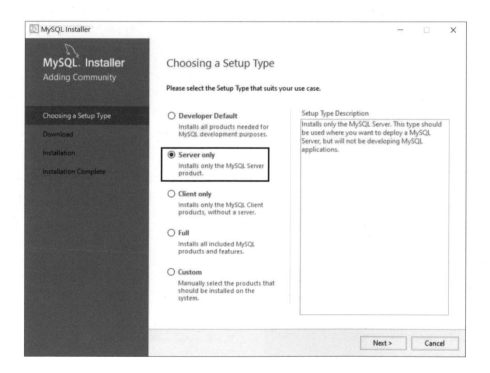

在下載並安裝好 MySQL Server 後，一直按 Next 繼續，最後來到資料庫的帳號設定畫面：

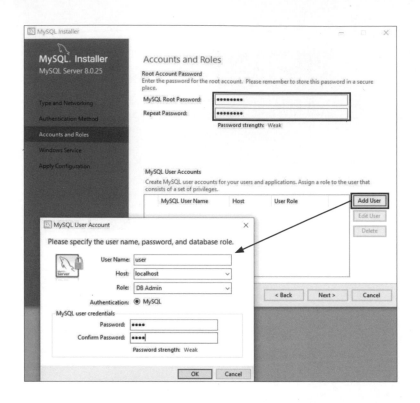

在畫面頂端輸入 root 帳號的密碼, 此外你也可新增一個在 Go 程式中要使用的使用者帳號 (但稍後你仍然能透過 MySQL 命令列客戶端來新增)。為了示範起見, 這裡我們新增一個使用者叫 **user**, 主機為 **localhost**, 密碼為 **1234**。MySQL 預設的本機通訊埠為 **3306**, 我們就不更動它。

在最後一個畫面中, 讓安裝程式啟動 MySQL 伺服器, 便能完成安裝。

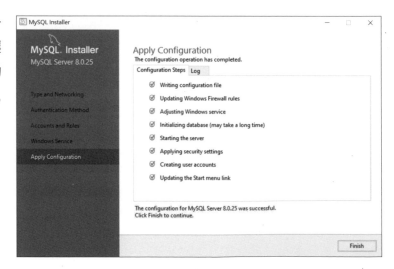

13-2-2 新增資料庫使用者

無論是 Windows 還是 Linux 使用者，你都需要新增至少一個權限足夠的使用者，而這可透過 MySQL 命令列客戶端來操作。

❑ Windows 使用者請執行開始選單 → **MySQL** → **MySQL 8.0 Command Line Client** → 輸入 root 密碼。

❑ Linux 使用者請在終端機執行 **sudo mysql -u root -p** → 輸入 root 密碼。

這會進入 MySQL monitor 的提示字元：

```
Welcome to the MySQL monitor.  Commands end with ; or \g.
Your MySQL connection id is 17
Server version: 8.0.25 MySQL Community Server - GPL

Copyright (c) 2000, 2021, Oracle and/or its affiliates.

Oracle is a registered trademark of Oracle Corporation and/or its
affiliates. Other names may be trademarks of their respective owners.

Type'help;'or'\h'for help. Type'\c'to clear the current input statement.

mysql>
```

Linux 系統的 MySQL root 密碼

以上 Linux 指令會以 root 帳號來登入 MySQL, 但 MySQL 安裝時 root 的密碼是空的, 這使得任何人都能隨意登入 MySQL。為了安全起見, 使用者應該在 MySQL monitor 內如下修改密碼：

```
mysql> ALTER USER 'root'@'localhost' IDENTIFIED WITH 接下行
mysql_native_password BY '新密碼';
```

接下頁

接著令設定生效：

```
mysql> FLUSH PRIVILEGES;
```

在這之後你就可用 **sudo mysql -u root -p** 或 **mysql -u root -p** 登入, 而且必須用前面指定的密碼。

下面我們來建立一個新使用者, 為了示範起見取名為 **user**, 密碼為 **1234** (若你是 Windows 使用者並在前面已經建立過使用者 user, 可跳過這個步驟) :

```
mysql> CREATE USER 'user'@'localhost' IDENTIFIED BY '1234';
```

接著賦予 user 完整操作權限 :

```
mysql> GRANT ALL PRIVILEGES ON * . * TO 'user'@'localhost';
```

最後確保設定生效 :

```
mysql> FLUSH PRIVILEGES;
```

關閉主控台, 或在 MySQL 主控台輸入 **\q** 來結束之。

13-2-3　建立一個 MySQL 資料庫

以上步驟只是建立了個 MySQL 伺服器而已, 我們還得給它新增一個資料庫 (database), 才能在裡面新增資料表。這同樣可透過 MySQL 命令列客戶端來進行 :

```
mysql> CREATE DATABASE mysqldb;
```

這會建立一個叫做『mysqldb』的資料庫。

13-2-4 下載 Go 語言的 MySQL 驅動程式

你可以在以下網址找到針對不同資料庫的 Go 語言驅動程式套件：

```
https://github.com/golang/go/wiki/SQLDrivers
```

本章我們使用 MySQL，因此會使用驅動程式 https://github.com/go-sql-driver/mysql。依照該頁面指示，你可在主控台用 go get 來下載它，這和你在第 8 章下載第三方套件的方式一樣：

```
go get -u github.com/go-sql-driver/mysql
```

 小編註：**-u** 參數表示若系統內已經有舊版, Go 語言也會更新此套件以及它用到的相依套件。

13-3 以 Go 語言連接資料庫

經過了以上步驟後，連接資料庫其實是這整個過程中最容易的一件事。但我們必須先記住幾件事：為了連接任何資料庫，你必須先準備四件事：

1. 可供連接的資料庫伺服器

2. 使用者帳號

3. 使用者密碼

4. 特定操作的權限

各位可以將資料庫伺服器看成一個房子，有特定的位址，而使用者帳號與密碼就像是開門的鑰匙。至於使用者跨過門檻後能做什麼，則取決於他得到的許可 (操作資料庫的權限)。資料庫權限會包括能否查詢、插入或移除資料，還有能否建立或刪除表格等等。

一旦你完成前一節的準備動作，就可以開始撰寫 Go 程式了。首先是匯入相關套件：

```
import (
    "database/sql"

    _ "github.com/go-sql-driver/mysql"
)
```

其中第一行 database/sql 即為 Go 內建的資料庫 API，而第二行則是匯入我們下載的 MySQL 驅動程式。注意到驅動程式前面有個底線 _，意思是讓該套件使用底線為別名，因為我們並不會直接使用 mysql 套件，只是要匯入它而已。(若你匯入的套件有包含名稱，卻未呼叫它的功能，這就會在編譯時產生錯誤。)

匯入套件後，我們就能來準備連接資料庫：

```
db, err := sql.Open("mysql", "user:1234@tcp(localhost:3306)/ 接下行
mysqldb?charset=utf8")
```

以上函式值得注意，因為它是 database/sql 套件提供的通用 API，第一個參數是驅動程式名稱，而第二參數則是資料來源名稱 (data source name)：

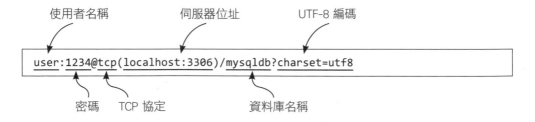

要注意的是，sql.Open() **並不會**真正連線到資料庫，而是傳回一個 sql.DB 結構給我們使用。各位也會注意到它會傳回一個 error，這可用來檢查我們提供的驅動程式及資料來源名稱格式是否有誤：

```
if err != nil {
    panic(err)
}
fmt.Println("DB 結構已建立")
```

接著我們得檢查資料庫是否可正確連線，因為 sql.Open() 並不知道你提供的帳號與密碼是否正確。此外，若你的程式會長時間運作，也有可能遇到資料庫伺服器斷線或網路不穩問題，因此你在任何操作前都應該先檢查資料庫的可連線狀態：

```
err = db.Ping()
if err != nil {
    panic(err)
}
fmt.Println("資料庫連線成功")
```

而在用完資料庫後，你可以關閉資料庫連線。正常情況下你並不需要這麼做；sql.DB 會在你的 Go 程式結束後自動關閉所有連線，此外你也有可能想在程式的不同地方重複使用它。話說回來，若資料庫 (例如來自某個大型企業環境) 會同時被數千人存取，而你對資料庫的操作不算頻繁、也只限於一個函式的範圍，那麼你就應該在函式結束時關閉資料庫連線：

```
defer db.Close()
```

⚡ 注意 ╱ 以上程式放在範例 Example13.01 中, 各位可用來測試你的 MySQL 及驅動程式是否安裝正常。但請記住, 在建立各位自己的專案時, 得建立 go.mod 並加入資料庫相關套件的路徑 (參閱第 8 章)。若要執行本書專案, 則請先執行 go mod tidy 來確保專案能找到套件。

附帶一提, sql.DB 結構也可安全地用於並行性運算 (並行性運算的主題在第 16 章會介紹)。

13-4 建立、清空和移除資料表

確認資料庫連線正常後，接著我們就要來替它建立資料表 (table)。

建立資料表的目的，是要用一個抽象容器來存放彼此相關的資料；這些資料有可能是員工出勤記錄、獲利趨勢跟統計數據等等，而不管資料是什麼，其共通的目的都是要讓應用程式讀取和解析之。建立資料表的 SQL 語法一般如下：

```
CREATE TABLE <資料表名稱> (
  <欄位 1 名稱> <資料型別> <限制>,
  <欄位 2 名稱> <資料型別> <限制>,
  <欄位 3 名稱> <資料型別> <限制>,
  ...
);
```

SQL (Structured Query Language, 結構化查詢語言) 是一種用來操作 **關聯式資料庫 (relational database)** 系統的統一標準語言，像是 MySQL、Postgres、DB2 都屬於這類資料庫，因此你能用完全相同的方式操作它們。

注意 本書不會介紹其他類型資料庫的用法, 例如使用 JSON 格式資料的 NoSQL。

『CREATE TABLE』是用來建立新資料表的 SQL 語法，你得指定資料表名稱、以及每個欄位的名稱和型別，外加欄位可能有的限制。幾種常見的資料型別如右：

INT (整數, 也可寫成 INTEGER)
FLOAT (浮點數)
DOUBLE (雙精確度浮點數)
VARCHAR (字串, 需指定長度)

欄位的限制因資料庫系統而異，不過常見的幾種如下：

NOT NULL (不得為 NULL 值)
UNIQUE (必須是獨一無二的值)
PRIMARY KEY (資料表主鍵)
FOREIGN KEY (資料表外鍵,即另一個資料表的主鍵)

而我們不但可建立資料表 , 也可以清空資料表、移除其中的全部資料 :

```
TRUNCATE TABLE <資料表名稱>;
```

或者你可以把資料表從資料庫中移除 :

```
DROP TABLE <資料表名稱>;
```

在 MySQL 建立資料表

在這個範例中 , 我們要替 mysqldb 資料庫新增一個資料表叫做 employee, 只有兩個欄位 :

id	員工代號 (整數)
name	員工名稱 (字串, 長度 20)

Chapter13\Example13.02

```go
package main

import (
    "database/sql"
    "fmt"

    _ "github.com/go-sql-driver/mysql"
)

func main() {
    db, err := sql.Open("mysql", "user:1234@tcp(localhost:3306)/ 接下行
        mysqldb?charset=utf8")

    if err != nil {
        panic(err)
    }
    defer db.Close()
    fmt.Println("sql.DB 結構已建立")

    err = db.Ping()
    if err != nil {
        panic(err)      接下頁
```

```
    }
    fmt.Println("資料庫連線成功")

    // 建立資料表 employee 的 SQL 指令
    // 欄位 id 為數字, 不得為 NULL 且不能重複
    // 欄位 name 為長度 20 的字串
    DBCreate := `
    CREATE TABLE employee
    (
        id INT NOT NULL UNIQUE,
        name VARCHAR(20)
    );`

    _, err = db.Exec(DBCreate)  // 執行 SQL 指令
    if err != nil {
        panic(err)
    }
    fmt.Println("表格 employee 已建立")
}
```

執行結果如下：

執行結果

```
PS F1741\Chapter13\Example13.02> go run .
sql.DB 結構已建立
資料庫連線成功
表格 employee 已建立
```

讓我們分析一下以上的程式碼。首先和範例 Example 13.01 一樣，以使用者 user 和密碼 1234 連接資料庫 mysqldb，接著用一個字串來定義我們要使用的 SQL 指令，再用 db.Exec() 方法執行它。Exec() 會傳回兩個值，第一個是 SQL 指令的執行結果，然後是 error 值：

```
func (db *DB) Exec(query string, args ...interface{}) (Result, error)
```

執行結果會指出 SQL 指令影響了資料庫多少筆資料,但在此我們不需要知道,故用底線 _ 跳過該傳回值。只要傳回的 error 值為 nil,便代表資料表新增成功。

在 MySQL 命令列客戶端檢視表格資料表及移除之

在執行以上範例後,你也可以於 MySQL 客戶端命令列選擇資料庫 mysqldb,並執行
『SHOW TABLES;』 來瀏覽資料庫內的資料表:

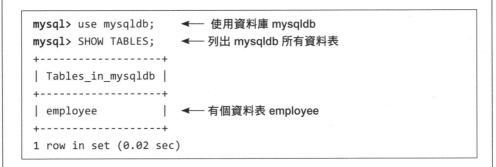

```
mysql> use mysqldb;        ← 使用資料庫 mysqldb
mysql> SHOW TABLES;        ← 列出 mysqldb 所有資料表
+-------------------+
| Tables_in_mysqldb |
+-------------------+
| employee          |  ← 有個資料表 employee
+-------------------+
1 row in set (0.02 sec)
```

說穿了,MySQL 命令列客戶端允許你直接輸入 SQL 指令來操作它。這表示你也可以
透過命令列客戶端來移除資料表:

```
mysql> DROP TABLE employee; ← 移除資料表
Query OK, 0 rows affected (0.06 sec)
```

 請注意,你每次啟動 MySQL 命令列客戶端時,必須記得先用『use <資料庫名稱>』
才能操作該資料庫內的資料表。

現在資料庫可以連接、也建好一個資料表,該試著塞一些資料進去了。

13-5 插入資料

在 Go 語言中，對資料表插入新資料的動作分成兩個階段：先用 sql.DB 結構的 **Prepare()** 產生**參數化查詢敘述 (prepared statement)**，也就是個 **sql. Stmt** 結構，再透過這個來實際操作資料庫。但為何要這樣呢？

當很久以前網頁應用程式開始使用關聯式資料庫為後台時，有人發展出了稱為 **SQL 注入 (SQL Injection)** 的漏洞攻擊手法。舉個例，有個網站會請使用者輸入帳號與密碼，然後用 SQL 指令去資料庫尋找相符的資料。這個 SQL 指令可能類似這樣：

```
"SELECT <密碼> FROM <帳號資料表> WHERE <帳號名稱>=<使用者輸入的名稱>;"
```

密碼通常會先加密過，然後在查詢出來時轉譯。無論如何，只要查出來的密碼和使用者輸入的相符，就代表身分驗證通過。問題就在於，攻擊者可以故意輸入『< 名稱 > OR '1'='1'』或類似的字串，使得網站用來查詢資料庫的 SQL 指令變成如下：

```
"SELECT <密碼> FROM <帳號資料表> WHERE <帳號名稱>=<名稱> OR '1'='1';"
```

由於 '1'='1' 必然為真，這使得前面的名稱檢查條件因 OR 算符而失去作用，結果就傳回資料表中**所有的**密碼、導致個資外洩。

參數化查詢是目前公認防範 SQL 注入最有效的辦法，因為資料庫會先將 SQL 指令編譯成位元組碼，然後才透過參數將值放進需要的地方。也就是說，就算傳入參數的值帶有 SQL 指令，它也不會被資料庫執行。這麼做更能提高 SQL 的執行效率，因為一部分的指令已經事先編譯好了。

在 MySQL 資料表插入資料

以下範例會在之前建立的 employee 資料表中新增一筆資料：

id	name
305	Sue

```go
package main

import (
    "database/sql"
    "fmt"

    _ "github.com/go-sql-driver/mysql"
)

func main() {
    db, err := sql.Open("mysql", "user:1234@tcp(localhost:3306)/ 接下行
        mysqldb?charset=utf8")

    if err != nil {
        panic(err)
    }
    defer db.Close()
    fmt.Println("sql.DB 結構已建立")

    err = db.Ping()
    if err != nil {
        panic(err)
    }
    fmt.Println("資料庫連線成功")

    // 準備參數化查詢敘述
    insertStmt, err := db.Prepare("INSERT INTO employee (id, name) 接下行
        VALUES (?, ?);")
    if err != nil {
        panic(err)
    }
    defer insertStmt.Close()   // 在程式結束時關閉參數化查詢敘述
    _, err = insertStmt.Exec(305, "Sue")   // 新增一筆資料
    if err != nil {
        panic(err)
    }
    fmt.Println("成功插入資料 305, Sue")
}
```

```
PS F1741\Chapter13\Example13.03> go run .
sql.DB 結構已建立
資料庫連線成功
成功插入資料 305, Sue
```

來解釋一下上面發生了什麼事。首先是插入資料的 SQL 指令：

```
"INSERT INTO employee(id, name) VALUES (?, ?);"
```

為了避免 SQL 注入攻擊，要填入的值先寫成問號 (?) 代表參數，並由 db.Prepare() 編譯和傳回 insertStmt 結構。在第二步驟中，insertStmt. Exec() 會將填入的值放進上述的 INSERT 指令中問號 (?) 的所在位置。

⚡
\注意/ 不同資料庫的參數化查詢語法會有點不同。例如, Postgres 資料庫是使用如『$1』、『$2』這樣的符號來代表參數。

此外請注意，參數化查詢敘述 (sql.Stmt 結構) 會占用一些資源，這取決於資料庫類型，有可能是資料庫後端或驅動程式本身的資源。因此在用完 sql.Stmt 結構後，你就**應該**用 Close() 關閉它來釋放資源。

13-6 查詢資料

資料表的查詢分成兩類，一種是沒有參數、從資料表中取出大量資料用的，另一種則會有篩選條件，通常用來找出特定一筆符合的資料。下面我們就來看這兩種情境的範例。

13-6-1 查詢並印出整個資料表內容

在以下範例中，我們假設你已經在資料表 employee 新增了四筆資料 (不過就算只有一筆資料，範例程式也能運作)：

id	name
305	Sue
204	Bob
631	Jake
73	Tracy

這個範例會查詢 employee 的整個內容，並逐次印出每一筆資料各欄位的值：

Chapter13\Example13.04

```
package main

import (
    "database/sql"
    "fmt"

    _ "github.com/go-sql-driver/mysql"
)

type employee struct {  // 用來記錄 employee 一筆資料的結構
    id   int
    name string
}

func main() {
    db, err := sql.Open("mysql", "user:1234@tcp(localhost:3306)/  接下行
        mysqldb?charset=utf8")

    if err != nil {
        panic(err)
    }
    defer db.Close()
    fmt.Println("sql.DB 結構已建立")

    err = db.Ping()
    if err != nil {
        panic(err)
    }
    fmt.Println("資料庫連線成功")

    // 查詢資料表，傳回 sql.Rows
    rows, err := db.Query("SELECT * FROM employee")    接下頁
```

```go
    if err != nil {
        panic(err)
    }
    defer rows.Close()  // 在程式結束時關閉 Rows
    fmt.Println("資料表查詢成功")

    for rows.Next() {  // 走訪 Rows
        e := employee{}
        err := rows.Scan(&e.id, &e.name)  // 讀出一筆資料
        if err != nil {
            panic(err)
        }
        fmt.Println(e.id, e.name)  // 印出資料
    }
    err = rows.Err()  // 檢查 Rows 有無遭遇其他錯誤
    if err != nil {
        panic(err)
    }
}
```

執行結果

```
sql.DB 結構已建立
資料庫連線成功
資料表查詢成功, 列出 employee 內容...
73 Tracy
204 Bob
305 Sue
631 Jake
```

在上面的程式中，我們首先用 db.Query() 來執行 SELECT * FROM employee 指令。和 db.Exec() 方法的差別在於，Query() 會傳回 sql.Rows 結構，用來代表查詢結果的一列列資料：

```go
func (db *DB) Query(query string, args ...interface{}) (*Rows, error)
```

接著我們用 for 迴圈 rows.Next() 來走訪它，迴圈每執行一次 rows 就會指向下一列。這時你便能用 rows.Scan() 來將該列的欄位賦值給變數 (變數的數量必須跟欄位相同)。

13-6-2 查詢符合條件的資料

　　另一種查詢資料的場合，是會設下過濾條件的時候。問題在於，這是另一個有可能遭受 SQL 注入攻擊的情境，因此這裡我們要再度使用 db.Prepare() 來產生參數化查詢敘述。

Chapter13\Example13.05

```go
package main

import (
    "database/sql"
    "fmt"

    _ "github.com/go-sql-driver/mysql"
)

type employee struct {   // 用來記錄 employee 一筆資料的結構
    id   int
    name string
}

func main() {
    db, err := sql.Open("mysql", "user:1234@tcp(localhost:3306)/ 接下行
        mysqldb?charset=utf8")

    if err != nil {
        panic(err)
    }
    defer db.Close()
    fmt.Println("sql.DB 結構已建立")

    err = db.Ping()
    if err != nil {
        panic(err)
    }
    fmt.Println("資料庫連線成功")

    // 產生參數化查詢敘述
    rowStmt, err := db.Prepare("SELECT name FROM employee WHERE id=?")
    if err != nil {
        panic(err)
```

接下頁

```
    }
    defer rowStmt.Close()

    // 用參數化查詢來取出符合的單一一筆資料
    e := employee{id: 305}
    err = rowStmt.QueryRow(e.id).Scan(&e.name)
    if err != nil {
        panic(err)
    }
    fmt.Printf("id=%v 的員工名稱為 %v", e.id, e.name)

}
```

```
PS F1741\Chapter13\Example13.05> go run .
sql.DB 結構已建立
資料庫連線成功
id=305 的員工名稱為 Sue
```

注意到這次我們產生 rowStmt（也是 sql.Stmt 結構）後，用了 **QueryRow()** 方法來查詢。sql.DB 或 sql.Stmt 結構都有 Query() 及 QueryRow() 方法；這兩者的差別在於，QueryRow() 只會傳回**至多一筆**資料 (sql.Row 結構，不是 Rows 結構)。當你只要尋找特定一筆資料時，這樣就很方便，不需要再用迴圈走訪了。

現在我們知道如何從資料庫取出資料，接著該看看如何更新它們。

13-7 更新既有資料

若要更新資料表內的既有資料，辦法跟前面插入資料的動作是很像的：

Chapter13\Example13.06

```
package main

import (
```
接下頁

```go
    "database/sql"
    "fmt"

    _ "github.com/go-sql-driver/mysql"
)

type employee struct {
    id   int
    name string
}

func main() {
    db, err := sql.Open("mysql", "user:1234@tcp(localhost:3306)/ 接下行
        mysqldb?charset=utf8")

    if err != nil {
        panic(err)
    }
    defer db.Close()
    fmt.Println("sql.DB 結構已建立")

    err = db.Ping()
    if err != nil {
        panic(err)
    }
    fmt.Println("資料庫連線成功")

    // 產生參數化查詢敘述
    updateStmt, err := db.Prepare("UPDATE employee SET name=? WHERE id=?")
    if err != nil {
        panic(err)
    }
    defer updateStmt.Close()

    // 將 id 為 204 的員工名字改成 Robert，並執行參數化查詢
    e := employee{204, "Robert"}
    updatedResult, err := updateStmt.Exec(e.name, e.id)
    if err != nil {
        panic(err)
    }
    // 檢查更新時影響了幾筆資料
    updatedRecords, err := updatedResult.RowsAffected()
    if err != nil {
```

接下頁

```
        panic(err)
    }
    fmt.Println("更新資料筆數:", updatedRecords)
}
```

執行結果

```
PS F1741\Chapter13\Example13.06> go run .
sql.DB 結構已建立
資料庫連線成功
更新資料筆數: 1
```

可以看到整個過程跟插入資料幾乎一樣，都是先用 db.Prepare() 產生參數化查詢敘述 updateStmt 之後，再用 updateStmt.Exec() 來執行和傳入參數。不過，這回我們也想檢查 SQL 指令更新資料時影響了幾筆資料，因此會接收 Exec() 的第一個參數，並呼叫它的 **RowsAffected()** 方法：

```
RowsAffected() (int64, error)
```

第一個傳回值即代表受影響的資料數目。

★ 小編補充

下面是執行以上範例後, 在 MySQL 命令列客戶端查詢 employee 資料表內容的結果：

```
mysql> SELECT * FROM employee;
+-----+--------+
| id  | name   |
+-----+--------+
|  73 | Tracy  |
| 204 | Robert |  ◄─── 資料從 Bob 變成 Robert
| 305 | Sue    |
| 631 | Jake   |
+-----+--------+
4 rows in set (0.00 sec)
```

13-8 練習：FizzBuzz 統計表

在本書第 2 章的延伸練習和第 5 章中，我們曾看過 FizzBuzz 這個經典程式練習題。現在我們要更進一步，將它改寫成資料庫的版本，好練習資料表的各種操作：

1. 建立一個資料表 fizzbuzz, 包含兩個欄位：number（整數）及 status（長度 10 的字串）。我們也要在新增資料表之前嘗試刪除它，這樣若有舊的資料表就會被取代。

2. 在該資料表插入 100 筆資料, number 欄位即 1~100, status 欄位設為空字串。

3. 更新資料：根據以下規則來更新資料表：

number	status
15 的倍數	FizzBuzz
3 的倍數	Fizz
5 的倍數	Buzz

4. 最後將 status 欄位是 FizzBuzz 的資料全數刪除，並統計 FizzBuzz 資料表剩下多少筆資料。在資料表中刪除資料的 SQL 語法如下：

```
DELETE FROM employee WHERE id=?
```

Chapter13\Exercise13.01

```
package main

import (
    "database/sql"
    "fmt"

    _ "github.com/go-sql-driver/mysql"
)

func main() {
```

接下頁

```go
db, err := sql.Open("mysql", "user:1234@tcp(localhost:3306)/  接下行
    mysqldb?charset=utf8")
if err != nil {
    panic(err)
}
defer db.Close()
if err := db.Ping(); err != nil {  // 檢查資料庫連線
    panic(err)
}

// 先刪除資料表 fizzbuzz
// 這裡我們忽略錯誤，所以資料表不存在時也不會有問題
DBDrop := "DROP TABLE fizzbuzz;"
db.Exec(DBDrop)

// 新建資料表 fizzbuzz
DBCreate := `
CREATE TABLE fizzbuzz
(
    number INT NOT NULL,
    status VARCHAR(10)
);`
if _, err := db.Exec(DBCreate); err != nil {
    panic(err)
}

// 在 fizzbuzz 插入 100 筆資料
DBInsert := "INSERT INTO fizzbuzz (number, status) VALUES (?, ?);"
insertStmt, err := db.Prepare(DBInsert)  // 產生參數化查詢敘述
for err != nil {
    panic(err)
}
for i := 1; i <= 100; i++ {
    if _, err := insertStmt.Exec(i, ""); err != nil {
        fmt.Println(err)
    }
}
insertStmt.Close()
fmt.Println("插入資料筆數: 100")

// 更新資料表
DBUpdate := "UPDATE fizzbuzz SET status=? WHERE MOD(number, ?)  接下行
    =0 AND status=''"  // SQL 的 MOD() 函式用來計算餘數
updateStmt, err := db.Prepare(DBUpdate)  // 產生參數化查詢敘述
if err != nil {
```
接下頁

```go
        panic(err)
    }
    numbers := []int{15, 3, 5}
    statuses := []string{"FizzBuzz", "Fizz", "Buzz"}
    for i := 0; i < 3; i++ {   // 根據上面的切片來更新三次資料
        updatedResult, err := updateStmt.Exec(statuses[i], numbers[i])
        if err != nil {
            panic(err)
        }
        // 取得每次更新的筆數
        updatedRecords, err := updatedResult.RowsAffected()
        if err != nil {
            panic(err)
        }
        fmt.Println(statuses[i], "更新筆數:", updatedRecords)
    }
    updateStmt.Close()


    // 刪除資料表內 status = "FuzzBuzz" 的項目
    DBDelete := "DELETE FROM fizzbuzz WHERE status=?"
    deleteStmt, err := db.Prepare(DBDelete)
    if err != nil {
        panic(err)
    }
    // 統計刪除筆數
    deletedResult, err := deleteStmt.Exec("FizzBuzz")
    if err != nil {
        panic(err)
    }
    deletedRecords, err := deletedResult.RowsAffected()
    if err != nil {
        panic(err)
    }
    fmt.Println("FizzBuzz 刪除筆數:", deletedRecords)

    // 用 SQL 函式 COUNT() 取得資料表資料筆數
    rowStmt, err := db.Prepare("SELECT COUNT(*) FROM fizzbuzz")
    if err != nil {
        panic(err)
    }
    // 由於只有一個結果，故用 QueryRow() 即可
    var count int
    if err := rowStmt.QueryRow().Scan(&count); err != nil {
        panic(err)
```

接下頁

```
    }
    fmt.Println("資料表總筆數: ", count)
    rowStmt.Close()
}
```

執行結果會如下：

執行結果

```
PS Chapter13\Exercise13.01> go run .
插入資料筆數: 100
FizzBuzz 更新筆數: 6
Fizz 更新筆數: 27
Buzz 更新筆數: 14
FizzBuzz 刪除筆數: 6
資料表總筆數:  94
```

➤ 延伸習題 13.01：解析銀行交易 CSV 檔並寫入資料庫

13-9 本章回顧

　　本章介紹了如何透過 Go 語言操作關聯式資料庫，並提到為何統一的 API 能讓你更有效率地切換到不同資料庫。各位學到如何建立、刪除和修改資料表，以及怎麼從資料表查詢所有資料或符合條件的特定資料，這都可透過 SQL 語言來做到，Go 的 database/sql 套件只是扮演了個介面而已。現在你有了這些知識為後盾，在開發 Go 語言程式時就有充足的能力來解決問題了。

　　資料庫的用途多多，最常見的應用情境包括讀取 CSV 或 XML 檔案和將資料保存在資料庫中，稍後再替報表程式提供整合的資料來源。或者，你能拿資料庫與網路伺服器搭配，建置出可讓遠端使用者讀寫資料的服務。

　　在接下來兩章，我們就要來看如何使用 Go 語言的標準函式庫來打造 HTTP 客戶端與伺服器，這可說是 Go 語言當中最有趣的題材之一了。

使用 Go 的
HTTP 客戶端

／本章提要／

本章將講述如何使用 Go 的 HTTP 客戶端，透過
GET 及 **POST** 請求跟網路上的其他系統溝通。
各位會學到怎麼用客戶端從網路伺服器收發資
料；本章的範例包括上傳一個檔案到伺服器上，
以及使用自訂的 HTTP 客戶端和伺服器互動。

14-1 前言

Go 語言內建了豐富的函式庫，各位截至目前為止已經看到它能進行檔案處理、JSON 資料編碼／解碼跟存取資料庫等等。不過，Go 程式能互動的資料並不只限於本機，它更能透過網路和遠端的其他程式交換資訊。更精確來說，你能用 Go 語言撰寫 HTTP **客戶端 (client)** 與**伺服器 (server)**，而且只要使用標準函式庫就能做到。

HTTP 客戶端即用來從網路伺服器接收資料、或者傳資料給伺服器的程式，最著名的例子大概是網頁瀏覽器 (如 Google Chrome 或 Firefox)。當你在瀏覽器輸入網址時，它內建的 HTTP 客戶端就會向該網址的伺服器請求 (request) 資料。伺服器會收集資料 (網頁) 並傳回給客戶端，後者會將結果顯示在瀏覽器裡。同樣的，當你在瀏覽器填寫表格 (比如登入帳戶) 和按下送出，瀏覽器也會用它的 HTTP 客戶端將資料傳到伺服器，再將伺服器的回應抓回來。

在本章，我們就要來了解 Go 的 HTTP 客戶端是什麼，以及它能跟伺服器收發資料的各種方式及其案例。為了示範，這一章我們也會看到基本的 Go 伺服器程式，但其細節會留到下一章講解。不過等你讀完本章時，你至少就能在自己的 Go 程式運用 HTTP 客戶端跟伺服器溝通了。

14-2 Go 語言的 HTTP 客戶端

若想在 Go 程式中使用 HTTP 客戶端，我們可使用 **net/http** 這個函式庫。這有兩種方式：一是直接沿用 net/http 內建的標準 HTTP 客戶端，這麼做很簡單、能讓你快速打造可用的程式。其次則是建立自訂的 HTTP 客戶端，讓你調整送出請求的行為跟其他功能。後者雖然設定起來更花時間，但也能讓你對網路請求有更自由的控制權。

使用 HTTP 客戶端時，你能送出幾種不同的 HTTP 請求。本章只會討論兩種最主要的請求：**GET** 和 **POST**。

❑ 當你在網頁瀏覽器輸入網址時，它會對那個位址的伺服器送出 GET 請求，以取得傳回的資料並顯示出來。

❑ 當你填寫表格和送出 (比如登入) 時，瀏覽器會用 POST 請求將資料上傳 (提交) 給伺服器。

　　本章的幾個練習題會教你如何使用 Go HTTP 客戶端，包括幾種用 GET 請求資料的辦法，以及怎麼用 POST 上傳資料給伺服器。

14-3　對伺服器傳送 GET 請求

　　GET 是 HTTP 請求中最常見的一種，它使用的 URL 會描述資源所在的位址，並藉由查詢參數來附帶額外的資訊。GET 請求的 URL 能拆成幾個部分：

1. **協定 (protocol)**：描述客戶端如何跟伺服器連線，最常見的協定為 HTTP (無加密) 和 HTTPS (有加密)。

2. **主機名稱 (hostname)**：要連上的伺服器的位址。

3. **URI**：全名為**統一資源識別碼 (Uniform Resource Identifier)**, 為伺服器資源的所在路徑。

4. **查詢參數 (query parameters)**：要傳給伺服器的額外資訊。你會注意到參數與 URI 是以問號 (?) 分開的，好讓伺服器能解析出參數。各參數之間則像圖中那樣以 & 號分隔。(這一串參數總稱為參數字串，下一章會解說伺服器要如何解讀之。)

14-3-1　使用 http.Get() 發送 GET 請求

　　若想在 Go 語言對一個 URL 送出 GET 請求，並接收伺服器的回應，你可使用 **http.Get()**：

```
func Get(url string) (resp *Response, err error)
```

　　在傳回的 http.Response 結構中，屬性 Body (即 request body, 回應主體) 會包含傳回的內容，你事後應該用 Body.Close() 關閉它，且它符合 io.Writer 介面的規範，可以用 io.ReadAll 來讀取內容。

　　Response 的屬性 StatusCode 則是請求的 HTTP 狀態碼 (整數), 2xx (通常是 200) 代表請求成功。但**務必留意**：即使狀態碼不為 2xx, http.Get() 也不會傳回錯誤。你得檢查 StatusCode 才能知道請求是否成功。

 小編註：你可以使用 http 套件的常數來對應到 HTTP 狀態碼：https://golang.org/pkg/net/http/#pkg-constants。

練習：用 Go HTTP 客戶端對網路伺服器傳送 GET 請求

```
Chapter14\Exercise14.01

package main

import (
    "fmt"
    "io "
    "log"
    "net/http"
)

func getDataAndReturnResponse() string {
    // 送出 GET 請求和取得回應
    resp, err := http.Get("http://www.google.com")
    if err != nil {
        log.Fatal(err)
```
接下頁

```
    }
    defer resp.Body.Close()  // 在結束時釋放 r 占用的連線資源

    if resp.StatusCode != http.StatusOK {  // 檢查 HTTP 狀態碼是否不為 200 (OK)
        log.Fatal(resp.Status)  // 不是的話，用 Status 屬性印出完整狀態碼描述
    }

    data, err := io.ReadAll(resp.Body)  // 讀取回應主體的所有內容
    if err != nil {
        log.Fatal(err)
    }

    return string(data)  // 傳回回應內容
}

func main() {
    data := getDataAndReturnResponse()
    fmt.Print(data)  // 印出回應內容
}
```

執行結果

```
PS F1741\Chapter14\Exercise14.01> go run .
<!doctype html><html itemscope="" itemtype="http://schema.
org/WebPage" lang="zh-TW"><head><meta content="text/html;
charset=UTF-8" http-equiv="Content-Type"><meta content="/
images/branding/googleg/1x/googleg_standard_color_128dp.png"
itemprop="image"><title>Google</title>...(以下略)
```

　　以上練習會對 http://www.google.com/ 送出 GET 請求，並將伺服器的
回應印在主控台裡。這一團字串乍看像亂碼，但若你把它存在一個 HTML 檔
和用瀏覽器打開，就會出現 Google 搜尋首頁。這其實就是網頁時瀏覽器會
暗中做的事──從伺服器取得並解讀結構化的資料、然後顯示成網頁。

14-3-2　取得並解析伺服器的 JSON 資料

儘管 HTML、JavaScript 等原始碼適合拿來顯示網頁，它並不適合在機器之間交換資料。網路 API 很常使用 JSON 格式資料，因為對人或機器來說，JSON 資料結構良好、不管是人或機器都能輕鬆讀懂。我們稍後會來看如何以 Go 語言從 Web API 取得並解析 JSON 資料。

在以下練習中，我們要來在 Go 程式從伺服器取得結構化的 JSON 資料，並用 **json.Unmarshal()** 解析成結構形式。

練習：以 Go HTTP 客戶端存取 JSON 資料

為了模擬 JSON 資料交換，本練習的伺服器和客戶端會由兩支不同的 Go 程式負責。你得在專案資料夾 (例如 Exercise14.02) 下面建立兩個子目錄，**server** 和 **client**。

伺服器程式

首先，在 server 子目錄內建立檔案 server.go。這支程式會建立一個非常簡單的伺服器，它會在收到客戶端請求後傳回一段簡單的 JSON 資料。我們在下一章會再解釋這支程式的運作原理；目前我們只是要拿它來配合客戶端程式。

Chapter14\Exercise14.02\server\server.go

```go
package main

import (
    "log"
    "net/http"
)

type server struct{}  // 伺服器結構

// 收到請求時要執行的伺服器服務
func (srv server) ServeHTTP(w http.ResponseWriter, r *http.Request) {
    msg := `{"message": "hello world"}`  // 要傳回給客戶端的 JSON 資料
    w.Write([]byte(msg))  // 將 JSON 字串寫入回應主體
```

接下頁

```
    }

func main() {
    // 啟動本地端伺服器，監聽 port 8080 (即 http://localhost:8080)
    log.Fatal(http.ListenAndServe(":8080", server{}))
}
```

伺服器傳回的 JSON 訊息 {"message": "hello world"} 只有一個欄位 message, 其值為 "hello world"。

客戶端程式

現在切換到 client 子目錄 , 建立檔案 main.go, 程式碼如下 :

```
Chapter14\Exercise14.02\client\main.go
```

```go
package main

import (
    "encoding/json"
    "fmt"
    "io"
    "log"
    "net/http"
)

type messageData struct {  // 對應 JSON 資料的結構
    Message string `json:"message"`
}

func getDataAndReturnResponse() messageData {
    // 對 http://localhost:8080 送出 GET 請求
    r, err := http.Get("http://localhost:8080")
    if err != nil {
        log.Fatal(err)
    }
    defer r.Body.Close()

    // 從回應主體讀出所有內容的字串
    data, err := io.ReadAll(r.Body)
    if err != nil {
        log.Fatal(err)
    }
```

接下頁

```
    message := messageData{}
    // 解析 JSON 字串並將資料存入 message (messageData 結構)
    err = json.Unmarshal(data, &message)
    if err != nil {
        log.Fatal(err)
    }

    return message}

func main() {
    data := getDataAndReturnResponse()
    fmt.Println(data.Message)  // 印出 message 欄位的字串
}
```

 由於此處我們使用自行架設的伺服器, 就不檢查 HTTP 狀態碼了。

執行練習題

首先開啟一個主控台，並啟動伺服器服務 (這個簡單的伺服器會一直執行，直到你在主控台按 Ctrl + C 中斷它，或關閉主控台為止)：

執行結果

```
PS F1741\Chapter14\Exercise14.02\server> go run server.go
```

 小編註：你有可能在啟動伺服器時看到防毒軟體或防火牆的警告訊息, 並必須准許伺服器執行。

接著**開啟一個新的**主控台；並如下執行客戶端程式。只要伺服器正常運作, 它就會從伺服器請求 JSON 資料：

執行結果

```
PS F1741\Chapter14\Exercise14.02\client> go run .
hello world  ◀── 解析出來的 JSON 資料
```

▶ 延伸習題 14.01：從網路伺服器請求資料並處理回應

14-4 用 POST 請求傳送資料給 伺服器

除了從伺服器請求資料，你也可能會想傳資料到伺服器上，而這麼做最常用的方式是透過 POST 請求。最常見的例子就是登入**表格 (form)**：當你按下表格的送出鈕，該表格便會對某個 URL 送出 POST 請求。接著網路伺服器通常會檢查登入細節是否正確，是的話就更新我們的登入狀態，並回應 POST 請求說登入成功。

POST 請求是如何傳送資料的呢？所有 HTTP 訊息 (請求及回應) 其實都包含三部分：URL、標頭 (header) 以及主體 (body)。POST 請求會將要送出的資料夾帶在請求主體中，而不是像 GET 請求那樣透過 URI 參數。

14-4-1 送出 POST 請求並接收回應

在 Go 語言要送出 POST 請求，則可使用 **http.Post()** 函式：

```
func Post(url, contentType string, body io.Reader) (resp
*Response, err error)
```

和 http.Get() 一樣，url 參數即請求的網址，而 contentType 參數為請求標頭中 Content-Type 欄位要指定的內容類型，以一般的文字或網頁資料來說就是 "text/html"。這回我們要傳送 JSON 資料，因此將之指定為 "application/json"；雖然就本練習來說，這兩者的效果並沒有差別。

最後一個參數 body 是個 io.Reader 介面型別，即我們要讓 POST 請求夾帶的資料。在下面的練習中，我們會使用 bytes.NewBuffer() 來建立一個 bytes.Buffer 結構，它同樣實作了 io.Reader 介面。

下面，我們就來看要如何用 POST 請求對網路伺服器傳送資料。

練習：使用 Go HTTP 客戶端對網路伺服器傳送 POST 請求

在這個練習中，我們要讓客戶端對伺服器送出一個 POST 請求，當中包括一個 JSON 字串。然後伺服器會將字串中的 message 訊息轉成全大寫和傳回來。

伺服器程式

以下程式會實作一個非常基本的網路伺服器，會接收 POST 請求的 JSON 資料並將回覆給客戶端：

```
Chapter14\Exercise14.03\server\server.go
```

```go
package main

import (
    "encoding/json"
    "log"
    "net/http"
    "strings"
)

type server struct{}

type messageData struct {
    Message string `json:"message"`
}

// 伺服器服務
func (srv server) ServeHTTP(w http.ResponseWriter, r *http.Request) {
    message := messageData{}
    // 解析客戶端請求主體內的 JSON 資料
    err := json.NewDecoder(r.Body).Decode(&message)
    if err != nil {
        log.Fatal(err)
    }
    log.Println(message)  // 印出收到的資料

    // 將訊息轉成全大寫
    message.Message = strings.ToUpper(message.Message)
    // 將 message 重新編碼成 JSON 資料
    jsonBytes, _ := json.Marshal(message)
```

接下頁

```
        w.Write(jsonBytes)  // 傳回給客戶端
}

func main() {
    log.Fatal(http.ListenAndServe(":8080", server{}))
}
```

　　注意到這裡改用 json.NewDecoder() 來傳回一個 Decoder 結構，並使用後者的 Decode() 來解析 JSON 資料。既然 NewDecoder() 可接收一個 io.Reader() 介面型別，我們就不必再用 io.ReadAll() 先將它讀成字串了。

客戶端程式

Chapter14\Exercise14.03\client\main.go

```go
package main

import (
    "bytes"
    "encoding/json"
    "fmt"
    "log"
    "net/http"
)

type messageData struct {
    Message string `json:"message"`
}

func postDataAndReturnResponse(msg messageData) messageData {
    jsonBytes, _ := json.Marshal(msg)  // 將要傳的結構編碼成 JSON 資料
    buffer := bytes.NewBuffer(jsonBytes)  // 將 JSON 字串轉成 bytes.Buffer

    // 送出 POST 請求和資料，標頭為 application/json，並接收回應
    r, err := http.Post("http://localhost:8080","application/json", buffer)
    if err != nil {
        log.Fatal(err)
    }
    defer r.Body.Close()

    message := messageData{}
    // 解碼伺服器回應的 JSON 資料
```

接下頁

```
    err = json.NewDecoder(r.Body).Decode(&message)
    if err != nil {
        log.Fatal(err)
    }

    return message
}

func main() {
    msg := messageData{Message: "hi server!"}  // 要傳給伺服器的訊息
    data := postDataAndReturnResponse(msg)  // 接收伺服器傳回的訊息

    fmt.Println(data.Message)
}
```

執行練習題

首先執行 server 子目錄下的 server.go：

```
PS F1741\Chapter14\Exercise14.03\server> go run server.go
```

再於第二個終端機或命令提示字元執行 client 子目錄下的 main.go, 可看到 POST 請求順利發送了 JSON 資料並取得回應：

```
PS F1741\Chapter14\Exercise14.03\client> go run .
HI SERVER! ◀── 傳過去的字串被轉成全大寫
```

而在執行伺服器的主控台中, 你也會看到伺服器印出以下訊息, 顯示它從客戶端收到的資料：

```
PS F1741\Chapter14\Exercise14.03\server> go run server.go
2021/05/07 15:38:40 {hi server!}
```

14-4-2　用 POST 請求上傳檔案

現在再來看一個常見範例：你想從本地端電腦用 POST 請求上傳一個檔案到伺服器上。很多網站會用這種方式讓使用者上傳照片之類的東西。為此，我們得在 POST 請求標頭中指定使用 **MIME (多用途網際網路郵件擴展)** 格式來傳送檔案；這種標準能將檔案切割成較小的訊息以利傳送，而且支援多媒體類型。雖然在以下練習中，我們只會上傳普通的純文字檔而已。

你可以想像，上傳檔案會比上傳單純的表格資料更複雜：客戶端必須將要上傳的檔案轉換成 MIME 格式，而伺服器收到之後也要讀取它，再將之寫入到系統中。幸好，Go 語言標準套件 **mime/multipart** 可以替我們應付 MIME 物件的建立，並傳回適當的請求標頭 (multipart/form-data)。

用 POST 請求將檔案傳給伺服器

伺服器程式

下面同樣來實作一個簡單的伺服器，它會從請求主體讀取使用者傳送的 MIME 檔案，並將其內容寫入到系統中。稍後在客戶端的程式部分，我們會再看到它要如何產生傳送用的 MIME 檔案。

```
Chapter14\Exercise14.04\server\server.go
```

```go
package main

import (
    "fmt"
    "io"
    "log"
    "net/http"
    "os"
)

type server struct{}

func (srv server) ServeHTTP(w http.ResponseWriter, r *http.Request) {
    // 從請求主體取出名稱為 myFile 的檔案 (multipart.File 型別)
    file, fileHeader, err := r.FormFile("myFile")
    if err != nil {
        log.Fatal(err)
    }
    defer file.Close()
```

接下頁

```go
        // multipart.File 符合 io.Reader 介面, 故可用 io.ReadAll() 讀取內容
        fileContent, err := io.ReadAll(file)
        if err != nil {
            log.Fatal(err)
        }

        // 將檔案寫入伺服器端的系統
        err = os.WriteFile(fmt.Sprintf("./%s", fileHeader.Filename),
fileContent, 0666)
        if err != nil {
            log.Fatal(err)
        }

        // 顯示並回傳已上傳檔案的訊息
        log.Printf("%s uploaded!", fileHeader.Filename)
        w.Write([]byte(fmt.Sprintf("%s uploaded!", fileHeader.Filename)))
}

func main() {
    log.Fatal(http.ListenAndServe(":8080", server{}))
}
```

這裡使用了 os.WriteFile() 函式, 它能建立一個新檔案, 並將一個 []byte 切片寫入到其內容, 不需要另外開啟檔案物件。

接著我們來看看, 客戶端是如何建立 MIME 檔案來給伺服器解讀的。

客戶端程式

Chapter14\Exercise14.04\client\main.go

```go
package main

import (
    "bytes"
    "fmt"
    "io"
    "log"
    "mime/multipart"
    "net/http"
    "os"
)
```

接下頁

```go
func postFileAndReturnResponse(filename string) string {
    fileDataBuffer := bytes.Buffer{}  // 建立一個 buffer
    mpWritter := multipart.NewWriter(&fileDataBuffer)  // 建立 multipart.Writer

    file, err := os.Open(filename)
    if err != nil {
        log.Fatal(err)
    }
    defer file.Close()

    // 用 multipart.Writer 建立準備傳送的 MIME 檔案
    formFile, err := mpWritter.CreateFormFile("myFile", file.Name())
    if err != nil {
        log.Fatal(err)
    }

    // 將原始檔案的內容拷貝到 MIME 檔案
    if _, err := io.Copy(formFile, file); err != nil {
        log.Fatal(err)
    }
    mpWritter.Close()  // 關閉 multipart.Writer (必要)

    // 用 POST 請求送出 MIME 檔案並讀取回應
    // 使用 multipart.Writer 來指定標頭內的內容類型為 multipart/form-data
    r, err := http.Post("http://localhost:8080",
    mpWritter.FormDataContentType(), &fileDataBuffer)
    if err != nil {
        log.Fatal(err)
    }
    defer r.Body.Close()

    data, err := io.ReadAll(r.Body)
    if err != nil {
        log.Fatal(err)
    }

    return string(data)
}

func main() {
    data := postFileAndReturnResponse("./test.txt")
    fmt.Println(data)
}
```

執行練習題

先執行 server 子目錄的 server.go：

執行結果

```
PS F1741\Chapter14\Exercise14.04\server> go run server.go
```

接著在 client 子目錄新增一個 test.txt，並於第二個終端機或命令提示字元執行 client 子目錄的 main.go：

執行結果

```
PS F1741\Chapter14\Exercise14.04\client> go run .
./test.txt uploaded!
```

回到 server 子目錄，你應該會發現該資料夾下多了一個 test.txt，顯示檔案上傳成功，且伺服器的主控台也會顯示上傳訊息：

執行結果

```
PS F1741\Chapter14\Exercise14.04\server> go run server.go
2021/05/07 16:30:55 ./test.txt uploaded!
```

14-5 在客戶端使用自訂標頭做為請求選項

前面我們看到 POST 請求可以設定標頭的內容類型。但對於任何請求，你當然也可以設定其他標頭，甚至是加入自訂的標頭，做為對伺服器的請求選項。

一個很常見的例子就是授權標頭：當你註冊了一個服務時，它會傳回一個授權碼，然後你之後呼叫該服務的 API 時，請求裡都必須包含這個授權碼，好讓伺服器驗證你的身分。

為了能設定自訂標頭，我們得使用 **http.NewRequest()** 產生一個 **http.Request** 結構：

```
func NewRequest(method, url string, body io.Reader)(*Request, error)
```

method 為 HTTP 方法 (即使 GET 或 POST 等等)，接著 url 是網址，body 則是請求主體。而在取得請求物件後，就可以對它指定標頭 (見以下程式碼說明)。

接著，你要使用一個 http.Client 結構的 Do() 方法來執行這個請求：

```
func (c *Client) Do(req *Request) (*Response, error)
```

你可以隨意建立 Client 結構，不過這個練習會使用 http 套件的預設客戶端 DefaultClient。

練習：在 GET 請求加入授權標頭

在這個練習裡，我們要來打造自己的 HTTP 客戶端，並加入授權標頭 ——而伺服器只有在請求內包含正確的標頭和授權碼時，才會傳回你需要的訊息。

伺服器程式

```go
package main

import (
    "log"
    "net/http"
    "time"
)

type server struct{}

func (srv server) ServeHTTP(w http.ResponseWriter, r *http.Request) {
    // 讀取授權標頭 Authorization
    auth := r.Header.Get("Authorization")
    if auth != "superSecretToken" {  // 若授權碼不符就拒絕授權
        w.WriteHeader(http.StatusUnauthorized)  // 回應設為 HTTP code 401
        w.Write([]byte("Authorization token not recognized"))
        return
    }
    // 授權成功, 等待 2 秒後回應 (模擬處理登入)
    time.Sleep(time.Second * 2)
    msg := "Hello client!"  // 傳回通過授權的訊息
    w.Write([]byte(msg))
}

func main() {
    log.Fatal(http.ListenAndServe(":8080", server{}))
}
```

 小編註：Authorization 是 HTTP 協定中已經存在的標頭欄位。http.ResponseWriter 介面的 WriteHeader() 方法能用來設定回應的 HTTP 狀態碼，如果沒有呼叫它就會預設傳回 http.StatusOK (即 200)。

客戶端程式

```go
package main

import (
```

接下頁

```go
    "fmt"
    "io"
    "log"
    "net/http"
    "time"
)

func getDataWithCustomOptionsAndReturnResponse() string {
    // 建立一個 GET 請求
    req, err := http.NewRequest("GET", "http://localhost:8080", nil)
    if err != nil {
        log.Fatal(err)
    }

    // 設定預設客戶端的請求逾時時間為 5 秒
    http.DefaultClient.Timeout = time.Second * 5

    // 將授權碼放入授權標頭 Authorization, 值為 "superSecretToken"
    req.Header.Set("Authorization", "superSecretToken")
    resp, err := http.DefaultClient.Do(req)  // 讓預設客戶端送出請求
    if err != nil {
        log.Fatal(err)
    }
    defer resp.Body.Close()
    data, err := io.ReadAll(resp.Body)  // 讀取回應主體
    if err != nil {
        log.Fatal(err)
    }
    return string(data)  // 傳回伺服器的回應
}

func main() {
    data := getDataWithCustomOptionsAndReturnResponse()
    fmt.Println(data)
}
```

執行練習題

先執行 server 子目錄的 server.go：

執行結果

```
PS F1741\Chapter14\Exercise14.05\server> go run server.go
```

接著於第二個終端機或命令提示字元執行 client 子目錄的 main.go, 等待 2 秒後就會看到訊息印出：

```
PS F1741\Chapter14\Exercise14.05\client> go run .
Hello client!
```

你也可以把客戶端的逾時時間改成 1 秒, 並再次執行練習, 看看會發生什麼事。

▶ 延伸習題 14.02：驗證使用者登入帳密及授權

14-6 本章回顧

HTTP 客戶端用來跟網路伺服器互動, 可傳送諸如 GET 或 POST 這類請求, 並根據伺服器的回應做出反應。網頁瀏覽器其實就是 HTTP 客戶端的一種, 會對網頁伺服器送出 GET 請求, 然後顯示伺服器傳回的 HTML 資料。

你在 Go 語言能建立自己的 HTTP 客戶端來做類似的事, 比如用 GET 取回網頁。你也能改變 URL 各部分的內容來控制要請求的內容, 但這部分會留到下一章介紹。

在本章, 我們看到 HTTP 客戶端跟伺服器不只能交換 HTML 資料, 也能處理結構化的 JSON 資料。甚至, 你能透過 POST 請求來傳送資料, 甚至是上傳一個檔案到伺服器上。你也可以自訂要傳送的請求, 例如將將授權碼放在 HTTP 標頭的授權欄位中, 好讓伺服器曉得是你在送出請求。

在下一章, 我們就會來更深入探討網路伺服器的部分, 看看如何針對不同的請求做出更豐富的回應。

15
Chapter

建立 HTTP
伺服器程式

／本章提要／

本章將介紹幾種建立 HTTP 伺服器的方式, 以便
接收網路上的不同請求。讀者們將學到伺服器
要如何對使用者提供網頁與檔案等內容, 以及如
何處理使用者送出的網頁表單。

我們會實作一個 HTTP 伺服器來傳回簡單訊
息, 接著則能傳回 HTML 檔案, 包括使用模板
(template) 來加入動態內容, 甚至是能針對不同
請求路徑動態產生網頁的伺服器。最後, 我們將
看到如何打造一個簡單的 RESTful 微服務, 能依
據使用者 GET 請求的參數傳回 JSON 資料。

15-1 前言

在前一章，你學到如何跟一個伺服器溝通和取得資料，但前面示範的伺服器功能都很簡單，只會回應一些資料而已。現在，我們要更深入探討這些伺服器是如何打造的，特別是伺服器要如何以不同方式回應客戶端的請求。

由於網路伺服器也使用了 HTTP 協定，因此可稱為 HTTP 伺服器。當我們用網頁瀏覽器瀏覽網站時，它會連到一個 HTTP 伺服器和取回 HTML 網頁，然後顯示成我們能觀看的形式。有時伺服器傳回的不是 HTML 檔案，而是根據客戶端需要的特別格式，如檔案等等。

也有些 HTTP 伺服器的目的是提供 API 讓其他程式呼叫。比如，你在一些網站上註冊帳號時，會被詢問是否要用你的 Facebook 或 Google 帳號登入——這表示該網站會呼叫 Facebook 或 Google API 來取得你這些帳號的資訊。這些 API 通常會傳回 JSON 或其他格式的結構化文字訊息，以便讓其他程式能夠解讀，不是要給人類閱讀的。

有一種網路 API 是所謂的 **RESTful API**，對於呼叫方式和 HTTP 請求有一定的風格要求，而且接收的資料形式是帶有參數的 URL（即 GET 請求），如今很常用來建置**微服務 (microservice)**。本章我們就會來看如何打造最簡單的 RESTful API。

15-2 打造最基本的伺服器

我們所能寫出最基本的 HTTP 伺服器叫做『Hello World』伺服器：當使用者存取伺服器的位址（比如 http://localhost:8080) 時，它只會傳回一句文字『Hello World』，沒有其他功能。這種伺服器沒什麼用處，不過也是個好起點，讓我們看到 Go 的內建函式庫能帶給我們什麼，並替後面功能更複雜的伺服器鋪路。

下面我們就來看這個伺服器要如何撰寫，並如何在普通網頁瀏覽器（客戶端）中顯示結果。

15-2-1　使用 HTTP 請求處理器 (handler)

為了應付 HTTP 請求，我們需要寫一個功能來處理 (handle) 請求。因此，我們會把這個功能稱為一個 **handler** (請求處理器)。

在 Go 語言有幾種方式能寫請求處理器，其中一種是實作 http 套件的 **Handler 介面**。這個介面只有一個方法 **ServeHTTP()**, 而且用法一目了然：

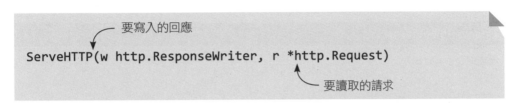

要寫入的回應

ServeHTTP(w http.ResponseWriter, r *http.Request)

要讀取的請求

ServeHTTP() 方法會接收一個 http.Request 型別，也就是來自客戶端的請求，我們在前一章看到你能從它的標頭和主體讀取資料。而另一個參數則是 http.ResponseWriter 型別，即為要寫入給客戶端的回應。

為了實作 HTTP 請求處理器，你可以先建一個什麼內容都沒有的空結構，然後給它掛上 ServeHTTP() 方法：

```
type myHandler struct {}

func(h MyHandler) ServeHTTP(w http.ResponseWriter, r *http.Request) {}
```

這麼一來，上面的 myHandler 便是個合法的 HTTP 請求處理器。你於是就能用 http 套件的 **ListenAndServe()** 函式來監聽 (listen) 指定的 TCP 位址：

```
http.ListenAndServe(":8080", myHandler{})
```

此舉等於是啟動伺服器、監聽 (listen) http://localhost:8080 和等待客戶端送出請求，若收到就會呼叫 myHandler.ServeHTTP()。

此外，ListenAndServe() 函式有可能會傳回一個 error，我們在這種狀況下很可能會希望回報錯誤並中止程式。因此常見做法是把這函式包在 log. Fatal() 內：

```
log.Fatal(http.ListenAndServe(":8080", myHandler{}))
```

練習：建立 Hello World 伺服器

Chapter15\Exercise15.01

```go
package main

import (
    "log"
    "net/http"
)

type hello struct{}  // HTTP 請求處理器

// 請求處理器的方法實作
func(h hello) ServeHTTP(w http.ResponseWriter, r *http.Request) {
    msg := "<h1>Hello World</h1>"  // 有 HTML 標籤的文字
    w.Write([]byte(msg))  // 寫入回應（傳回給客戶端）
}

func main() {
    // 啟動伺服器
    log.Fatal(http.ListenAndServe(":8080", hello{}))
}
```

 小編註：正如前一章提過的，正常情況下 Go 語言會呼叫 ResponseWriter 的方法 WriteHeader()，並填入 HTTP 狀態碼 http.StatusOK（即 200）。我們後面會看到需要傳送不同狀態碼的例子。

到主控台執行這支程式：

執行結果

```
PS F1741\Chapter15\Exercise15.01> go run .
```

執行後伺服器不會有任何訊息。打開你的網頁瀏覽器，輸入網址 http://localhost:8080：

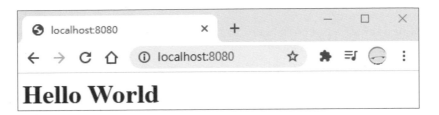

恭喜！你寫出了你的第一個 HTTP 伺服器（儘管我們在前一章就已經寫過伺服器了）。

有趣的是，如果你嘗試改變路徑，比如輸入 http://localhost:8080/**page1**，你還是會收到一樣的訊息：

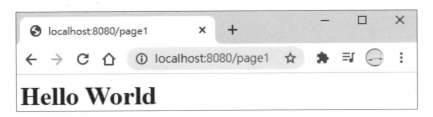

 小編註：若想中止伺服器程式, 在主控台中按 `Ctrl` + `C` 。此外, 若你在執行本章各個範例時看到舊範例的畫面, 這可能是瀏覽器的快取畫面, 可試著按 Ctrl + F5 來強制更新。

15-2-2 簡單的 routing (路由) 控制

前面練習的伺服器簡單得很，只是回應一個訊息而已，甚至就算客戶端在伺服器路徑下加入不同的子路徑，回應也永遠一樣。

然而，不同的子路徑可能代表不同意義。比如，若我們想讓伺服器程式顯示一本線上電子書，使用者可以用不同 URL 來存取不同頁數：

```
http://localhost:8080              ←── 首頁
http://localhost:8080/content      ←── 目錄頁
http://localhost:8080/page1        ←── 第一頁
```

為了能讓伺服器對不同路徑做出不同回應，我們得在伺服器套用簡單的 routing（路由）控制，辦法是呼叫 http 套件的 **HandleFunc()** 函式：

```
func HandleFunc(pattern string, handler func(ResponseWriter,
*Request))
```

第一個參數 pattern 是要處理的子路徑，第二參數 handler 則是此路徑被請求時要呼叫的函式，它必須有一個 ResponseWriter 和一個 Request 參數，和前面的 ServeHTTP() 方法相同。

練習：讓伺服器處理路徑

以下我們就來修改練習 15.01 的程式，讓它能對使用者輸入的不同路徑做出不同回應：

Chapter15\Exercise15.02

```
package main

import (
    "log"
    "net/http"
)

type hello struct{}

// 原本的請求處理器方法
func (h hello) ServeHTTP(w http.ResponseWriter, r *http.Request) {
    msg := "<h1>Hello World</h1>"
    w.Write([]byte(msg))
}

// 新的函式，用來處理對路徑 /page1 的請求
func servePage1(w http.ResponseWriter, r *http.Request) {
    msg := "<h1>Page 1</h1>"
    w.Write([]byte(msg))
}
```

接下頁

```
func main() {
    // 在客戶端請求路徑 /page1 時呼叫 servePage1()
    http.HandleFunc("/page1", serverPage1)
    // 監聽 localhost:8080 並在需要時呼叫 hello.ServeHTTP()
    log.Fatal(http.ListenAndServe(":8080", hello))
}
```

存檔後啟動伺服器：

執行結果

```
PS F1741\Chapter15\Exercise15.02> go run .
```

接著用瀏覽器分別打開以下網址：

```
http://localhost:8080
http://localhost:8080/page1
```

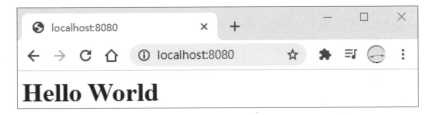

為什麼還是沒有變化呢？這是因為對 http.HandleFunc() 函式來說，它設定的對象是 http 套件的 **DefaultServeMux** 結構。DefaultServeMux 是 http 套件預設的 **ServeMux** 結構，功能跟我們自己定義的 hello 結構一樣。可是，當我們要程式監聽請求時，卻指定使用結構 hello 為請求處理器，那麼 DefaultServeMux 就不會發揮功用了。

15-2-3 修改程式來應付多重路徑請求

解決方式是統一使用 DefaultServeMux 來處理客戶端請求，並將 hello 結構註冊給 DefaultServeMux 作為請求處理器：

```
func Handle(pattern string, handler Handler)
```

pattern 參數代表請求處理器要負責的路徑 (在此是根目錄 /), handler 參數則是請求處理器結構。

接著，當我們用 ListenAndServe() 啟動伺服器時，它的第二個參數必須設為 nil, 這樣它才會使用 http.DefaultServeMux 來監聽請求：

```
http.ListenAndServe(":8080", nil)
```

所以我們可修改練習 15.02 的 main() 部分如下：

```
func main() {
    http.HandleFunc("/page1", servePage1)
    http.Handle("/", hello{})
    log.Fatal(http.ListenAndServe(":8080", nil))
}
```

修改程式後，重新執行伺服器，這回 http://localhost:8080/page1 順利傳回了新訊息：

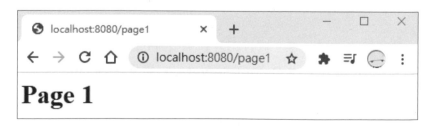

不過，其他沒有設定的路徑（比如 /page2）就仍會呼叫 hello 的 ServeHTTP() 方法，傳回 http://localhost:8080/ 的頁面：

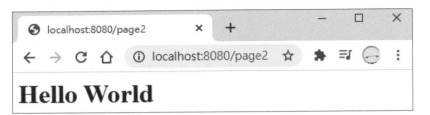

使用自訂的 ServeMux 結構

你也可以使用自訂的 ServeMux 結構，它同樣擁有 HandleFunc() 及 Handle() 方法。以下是另一次改寫，建立一個稱為 mux 的結構，並使用它來接收客戶端請求：func main() {

```
mux := http.NewServeMux()  // 產生一個新的 ServeMux
mux.HandleFunc("/page1", servePage1)
mux.Handle("/", hello{}) // 把 hello 連同其 ServeHTTP() 方法註冊給 mux
log.Fatal(http.ListenAndServe(":8080", mux)) // 用 mux 來監聽請求
}
```

以上程式的執行效果與前面完全相同，只是現在使用的是 mux 結構而不是 http. DefaultServeMux。

回顧：請求處理器 vs. 請求處理函式

透過以上練習，各位應該已經注意到，http.Handle() 和 http. HandleFunc() 雖然都能處理特定路徑的請求，接收的參數卻不相同：

❏ **http.Handle()** 接收一個實作 http.Handler 介面的**結構**。

❏ **http.HandleFunc()** 接收一個**函式**。

兩者到頭來都會呼叫一個擁有 http.ResponseWriter 和 *http.Request 參數的函式來處理請求，感覺差異不大，不過若你在開發複雜的專案，選擇正確的做法就很重要，好確保專案能採用最合適的架構。

一般來說，若你的專案很簡單、只有幾個靜態頁面，你或許應該用 http.HandleFunc() 和套個簡單函式，因為為此特地建一個結構就像是殺雞用牛刀了。但若你需要設定一些參數、或者追蹤某些資料，把這些資料放在一個結構中就更適當。延伸習題 15.01 會帶你練習如何替網站的不同頁面建立簡單的計數器。

▶ 延伸習題 15.01：帶有計數器的電子書網站

15-3 解讀網址參數來動態產生網頁

只會產生靜態網頁的伺服器很有用，但伺服器的能耐遠遠不僅於此。HTTP 伺服器可以根據更多的請求細節產生回應，而這些細節不僅能用路徑的形式，更可以用網址參數傳給伺服器。參數的傳遞方式有很多種，但最常見的還是使用**查詢字串 (QueryString)**，它包含了所謂的查詢參數（前一章開頭提過）。

假設伺服器的 URL 為：

```
http://localhost:8080
```

然後我們在後面加上一些字：

```
http://localhost:8080?name=john
```

『?name=john』這部分就是查詢字串。在此例中有一個參數 name，其值被指定為 "john"。如果有更多參數，則會用 & 號來連接：

```
http://localhost:8080?name=john&age=30
```

查詢字串通常搭配 GET 請求使用，因為 POST 請求一般會透過請求主體而不是查詢參數來傳遞資料。

若想解讀客戶端請求中 URL 夾帶的參數，要透過 http.Request 結構 URL 屬性的 Query() 方法。我們先來看程式碼，再逐步解說這會得到什麼東西。

練習：顯示個人化的歡迎訊息

在這個練習中，我們要再來寫一個能顯示歡迎訊息的 HTTP 伺服器；但與其一成不變地顯示『Hello World』，我們讓使用者能在 URL 後面加上 name 參數、以便傳入自己的名字，然後回應的網頁就會顯示『Hello 某某』。如果沒有提供名字，那麼伺服器會傳回 HTTP 狀態碼 400 (bad request)。

這個伺服器非常簡單，只有一個頁面，但該網頁的內容是動態產生的。這個原理可以應用到你日後更複雜的專案上。

Chapter15\Exercise15.03

```go
package main

import (
    "fmt"
    "log"
    "net/http"
    "strings"
)

func hello(w http.ResponseWriter, r *http.Request) {
    vl := r.URL.Query()  // 讀取查詢字串
    name, ok := vl["name"]  // 讀取參數 name
    if !ok {  // 若查無參數
        w.WriteHeader(http.StatusBadRequest) // 回應 HTTP 400 (bad request)
        w.Write([]byte("<h1>Missing name</h1>"))
        return
    }
```

接下頁

```
    // 在網頁產生針對使用者的歡迎訊息
    w.Write([]byte(fmt.Sprintf("<h1>Hello %s</h1>", strings.Join(name, ","))))
}

func main() {
    http.HandleFunc("/", hello)
    log.Fatal(http.ListenAndServe(":8080", nil))
}
```

 小編註：再次補充, http 套件的 HTTP 狀態碼參數可參考 https://golang.org/pkg/net/http/#pkg-constants。本書不會介紹這些狀態碼的詳細意義及用法。

r.URL.Query() 會傳回 **map[string][]string** 型別，其鍵為參數名稱，對應值則為參數值。注意到參數值是個字串切片，因為使用者有可能用『?name= 名字 1, 名字 2...』的方式傳入不只一個名字。

這便是為什麼程式最後要用 **strings.Join()** 將 name 切片內的所有元素連接起來，並以逗號連接成單一一個字串。這麼一來，即使你輸入多重人名，程式也能解讀並正確顯示出來。

執行結果

```
PS F1741\Chapter15\Exercise15.03> go run .
```

如果輸入多個名字也會一併顯示：

如果沒有提供 name 參數，就得到錯誤訊息：

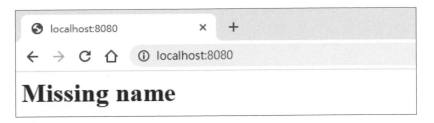

15-4 使用模板產生網頁

如我們在前一章所看過的，網頁伺服器除了能傳回文字資料，也能分享 JSON 這種結構化資料。然而，JSON 主要的用途是讓程式交換資料，它得解析和處理過才能轉換成適合瀏覽的網頁。在前面的練習與延伸習題裡，我們用了 fmt.Sprintf() 來產生格式化字串，但它仍然難以應付更複雜的動態資料。

如果網頁的內容格式是固定或有跡可循的，只有資料 (比如使用者透過 URL 傳入的名字等) 是動態的，那麼我們還可以使用一個新技巧，叫做**網頁模板 (template)**。

模板基本上就是一串文字構成的骨架，當中有些部分留白，讓模板引擎抓一些值和填進去，如下面的插圖所示：

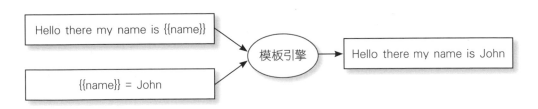

在上圖的左上角是模板，可以發現 {{name}} 是填空處。而當我們將 "John" 這個值傳給模板引擎，填空處就會被換成那個值，產生出動態內容。

在 Go 語言裡，它提供了兩種模板套件，一個用於文字 (**text/template**)，一個用於 HTML (**html/template**)。既然我們是在用 HTTP 伺服器產生網頁，我們下面就會使用 HTML 模板套件，但它操作起來跟文字模板套件是一樣的。

html/template 能防範跨網站指令攻擊

html/template 套件與 text/template 的差異在於, 前者會套用自動字元跳脫 (autoescape), 也就是將符合 HTML、CSS、JavaScript 等指令的特殊字元轉換過, 以免被用於『跨網站指令碼』(cross-site scripting, XSS) 攻擊。

舉個例, 一個網站會讓使用者輸入姓名, 然後直接填入模板的填空處。但這時攻擊者可以故意填入 JavaScript 碼來使之執行:

```
<script>alert("XSS attack!")</script>
```

若模板需要的資料是由 URL 參數提供, 那麼攻擊者更可藉由提供釣魚網址的方式夾帶程式碼, 藉此竊取其他使用者瀏覽網站時填入的個資等等。使用 html/template 套件便能有效防堵這類攻擊, 使植入的任何程式碼都不會被執行。

此外，儘管 Go 的標準模板套件已經很好用，你將來仍可考慮用外部套件 (比如 Hero) 來大幅提升產生效能。

使用 html/template 套件

Go 語言的 HTML 模板套件提供一種模板語言，讓我們能像這樣單純取代填空處的值：

```
{{name}}
```

不過，你也能用模板語言進行複雜一點的條件判斷：

```
{{if age}} Hello {{else}} Bye {{end}}
```

上面的意思是若 age 內容不為 nil, 模板引擎就會填入字串 "Hello", 反之則使用 "Bye"。條件判斷必須用 {{end}} 收尾。

模板變數也不見得只能是簡單的數字或字串, 更可以是物件。比如, 若我們有個結構, 內含一個欄位叫 ID, 你就能像這樣把該欄位填入模板:

```
{{.ID}}
```

這樣非常方便, 因為這表示我們能只傳一個結構給模板, 而不是得傳一堆個別的變數。等等我們就會看到這是如何實現的。

 小編註:你可以在官方文件 https://golang.org/pkg/text/template/#hdr-Actions 找到更多模板的控制語法。

在以下練習中, 你會看到如何用 Go 語言的基本模板功能來重現前面的客製化歡迎訊息, 但寫起來更加優雅。

練習:套用 HTML 模板

本練習的目的是用模板來打造結構更好的網頁, 而其內容是透過 URL 的 QueryString 傳入的。在以下程式中, 我們會顯示消費者的一些基本資訊:

❏ ID (代碼)

❏ Name (名字)

❏ Surname (姓氏)

❏ Age (年齡)

因此查詢該網頁時, 完整的 URL 會如下:

```
http://localhost:8080/?id=代碼&name=名字&surname=姓氏&age=年齡
```

為了簡化起見，就算使用者輸入多重參數，程式也只會讀取第一項。若未提供 id，那麼頁面只會顯示『資料不存在』；至於其他三項資料，缺少的項目會直接隱藏。

Chapter15\Exercise15.04

```go
package main

import (
    "html/template"
    "log"
    "net/http"
    "strconv"
    "strings"
)

// HTML 模板原始字串
var templateStr = `
<html>
  <h1>Customer {{.ID}}</h1>
  {{if .ID }}
    <p>Details:</p>
    <ul>
        {{if .Name}}<li>Name: {{.Name}}</li>{{end}}
        {{if .Surname}}<li>Surname: {{.Surname}}</li>{{end}}
        {{if .Age}}<li>Age: {{.Age}}</li>{{end}}
    </ul>
  {{else}}
    <p>Data not available</p>
  {{end}}
</html>
`

// 要用來替模板提供資料的結構
type Customer struct {
    ID      int
    Name    string
    Surname string
    Age     int
}

func Hello(w http.ResponseWriter, r *http.Request) {
    v1 := r.URL.Query()  // 取得查詢參數
    customer := Customer{}
```

接下頁

```go
        id, ok := vl["id"]
        if ok {
            customer.ID, _ = strconv.Atoi(id[0])
        }

        name, ok := vl["name"]
        if ok {
            customer.Name = name[0]
        }

        surname, ok := vl["surname"]
        if ok {
            customer.Surname = surname[0]
        }

        age, ok := vl["age"]
        if ok {
            customer.Age, _ = strconv.Atoi(age[0])
        }

        // 建立名為 Exercise15.04 的模板，並填入 templateStr 模板字串用於解析
        tmpl, _ := template.New("Exercise15.04").Parse(templateStr)
        // 使用 customer 的資料填入模板，並將結果寫入 ResponseWriter（傳給客戶端）
        tmpl.Execute(w, customer)
}

func main() {
    http.HandleFunc("/", Hello)
    log.Fatal(http.ListenAndServe(":8080", nil))
}
```

　　模板物件的 Execute() 方法，第一個參數接收 io.Writer 介面型別，而 http.ResponseWriter 就符合這個型別。於是填入值的模板字串（一個 HTML 網頁）就會被傳給客戶端，並在瀏覽器顯示出來。

　　以上程式中讀取 ID 和 Age 時，呼叫了 strconv.Atoi() 來將字串轉成數字。如果轉換出錯，第二個參數會傳回 error。理論上你應該要處理錯誤，不過這裡我們可以忽略它，反正如果 ID 跟年齡輸入錯誤，就會得到零值，我們也不希望因為這種錯誤就讓伺服器掛掉。

接著來執行此伺服器：

```
PS F1741\Chapter15\Exercise15.04> go run .
```

在網頁瀏覽器中輸入網址，而取決於你提供的參數，網頁會動態顯示出不同結果：

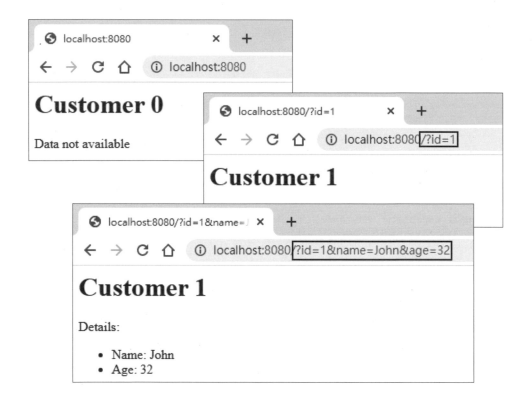

這個練習展示了你能如何將網頁中固定的部分先定義成模板，然後拿來產生不同的網頁。但這支程式的效率還是有點不好，因為每次處理請求時都會呼叫 template.New() 來產生一個新模板。更適當的做法是把模板存在一個請求處理器結構中，然後在初始化時產生一次就好了。但這邊為了強調模板的用法，故將程式加以簡化。

15-5　使用靜態網頁資源

　　讀到這裡，你學到的東西已經足夠用來打造網站應用和動態網頁了，不過到目前為止，你的伺服器傳回的東西都是在程式裡定義好的結果。

　　就拿本章第一個『Hello World』伺服器為例，若你想把訊息改成『Hello Galaxy』，你就得修改程式碼、重新編譯和重新執行伺服器。要是你打算把這網站賣給別人，並讓他們能夠自行修改歡迎訊息呢？那麼你得提供他們程式碼，讓他們去修改和編譯。開放原始碼或許不是壞事，但用這種方式散佈應用程式絕非理想之道。我們得找個更好的方式把字串從程式抽離出來才行。

　　對於這個問題，解法是在伺服器使用靜態檔案，它們會被程式當成外部檔案載入。比如，前面的模板就可以做成檔案，畢竟模板只是文字，你可以把它寫在檔案內而不是程式碼中。其他常見的靜態資源還包括網頁圖片、CSS 樣式檔、JavaScript 指令檔等等。

15-5-1　讀取靜態 HTML 網頁

　　接下來的練習會講解怎麼在伺服器載入特定目錄下的特定靜態檔案。之後我們也會看到，如何借用靜態的模板檔來產生動態網頁。

　　為了把一個靜態檔案當成 HTTP 回應傳送給客戶端，你得在請求處理器的 ServeHTTP() 方法或請求處理函式接收的函式內呼叫 **http.ServeFile()**：

```
func ServeFile(w ResponseWriter, r *Request, name string)
```

練習：使用靜態網頁的 Hello World 伺服器

　　在這個練習，你又要來實作『Hello World』伺服器，但這回改用靜態 HTML 網頁做為輸出。我們也只需使用一個請求處理函式，適用於該伺服器的所有 URL 路徑。

首先，在練習專案 Chapter15\Exercise15.05 下建立一個 HTML 文字檔 index.html，它的內容很簡單，同樣會用 <h1></h1> 顯示歡迎訊息：

Chapter15\Exercise15.05\index.html

```html
<!DOCTYPE html>
<html lang="en">
<head>
    <meta charset="UTF-8">
    <title>Welcome</title>
</head>
<body>
    <h1>Hello World</h1>
</body>
</html>
```

接著撰寫伺服器程式 main.go：

Chapter15\Exercise15.05\main.go

```go
package main

import (
    "log"
    "net/http"
)

func main() {
    // 直接將一個匿名函式傳給 HandleFunc()
    http.HandleFunc("/", func(w http.ResponseWriter, r *http.Request) {
        // 把 index.html 當成回應寫入 ResponseWriter
        http.ServeFile(w, r, "./index.html")
    })

    log.Fatal(http.ListenAndServe(":8080", nil))
}
```

來執行程式：

執行結果

```
PS F1741\Chapter15\Exercise15.05> go run .
```

打開 http://localhost:8080/, 你會看到跟本書第一個練習題一模一樣的結果:

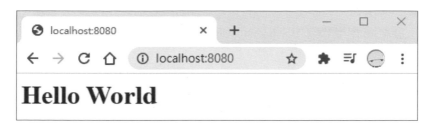

不過, 現在請在不關閉伺服器程式的情況下修改 index.html, 將第 8 行改成如下改成如下:

```
<h1>Hello Galaxy</h1>
```

然後重新整理瀏覽器:

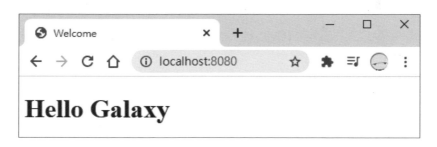

即使伺服器仍在運作, 它照樣能載入修改過的 HTML 檔。換言之, 當我們把靜態資源跟伺服器程式邏輯切割開來時, 就能在不關閉伺服器的情況下更新網頁了。

15-5-2 在伺服器上提供多重靜態資源

現在你知道如何讓使用者存取一個靜態網頁, 你也許會想把這招套用到好幾個檔案上, 甚至寫一個請求處理器結構, 把各個檔名用欄位變數的形式存在裡頭。不過, 當網頁數量很多時, 這麼做就不太實際了。

甚至，網站靜態資源不只是有 HTML 檔而已，還會包含 JavaScript 檔、CSS 檔、圖片等等。本書不會講解如何撰寫 HTML、CSS 甚至 JavaScript，不過你仍然應該了解要如何從伺服器讓網站和使用者存取這些檔案。在以下練習中，我們會用幾個 CSS (Cascading Style Sheets, 階層式樣式表) 檔來示範。

從伺服器提供靜態檔案存取，並將模板分散在不同外部檔案中，通常是將專案問題切割成不同區塊的好辦法，使專案易於管理。因此你應該在你所有的網站專案應用這一點。

若要在 HTML 網頁加入 CSS 樣式檔，可以在 <head></head> 之間加入這個標籤：

```
<link rel="stylesheet" href="myfile.css">
```

這會把名為 myfile.css 的 CSS 檔嵌入 HTML 網頁，並套用該 CSS 指定的樣式。將 CSS 加入 HTML 的方式其實不只一種，但這裡我們就不多討論。

你也已經看過怎麼將檔案系統中的檔案以一對一方式傳回。但若要傳回的檔案很多，Go 語言提供了我們一個更方便的函式：

```
http.FileServer(http.Dir("./public"))
```

http.FileServer() 的意義就和字面上一樣，會開一個檔案伺服器，而檔案所在的資料夾則是用 **http.Dir()** 函式取得。在上面的例子中，這會讓伺服器的 /public 子資料夾下的檔案都能被外界存取，例如：

```
http://localhost:8080/public/myfile.css
```

這樣很方便，不過在真實世界裡，你可能不會想讓外界看到伺服器所在機器的目錄名稱。反而，你可以讓檔案伺服器對外提供一個不同的路徑：

```
http.StripPrefix("/statics/", http.FileServer(http.Dir("./public"))
```

StripPrefix() 函式會將請求檔案的 URI 當中的『/statics/』置換成『./public』，並連同檔名傳給檔案伺服器，它會在 ./public 尋找這個檔案。換言之，這些檔案從外部來看，就好像實際置於伺服器的 /statics/ 路徑底下：

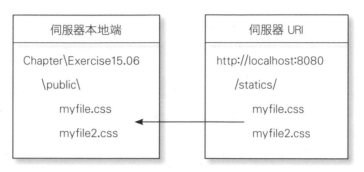

當然若你想沿用原始資料夾名稱，就可以不使用 http.StripPrefix()。

練習：對網頁和使用者提供 CSS 檔

在本練習中，你要展示一個歡迎網頁，這網頁會引用一些外部 CSS 檔，而這些檔案將透過檔案伺服器來提供。此外，這些檔案在伺服器本地的檔案系統位於 /public 資料夾下，但在伺服器上則得透過 /statics 路徑來存取。

首先建立 HTML 網頁，並用 <link...> 參照到 3 個 CSS 檔：

Chapter15\Exercise15.06\index.html

```html
<!DOCTYPE html>
<html lang="en">
<head>
    <meta charset="UTF-8">
    <title>Welcome</title>
    <link rel="stylesheet" href="/statics/body.css">
    <link rel="stylesheet" href="/statics/header.css">
    <link rel="stylesheet" href="/statics/text.css">
</head>
<body>
    <h1>Hello World</h1>
    <p>May I give you a warm welcome</p>
</body>
</html>
```

接著建立 /public 子資料夾，並撰寫以下三個 CSS 檔，內容都很簡單：

Chapter15\Exercise15.06\public\header.css

```
h1 {
    color: brown;
}
```

Chapter15\Exercise15.06\public\body.css

```
body {
    background-color: beige;
}
```

Chapter15\Exercise15.06\public\text.css

```
p {
    color: coral;
}
```

最後是專案根目錄下的伺服器程式 main.go，

Chapter15\Exercise15.06\main.go

```
package main

import (
    "log"
    "net/http"
)

func main() {

    // 對任何路徑提供 index.html
    http.HandleFunc("/", func(w http.ResponseWriter, r *http.Request) {
        http.ServeFile(w, r, "./index.html")
    })
    // 將 /statics 路徑對應到本地的 /public 資料夾
    http.Handle(
        "/statics/",
        http.StripPrefix("/statics/", http.FileServer(http.Dir("./public"))),
```

接下頁

```
    )

    log.Fatal(http.ListenAndServe(":8080", nil))
}
```

現在啟動伺服器：

執行結果

```
PS F1741\Chapter15\Exercise15.06> go run .
```

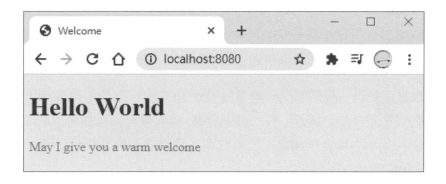

你會發現，HTML 檔確實得以透過 /statics 路徑來存取 CSS 檔。使用者自己也能以同樣的路徑在瀏覽器中存取它們：

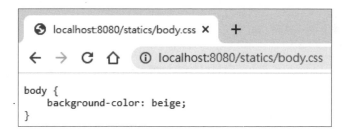

甚至你能瀏覽整個 /statics 路徑下有哪些檔案，這個簡單的畫面正是來自 FileServer() 所產生的檔案伺服器：

由此可見，只要使用少許程式碼，你就能用 Go 語言分享和管理伺服器上的靜態資源。

15-5-3　使用模板檔案產生動態網頁

通常網站靜態資源會原封不動供人存取，但若你想傳回動態內容網頁，也可以使用外部模板檔案。這讓你能在不重啟伺服器的情況下修改模板。

不過，就算 Go 是速度相當快的語言，檔案系統的操作通常都很慢。為提升效能，你可選擇在伺服器啟動時就載入模板，並把它儲存在請求處理器結構中：若你很重視網頁存取速度，特別是考量到會有多重客戶端連線，便可考慮這麼做。只是這麼一來，若你想修改模板，就仍得重開伺服器（除非你使用下一章的並行性運算來繞過這種限制，但本書不討論這部分）。

你應該還記得，我們前面拿標準的 Go 語言模板來產生動態網頁。現在我們要把模板變成外部資源，在一個 HTML 檔案裡寫模板語言，然後從伺服器載入它。模板引擎會解讀之，把參數傳入填空處。對於這個動作，我們可以使用 html/template 函式：

```
func ParseFiles(filenames ...string) (*Template, error)
```

你可以像下面這樣呼叫它：

```
tmpl, err := template.ParseFiles("mytemplate.html")
```

接著再呼叫 tmpl.Execute() 就能產生內容了。

使用外部模板檔案

首先建立外部模板檔案 \template\hello_tmpl.html, 內容就是練習 15.04 當中的模板字串：

Chapter15\Example15.01\template\hello_tmpl.html

```html
<html>
  <h1>Customer {{.ID}}</h1>
  {{if .ID }}
    <p>Details:</p>
    <ul>
        {{if .Name}}<li>Name: {{.Name}}</li>{{end}}
        {{if .Surname}}<li>Surname: {{.Surname}}</li>{{end}}
        {{if .Age}}<li>Age: {{.Age}}</li>{{end}}
    </ul>
  {{else}}
    <p>Data not available</p>
  {{end}}
</html>
```

在主程式中，我們改用一個請求處理器結構，並用欄位 tmpl 來記錄模板檔案內容：

Chapter15\Example15.01\main.go

```go
package main

import (
    "html/template"
    "log"
    "net/http"
    "strconv"
)

type Customer struct {
    ID      int
    Name    string
    Surname string
    Age     int
}

// 會記錄模板的請求處理器
type Hello struct {
    tmpl *template.Template
}
```

接下頁

```go
// 請求處理器方法
func (h Hello) ServeHTTP(w http.ResponseWriter, r *http.Request) {
    v1 := r.URL.Query()
    customer := Customer{}

    id, ok := v1["id"]
    if ok {
        customer.ID, _ = strconv.Atoi(id[0])
    }

    name, ok := v1["name"]
    if ok {
        customer.Name = name[0]
    }

    surname, ok := v1["surname"]
    if ok {
        customer.Surname = surname[0]
    }

    age, ok := v1["age"]
    if ok {
        customer.Age, _ = strconv.Atoi(age[0])
    }

    h.tmpl.Execute(w, customer)   // 使用請求處理器的模板產生動態網頁
}

func main() {
    // 建立請求處理器
    hello := Hello{}
    // 載入模板檔案和建立模板物件，賦予給請求處理器
    hello.tmpl, _ = template.ParseFiles("./template/hello_tmpl.html")
    // 註冊請求處理器
    http.Handle("/", hello)
    // 啟動伺服器
    log.Fatal(http.ListenAndServe(":8080", nil))
}
```

➤ 延伸習題 15.03：使用外部模板動態載入不同的 CSS 檔

15-6 用表單和 POST 方法更新伺服器資料

本章到目前為止，你跟前述程式練習的互動都是透過網頁瀏覽器，用 GET 方法取得網頁形式的回應。當然，網頁瀏覽器也能送出 POST 請求，通常是用來上傳表單資料。

在下個練習中，你將看到如何藉由 POST 方法實作一個網頁表單提交系統。將來你可以運用更精巧的第三方函式庫，好讓程式碼更精簡優雅，不過我們在這兒只是要展示基礎，你也會發現 Go 語言標準函式庫已經能帶給我們很大的幫助了。

練習：問卷填寫表單

在這個練習會用到兩個網頁，一個是讓使用者填寫資料用的表單 (form)，另一個則用來顯示提交表單的結果。

首先是問卷畫面 form.html, 它包含了 `<form></form>` 標籤、三個輸入欄位以及一個送出鈕：

Chapter15\Exercise15.07\form.html

```html
<!DOCTYPE html>
<html lang="en">
<head>
    <meta charset="UTF-8">
    <title>Form</title>
</head>
<h1>Form</h1>
<body>
    <form method="post" action="/hello">
        <ul>
            <li>Name: <input type="text" name="name"></li>
            <li>Surname: <input type="text" name="surname"></li>
            <li>Age: <input type="text" name="age"></li>
        </ul>
```

接下頁

```
            <input type="submit" name="send" value="Send">
    </form>
</body>
</html>
```

這裡我們不深入解釋 HTML 語法，但簡單來說，當使用者按下表單內的送出鈕時，這個表單會對伺服器的 /hello 路徑送出 POST 請求。這時表單內所有 <input> 標籤的值會包在請求主體中，並以 name 屬性來識別不同欄位 (name、surname、age)。

接著用來在送出資料後顯示結果的網頁 result.html, 其實就是一個模板檔案：

Chapter15\Exercise15.07\result.html

```
<!DOCTYPE html>
<html lang="en">
<head>
    <meta charset="UTF-8">
    <title>Welcome</title>
</head>
<body>
    <h1>Details</h1>
    <ul>
        <li>Name: {{.Name}}</li>
        <li>Surname: {{.Surname}}</li>
        <li>Age: {{.Age}}</li>
    </ul>
</body>
</html>
```

最後則是主程式 main.go, 它會在收到 POST 請求後讀取表單的內容：

Chapter15\Exercise15.07\main.go

```
package main

import (
    "html/template"
    "log"
```

接下頁

```
    "net/http"
)

type Visitor struct {  // 用來整理使用者以表單送出的資料
    Name    string
    Surname string
    Age     string
}

type Hello struct {  // 請求處理器
    tmpl *template.Template  // 記錄模板物件的屬性
}

// 請求處理器方法 (請求 /hello 路徑時)
func (h Hello) ServeHTTP(w http.ResponseWriter, r *http.Request) {
    visitor := Visitor{}

    // 檢查是不是 POST 請求, 不是就傳回 HTTP 狀態碼 405 (method not allowed)
    if r.Method != http.MethodPost {  // 也可寫成 r.Method != "POST"
        w.WriteHeader(http.StatusMethodNotAllowed)
        return
    }

    // 解析表單
    err := r.ParseForm()
    if err != nil {
        // 沒有表單或解讀錯誤的話, 傳回 HTTP 狀態碼 400 (bad request)
        w.WriteHeader(http.StatusBadRequest)
        return
    }

    // 從表單讀取值
    visitor.Name = r.Form.Get("name")
    visitor.Surname = r.Form.Get("surname")
    visitor.Age = r.Form.Get("age")

    h.tmpl.Execute(w, visitor)  // 用模板 result.html 產生結果並傳回
}

// 用來設定並傳回請求處理器的函式
func NewHello(tmplPath string) (*Hello, error) {
    // 設定請求處理器要使用的模板
    tmpl, err := template.ParseFiles(tmplPath)
    if err != nil {
```
接下頁

```
        return nil, err
    }

    return &Hello{tmpl}, nil
}

func main() {
    hello, err := NewHello("./result.html")  // 取得請求處理器
    if err != nil {
        log.Fatal(err)
    }
    http.Handle("/hello", hello)  // 要 hello 處理 /hello (表單) 路徑的請求

    // 伺服器根路徑則指向 form.html 表單畫面
    http.HandleFunc("/", func(w http.ResponseWriter, r *http.Request) {
        http.ServeFile(w, r, "./form.html")
    })

    log.Fatal(http.ListenAndServe(":8080", nil))
}
```

現在來執行這個練習：

```
PS F1741\Chapter15\Exercise15.07> go run .
```

在瀏覽器打開 http://
localhost:8080，你會看到伺服器
傳回了表單填寫畫面 (form.html)：

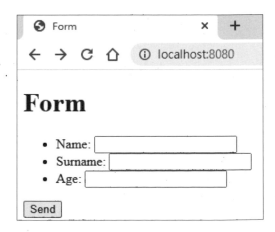

現在在裡面填些資料：

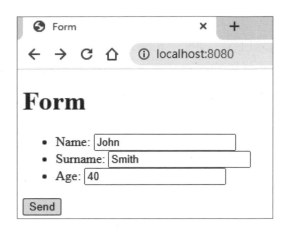

按表單的 Send (送出)，跳
轉到 /hello 路徑，伺服器也用
result.html 模板顯示了我們剛
才填寫的資料：

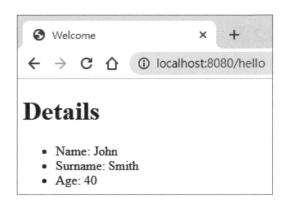

15-7　簡易 RESTful API：交換 JSON 資料

正如我們在這兩章提過幾次的，HTTP 伺服器不見得都是讓瀏覽器和人
類使用；有很多時候，我們得讓不同的程式相互溝通，而這通常會用到一種
四海皆準的通用資料格式，也就是 JSON。

REST (Representational State Transfer, 表現層狀態轉換) 或 **RESTful**
是一種網路 API 的架構風格，借用了 HTTP 的幾種請求方法來讓客戶端與伺
服器交換資料，它也很常被用於所謂的微服務。

在 HTTP 協定中，除了 GET 和 POST 以外，還有兩種方法叫做 **PUT** 和 **DELETE**。RESTful 服務會用 GET 來查詢資源，並使用 POST 來上傳資源。PUT 的用途是拿來更新資源，DELETE 則是刪除它。當然 RESTful 只是一種軟體風格而非規範，你要如何使用這些 HTTP 方法由你決定，但你仍可以參考 RESTful 的做法來開發 API，讓使用者能以更一致的方式操作這些遠端服務。

這本書不會深入討論如何開發 RESTful API，但各位到目前為止學到的東西，例如 JSON 資料處理、檔案和資料庫的存取等等，都已經足以讓你開發出實用的網路 API 和微服務。

練習：能傳回指定時區時間的 RESTful API

在以下練習，我們要寫的伺服器會接收使用者的 GET 請求，當中可能包含 URI 參數，然後將對應的時間資料 (UTC 時間、該時區時間、時區名稱) 以 JSON 格式傳回。

你用瀏覽器會看到 JSON 字串，或者你能像第 14 章那樣寫個客戶端來測試它，不過在此我們會用個 API 客戶端程式來測試它。

Chapter15\Exercise15.08

```go
package main

import (
    "encoding/json"
    "log"
    "net/http"
    "strings"
    "time"
)

type WorldTime struct {  // 對應要傳回的 JSON 資料的結構
    UTC      string `"json:utc"`
    Local    string `"json:local"`
    Timezone string `"json:timezone"`
}
```

接下頁

```go
func RestfulService(w http.ResponseWriter, r *http.Request) {
    if r.Method != http.MethodGet {   // 若不是 GET 方法就傳回 HTTP 405
        w.WriteHeader(http.StatusMethodNotAllowed)
        return
    }

    w.Header().Set("Content-Type", "application/json")  // 傳回格式為 JSON
    now := time.Now()   // 取得目前時間

    // 讀取參數 tz
    vl := r.URL.Query()
    tz, ok := vl["tz"]
    if ok {
        // 有 tz 參數的話，嘗試用它來設定時區
        location, err := time.LoadLocation(strings.TrimSpace(tz[0]))
        if err != nil {   // 時區錯誤，傳回 HTTP 404
            w.WriteHeader(http.StatusBadRequest)
            // 傳回一個時間欄位為空字串，時區則帶有錯誤資訊的 JSON 資料
            jsonBytes, _ := json.Marshal(WorldTime{Timezone: 接下行
"Invalid timezone name"})
            w.Write(jsonBytes)
            return
        }
        now = now.In(location)
    }

    // 取得要傳回的時間和時區字串
    worldTime := WorldTime{}
    worldTime.UTC = now.UTC().Format(time.RFC3339)
    worldTime.Local = now.Format(time.RFC3339)
    worldTime.Timezone = now.Location().String()

    jsonBytes, _ := json.Marshal(worldTime)
    w.Write(jsonBytes)
}

func main() {
    http.HandleFunc("/", RestfulService)
    log.Fatal(http.ListenAndServe(":8080", nil))
}                                                                接下頁
```

現在啟動本練習的伺服器：

```
PS F1741\Chapter15\Exercise15.08> go run .
```

在瀏覽器打開網址，先不輸入參數看看：

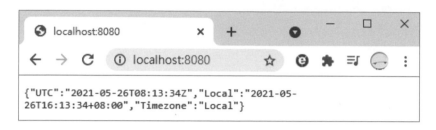

不過，既然本練習是讓程式交換資料用的 RESTful API，你也許會想用 Insomnia 或 Postman 之類的 JSON 客戶端來測試它。

使用 Insomnia Core

接著到 https://insomnia.rest/download/ 下載免費的 Insomnia Core。啟動後在 Dashboard 點選『Insomnia』，你應該會看到用來輸入測試網址與資料的畫面。

在 Insomnia 中間上方輸入目標網址 (http://localhost:8080), 並確保左邊使用的是 GET 方法，然後按『Send』送出。你應該會看到右邊出現伺服器的回應：

由於我們並未在網址提供 tz 參數，因此 API 沒有設定時區，傳回伺服器的本地時間。

如果你改成使用 POST 請求，就會收到 HTTP 狀態碼 405：

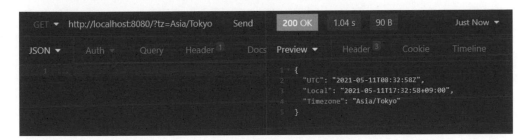

現在來嘗試加上 tz 參數，指定時區為 Asia/Tokyo：

如果你嘗試輸入一個錯誤或不存在的時區，API 會傳回 HTTP 狀態碼 400, 以及一個時間欄位為空、時區則有錯誤資訊的 JSON 資料：

以上我們的簡易 RESTful API 只會接收 GET 請求，並視使用者提供參數的情況來傳回時間資料。不過各位也應該能理解到，你能將同樣的原理擴充到 POST、PUT 與 DELETE 方法，讓使用者能透過 API 增刪修改資料。

15-8 本章回顧

在這一章，你學到了如何撰寫伺服器端程式，接收 HTTP 客戶端的請求並用正確的方式回應 (對人類回應 HTML 網頁，或對程式回應 JSON 資料)。你也看到如何用 Go 語言的 http 套件實作簡單的 routing (路由) 控制，以及怎麼用模板來產生動態網頁內容、對使用者與網站提供靜態資源等等。

最後我們學到什麼是 RESTful 服務。雖然我們實作的 RESTful API 非常簡單，但你目前知道的東西已經夠用來開發實務的網路服務了。

儘管本章的技術已經足以用來打造正式的伺服器，你之後或許會想使用像是 gorilla mux 之類的外部函式庫來實作更完善的 routing, 甚至是使用整個 gorilla 套件，它是建構在 http 套件之上的低階抽象套件。你也可以用 hero 套件當成模板引擎，讓網頁的產生速度更快。

此外，你在本章學到的 RESTful API 屬於無狀態 (stateless) 服務，也就是每次的請求與處理都是獨立、彼此無關聯的。你目前還沒辦法撰寫真正的有狀態 (stateful) 伺服器，讓程式記住不同請求之間的狀態，因為這牽涉到在並行性 (concurrent) 運算下的共享資源安全性。當有很多人同時連線和存取資源時，假如沒有控管，資料在操作上就很容易發生不一致。

下一章我們便要來講解 Go 語言的並行性運算功能，看看 Goroutines 如何同時執行並完成多重任務。這是 Go 語言非常重要的特色，事實上 Go 的 HTTP 伺服器已經會使用它，以便同時接收多位使用者的請求。

16 並行性運算

Chapter

／本章提要／

本章會對讀者介紹 Go 語言中能讓你實現**並行性** (concurrent) 或非同步運算。首先我們會來了解 Goroutine 是什麼, 以及如何用它進行並行性運算。接著, 各位會看到怎麼透過 WaitGroups 和 atomic 套件在執行緒之間以同步、安全的方式更改變數值。若要處理的數值以外的型別, 你則得使用 mutex 執行序鎖。

在本章後半, 各位也將見識到**通道** (channels) 的威力, 並利用通道的訊息追蹤來確認工作任務是否完成。

16-1 前言

到目前為止，你在這本書所學習撰寫的程式，大多都是那種只給單一使用者操作的軟體。但其實還有另一種軟體是設計給多人同時操作。第 15 章的 HTTP 伺服器其實就是一個例子，它能同時提供網站或應用程式給成千上百的人使用，或者你的程式可能需要同時讀取幾種不同的資料庫。在這種情況下，你可以試著用非同步的方式同時完成這些**任務 (task)**。

舉個例子：有幾個人要在牆壁上釘釘子，每個人分到的釘子數量和負責的牆面區域都不同，可是只有一把鐵鎚可共用。與其讓每個人依序完成任務，你可以叫每個人各用鐵鎚釘下一枚釘子，然後把鐵鎚遞給下一個人。釘子較少的人會提前完成任務，但起碼他們就不必等待釘子更多的人用完鐵鎚。

Go 語言使用一種稱為 **Goroutine** 的輕量級執行緒 (thread) 來實現**並行性運算 (concurrent computing)**，也就是同一時間只進行一個任務，但將每個任務切成小片段、並輪流執行每個任務的片段，直到所有任務都完成為止。Goroutine 非常容易啟用，而且其實已經運用在 Go 語言的標準套件中。譬如，前面提到的 Go 語言伺服器就會自動使用 Goroutine，好讓客戶端能在任何時候連線、不必等待伺服器處理完個別使用者的請求。

不過，這也意味著大多數 HTTP 伺服器都是無狀態的 (stateless)——每次的請求都彼此不相干。若程式想記住不同請求之間的狀態、或不同使用者的資訊 (即有狀態的 (stateful))，你就得讓這些 Goroutine 共享資源，但這也將導致所謂的**記憶體資源競爭 (race condition)** 問題。在這一章，我們將看到幾種有效的對策。

Go 語言的並行性運算／平行運算功能

並行性運算 (concurrent computing) 是指在同一處理器上輪流切換執行不同的任務，而平行運算 (parallel computing) 則是使用處理器的不同核心來同時進行幾個任務。

接下頁

儘管一般我們會以『並行性運算』來稱呼 Go 語言的非同步運算功能, Go 語言其實會在幕後使用多個『OS 執行緒』來分攤 Goroutine 的運行, 也就是啟用了平行運算。開發者也不需擔心實作細節, 程式寫起來是完全一樣的。

從 Go 1.5 版之後, OS 執行緒的預設數量即系統最大核心數量, 這會在安裝時就自動設定。若你想指定 OS 執行緒數量, 可用 runtime 套件的 GOMAXPROCS() 函式:

```
runtime.GOMAXPROCS(n)  // 指定使用 n 個核心 (填入 0 或負值 = 不改變)
numCPU := runtime.GOMAXPROCS(0)  // 取回目前的OS 執行緒數量
```

注意若 OS 執行緒數量大於處理器核心數量, 就會使它們必須競爭 CPU 資源。

16-2 使用 Go 語言的並行性運算

16-2-1 Goroutine

每個 Goroutine 就是一個非同步函式．通常用來做一件任務。Go 語言允許在同一時間執行多個 Goroutine, 你甚至可以在一個 Goroutine 內執行其他 Goroutine, 但這些函式彼此之間會是獨立的並行性運算任務。Goroutine 程序不會共用記憶體, 這就是為何它有別於傳統的執行緒。但我們將看到, 在程式中讓 Goroutine 相互傳遞變數是非常容易的, 雖然若沒有採取特別措施的話, 這也會引發一些出乎預料的現象。

撰寫 Goroutine 的方式完全沒有任何特別之處, 它們本身就只是普通函式而已。任何函式都能變成 Goroutine; 你只要在呼叫函式時於前面加上 **go** 關鍵字就行。我們來看看下面這個函式 hello():

```go
package main

import "fmt"

func hello() {
    fmt.Println("Hello World")
}
```

接下頁

```
func main() {
    fmt.Println("開始")
    go hello()  // 產生一個 Goroutine 叫做 hello()
    fmt.Println("結束")
}
```

要注意的是,用 go 關鍵字呼叫的函式不能有傳回值,但後面我們會看到你能如何繞過這個限制。

執行結果

```
開始
結束  ◄—— hello() 沒有執行?
```

程式會先印出『開始』,然後用 Goroutine 的方式呼叫 hello()。然而,main() 沒有等 hello() 執行,就直接印出『結束』,為什麼呢?這是因為 main() 和 hello() 變成兩個獨立執行的程序,它壓根不會在乎 hello() 在做什麼。

在此你得了解的重點是:就算一支 Go 語言程式沒有明確使用 go 關鍵字來呼叫任何函式,main() 本身其實也是一個 Goroutine。亦即,我們上面實際上是在執行**兩個** Goroutine。但是 main() 一旦結束,所有的 Goroutine 就會一併關閉。

為了確保其他 Goroutine 有時間完成,我們可以用個粗糙但有效的辦法——要 main() 等待片刻:

```
package main

import "fmt"

func hello() {
    fmt.Println("Hello World")
}

func main() {
    fmt.Println("開始")
```

接下頁

```
    go hello()  // 產生一個 Goroutine 叫做 hello()
    time.Sleep(time.Second)  // 等待 1 秒
    fmt.Println("結束")
}
```

執行結果

```
開始
Hello World
結束  ◀── 會等 1 秒才印出
```

可以看到這回 hello() 順利執行並輸出了結果。

練習：使用 Goroutine

這裡我們想進行兩個運算任務，一個是從 1 連加到 10 (總和 55), 另一個是從 1 連加到 100 (總和 5050)。為了節省時間, 我們會讓程式同時執行這些運算, 並一起看到計算結果。

Chapter16\Exercise16.01

```go
package main

import (
    "fmt"
    "time"
)

func sum(from, to int) int {
    res := 0
    for i := from; i <= to; i++ {
        res += i
    }
    return res
}

func main() {
    var s1, s2 int
```

接下頁

```
    go func() {  // 執行匿名 Goroutine, 它會執行 s1
        s1 = sum(1, 100)
    }()

    s2 = sum(1, 10)  // s2 仍在 main() 內執行

    time.Sleep(time.Second)  // 等待 1 秒
    fmt.Println(s1, s2)
}
```

執行結果

```
PS F1741\Chapter16\Exercise16.01> go run .
5050 55
```

你會發現，這回兩個計算任務用 Goroutine 的形式順利完成，我們也得到正確的計算結果。

16-2-2 WaitGroup

我們在前一個練習用上了不甚優雅的方式，逼迫 main() 多等 1 秒鐘，好確保 Goroutine 能執行完畢。下面我們要看第二種做法，是使用 sync 套件的 **WaitGroup** 結構：

```
func main() {
    wg := &sync.WaitGroup{}  // 建立新的 WaitGroup 結構
    wg.Add(n)  // 在 WaitGroup 記錄 Goroutine 數量
    // 執行n 個 Goroutine...
    wg.Wait()  // 等待所有 Goroutine 執行完畢
```

在此我們建了個指標變數，指向一個 WaitGroup 結構，然後我們用其方法 wg.Add() 來告訴它我們準備加入 n 個 Goroutine。WaitGroup 其實就是個計數器，會記住目前有多少個 Goroutine 在跑。最後它會用 wg.Wait() 來等待所有 Goroutine 執行完畢。

但 WaitGroup 要怎麼知道函式執行完畢呢？我們得讓每個 Goroutine 在執行完畢時告知 WaitGroup：

```
wg.Done()  // 等於 wg.Add(-1)，把目前正在跑的 Goroutine 數量減 1
```

這必須由各個 Goroutine 自行呼叫，這就是為何你得以指標參數的形式將 WaitGroup 結構傳給 Goroutine 函式。而等所有 Goroutine 都呼叫了 wg.Done(), main() 的 wg.Wait() 才會讓程式繼續執行。

練習：使用 WaitGroup

現在我們來改寫前一個練習，同樣在 main() 中執行 sum() 函式兩次，其中一次是 Goroutine 的形式，但這回改用 WaitGroup 來等待它結束。

```
Chapter16\Exercise16.02

package main

import (
    "fmt"
    "sync"
)

func sum(from, to int, wg *sync.WaitGroup, res *int) {
    *res = 0
    for i := from; i <= to; i++ {
        *res += i
    }
    // 若 wg 參數不為 nil，表示這是個 Goroutine
    if wg != nil {
        wg.Done()  // 回報 Goroutine 結束
    }
}

func main() {
    var s1, s2 int  // 用來儲存計算結果的變數

    wg := &sync.WaitGroup{}  // 建立 WaitGroup
    wg.Add(1)  // 要等待 1 個 Goroutine
```

接下頁

```
    go sum(1, 100, wg, &s1)  // 以 Goroutine 形式執行的 sum()
    sum(1, 10, nil, &s2)  // 以正常函式形式執行的 sum()
    wg.Wait()  // 等待 1 個 Goroutine 結束

    fmt.Println(s1, s2)
}
```

在之前的練習中，我們把 sum() 包在一個匿名函式裡來取得傳回值，然後把該匿名函式當成 Goroutine 執行，但這次我們想避免這樣做。既然用 go 關鍵字執行 Goroutine 時不能取得傳回值，這裡就透過指標參數來取得結果。

main() 執行完自己的計算後，wg.Wait() 會等待所有的 Goroutine (在此只有 1 個) 都呼叫了 wg.Done() 才會印出結果。程式的執行結果如下：

執行結果

```
PS F1741\Chapter16\Exercise16.02> go run .
5050 55
```

16-3 解決記憶體資源競爭 (race condition)

當我們使用並行性運算時，有一點必須切記，就是我們無法擔保每個 Goroutine 的程式碼會以怎樣的順序執行。在很多情況下，這點並不成問題，因為每個函式都是獨立作業，做什麼也不會影響到其他 Goroutine 函式。

但是，若這些 Goroutine 必須共用同樣的資源，情況就不一樣了。正因我們不曉得各個 Goroutine 寫入跟讀取資料的順序，有可能某個函式更新了變數，值卻被另一個函式蓋過，導致運算結果不正確。

我們來用個例子解釋這種狀況。首先是一個不使用 Goroutine 的版本，每次呼叫函式會把一個指標變數遞增 1：

```
package main

import "fmt"

func next(v *int) {
    (*v)++  // 把指標參數 v 的值遞增 1
}

func main() {
    a := 0
    next(&a)
    next(&a)
    next(&a)
    fmt.Println(a)
}
```

main() 內的變數 a 會正常地遞增到 3。但若把 main 的內容改成如下呢?

```
func main() {
    a := 0
    go next(&a)
    go next(&a)
    go next(&a)
    fmt.Println(a)
}
```

執行結果有可能是 0, 1, 2 或 3。這是因為現在每次呼叫的 next() 函式都變成獨立的 Goroutine, 它們並不曉得其他 Goroutine 在做什麼, 於是可能就覆蓋了彼此寫入變數的值。

以上狀況便是所謂的**記憶體資源競爭 (race condition)**, 而若我們讓 Goroutine 共用資源卻未採取防範措施, 這種現象就會一再發生。幸好, Go 語言給了我們幾種辦法, 確保一次只能有一個來源能寫入變數。接下來我們將探索這些解法, 甚至是如何用單元測試來偵測資源競爭問題。

16-3-1 原子操作 (atomic operation)

試想我們想計算從 1 累加到某個數字，並將作業拆成兩個 Goroutine 來處理。為簡化起見，下面只計算 1 累加到 4，其總合為 10：

```
s := 0
s += 1  // 1  (由 Goroutine 1 計算)
s += 2  // 3  (由 Goroutine 1 計算)
s += 3  // 6  (由 Goroutine 2 計算)
s += 4  // 10 (由 Goroutine 2 計算)
```

但是，兩個 Goroutine 做累加的順序不一定是如此：

```
s := 0
s += 1  // 1  (由 Goroutine 1 計算)
s += 3  // 4  (由 Goroutine 2 計算)
s += 2  // 6  (由 Goroutine 1 計算)
s += 4  // 10 (由 Goroutine 2 計算)
```

這表示我們確實可以將累加過程拆成兩個以上的 Goroutine，累加順序也無所謂，反正結果一定相同。只是問題又回到前面的記憶體資源競爭：也就是多重 Goroutine 同時寫入同一個變數、覆蓋了彼此的值。

幸好，Go 語言的 **sync/atomic** 套件讓我們能安全地在各 Goroutine 之間修改變數值。若你要在 Goroutine 之間進行簡單的數值變數操作，這個套件就能確保該變數一次只能有一個來源寫入它，其餘的來源則得等待寫入完成才能接手。這種動作即稱為**原子操作 (atomic operation)**。

atomic 套件提供了以下的原子操作函式：

```
func AddInt32(addr *int32, delta int32) (new int32)
func AddInt64(addr *int64, delta int64) (new int64)
func AddUint32(addr *uint32, delta uint32) (new uint32)
func AddUint64(addr *uint64, delta uint64) (new uint64)
```

以 atomic.AddInt32() 為例，它會接收一個指向 int32 型別的指標變數 addr，將其值加上 delta，並且確保每次只能有一個來源修改 addr。由上可見，atomic 套件支援的數值操作只包括 int32/64 及 uint32/64 型別。

練習：使用原子操作

這個練習要計算 1 累加到 100 的值，但將計算過程拆成 4 個 Goroutine。為了確保它們對同一個變數寫入值時不會相互覆蓋，我們得使用 atomic 套件來做原子操作。稍後我們會撰寫一個單元測試程式，來展示使用原子操作與否會有什麼差異。

主程式

```
Chapter16\Exercise16.03\main.go
```

```go
package main

import (
    "log"
    "sync"
    "sync/atomic"
)

// 計算累加的函式
func sum(from, to int, wg *sync.WaitGroup, res *int32) {
    for i := from; i <= to; i++ {
        atomic.AddInt32(res, int32(i))  // 用原子操作來累加指標變數值
    }
    wg.Done()  // 回報 Goroutine 結束
}

func main() {
    s1 := int32(0)
    wg := &sync.WaitGroup{}

    wg.Add(4)  // 新增 4 個 Goroutine
    go sum(1, 25, wg, &s1)    // 累加 1 至 25
    go sum(26, 50, wg, &s1)   // 累加 26 至 50
    go sum(51, 75, wg, &s1)   // 累加 51 至 75
    go sum(76, 100, wg, &s1) // 累加 76 至 100
    wg.Wait()  // 等待所有 Goroutine 結束

    log.SetFlags(0)  // 設定 log 輸出時不帶其他資訊 (時間、程式名稱等)
    log.Println(s1)
}
```

注意這裡我們使用 log 套件來輸出結果，這是為了在後面的單元測試中能夠讀取程式的輸出值。執行結果如下：

執行結果

```
PS F1741\Chapter16\Exercise16.03> go run .
5050
```

單元測試

現在我們來在同一專案內撰寫單元測試程式 main_test.go，它會執行上面的 main() 函式一萬次，並檢查主控台的印出結果是否符合預期：

Chapter16\Exercise16.03\main_test.go

```go
package main

import (
    "bytes"
    "log"
    "testing"
)

func Test_Main(t *testing.T) {
    for i := 0; i < 10000; i++ {
        var s bytes.Buffer  // 建立一個 Buffer 結構 (符合 io.Writer 介面)
        log.SetOutput(&s)    // 將 log 輸出結果寫到 s
        log.SetFlags(0)      // 設定 log 輸出時不帶其他資訊 (時間、程式名稱等)
        main()  // 執行 main 套件的 main()

        // 只要 log 輸出內容不是字串 "5050\n" 就算測試失敗
        if s.String() != "5050\n" {
            t.Fail()
        }
    }
}
```

如我們在第 9 章看過的，在主控台用 go test 來執行單元測試：

執行結果

```
PS F1741\Chapter16\Exercise16.03> go test -v
=== RUN   Test_Main
--- PASS: Test_Main (0.06s)
PASS
ok      parallelwork/Exercise16.03      0.146s
```

看來跑一萬次的結果全部正常。

記憶體資源競爭測試

話說回來,有時候我們可能無法確定程式的計算結果是否正確。也有可能計算結果剛好是對的,但檯面下有資源競爭發生。這時我們便可替 go test 加上 **-race** 旗標來測試之。

★ 小編補充　安裝 GCC 工具

-race 旗標必須先安裝 **GCC** 工具才能使用。以 64 位元 Windows 系統為例:

1. 下載 MinGW 64 位元版 (http://mingw-w64.org/doku.php) 並執行安裝檔。

2. 在安裝程式中選擇系統架構 (64 位元即為 x86_64) 和執行緒類型 (win32)。

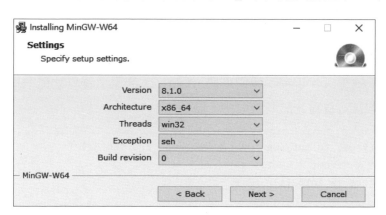

3. 安裝好之後,將 GCC 工具所在的資料夾 (比如 C:\Program Files\mingw-w64\ x86_64-8.1.0-win32-seh-rt_v6-rev0\mingw64\bin) 加入系統變數 PATH。

接下頁

---

4. 重新啟動 VS Code, 開一個新終端機, 並檢查 GCC 是否正確安裝：

```
> gcc --version
gcc.exe (x86_64-win32-seh-rev0, Built by MinGW-W64 project) 8.1.0
Copyright (C) 2018 Free Software Foundation, Inc.
This is free software; see the source for copying conditions. There is NO
warranty; not even for MERCHANTABILITY or FITNESS FOR A PARTICULAR PURPOSE.
```

若是 Linux 系統可用以下指令安裝 (記得先將系統更新到最新狀態)：

```
sudo apt install build-essential
```

或者你可到 https://gcc.gnu.org/install/binaries.html 尋找符合你系統的版本。

現在加上 **-race** 旗標, 這會檢查程式是否發生記憶體資源競爭現象：

執行結果

```
PS F1741\Chapter16\Exercise16.03> go test -v -race
=== RUN   Test_Main
--- PASS: Test_Main (1.74s)
PASS
ok      parallelwork/Exercise16.03      2.858s
```

看來測試正常。現在, 我們來把 main.go 的原子操作功能拿掉, 換成普通的變數累加, 看看測試時會發生什麼事：

```
func sum(from, to int, wg *sync.WaitGroup, res *int32) {
    for i := from; i <= to; i++ {
        *res += int32(i)   // 這一行改成這樣
    }
    wg.Done()
}
```

　　如果你用 go run 執行這支程式，答案仍有可能是正確的。但若你執行夠多次，就有機會看到它出現錯誤結果。無論如何，我們來用 go test 搭配 -race 旗標試試看：

執行結果

```
PS F1741\Chapter16\Exercise16.03> go test -v -race .
=== RUN   Test_Main
==================
WARNING: DATA RACE
Read at 0x00c000014180 by goroutine 9:
  parallelwork/Exercise16%2e03.sum()
      F1741/Chapter16/Exercise16.03/main.go:11 +0x51

Previous write at 0x00c000014180 by goroutine 8:
  parallelwork/Exercise16%2e03.sum()
      F1741/Chapter16/Exercise16.03/main.go:11 +0x65

Goroutine 9 (running) created at:
  parallelwork/Exercise16%2e03.main()
      F1741/Chapter16/Exercise16.03/main.go:22 +0x131
  parallelwork/Exercise16%2e03.Test_Main()
      F1741/Chapter16/Exercise16.03/main_test.go:14 +0xec
  testing.tRunner()
      C:/Program Files/Go/src/testing/testing.go:1193 +0x202

Goroutine 8 (finished) created at:
  parallelwork/Exercise16%2e03.main()
      F1741/Chapter16/Exercise16.03/main.go:21 +0xf3
  parallelwork/Exercise16%2e03.Test_Main()
      F1741/Chapter16/Exercise16.03/main_test.go:14 +0xec
  testing.tRunner()
      C:/Program Files/Go/src/testing/testing.go:1193 +0x202
==================
    testing.go:1092: race detected during execution of test
--- FAIL: Test_Main (4.88s)
=== CONT
    testing.go:1092: race detected during execution of test
FAIL
exit status 1
FAIL    parallelwork/Exercise16.03      4.985s
```

訊息開頭的『WARNING: DATA RACE』以及最後的『testing.go:1092: race detected during execution of test』就指出 main() 發生了記憶體資源競爭問題。而透過本練習與其測試，各位可以了解到原子操作如何能避免多重 Goroutine 共用變數時的潛在不安全問題。

 小編註：go run 也可以使用 -race 旗標來偵測這個狀況。

16-3-2　互斥鎖 (mutex)

除了原子操作，還有一個方法能讓你用正常的方式對共用變數寫入值，卻仍能維持並行性安全——使用 snyc 套件的 **mutex** 結構。甚至也不限於操作 int32/64 及 uint32/64 型別，而是適用於任何變數。

mutex 是**互斥鎖 (mutual exclusion)** 的簡稱。當互斥鎖啟用時，它會停止所有的 Goroutine，直到鎖被解除為止。因此某個 Goroutine 需要操作資料時，可以先要求上鎖，等到做完必要的任務後再解鎖；其他 Goroutine 則必須等待解鎖，才能接手使用互斥鎖。這原理其實和前面的原子操作相同，只不過你得自己管控上鎖與解鎖的動作。

mutex 和 WaitGroup 一樣定義在 sync 套件中，你首先得建立一個 sync.Mutex 型別的互斥鎖結構：

```
mtx := sync.Mutex{}
```

但我們通常得將同一個鎖傳給多個 Goroutine 使用，因此會宣告成指標變數：

```
mtx := &sync.Mutex{}
```

接著你就能在各個 Goroutine 內使用互斥鎖上鎖和解鎖的方法來包住對共用變數的操作：

```
mtx.Lock()    // 上鎖
(*s)++        // 寫入變數
mtx.Unlock() // 解鎖
```

可以看到，這裡的運算雖是正規運算式，但用上了互斥鎖，故能確保其寫入動作不會受到其他 Goroutine 干擾。

下面的程式範例修改自練習 16.03，改用了互斥鎖來進行數值累加作業：

Chapter16\Example16.01

```go
package main

import (
    "log"
    "sync"
)

func sum(from, to int, wg *sync.WaitGroup, mtx *sync.Mutex, res *int32) {
    for i := from; i <= to; i++ {
        mtx.Lock()
        *res += int32(i)
        mtx.Unlock()
    }
    wg.Done()
}

func main() {
    s1 := int32(0)
    wg := &sync.WaitGroup{}
    mtx := &sync.Mutex{}

    wg.Add(4)
    go sum(1, 25, wg, mtx, &s1)
    go sum(26, 50, wg, mtx, &s1)
    go sum(51, 75, wg, mtx, &s1)
    go sum(76, 100, wg, mtx, &s1)
    wg.Wait()

    log.SetFlags(0)
    log.Println(s1)
}
```

執行結果

```
PS F1741\Chapter16\Example16.01> go run .
5050
```

不過也請記得，程式中上鎖／解鎖的動作應該越少、時間越短越好，方能減少各 Goroutine 等待的時間、提升並行性運算的效能。因此只有真正會共用且寫入資料的資源，才需要用到互斥鎖。

▶ 延伸習題 16.01：使用互斥鎖的累加

16-4 通道 (channel)

前面我們看到如何用 Goroutine 進行並行性運算，如何用 WaitGroup 讓它們同步，並用原子操作或互斥鎖來安全存取共用的變數。不過，接下來我們將介紹一個在 Go 語言中更常用也更強大的機制，叫做**通道 (channel)**。

顧名思義，通道是傳遞訊息的管道，任何函式都能透過通道送出或接收訊息。通道的宣告和初始化方式跟切片很像：

```
var ch chan int  // 建立名為 ch 的通道，型別為 int
ch = make(chan int, 10)  // 初始化通道，緩衝區大小 10
```

當然你也可以直接這樣建立它：

```
ch := make(chan int, 10)
```

通道可以是任何型別，諸如 int、bool、float 或任何自訂型別、結構，甚至是切片或指標，只是最後兩個比較少用。通道變數能當成參數傳給函式，不必宣告成指標就能讓 Goroutine 分享資料，而且它們已經具備並行性運算安全性，所以存取時無須動用互斥鎖之類的機制。

我們先來看看要怎麼傳訊息 (資料) 到一個通道內：

```
ch <- 2  // 將整數 2 傳入通道 ch
```

<- 是所謂的**受理算符 (receive operators)**。若你試圖傳送不同型別的資料給 ch 通道，就會產生錯誤。

在送出訊息後，你也會想從通道接收訊息：

```
<- ch   // 取出（從通道移除）一筆訊息但不儲存
i := <- ch   // 取出一筆訊息並存入變數 i
i, ok := <- ch   // 取出一筆訊息存入變數 i，成功時 ok 為 true
```

你甚至能如下面這樣，直接從一個通道取出值和放進另一個：

```
out <- <- in
```

 小編註：Go 語言通道會遵循先進先出 (first-in, first out 或 FIFO) 原則，也就是先傳入的訊息就會最早被收到。

16-4-1　使用通道傳遞訊息

我們來看一個簡單範例，展示我們目前學到的東西：

Chapter16\Example16.02

```go
package main

import "fmt"

func main() {
    ch := make(chan int, 1)
    ch <- 1     // 在通道傳入 1
    i := <-ch   // 從通道取出一個值並存入 i
    fmt.Println(i)
}
```

執行結果

```
PS F1741\Chapter16\Example16.02> go run .
1
```

這程式建立了個緩衝區大小為 1 的新通道，傳入整數 1，再把它讀出來。

這種程式沒什麼實用價值，但我們只要改個小地方，結果就會很有趣了。現在，若我們移除通道的緩衝區大小參數，也就是讓它沒有緩衝區，會發生什麼事？

```
ch := make(chan int)
```

這時你再次執行程式，你會看到類似以下的結果：

執行結果

```
PS F1741\Chapter16\Example16.02> go run .
fatal error: all goroutines are asleep - deadlock!

goroutine 1 [chan send]:
main.main()
        F1741/Chapter16/Example16.02/main.go:7 +0x65
exit status 2
```

Go 語言回報程式中所有的 Goroutine 都卡住而陷入了**死結 (deadlock)**，而且錯誤發生在第 7 行 (ch <- 1)。這是由於通道 ch 沒有任何緩衝區，當你傳一個值進去時，必須馬上有人能將它讀出去才行。問題就在於沒有其他函式能這麼做，導致程式永無止盡地等待下去。

在繼續往下講之前，我們先來看通道的另一個特性，也就是它們是可以**關閉**的。當通道負責的任務結束時，你可以關閉它。關閉通道的指令如下：

```
close(ch)
```

通道也可以用 defer 延後關閉，比如下面這樣：

```
func main() {
    ch := make(chan int, 1)
    defer close(ch)
    ch <- 1
    i := <-ch
    fmt.Println(i)
}
```

但通道和檔案、HTTP 連線不一樣，它並沒有一定要關閉，這麼做有其他的理由。我們後面會再談到這部分。

練習：兩個 Goroutine 透過通道交換訊息

在下面的練習裡，我們會用一個 Goroutine 傳送歡迎訊息，並在 main() 中接收它。這個練習非常簡單，卻能讓你理解訊息是如何透過通道傳遞的。

Chapter16\Exercise16.04

```
package main

import "fmt"

func greet(ch chan string) {
    ch <- "Hello"   // 對通道傳入訊息
}

func main() {
    ch := make(chan string)   // 建立無緩衝區的字串通道
    go greet(ch)              // 將通道傳給 Goroutine
    fmt.Println(<-ch)   // 從通道接收訊息
}
```

執行結果

```
PS F1741\Chapter16\Exercise16.04> go run .
Hello  ◄── 來自 greet() 的訊息
```

在以上練習中，你可以看到如何用通道讓不同的 Goroutine 彼此溝通、以便同步資料。程式中使用的通道 ch 沒有緩衝區，但正因 main() 及時讀出資料，所以沒有變成死結。

練習：兩個 Goroutine 用通道雙向交換訊息

現在我們想讓 main() 傳送一個訊息給另一個非同步函式，然後接收對方傳回的訊息。下面的程式會以前一個範例來延伸：

```
package main

import "fmt"

func greet(ch chan string) {
    msg := <-ch   // 接收訊息 1
    ch <- fmt.Sprintf("收到訊息: %s", msg)   // 傳入訊息 2 (包含訊息 1)
    ch <- "Hello David"   // 傳入訊息 3
}

func main() {
    ch := make(chan string)
    go greet(ch)

    ch <- "Hello John"   // 傳入訊息 1
    fmt.Println(<-ch)    // 接收訊息 2
    fmt.Println(<-ch)    // 接收訊息 3
}
```

現在執行程式, 你能看到以下的結果:

執行結果

```
PS F1741\Chapter16\Exercise16.05> go run .
收到訊息: Hello John
Hello David
```

本練習展示了 Goroutine 能如何利用通道來雙向溝通。注意到 main() 執行了兩次 <- ch, 因為你預期會有兩條訊息傳回來。我們在下一個練習會展示怎麼用迴圈取回所有可能有的訊息。

16-4-2 從通道讀取多重來源的資料

現在試想, 你想加總一系列數字, 但數字會由幾個不同的 Goroutine 提供。我們不會知道實際得處理的數字為何, 反正通通加總起來就對了。

練習：用通道做數字加總

下面我們要來改寫之前的數字加總練習，讓 4 個 Goroutine 對 main() 傳送特定範圍的數字，並由 main() 負責加總。

Chapter16\Exercise16.06

```go
package main

import (
    "fmt"
    "time"
)

func push(from, to int, out chan int) {
    for i := from; i <= to; i++ {
        out <- i  // 將數字放入通道
        time.Sleep(time.Microsecond)  // 等待 1 毫秒 (模擬資料處理時間)
    }
}

func main() {
    s1 := 0
    ch := make(chan int, 100)  // 通道緩衝區大小為 100

    go push(1, 25, ch)
    go push(26, 50, ch)
    go push(51, 75, ch)
    go push(76, 100, ch)

    for c := 0; c < 100; c++ {
        i := <-ch  // 從通道讀取數字
        fmt.Println(i)
        s1 += i    // 累加數字
    }

    fmt.Println(s1)
}
```

為了示範並行性運算的效果，這裡我們用 time 模組在 Goroutone 中加入一點點時間延遲，使每個 Goroutone 在傳送訊息後等待片刻，這樣比較容易看出各個 Goroutone 輪流執行的效果。

```
PS F1741\Chapter16\Exercise16.06> go run .
1
26
2
51
3
76
27
4
52
77
// ... (中略)
50
74
99
100
75
Result: 5050
```

　　你能根據輸出的數字猜到它們是哪個 Goroutine 提供的，這也展示了單一通道的資料可來自多個來源。在真實世界的應用中，你可以用同樣的方式從多重資料庫讀取資料，並透過通道把它們通通傳給一個處理程序。

練習：向 Goroutine 請求資料

　　接下來的練習，要解決的問題跟前一題一模一樣，但方法稍微不同。與其一昧地接收 Goroutine 傳回的數字，這回我們會讓 main() 先對 Goroutine 提出請求，後者收到要求後才傳回一個數字。

Chapter16\Exercise16.07

```
package main

import "fmt"

func push(from, to int, in chan bool, out chan int) {
    for i := from; i <= to; i++ {
        <-in  // 等待請求 (值不重要)
        out <- i  // 傳回一個數字
```

接下頁

```
    }
}

func main() {
    s1 := 0
    out := make(chan int, 100)   // 用來接收值的通道
    in := make(chan bool, 100)   // 用來送出請求的通道

    go push(1, 25, in, out)
    go push(26, 50, in, out)
    go push(51, 75, in, out)
    go push(76, 100, in, out)

    for c := 0; c < 100; c++ {
        in <- true  // 送出一個請求
        i := <-out  // 接收一個數字
        fmt.Println(i)
        s1 += i
    }

    fmt.Println(s1)
}
```

執行結果

```
PS F1741\Chapter16\Exercise16.07> go run .
76
77
26
1
51
// ...(中略)
48
23
73
100
49
24
74
50
25
75
Result: 5050
```

在這個練習中，main() 的迴圈會先請求一個數字 (在通道 in 放一個 true)，然後等待通道 out 有值放入。對於任何 push() 函式來說，只要通道 in 內有值可取 (有請求在排隊)，它就會提供一個數字到通道 out。換言之，main() 總共會送出 100 次請求，而四個 Goroutine 則會總共傳回 100 個數字。

16-5 並行性運算的流程控制

在組織 Goroutine 的運作時，有幾種常見的模式。其中一種叫**管線 (pipeline)**，顧名思義就是讓 Goroutine 像生產線一樣串起來，資料會自資料來源輸入、並藉由通道在函式之間傳遞，直到抵達生產線盡頭為止。

另一類模式稱為**扇出 (fan out)** ／**扇入 (fan in)**，也就是將資料分散給多個 Goroutine 處理，或者同時從多個 Goroutine 接收訊息。但不管是哪種模式，基本上都由以下部分組成：

❑ 資料來源 (管線模式的第一階段)

❑ 從來源收集資料

❑ 內部處理

❑ sink：將其他 Goroutine 之結果合併的最終階段

最後一個階段會稱為 sink，是因為資料會『沉向』它。

在這些模式中，有些 Goroutine 必須等待其他 Goroutine 處理完所有資料才能繼續，此外它們也不見得會像前面的範例那樣，明確知道會有多少資料進來。要是等待的資料數量不對，Goroutine 就很容易變成死結了。

幸好，Go 語言的通道有個特性，能讓我們決定 Goroutine 該用到什麼時候——辦法是使用 Go 內建的 **close()** 函式來關閉通道。

16-5-1 通道緩衝區與通道關閉：close()

緩衝區對於讀寫的影響

我們首先要來探討一下，通道的緩衝區大小跟它的運作有什麼關係。各位在前面已經看過，定義通道時可以賦予它緩衝區大小，也可以不指定：

```
ch1 := make(chan int)
ch2 := make(chan int, 10)
```

緩衝區 (buffer) 就像個容器，所以你得先讓它準備好 (做初始化) 才能用來存放資料。而通道的操作是『阻斷式』(blocking) 的，也就是說當你嘗試從通道讀寫資料時，其他存取它的 Goroutine 就會暫停執行和等待，跟前面你使用互斥鎖時的效果一樣。

不過，這種阻斷性質會有些額外的影響，下面就來看個例子。在之前的練習中，Goroutine 可以對通道寫入值：

```
ch <- 值
```

若通道 ch 沒有緩衝區，又沒有其他 Goroutine 能讀取值，那麼這個寫入動作就會卡住。同樣的，若寫入值的次數超過 ch 的緩衝區長度，也會發生相同的事。來看下面的例子：

```
func main() {
    ch := make(chan int, 2)  // 緩衝區大小 2
    ch <- 1
    ch <- 2
    ch <- 3  // 寫入 3 個值
    fmt.Println(<-ch)
    fmt.Println(<-ch)
}
```

```
fatal error: all goroutines are asleep - deadlock!

goroutine 1 [chan send]:
main.main()
    main.go:11 +0x99
Process exiting with code: 2 signal: false
```

這是因為函式在寫入兩次值後，第三次就超過緩衝區長度，使 main() 陷入了死結。將緩衝區長度改為 3 就能解決錯誤了，只是在此不會讀出第 3 個值而已。

如果你從通道讀取的值大於緩衝區長度，也會發生死結：

```go
func main() {
    ch := make(chan int, 2)
    ch <- 1
    ch <- 2
    fmt.Println(<-ch)
    fmt.Println(<-ch)
    fmt.Println(<-ch)   // 讀取 3 個值
}
```

```
1
2  ◀── 前面的值順利讀出
fatal error: all goroutines are asleep - deadlock!

goroutine 1 [chan receive]:
main.main()
    main.go:13 +0x1c7
Process exiting with code: 2 signal: false
```

我們在前面用過毫無緩衝區的通道，而當該通道的寫入與讀取動作都存在時，看似就不會發生死結。但現在來看以下例子：

```go
func readThem(ch chan int) {
    for {
        fmt.Println(<-ch)   // 不停地取出值和印出
    }
}

func main() {
    ch := make(chan int)
    go readThem(ch)
    ch <- 1
    ch <- 2
    ch <- 3   // 寫入三個值
    // main() 結束，使 readThem() 一併關閉
}
```

理想上，你應該會看到以下執行結果：

執行結果

```
1
2
3
```

但你其實也有可能看到少於 3 個數字。你可以試著在通道裡放更多值：

```go
ch <- 4
ch <- 5
```

這顯示放入的數字越多，看不到完整數字的機會就越高，因為 main() 有可能在 readThem() 讀完所有數字之前就結束了。也就是說，即使我們在使用無緩衝區通道時確保死結不會發生，也仍可能發生遺漏資料的現象。

用 range 讀取通道直到它被關閉

若我們不知道通道會有多少值傳入，也想確保 Goroutine 能夠一直讀取該通道，可以使用 for range 迴圈：

```
for i := range ch
```

迴圈會不斷試著從通道 ch 讀出值和放進變數 i (在此 for 不會傳回索引，只有值而已)，若無值可取就會**等待**。為了避免無限等待形成死結，必須有人從外部用 **close()** 關閉它，好讓 for range 迴圈知道該中斷了：

```
close(ch)
```

若通道被關閉，它其實還是可以讀取值。所以若呼叫 close() 時 ch 仍然有資料，那麼 for range 仍會讀完所有值才結束。

⚡注意／ 如前面所提, 通道不是檔案或 HTTP 物件, 它沒有一定得呼叫 close()──這麼做的真正用意是通知其它 Goroutine, 這個通道已經不會有新的值傳入。因此, 通道的關閉通常會由傳值給通道的函式負責。

下面來看個完整的範例，程式內會使用一個無緩衝區的通道，但藉由 WaitGroup 和通道來控制並行性運算的流程：

Chapter16\Example16.03

```go
package main

import (
    "fmt"
    "sync"
)

func readThem(ch chan int, wg *sync.WaitGroup) {
    defer wg.Done()       // 在結束時對 WaitGroup 回報
    for i := range ch {   // 一直讀取 ch, 直到它被關閉且無值可取為止
        fmt.Println(i)
    }
}
```

接下頁

```
func main() {
    wg := &sync.WaitGroup{}
    wg.Add(1)
    ch := make(chan int)
    go readThem(ch, wg)
    ch <- 1
    ch <- 2
    ch <- 3
    ch <- 4
    ch <- 5
    close(ch)   // 值傳完了，關閉 ch
    wg.Wait()   // 等待 1 個 Goroutine 結束
}
```

執行結果

```
PS F1741\Chapter16\Example16.03> go run .
1
2
3
4
5
```

　　main() 函式會對通道 ch 提供 5 個值，然後關閉通道。這使得以
Goroutine 形式啟動的 readThem() 會讀出這些值然後結束。而為了確保
readThem() 能夠讀完所有的值，我們使用 WaitGroup 來強迫 main() 等待
readThem()。

練習：在多個 Goroutine 之間分攤任務

　　在這個練習，我們要來看如何讓多個 Goroutine 分攤數字加總的工作，
再將所有數字交給一個單獨的 Goroutine 彙整，這符合前面提到的『管線』
和『扇入』模式：

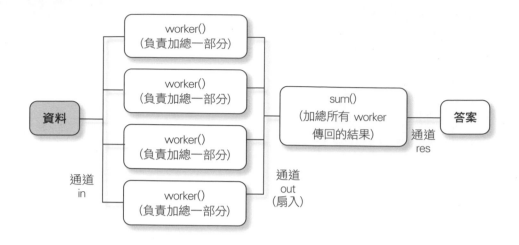

worker() 和 sum() 都會使用 for range 來讀取通道並等待，直到有人關閉它們讀取的通道為止。它們都不曉得自己究竟會收到多少值，但起碼能知道什麼時候該結束。而透過這種方式，我們也能將任務分攤給多個 Goroutine，不必管誰該負責多少範圍。

Chapter16\Exercise16.08

```go
package main

import (
    "fmt"
    "sync"
    "time"
)

// 負責分攤加總的 Goroutine
func worker(in, out chan int, wg *sync.WaitGroup) {
    defer wg.Done()
    sum := 0
    for i := range in {  // 讀取通道直到它被關閉
        sum += i
        time.Sleep(time.Millisecond)  // 模擬資料處理時間
    }
    out <- sum
}

// 負責彙整所有 worker() 計算結果的 Goroutine
// 注意 sum() 接收的 in 和 out 通道不會跟 worker() 一樣
func sum(in, out chan int) {
```

接下頁

```
    sum := 0
    for i := range in {  // 讀取通道直到它被關閉
        sum += i
    }
    out <- sum
}

func work(workers, from, to int) int {
    wg := &sync.WaitGroup{}
    wg.Add(workers)

    in := make(chan int, (to-from)+1)
    out := make(chan int, workers)
    res := make(chan int, 1)

    for i := 0; i < workers; i++ {
        go worker(in, out, wg)  // 產生指定數量的 worker()
    }
    go sum(out, res)  // 執行 sum()

    for i := from; i <= to; i++ {
        in <- i // 提供資料給各個 worker()
    }
    close(in)     // 關閉 in (通知所有 worker() 停止讀值)
    wg.Wait()     // 等待所有 worker() 結束
    close(out)    // 關閉 out (通知 sum() 停止讀值)

    return <-res // 讀取並傳回最終加總值
}

func main() {
    res := work(4, 1, 100)  // 建立 4 個 worker，計算 1~100 加總
    fmt.Println(res)
}
```

本練習的預期執行結果如下：

執行結果

```
PS F1741\Chapter16\Exercise16.08> go run .
5050
```

▶ 延伸習題 16.02：以 Goroutine 處理來源檔案

16-5-2 使用通道訊息來等待 Goroutine 結束

不過，其實還有一個方法能等待另一個 Goroutine 結束，就是在通道中放入明確的『通知』。

在以下練習裡，我們要讓一個 Goroutine 傳訊息給另一個函式，並由後者印出它。不僅如此，我們希望讓傳送資料的 Goroutine 知道對方什麼時候印完所有訊息，但這回我們不會使用 WaitGroup。

練習：用 Goroutine 搭配通道訊息

```
Chapter16\Exercise16.09

package main

import (
    "fmt"
    "strings"
)

func readThem(in chan string, done chan bool) {
    for i := range in {  // 讀取通道 in 直到它關閉
        fmt.Println(strings.ToUpper(i))  // 把字母轉大寫後印出
    }
    done <- true  // 傳送結束訊號 (值不重要)
}

func main() {
    strs := []string{"a", "b", "c", "d", "e", "f", "g", "h", "i", "j"}
    workers := 4
    in := make(chan string, len(strs))
    done := make(chan bool, workers)

    for i := 0; i < workers; i++ {
        go readThem(in, done)  // 建立 4 個 Goroutine
    }

    for _, s := range strs {
        in <- s  // 將字母傳入通道 in
    }
```

接下頁

```
    close(in)  // 關閉通道 in

    for i := 0; i < workers; i++ {
        <-done  // 等待收到 4 個停止信號
    }
}
```

執行結果

```
PS F1741\Chapter16\Exercise16.09> go run .
A
E
B
G
H
I
J
D
F
C
```

這個做法很類似 WaitGroup, 只不過用的是另一個通道。main() 會在最後讀取通道 done, 而且必須讀到指定數量的值, 才代表所有 Goroutine 執行完畢。

16-5-3　使用通道傳送取消信號

有時候, 你可能會讓一群 Goroutine 進行作業, 但你其實只需要一個計算結果, 也就是在第一個 Goroutine 傳回結果後就取消其餘的任務, 好避免多餘的計算作業。這是另一種並行性運算的設計模式, 稱為『明確地取消』(explicit cancellation)。

下面這個範例要讓幾個 Goroutine 產生介於 0~99 的隨機整數, 如果外部函式從其他一個收到大於等於 90 的數字, 就傳回該答案, 並取消執行所有的 Goroutine。為了能做到這點, 我們可使用 **select...case** 敘述。

select 敘述：扮演取消信號的通道

Go 語言的 **select...case** 敘述看起來很像 **switch...case**, 但 select 是專門用來搭配通道的：

```
select {
case msg1 := <-c1:
    // 可以從通道 msg1 接收值
case msg2 := <-c2:
    // 可以從通道 msg2 接收值
case msg3 <- c3:
    // 可以對通道 msg3 傳送值
case <- done:
    // 可以從通道 done 取值
default:
    // 以上條件不成立時
}
```

Go 語言會尋找一個能夠執行動作的 case, 執行對通道的讀取或寫入, 以及 case 下面的其他程式碼。假如同時有多個操作是允許的, 那麼就會從中隨機選擇一個。若沒有任何條件符合, 那麼它會等到任一 case 可執行為止。

那麼, 這和傳送取消信號有何關係呢？Go 通道有趣的一點就在於：當一個通道被關閉時, 它會進入**可讀值狀態 (ready to receive)**。以上面的例子來說, 若 done 通道是個無緩衝區的通道, 正常情況下它會被 select 敘述略過, 因為讀不到任何東西；但一旦你呼叫 close(done), done 變成可讀值狀態, 『case <- done:』這一行就會成立, 使得它有機會被 select 執行。這時, 你就能用 return 敘述或其他方式結束掉 Goroutine 函式了。

換言之, 將通道 done 關閉這件事**就是**取消信號。你當然也可以像前面一樣設立一個有緩衝區的通道, 並傳送特定的值給它們, 不過這麼一來你就得事先知道你有多少個 Goroutine 在跑。若是使用關閉通道的方式, 不管有多少 Goroutine 使用這個通道都會收到信號。

後面我們簡單談到 context 時還會再看到類似的東西, 但我們先來看下面的範例。在這裡, 幾個 worker() 函式會不斷產生 1~100 的隨機數字,而 work() 函式只要從其中一個收到大於等於 90 的數字，就會把它傳回給 main(), 並用關閉通道的方式通知所有 Goroutine 結束。

```
Chapter16\Example16.04
package main

import (
    "fmt"
    "math/rand"
    "time"
)

func worker(id int, out chan int, done chan bool) {
    for {
        n := rand.Intn(100)  // 產生 0~99 隨機數
        select {
        case out <- n: // 把隨機數傳入通道 out
            fmt.Printf("ID %d 傳送 %d\n", id, n)
        case <-done:   // 如果 done 通道被關閉而變成可讀
            return     // 結束 Goroutine
        }
        time.Sleep(time.Millisecond)  // 模擬運算時間
    }
}

func work(workers, from, to int) int {
    out := make(chan int, workers)
    done := make(chan bool)
    defer close(done)  // 等 work() 函式結束時關閉 done 通道 (送出取消信號)

    for i := 0; i < workers; i++ {
        go worker(i, out, done)  // 建立若干 Goroutine
    }

    res := 0
    for i := range out {
        if i >= 90 {  // 若有 Goroutine 傳回大於等於 90 的數值
            res = i
            break  // 結束 work()
        }
    }
    return res  // 傳回答案給 main()
```

接下頁

```
}

func main() {
    rand.Seed(time.Now().UnixNano())
    res := work(4, 1, 100)
    fmt.Println("答案:", res)
    time.Sleep(time.Second)  // 等待 1 秒, 好看到所有 Goroutine 跑完
}
```

我們在 main() 結尾加上一秒鐘延遲時間, 好觀察各個 worker() 會在什麼時候結束 (以免 main() 結束而關閉它們)。程式執行結果如下, 你能看到各個 Goroutine 確實收到了取消信號:

執行結果

```
PS F1741\Chapter16\Example16.04> go run .
ID 3 傳送 9
ID 1 傳送 71
ID 0 傳送 8
ID 2 傳送 89
ID 1 傳送 40
ID 2 傳送 95      ◄── 第一個符合需要的答案
ID 0 傳送 19      ◄── 其他 Goroutine 還在產生數字
ID 3 傳送 72
答案: 95
ID 1 結束          ◄── Goroutine 發現通道 done 關閉, 停止執行
ID 3 傳送 2        ◄── 有些 Goroutine 比較慢結束, 所以會繼續傳回數字
ID 0 結束
ID 2 結束
ID 3 傳送 98
ID 3 結束
```

16-5-4 使用函式來產生通道及 Goroutine

在以上所有範例跟練習, 我們都是先建立通道, 再用餐數形式把它們傳給 Goroutine 函式。其實, 你也可以用函式來傳回通道, 並在函式內來產生 Goroutine。下面是個例子:

```go
package main

import "fmt"

func doSomething() (chan int, chan bool) {
    // 建立通道
    in, out := make(chan int), make(chan bool)
    // 以匿名函式形式啟動一個 Goroutine
    go func() {
        for i := range in {  // 讀取通道 in 直到它關閉
            fmt.Println(i)
        }
        out <- true  // 通知作業結束
    }()
    return in, out   // 傳回通道
}

func main() {
    in, out := doSomething()  // 從函式取得通道
    in <- 1
    in <- 2
    in <- 3
    close(in)
    <-out  // 等待 Goroutine 結束
}
```

這樣一來就不需要在 main() 自行呼叫 Goroutine；而且對 doSomething() 內的匿名函式來說，它存取的 in/out 通道就位於父函式的範圍中，不必再用參數傳來傳去了。

本範例執行後會看到如下結果：

執行結果

```
PS F1741\Chapter16\Example16.05> go run .
1
2
3
```

16-5-5　限制通道的收發方向

預設上，通道是可雙向操作的（可寫入值或讀出值），但你或許會想限制通道只能單向傳送訊息。這時你可在通道的型別加上 <- 算符來限制其操作方向：

```
ch1 <-chan int   // ch1 是只能寫入整數的通道
ch2 chan<- int   // ch2 是只能讀取整數的通道
```

這種型別寫法適用於宣告通道變數，以及用在函式的參數／傳回值型別。若你試圖對一個只限讀取的通道寫入訊息，編譯時就會產生錯誤。由此可見，這麼做不僅能增加程式碼閱讀性，也能提高程式的型別安全。

以前面的練習 16.09 為例，我們可以改寫如下：

```
func readThem(in <-chan string, out chan<- string) {
    for i := range in {
        fmt.Println(strings.ToUpper(i))   // in 只能用來讀取
    }
    out <- "done"   // out 只能用來寫入
}
```

16-5-6　將結構方法當成 Goroutine

最後，我們在本章都使用一般函式當成 Goroutine，但結構方法本身其實也是函式，只不過是帶有接收器而已，你一樣能把它們變成非同步執行的函式。尤其，你能把多個 Goroutine 共用的資料、通道等封裝在同一個結構變數中，不必擔心要把它們傳來傳去。如果你要打造像是 HTTP 伺服器訪客計數器之類的東西，這樣就很有用處。

練習：使用結構來執行 Goroutine

在下面這個練習中，我們要定義一個 Workers 結構，它會啟動多個 Goroutine（每個都是一個 worker）來做數字加總，並統計最終結果。這裡我們會使用通道和互斥鎖來確保資料安全。

```go
package main

import (
    "fmt"
    "sync"
)

type Workers struct {     // Worker 結構
    in, out   chan int   // 輸入和輸出通道
    workerNum int   // 最大 Goroutine 數
    mtx       sync.Mutex   // 互斥鎖 (不需用指標)
}

// 初始化 Workers 結構, 建立通道及互斥鎖、啟動 Goroutine
func (w *Workers) init(maxWorkers, maxData int) {
    // 建立通道
    w.in, w.out = make(chan int, maxData), make(chan int)
    // 建立互斥鎖
    w.mtx = sync.Mutex{}
    for i := 0; i < maxWorkers; i++ {
        w.mtx.Lock()
        w.workerNum++     // 記錄
        w.mtx.Unlock()
        go w.readThem() // 啟動 Goroutine
    }
}

// 輸入資料
func (w *Workers) addData(data int) {
    w.in <- data
}

// 讀出資料
func (w *Workers) readThem() {
    sum := 0
    for i := range w.in {   // 讀取通道 in 直到它關閉和無值
        sum += i
    }
    w.out <- sum   // 將自己部份的加總值傳給通道 out

    // 任務結束, 減少 Goroutine 的記錄數量,
```

接下頁

```
    w.mtx.Lock()
    w.workerNum--
    w.mtx.Unlock()
    if w.workerNum <= 0 {  // 減到 0 時關閉通道 out
        close(w.out)
    }
}


// 取得結果
func (w *Workers) gatherResult() int {
    close(w.in)  // 關閉通道 in
    total := 0
    for i := range w.out {  // 讀取通道 out 直到它關閉和無值
        total += i
    }
    return total
}


func main() {
    maxWorkers := 10
    maxData := 100
    workers := Workers{}  // 建立 Workers 結構
    workers.init(maxWorkers, maxData)  // 初始化 Workers

    for i := 1; i <= maxData; i++ {
        workers.addData(i)  // 新增資料
    }
    res := workers.gatherResult()  // 取得結果
    fmt.Println(res)
}
```

執行結果

```
PS F1741\Chapter16\Exercise16.10> go run .
5050
```

　　各位在本練習學到，你能將結構方法當成 Goroutine 執行，就和正常函式變成 Goroutine 一模一樣，而且還能將通道、互斥鎖等共用資料以結構屬性的方式分享。

16-6 context 套件

以上我們看到了如何運用並行性運算，使用 WaitGroup 或通道關閉與否來等待運算結束。不過你或許也在一些程式碼——特別是與 HTTP 遠端呼叫相關的程式——看過跟 context 套件有關的參數，並納悶那到底是什麼玩意兒、又要怎麼使用。比如，http.NewRequestWithContext() 看起來跟 NewRequest() 很像，但前面多了一個 context 參數：

```
func NewRequestWithContext(ctx context.Context, method, url string,
body io.Reader) (*Request, error)
```

context 是個結構變數，可以拿來在一系列 Goroutine 的呼叫過程中傳遞，也和通道一樣具備並行性運算的安全性。context 裡面可能存有值，也有可能是空的。它雖是容器，用意卻並非要在函式之間傳遞資料（用通道就行了），而是讓你在需要的時候對 Goroutine 送出信號、停止它們的運作。

其實，context 的使用方式跟前面用通道送出取消信號的方式很像，等一下我們就會看到用法。context 也被用在 Go 語言的 http 套件中，這使得你能用它來取消客戶端送出的請求（比如在回應時間過長而被視為逾時的時候）。

練習：用 context 取消 Goroutine 執行

Chapter16\Exercise16.11

```
package main

import (
    "context"
    "fmt"
    "time"
)

func countNumbers(c context.Context, out chan int) {
    i := 0
    for {  // 無窮迴圈
```

接下頁

```
        select {
        case <-c.Done():  // 收到取消信號，傳值給 out
            out <- i
            return
        default:  // 正常情況下，每 100 毫秒讓計數器 + 1
            time.Sleep(time.Millisecond * 100)
            i++
        }
    }
}

func main() {
    out := make(chan int)

    // 建立一個空 context 結構
    c := context.TODO()
    // 延伸一個可取消的 context 並取得取消函式
    cl, cancel := context.WithCancel(c)

    go countNumbers(cl, out)  // 將 context 傳給 Goroutine

    time.Sleep(time.Millisecond * 100 * 5)  // 等待 500 毫秒
    cancel()  // 呼叫 context 提供的取消函式

    fmt.Println(<-out)  // 印出 out 內的值
}
```

context.TODO() 會傳回一個空值、不為 nil 的 context 結構，然後我們可以用 **WithCancel()** 函式把它轉成一個帶有取消信號功能的 context：

```
func WithCancel(parent Context) (ctx Context, cancel CancelFunc)
```

這個 context 結構的方法 Done() 會傳回一個通道，此通道的作用就跟範例 16.04 的通道 done 一樣。注意 WithCancel() 的第二個參數是一個函式：你只要呼叫這個函式，context 的 Done() 通道便會關閉，使得 countNumbers() 內的 select...case 會執行 <-c.Done() 的區塊。

在本練習中，countNumbers() 每 100 毫秒會自行給計數器加一，但我們在 500 毫秒後就打斷它，因此最終印出的值是 5：

執行結果

```
PS F1741\Chapter16\Exercise16.11> go run .
5
```

由此可見，任何有接收同一個 context 結構的 Goroutine，你可以透過 context 來一併關閉它們，不論層級或數量多寡。

使用 context.WithTimeout

如果是要在指定的時間後結束所有 Goroutine，你也可以使用 context.WithTimeout() 來產生 context 結構：

```go
func main() {
    out := make(chan int)

    c := context.TODO()
    cl, cancel := context.WithTimeout(c, time.Millisecond*500)
    defer cancel()

    go countNumbers(cl, out)  // 執行 Goroutine

    fmt.Println(<-out)
}
```

cl 會在過了指定的時限 (500 毫秒) 後自動關閉其通道 Done()，使得 countNumbers() 中止。注意這裡仍得用 defer 延後呼叫 cancel()，因為這樣才能釋放 context 占用的相關資源。

更多細節請參閱官方文件：https://golang.org/pkg/context/。

在 http 程式使用 context 的簡單範例

context 的運用方法非常多元，已經屬於高階 Go 語言題材，不過這裡我們仍讓各位初步了解一下它和 HTTP 請求究竟有何關係。

關係便在於，http.Request 內會帶有 context，這表示送出請求的客戶端或接收請求的伺服器都可以使用 context 來取消請求。請看以下範例：

```go
Chapter16\Example16.06

package main

import (
    "context"
    "fmt"
    "net/http"
    "time"
)

func hello(w http.ResponseWriter, r *http.Request) {
    // 以請求的 context 為基礎，建立一個 2 秒逾時的 context
    c, cancel := context.WithTimeout(r.Context(), time.Second*2)
    defer cancel()  // 在結束時回收資源

    time.Sleep(time.Second * 3)  // 等待 3 秒（模擬資料處理）

    select {
    case <-c.Done():  // 如果請求因逾時而被取消
        fmt.Println("Server timeout")
        w.WriteHeader(http.StatusRequestTimeout)
        w.Write([]byte("<h1>Server timeout</h1>"))
        return
    default:  // 沒有逾時的正常請求
        fmt.Println("Hello Golang")
        w.Write([]byte("<h1>Hello Golang</h1>"))
    }
}

func main() {
    http.HandleFunc("/", hello)
    http.ListenAndServe(":8080", nil)
}
```

執行結果

```
PS F1741\Chapter16\Example16.06> go run .
Server timeout
```

你在以客戶端身分建立請求時，亦可使用自己的 context 來替請求設下取消條件，不過這就超出本書討論範圍了。

16-7 本章回顧

在本章中，各位讀者學到如何打造能投入實用的並行性運算程式，以及如何應付記憶體資源競爭、確保各個 Goroutine 能安全地操作變數，例如使用原子操作和互斥鎖，好避免資料遺失或相互覆蓋。你也學到怎麼用通道讓 Goroutine 相互溝通、控制其流程，甚至用 context 來中止它們。

事實上，Go 語言的其中一個座右銘是『藉由溝通來分享，而非藉由分享來溝通』；這表示你最好應該使用通道來分享資料，只有在非不得已時才用互斥鎖來修改共用變數。

在許多真實世界場合中，你可能只要用 Go 語言內建、會自動運用非同步運算的函式和方法就好，特別是在開發 Web 應用程式時，但有時你就是得親自處理多重來源的資料。你得在各個通道之間傳遞資料（管線模式），還可能得將多個通道的資料收集在同一個通道中（扇入），或反過來將單一通道的資料分發給多個函式（扇出）。本章都探討了這些設計模式是如何運用的。

各位在下一章會學到如何運用 Go 語言提供的各種工具，讓你的 Go 程式碼變得更專業。

MEMO

17 運用 Go 語言工具

Chapter

／本章提要／

本章會講解如何使用 Go 語言的工具包, 包括使用 **go build** 來編譯你的程式碼、用 **gofmt** 格式化程式碼,拿 **go doc** 自動產生文件, 以及用 **go vet** 找出潛在的程式問題。我們也會回顧前面其他章節看過的其他指令, 例如 go run、go get 與 go test 等。

17-1　前言

在本書到目前為止的章節中，各位已經學到了 Go 語言的諸多實用功能，但 Go 語言在安裝時也提供了許多實用的工具。例如，我們會用 **go run** 執行程式，在第 8 章用 **go mod** 來產生模組檔、用 **go build** 編譯執行檔、用 **go get** 下載第三方套件，第 9 章則用了 **go test** 來做單元測試。

但 Go 語言提供的工具當然遠不僅於此，而這也是 Go 語言之所以受歡迎的原因。在這一章，我們就要來看看 (並回顧一些) Go 語言工具包中最常用的功能。

17-2　go build 工具：編譯可執行檔

17-2-1　使用 go build

go build 會將一個專案的原始碼 (包括它用到的套件) 編譯成單一一個可執行檔。你也可以指定要編譯的特定原始檔，並且能指定執行檔的名稱及產生位置：

```
go build -o <執行檔路徑與名稱> <模組、套件或檔案名稱>
```

若要使用套件名稱，專案資料夾或其父目錄必須有 go.mod 指定模組路徑。

 小編註：以下我們假設各位有啟用 Go Modules 功能 (見第 8 章)。

練習：用 go build 產生執行檔

下面是個非常簡單的程式，但我們要在專案的 bin 子資料夾下產生一個叫 hello_world 的執行檔：

```
Chapter17\Exercise17.01\main.go
```

```go
package main

import "fmt"

func main() {
    fmt.Println("Hello World!")
}
```

下面是在 Windows 系統的操作方式：

執行結果 (Windows)

```
PS F1741\Chapter17\Exercise17.01> go build -o .\bin\hello_world.exe
main.go
PS F1741\Chapter17\Exercise17.01> .\bin\hello_world.exe
Hello World!
```

Linux 系統則大同小異：

執行結果 (Linux)

```
~/F1741/Chapter17/Exercise17.01$ go build -o ./bin/hello_world
main.go
~/F1741/Chapter17/Exercise17.01$ ./bin/hello_world
Hello World!
```

17-2-2　編譯條件：選擇要編譯的檔案

　　Go 語言程式能夠在多種作業系統和 CPU 架構下運作，但你可能會在編譯時希望針對當下的平台只編譯特定檔案。這時你就要使用**編譯條件 (build constraints)** 或**編譯標籤 (build tag)** 了。

　　Go 語言編譯條件可用以下兩種方式呈現：

1. 在 .go 程式檔開頭使用 **//+build< 平台 >** 的特殊註解。

2. 將 .go 檔名命名為 **XXX_< 平台 >.go**。

例如，你能在一個 .go 程式檔的開頭 (與 package < 套件名稱 > 隔一行) 加入類似這樣的編譯條件：

```
// +build windows
```

這意思是此檔案只會在 Windows 系統上被編譯。或者：

```
// +build amd64,darwin !386,windows
```

逗號代表 AND (相當於 &&), 空格則代表 OR (相當於 ||)；因此這樣的寫法代表 **(amd64 AND darwin) OR ((NOT 386) AND windows)**, 也就是針對 AMD64 電腦 (即 x86-64) 的 Darwin 系統、或者非 386 電腦的 Windows 系統來編譯。

第二個方式是透過檔名來表明編譯平台，例如：

```
main.go              ◀── 無限制
main_linux.go        ◀── Linux 系統, 不限 CPU 架構
main_windows_amd64.go   ◀── Windows 系統, AMD64 架構
```

若以檔名來提供編譯條件，格式必須符合以下其中一種：

```
XXX_<作業系統>.go
XXX_<CPU 架構>.go
XXX_<作業系統>_<CPU 架構>.go
```

在你的系統上，作業系統和 CPU 架構會由 **GOOS** 及 **GOARCH** 環境變數來記錄。你可在主控台用以下指令檢視之：

執行結果

```
PS > go env GOOS GOARCH
windows
```

若想知道 Go 語言支援的所有平台標籤，可在主控台輸入以下『go tool dist list』，所有標籤組合會以『作業系統 / 平台』的形式表示 (要用在檔名時記得用 _ 分開)：

執行結果

```
PS > go tool dist list
aix/ppc64
android/386
android/amd64
android/arm
android/arm64
darwin/amd64
darwin/arm64
dragonfly/amd64
freebsd/386
freebsd/amd64
freebsd/arm
freebsd/arm64
illumos/amd64
ios/amd64
ios/arm64
js/wasm
linux/386
linux/amd64
linux/arm
linux/arm64
linux/mips
linux/mips64
linux/mips64le
linux/mipsle
linux/ppc64
linux/ppc64le
linux/riscv64
linux/s390x
netbsd/386
netbsd/amd64
netbsd/arm
netbsd/arm64
openbsd/386
openbsd/amd64
```

接下頁

```
openbsd/arm
openbsd/arm64
openbsd/mips64
plan9/386
plan9/amd64
plan9/arm
solaris/amd64
windows/386
windows/amd64
windows/arm
```

下面我們就來看如何在專案中使用編譯條件，讓你能在不同系統選擇編譯特定的檔案。你甚至能藉此撰寫同一個函式的不同實作，配合不同平台的需求。

練習：對 Go 程式加上編譯條件

在這個練習中會包含四個 .go 檔案，其中兩個是針對 Windows 平台，另外兩個則會用於 Linux 平台。

首先是兩支不同的主程式，特別注意它們的檔名：

Chapter17\Exercise17.02\main_windows.go

```go
// 檔名是 _windows.go，因此只會在 Windows 系統編譯
package main

import "fmt"

func main() {
    fmt.Println("Hello Windows!")
    fmt.Println(greetings())  // 呼叫來自 main 套件、位於其他檔案的函式
}
```

Chapter17\Exercise17.02\main_linux.go

```go
// 檔名是 _linux.go，因此只會在 Windows 系統編譯
package main

import "fmt"
```

接下頁

```
func main() {
    fmt.Println("Hello Linux!")
    fmt.Println(greetings())  // 同 main_windows.go
}
```

接著是兩個同樣屬於 main 套件的 .go 程式, 各自有一個 greetings() 函式, 但擁有不同的編譯條件：

Chapter17\Exercise17.02\greet1.go

```
// +build windows
        windows 標籤, 代表只會在 Windows 系統編譯
package main

func greetings() string {
    return "Greetings from Windows!"
}
```

Chapter17\Exercise17.02\greet2.go

```
// +build linux
        有 linux 標籤,只會在 Linux 系統編譯
package main

func greetings() string {
    return "Greetings from Linux!"
}
```

最後也請在專案內建立一個 go.mod, 好讓 go build 能正常運作。

現在來嘗試編譯它。首先是在 Windows 系統下的編譯和執行結果：

執行結果

```
PS F1741\Chapter17\Exercise17.02> go build -o main.exe
PS F1741\Chapter17\Exercise17.02> ./main
Hello Windows!                ←── 編譯了 main_windows.go
Greetings from Windows! ←── 編譯了 greet1.go
```

以下則是在 Linux 系統的執行結果：

```
~/F1741/Chapter17/Exercise17.02 $ go build -o main
~/F1741/Chapter17/Exercise17.02 $ ./main
Hello Linux!              ← 編譯了 main_linux.go
Greetings from Linux!     ← 編譯了 greet2.go
```

如何針對跨平台編譯

那麼, 要如何針對不同的平台編譯, 例如在 Linux 平台將 Go 語言編譯成 Windows 執行檔？辦法是指定 GOOS 和 GOARCH 變數。

在 Linux 系統上, 你可以於主控台使用如下的指令：

```
GOOS=windows GOARCH=amd64 go build -o main.exe
        ↖ 針對 Windows 系統和 AMD64 平台編譯
```

在 Windows 系統要針對其他平台編譯則麻煩一點, 你得先手動修改 Go 環境變數, 例如：

```
go env -w GOOS=linux   ← Linux 作業系統
go env -w GOARCH=arm    ← ARM 架構
```

這時再使用 go build 就會針對新設定來編譯了, 它也會在你的 Go 程式中尋找對應的編譯條件。

17.3 go run 工具：執行程式

　　go run 和 go build 很像, 差別在於後者會將指定的模組、套件或檔案編譯成一個二進位執行檔, 而 go run 則會直接執行它 (正確來說是產生一個臨時執行檔、並在執行完後移除之), 非常適合用來測試程式。不過, 各位現在應該已經相當熟悉 go run 的使用了。下面我們再來看這個工具的幾種使用方式。

練習：用 go run 執行程式

這裡我們要直接沿用前面的練習 17.01, 但先替它加入模組路徑, 以便觀察不同的執行指令會有何效果：

執行結果

```
PS F1741\Chapter17\Exercise17.01> go mod init Exercise17.01
go: creating new go.mod: module Exercise17.01
go: to add module requirements and sums:
        go mod tidy
```

我們將模組命名為 Exercise17.01, main 套件會隸屬在它底下。接著來執行它：,

執行結果

```
PS F1741\Chapter17\Exercise17.01> go run main.go ←──
Hello World!                              直接執行單一檔案
PS F1741\Chapter17\Exercise17.01> go run Exercise17.01 ←──
Hello World!                                  需要有 go.mod
PS F1741\Chapter17\Exercise17.01> go run . ←── 需要有 go.mod
Hello World!
```

以上展示了幾種你能執行 Go 程式的辦法。就和 go build 一樣, 若指定的是模組或套件名稱, 你必須先建立 go.mod 檔來提供模組路徑。

 小編註：前一節提到的編譯條件也適用於 go run。

練習：用 go run 偵測記憶體資源競爭

第 16 章講到 Goroutine 與並行性運算時, 我們看到了記憶體資源競爭問題 (race condition, 即不同的 Goroutine 試圖同時存取同一個資源)。即使經驗老道的開發者也有可能意外造成這種現象；由於 Go 語言的 Goroutine 屬於所謂的一級公民, 所以 Go 語言並不會阻止記憶體資源競爭。

而且，這些問題的發生時間可能很短暫，導致它們難以被察覺，於是會隨著軟體正式上線、好一段時間都沒人發現。

幸好，正如前章所展示的，我們能對 go run 或 go test 加上 **-race** 旗標來檢查並行性程式是否有記憶體資源競爭。在此我們來快速回顧一下 -race 旗標的用法及效果。

在下面的程式中，程式試圖透過 Goroutine 對一個切片 name 加入新元素，同時主程式的 Goroutine 又要讀取 name 的內容，導致記憶體資源競爭發生。由於程式仍可正常執行，只有使用 -race 方能揭露其問題所在。

 小編註：-race 旗標需要使用 GCC 工具。如果你的系統上沒有，請參閱第 16 章來安裝。

Chapter17\Exercise17.03

```go
package main

import "fmt"

func main() {
    finished := make(chan bool)
    names := []string{"Packt"}

    // Goroutine 嘗試在 names 加入值
    go func() {
        names = append(names, "Electric")
        names = append(names, "Boogaloo")
        finished <- true
    }()
    // 但同一時間 main() 嘗試讀取 names
    for _, name := range names {
        fmt.Println(name)
    }
    <-finished
}
```

執行結果

```
PS F1741\Chapter17\Exercise17.03> go run -race .
Packt
==================
WARNING: DATA RACE
Write at 0x00c000122060 by goroutine 7:
  main.main.func1()
      /F1741/Chapter17/Exercise17.03/main.go:10 +0xcf

Previous read at 0x00c000122060 by main goroutine:
  main.main()
      /F1741/Chapter17/Exercise17.03/main.go:14 +0x144

Goroutine 7 (running) created at:
  main.main()
      /F1741/Chapter17/Exercise17.03/main.go:9 +0x134
==================
Found 1 data race(s)
exit status 66
```

你自然也可使用 go test 搭配單元測試來看看是否有記憶體競爭，不過我們已經在第 9 章與第 16 章看過示範，本章就不再多提。

17-3 gofmt 工具：程式碼格式化

人們在參與大型軟體專案時，有個很重要、卻也很常被忽視的因素是程式碼風格。一致、整齊的程式碼風格就意味著有良好的閱讀性：當你要讀別人寫的程式，甚至是隔幾個月後檢視自己的程式時，若程式碼都維持相同的風格，你就能不費吹灰之力專注在程式邏輯上、省下更多時間與精力，也比較不需擔心犯錯。

為了克服這種問題，Go 語言提供了個能用一致風格格式化程式碼的工具：**gofmt**。這表示只要整個開發團隊都使用 gofmt，那麼每個人遞交的程式檔風格就是一樣的，有相同的縮排和空格等等。

gofmt 的語法如下：

```
gofmt -w <檔案名稱>
```

練習：用 gofmt 格式化程式碼

在以下練習中, 各位將看到如何用 gofmt 格式化程式碼。我們故意儲存
一個格式亂七八糟的 .go 程式檔：

Chapter17\Exercise17.04\main.go

```go
package main

    import "fmt"

func
main(){
  firstVar := 1
      secondVar :=      2

  fmt.Println(firstVar)
                fmt.Println(secondVar)
    fmt.     Println("Hello Packt")
                }
```

 小編註：使用 VS Code 時, 預測會在存檔做自動格式化。為了模擬以上結果, 你可以按
Ctrl ＋ Shift ＋ P 後輸入 『File: Save without Formatting』 並點選它, 以便儲存檔案並略過格
式化。

　　如果你直接使用 gofmt，它只會輸出程式碼格式化後應該要有的樣子，而不會改變原本的檔案，只是要讓你確認格式化是否合乎你的期望：

執行結果

```
PS F1741\Chapter17\Exercise17.04> gofmt main.go
package main

import "fmt"

func main() {
        firstVar := 1
        secondVar := 2

        fmt.Println(firstVar)
        fmt.Println(secondVar)
        fmt.Println("Hello Packt")
}
```

　　若你希望 gofmt 能自動拿格式化後的結果複寫這個檔案，就得加上 **-w** 參數：

執行結果

```
PS F1741\Chapter17\Exercise17.04> gofmt -w main.go
```

17-4 go vet：程式靜態分析工具

　　儘管 Go 語言編譯器能在編譯時指出你可能犯的錯誤，它還是有可能錯過一些小問題。這乍聽似乎不是大問題，但這會讓一些臭蟲跟著程式正式上線，直到很久之後才被發現。例如，常見的問題是在 Printf() 函式傳入了太多引數，卻沒有足夠的格式化動詞來接收它們；另一個是將非指標介面變數傳入 Unmarshal()，編譯器會認為這是合法行為，但 Unmarshal() 會沒辦法寫入資料到介面中。

因此 Go 語言設計了 **go vet** 工具，這是個能對你的程式碼做靜態分析的工具，使你能在臭蟲演變成大問題之前及早補救：

```
go vet <檔案名稱>
```

練習：使用 go vet 找出程式問題

在這個練習中，各位就要來使用 go vet 找出上述的 Sprintf() 引數問題，讓你知道傳入的引數數量不正確：

Chapter17\Exercise17.05

```
package main

import "fmt"

func main() {
    helloString := "Hello"
    packtString := "Packt"

    // 傳了兩個字串引數給 Sprintf(), 但只有一個 %s
    jointString := fmt.Sprintf("%s", helloString, packtString)
    fmt.Println(jointString)
}
```

如果執行這支程式，它會毫無錯誤地通過編譯並執行，儘管輸出結果有點問題。可以想見，若你沒有仔細看，這就會是個很容易被忽略的問題：

執行結果

```
PS F1741\Chapter17\Exercise17.05> go run .
Hello%!(EXTRA string=Packt)
```

現在於主控台用 go vet 來檢查 main.go, 它會正確地指出 Sprintf() 只有一個格式化動詞，卻接收了兩個引數：

```
PS F1741\Chapter17\Exercise17.05> go vet main.go
# command-line-arguments
.\main.go:9:17: Sprintf call needs 1 arg but has 2 args
```

修正方式是於 Sprintf() 多加入一個 %s：

```
jointString := fmt.Sprintf("%s %s", helloString, packtString)
```

再次用 go vet 和 go run 檢查看看：

```
PS F1741\Chapter17\Exercise17.05> go vet main.go
PS F1741\Chapter17\Exercise17.05> go run .
Hello Packt
```

★ 小編補充 **Go 語言風格檢查工具：golint**

如前所提, VS Code 藉由 gopls 工具也能做到類似 go vet 的警告提示。

不僅於此, 你更可以在 VS Code啟用一個叫 **golint** 的工具, 它能進一步對使用者提供 Go 語言撰寫風格的建議 (參考自 https://golang.org/doc/effective_go 及 https://github. com/golang/go/wiki/CodeReviewComments 的內容), 例如使用變數命名不要使用底線、匯出的套件功能應加上文件註解等。可以想見, golint 能更進一步統一不同開發人員之間的撰寫風格。

若要在 VS Code 啟用 golint, 先照序章的指示安裝它, 或者在主控台輸入：

```
go get -u golang.org/x/lint/golint
```

在 Linux 系統也可用下面的方式安裝：

```
sudo apt install golint
```

接下頁

裝好後於 VS Code 執行以下步驟來啟用它:

1. 點選 **Files** → **Preferences** → **Settings**。

2. 在搜尋欄輸入 golint。

3. 在 **Go: Lint Tool** 的下拉選單選擇『golint』。

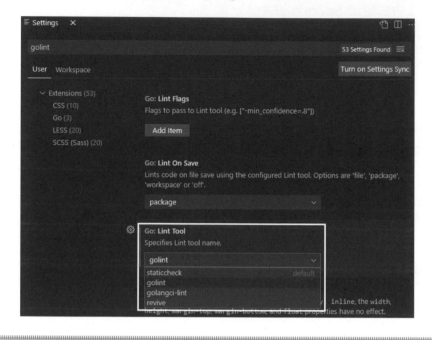

17-5 go doc 工具:產生文件

　　程式規格文件 (documentation) 是許多軟體專案中經常被忽略的部分,因為要撰寫和更新文件是很冗長、乏味的過程,但這些文件對使用者來說至關重要。因此,Go 語言設計了一個能從程式碼自動產生文件的工具,叫做 **go doc**。

　　go doc 用法非常簡單:你只要在套件和有匯出的型別、函式前面加上程式註解,go doc 就會把它們連同定義一起轉成規格文件。當你在大型專案跟其他人合作時,這些文件就有助於讓別人理解你的套件要如何使用。與其需要花時間維護文件和溝通，專案各團隊的程式設計師就可以用 go doc 快速產生文件、分享給其他團隊。

　　替 Go 程式碼加入文件註解的規則如下：

❑ 只有套件中有匯出 (字首為大寫英文字母) 的型別、函式才會出現在 go doc 產生的文件中 (套件與匯出功能請見第 8 章)

❑ 撰寫文件的格式為：

```
// <型別或函式名稱> 說明
// 說明
// ...
<有匯出的型別或函式宣告>
```

❑ 一段文件說明可以有多行，但第一行的第一個詞必須是型別或函式的名稱。習慣上第二個詞會是動詞，用來說明這個型別或函式是在做什麼。

❑ 套件本身的文件格式是『// package < 套件名稱 > 說明 ...』

練習：用 go doc 產生規格文件

　　現在各位要來練習替程式碼加入文件註解，並用 go doc 產生規格文件：

F1741/Exercise 17.06/main.go

```go
// package main: Ecercise17.06
package main

import "fmt"

    如前所述，文件的第一個詞是型別或函式名稱，接著習慣上會以動詞描述它會做什麼
// Calc defines a calculator construct
type Calc struct{}

// Add returns the total of two integers added together
func (c Calc) Add(a, b int) int {
    return a + b
}

// Multiply returns the total of one integers multipled by the other
```

接下頁

```
func (c Calc) Multiply(a, b int) int {
    return a * b
}

// PrintResult prints out the received integer argument
func PrintResult(i int) {
    fmt.Println(i)
}

func main() {
    calc := Calc{}
    fmt.Println(calc.Add(1, 1))
    fmt.Println(calc.Multiply(2, 2))
}
```

注意到程式中的 Calc 結構型別和其方法的定義前面都有註解，而且第一個詞會以型別或函式名稱開始。

現在你就可在同一個目錄用 **go doc -all** 或 **go doc -all main.go** 來產生說明文件：

```
PS F1741\Chapter17\Exercise17.06> go doc -all
package main: F1741/Exercise 17.06/main.go

FUNCTIONS

func PrintResult(i int)
    PrintResult prints out the received integer argument


TYPES

type Calc struct{}
    Calc defines a calculator construct

func (c Calc) Add(a, b int) int
    Add returns the total of two integers added together

func (c Calc) Multiply(a, b int) int
    Multiply returns the total of one integers multipled by the other
```

 小編註：若有匯出的程式功能沒有文件註解，那麼只有其定義會被輸出。

以上我們學到了如何用 go doc 來替程式碼產生規格文件。各位將來在開發套件給別人使用時，就可以用這種方式快速產生並分享詳盡的程式文件。

17-6 go get 工具；下載模組或套件

go get 工具能讓你下載網路上的套件，我們在第 8 章曾使用過它。儘管 Go 語言內建有不少套件，由 Go 語言團隊開發但未內建在 Go 語言的套件、以及網路上的第三方套件卻為數驚人，這些都能大大擴增你的程式功能。

為了能使用這些外部套件，你得用 go get 先下載它。下面我們就再來看個例子。

練習：用 go get 下載套件

下面是個簡易的伺服器程式，使用 **gorilla/mux** 這個套件 (https://github.com/gorilla/mux) 而不是用 Go 語言的 http 套件來處理請求路徑：

```
apter17\Exercise17.07

package main

import (
    "fmt"
    "log"
    "net/http"

    "github.com/gorilla/mux"
)

func exampleHandler(w http.ResponseWriter, r *http.Request) {
    w.WriteHeader(http.StatusOK)
    fmt.Fprintf(w, "<h1>Hello Golang with gorilla/mux</h1>")
}

func main() {
    r := mux.NewRouter()
```

接下頁

```
    r.HandleFunc("/", exampleHandler)
    log.Fatal(http.ListenAndServe(":8080", r))
}
```

首先用 go mod init 替專案建立模組路徑, 取名為 Exercise17.06, 並產生一個 go.mod 檔:

執行結果

```
PS F1741\Chapter17\Exercise17.07> go mod init Exercise17.06
go: creating new go.mod: module Exercise17.06
go: to add module requirements and sums:
        go mod tidy
```

這時試著執行看看程式:

執行結果

```
PS F1741\Chapter17\Exercise17.07> go run .
main.go:8:2: no required module provides package github.com/
gorilla/mux; to add it:
        go get github.com/gorilla/mux
```

Go 語言提示我們, 你的系統內沒有這個套件, 而且還指出你能用『go get github.com/gorilla/mux』這行指令來下載之:

執行結果

```
PS F1741\Chapter17\Exercise17.07> go get -u github.com/gorilla/mux
go: downloading github.com/gorilla/mux v1.8.0
go get: added github.com/gorilla/mux v1.8.0
```

接著查看 go.mod, 你會發現它列入了此套件的路徑與版本:

```
Chapter17\Exercise17.06\go.mod

module Exercise17.06

go 1.16

require github.com/gorilla/mux v1.8.0
```

　　最後再次嘗試執行程式，並在瀏覽器打開 localhost:8080，這回 Go 語言就能正確地使用第三方套件了：

執行結果

```
PS F1741\Chapter17\Exercise17.07> go run .
```

17-7　本章回顧

　　對於正在開發專案的程式設計師來說，Go 語言工具是不可或缺的。本章我們學到如何用 go build 編譯二進位執行檔、用 go run -race 檢查記憶體競爭問題、用 gofmt 格式化程式、用 go vet 找出程式問題等等。你也能用 go doc 從程式碼快速產生規格文件，以便和其他開發者分享。對於網路上為數眾多的第三方套件，go get 讓你能下載它們並用於你的專案中，大大擴增專案的功能。

　　在下一章，我們則要來看 Go 語言提供的加密安全功能——如何讓你的網路程式在通訊時免於資料外洩。

MEMO

18 Chapter

加密安全

／本章提要／

本章的目的是讓各位讀者了解基本的資安技術,
使用 Go 語言的 **crypto** 函式庫來加密／解密資
料, 用雜湊值和數位簽章來確保資料完整, 以及
透過 HTTP/TLS 伺服器用 **X.509** 自簽署憑證來驗
證身分, 提升網路應用程式的安全性。

18-1 前言

在前面幾章中，我們已經談過應用程式會面臨的一些安全性問題：

❑ 資料庫的 SQL 注入攻擊 (第 13 章)

❑ 網頁的跨網站指令攻擊 (第 15 章)

❑ Goroutine 的記憶體資源競爭 (第 16 章)

安全性不能是事後諸葛，必須是你天天練習的基本功。許多應用程式之所以會有漏洞，正是因為開發者沒有意識到有這類問題存在，也沒有在讓程式正式上線之前做過資安評估。幸好，我們看到以上這些問題在 Go 語言都有解決辦法。

本章我們將討論另一個很重要的安全性議題：資料交換與網路通訊的加密。當你在瀏覽網站時，你會注意到有些網址前面會是 https:// 而非 http://，這是因為那些網站使用了 **TLS (Transport Layer Security, 傳輸層安全性協定)**，其前身為 SSL (Secure Sockets Layer, 安全通訊協定)。許多網站在處理敏感資料時，也會使用有簽署的**數位憑證 (digital certificate)** 來驗證身分和加密資訊。

Go 語言擁有非常完整的標準加密套件，包含雜湊加密法、對稱／不對稱加密演算法、數位簽章和憑證等等。不過，由於這個題材相當廣泛，本章我們只會挑選最合適的來示範。

18-2 雜湊函式

雜湊 (hashing) 是把明碼 (plaintext) 文字用演算法轉成**雜湊值 (hash value)**，其輸出結果理論上是獨一無二。雜湊函式很常用來檢查檔案完整性：傳送者會根據資料產生 checksum (『檢查碼』或『核對和』)，接收者只要再產生一次 checksum 並和傳送者提供的雜湊值做比較，就知道檔案是否正確。

⚡\注意/ 雖然雜湊函式可以用來『加密』資料，它和後面介紹的加密法其實是兩回事：雜湊是單向不可逆的過程，加密法則可以用金鑰還原資料。

儘管產生雜湊衝突 (hash collision, 兩個不同值的雜湊值剛好相同) 的機率非常低，這仍讓駭客能發起碰撞攻擊 (collision attack), 也就是找到非法的值來使其檢查通過。目前世界上很常使用的 **MD5** 及 **SHA1** 雜湊法就已知很容易遭破解，幸好新的雜湊演算法大大提高了安全性。

Go 語言的雜湊函式介面都大同小異。以 **MD5** 為例，我們可使用內建套件 **crypto/md5** 的 **Sum()** 函式來替來源資料產生 checksum 字串：

```
Sum(in []byte) [<Size>]byte
```

Sum() 傳回的是固定長度陣列，其長度 (即上面的 Size) 由 MD5 套件決定。

crypto 模組也實作了 **SHA (安全雜湊演算法)** 家族的 **SHA1** 和 **SHA2**：SHA2 (包括 **SHA256** 和 **SHA512**) 原理和 SHA1 類似，但安全性強上許多。如果想更進一步的話，你還可透過外部套件取得更強大的 **SHA3** 雜湊法 (見以下練習)。

練習：使用不同的雜湊套件

下面我們會寫一個函式 getHash(), 並根據使用者傳入的雜湊函式名稱來呼叫對應的功能。但由於不同雜湊函式傳回的 byte 陣列長度不同 (型別不同), 因此我們會先用 fmt.Sprintf() 把陣列轉成 16 進位數值，再以字串形式傳回。

注意這個練習會用到外部套件 http://golang.org/x/crypto/sha3；請照第 8 章的方式用 go get 下載它並建立 go.mod。

Chapter18\Exercise18.01

```
package main

import (
    "crypto/md5"
    "crypto/sha256"
    "crypto/sha512"
    "fmt"
```
接下頁

```
        "golang.org/x/crypto/sha3"   // 外部套件，SHA3
)

func getHash(input, hashType string) string {
    switch hashType {
    case "MD5":
        return fmt.Sprintf("%x", md5.Sum([]byte(input)))
    case "SHA256":
        return fmt.Sprintf("%x", sha256.Sum256([]byte(input)))
    case "SHA512":
        return fmt.Sprintf("%x", sha512.Sum512([]byte(input)))
    case "SHA3_512":
        return fmt.Sprintf("%x", sha3.Sum512([]byte(input)))
    default:
        return fmt.Sprintf("%x", sha512.Sum512([]byte(input)))
    }
}

func main() {
    fmt.Println("[MD5]        :", getHash("Hello World!", "MD5"))
    fmt.Println("[SHA256]     :", getHash("Hello World!", "SHA256"))
    fmt.Println("[SHA512]     :", getHash("Hello World!", "SHA512"))
    fmt.Println("[SHA3_512]   :", getHash("Hello World!", "SHA3_512"))
}
```

 小編註：SumXXX() 的數字即代表輸出雜湊值的長度, 例如 Sum512() 會輸出 512 bits, 即 64 位元 (因此傳回〔64〕byte 陣列)。當然, 上面轉換成 16 進位數後, 長度就改變了。

預期的執行結果如下：

執行結果

```
PS F1741\Chapter18\Exercise18.01> go run .
[MD5]    : ed076287532e86365e841e92bfc50d8c
[SHA256]: 7f83b1657ff1fc53b92dc18148a1d65dfc2d4b1fa3d677284addd20012
6d9069
[SHA512]: 861844d6704e8573fec34d967e20bcfef3d424cf48be04e6dc08f2bd58c729
743371015ead891cc3cf1c9d34b49264b510751b1ff9e537937bc46b5d6ff4ecc8
[SHA3_512]: 32400b5e89822de254e8d5d94252c52bdcb27a3562ca593e980364d9848b
8041b98eabe16c1a6797484941d2376864a1b0e248b0f7af8b1555a778c336a5bf48
```

除了檢查檔案正確性, 許多網站和資料庫也會將使用者的密碼轉成雜湊值來儲存, 這麼一來即使密碼的雜湊值外洩, 外人也無法拿它回推密碼。而網站只要拿使用者輸入的字串的雜湊值跟資料庫內的雜湊值比對, 照樣能驗證密碼是否正確。

不僅如此, Go 語言的外部套件 golang.org/x/crypto/bcrypt 提供了專門設計來管理密碼的雜湊函式 **bcrypt**, 而且能讓你用更簡單的方式檢查密碼:

Chapter18\Example18.01

```go
package main

import (
    "fmt"
    "os"

    "golang.org/x/crypto/bcrypt"
)

func main() {
    password := "mysecretpassword"
    fmt.Println("密碼明碼　:", password)

    // 用 bcrypt 將密碼轉成雜湊值
    hash, err := bcrypt.GenerateFromPassword([]byte(password), 接下行
        bcrypt.DefaultCost)
    if err != nil {
        fmt.Println(err)
        os.Exit(1)
    }
    fmt.Println("密碼雜湊值:", string(encrypted))

    // 測試輸入的新密碼是否符合
    testString := "mysecretpassword"
    err = bcrypt.CompareHashAndPassword([]byte(hash), 接下行
        []byte(testString))
    if err != nil {
        fmt.Println("密碼不符")
    } else {
        fmt.Println("密碼相符")
    }
}
```

接下頁

```
PS F1741\Chapter18\Example18.01> go run .
密碼明碼    : mysecretpassword
密碼雜湊值: $2a$10$WQS1rXGBRzPV61WfbbqdBORlsKu5sH9ndY0EVwAvM4jZ
trg7r50V2
密碼相符
```

18-3　加密法

真正所謂的**加密 (encryption)**，是將敏感資料加以轉換，好讓收件人以外的對象無法閱讀，只有收件人可用金鑰解密 (decryption) 之。你說不定聽過**靜態加密 (encryption at rest)** 和**傳輸中加密 (Encryption in transit)**：前者是指資料在儲存前先行加密（比如存入資料庫時），後者則是資料在傳輸過程中加密（比如在網路上傳送時）。我們在本章稍後會談到後者，也就是 HTTP/TLS。

安全的加密演算法本質上都很複雜，但很多都會對外公開，讓所有人都能使用。Go 語言提供了**對稱式 (symmetric)** 及**非對稱式 (asymmetric)** 加密套件，本小節和下一節我們會來看看這兩種的使用範例。

18-3-1　對稱式加密法

顧名思義，對稱加密法使用相同的金鑰來加密和解密，而這金鑰會由通訊雙方共同持有。Go 語言提供兩種常見的對稱加密法：**DES (資料加密標準)** 和 **AES (進階加密標準)**。DES 歷史較為悠久，也較容易遭破解，因此逐漸被 AES 所取代，這也是美國聯邦政府現用的加密標準。

DES 和 AES 都屬於**區塊加密法 (block cipher)**，意即它得將資料分割成多個區塊後分別加密。針對各區塊加密的方式又有多種模式可用：以下練習我們即使用 AES 搭配安全性高的 GCM (Galois/Counter Mode, 伽羅瓦計數器模式)。

在 Go 語言中，使用 AES 加密和解密的步驟如下：

1. 用 crypto/aes 套件的 **NewCipher()** 函式產生一個區塊加密物件 (**cipher. Block** 結構)。該函式必須填入金鑰。AES 的金鑰必須是 16、24 或 32 位元長度。

 小編註：可想而知，共用的金鑰一外洩就會成為安全漏洞。不過既然對稱式加密法速度仍然較快，它在現今仍然很常用。那麼該如何安全交換金鑰呢？本章稍後介紹的 HTTP/TLS 就使用非對稱加密法來傳送金鑰。另一個方式是使用迪菲-赫爾曼密鑰交換 (Diffie - Hellman key exchange) 協定，但這裡不多討論。

2. 使用 cipher.Block 結構的方法 **NewGCM()** 來產生一個使用 GCM 加密模式的區塊加密物件 (cipher.AEAD 介面)。

3. 最後，呼叫 **cipher.AEAD** 的 Seal() 方法來加密資訊。Seal() 的函式特徵如下：

```
Seal(dst, nonce, plaintext, additionalData []byte) []byte
```

- ❖ **plaintext** 是待加密的明文。**nonce**（為 number only used once 的簡寫）參數是個在加密／解密過程中只使用一次的隨機數（以 []byte 切片形式儲存），好防堵重送攻擊 (replay attack, 藉由攔截和送出同樣的通訊來竊取結果)。也就是說，接收者必須用金鑰**以及** nonce 來解密密文。

- ❖ **dst** 參數是一個 []byte 切片，加密後的結果會附加到這個切片結尾。下面我們利用了這個特性，把 nonce 跟密文合併成單一一個字串傳給接收者，後者會在解密時將之重新分開。(當然你也可以給 dst 填入 nil, 以便將 nonce 獨立傳回給使用者。)

- ❖ 至於 **additionalData** 參數 (additional authenticated data, 額外驗證資訊) 可以用來加入更多驗證資訊，例如發送者電腦的 MAC 網路位址，不過在此我們不使用它 (填入 nil)。

❖ 解密過程的前兩個步驟與加密相同，但最後要呼叫 cipher.AEAD 的 Open() 方法來解密，其參數和 Seal() 很像：

```
Open(dst, nonce, ciphertext, additionalData []byte) ([]byte, error)
```

練習：AES 對稱加密法

Chapter18\Exercise18.02

```go
package main

import (
    "crypto/aes"
    "crypto/cipher"
    "crypto/rand"
    "fmt"
    "os"
)

// 加密函式
func encrypt(data, key []byte) (resp []byte, err error) {
    // 建立區塊加密物件
    block, err := aes.NewCipher([]byte(key))
    if err != nil {
        return resp, err
    }
    // 使用 GCM 加密模式
    gcm, err := cipher.NewGCM(block)
    if err != nil {
        return resp, err
    }
    // 產生一個 gcm.NonceSize() 長度的 []byte 切片
    nonce := make([]byte, gcm.NonceSize())
    // 用 crypto/rand 套件產生一個安全隨機數作為 nonce
    if _, err := rand.Read(nonce); err != nil {
        return resp, err
    }
    // 加密資料，並將結果附加到 nonce 尾端（傳回 nonce + 密文）
    resp = gcm.Seal(nonce, nonce, data, nil)
    return resp, nil
```

接下頁

```go
}

// 解密函式
func decrypt(data, key []byte) (resp []byte, err error) {
    // 和加密函式一樣，建立區塊加密物件並使用 GCM 加密模式
    block, err := aes.NewCipher([]byte(key))
    if err != nil {
        return resp, err
    }
    gcm, err := cipher.NewGCM(block)
    if err != nil {
        return resp, err
    }
    // 分割 nonce 及密文
    nonce := data[:gcm.NonceSize()]
    encryptedData := data[gcm.NonceSize():]
    // 解密資料 (dst 傳入 nil; 若傳入 []byte 切片，傳回結果就是 dst + 解密字串)
    resp, err = gcm.Open(nil, nonce, encryptedData, nil)
    if err != nil {
        return resp, fmt.Errorf("解密錯誤: %v", err)
    }
    return resp, nil
}

func main() {
    data := "My secret text"  // 明文
    fmt.Printf("原始資料: %s\n", data)

    // 產生一個 16 位元長度隨機金鑰
    key := make([]byte, 16)
    if _, err := rand.Read(key); err != nil {
        fmt.Println(err)
        os.Exit(1)
    }

    // 加密
    encrypted, err := encrypt([]byte(data), key)
    if err != nil {
        fmt.Println(err)
        os.Exit(1)
    }
    fmt.Printf("加密資料: %x\n", string(encrypted))
```

接下頁

```
    // 解密
    decrypted, err := decrypt(encrypted, key)
    if err != nil {
        fmt.Println(err)
        os.Exit(1)
    }
    fmt.Printf("解密資料: %s\n", string(decrypted))
}
```

程式的執行效果如下:

```
PS F1741\Chapter18\Exercise18.02> go run .
原始資料: My secret text
加密資料: 6950dd7719e2017053956b07899bda2127f8164e181565f647a811973d
b5386fa69cb63e6310e172998a
解密資料: My secret text
```

 小編註:你看到的加密結果應該每次都不同。

　　理想上,金鑰應由雙方秘密持有,而 nonce 在加密／解密一次後就應該捨棄換新,以免被用於重送攻擊。

使用 crypto/rand 產生安全的隨機數

如我們在第 1 章提過,math/rand 的隨機數是『偽隨機數』,在相同的亂數種子下會重複。但上面的練習——以及後面的其他練習——則會使用 crypto/rand 套件來產生隨機性更強、可用於加密安全用途的亂數:

```
func Int(rand io.Reader, max *big.Int) (n *big.Int, err error)
```

rand.Int() (勿和 math/rand 的rand.Int() 混淆) 接收一個型別為 big.Int (見第 3 章『大數值』) 的引數 max,然後會傳回 0 至 max - 1 之間的隨機數,同樣是 big.Int 型別:

接下頁

```
package main

import (
    "crypto/rand"
    "fmt"
    "math/big"
)

func main() {
    // 產生 0-999 之間的亂數
    r, _ := rand.Int(rand.Reader, big.NewInt(1000))
    fmt.Println(r)
}
```

18-3-2　非對稱式加密法

　　非對稱式加密法 (asymmetric encryption) 又稱公鑰加密法：它使用一組**公鑰 (public key)** 及**私鑰 (private key)**，公鑰會自由分享給想跟你交換訊息的人，私鑰則由你私下持有。若有人想傳加密訊息給你，他們就可以用公鑰加密之，而這訊息只能用你的私鑰才解得開。反過來說，若你想證明一段訊息確實出自你之手，你可以用私鑰加密訊息，那麼其他人只要能用你的公鑰解開，就能驗證訊息的真實性了 (稍後我們會看到何謂數位簽章)。

　　Go 語言同樣支援幾種常見的非對稱式加密演算法，如 **RSA (Rivest-Shamir-Adleman)** 和 **DSA (數位簽章算法)**。下面我們使用的是 **RSA-OAEP**, OAEP 即『最優非對稱加密填充』, 是一種很常搭配 RSA 的演算法。這都可在 Go 語言內建的 **crypto/rsa** 套件找到。

　　Go 語言中操作 RSA-OAEP 的步驟如下：

1. 使用 **rsa.GenerateKey()** 產生密鑰與其搭配的公鑰 (**rsa.PrivateKey** 指標結構)。

2. 使用 **rsa.EncryptOAEP()** 對明文加密。此函式的特徵如下：

```
func EncryptOAEP(hash hash.Hash, random io.Reader, pub *PublicKey, msg []
byte, label []byte) ([]byte, error)
```

- ❖ 第一個參數 **hash** 是雜湊函式，用來扮演『隨機預言機』(random oracle)、以便產生均勻的真實隨機數，官方推薦使用 sha256。第二個函數 **random** 用來提供亂數，一般會使用 crypto/rand 的 Reader 函式，好讓 RSA 對同一明文加密後不會得到相同結果。

- ❖ pub 是公鑰，它其實來自前面的 rsa.PrivateKey 指標結構中。msg 是待加密的明文，至於 label 則是需要附加到加密後訊息中的額外明文資訊，在此我們不使用它。

3. 解密時則使用 rsa.DecryptOAEP() 函式，其參數和加密很像，但必須使用私鑰來解密：

```
func DecryptOAEP(hash hash.Hash, random io.Reader, priv *PrivateKey,
ciphertext []byte, label []byte) ([]byte, error)
```

練習：RSA-OAEP 非對稱式加密法

Chapter18\Exercise18.03

```
package main

import (
    "crypto/rand"
    "crypto/rsa"
    "crypto/sha256"
    "fmt"
    "os"
)
```

接下頁

```go
func main() {
    data := []byte("My secret text")  // 明文
    fmt.Printf("原始資料: %s\n", data)

    // 產生私鑰 (及公鑰), 長度 2048 位元
    privateKey, err := rsa.GenerateKey(rand.Reader, 2048)
    if err != nil {
        fmt.Printf("產生私鑰錯誤: %v", err)
        os.Exit(1)
    }
    publicKey := privateKey.PublicKey  // 公鑰就在 PrivateKey 結構中

    // 加密, 使用 SHA256、crypto/rand.Reader 及公鑰
    encrypted, err := rsa.EncryptOAEP(
        sha256.New(), rand.Reader, &publicKey, data, nil)
    if err != nil {
        fmt.Printf("加密錯誤: %v", err)
        os.Exit(1)
    }
    fmt.Printf("加密資料: %x\n", string(encrypted))

    // 解密, 使用 SHA256、crypto/rand.Reader 及私鑰
    decrypted, err := rsa.DecryptOAEP(
        sha256.New(), rand.Reader, privateKey, encrypted, nil)
    if err != nil {
        fmt.Printf("解密錯誤: %v", err)
        os.Exit(1)
    }
    fmt.Printf("解密資料: %s\n", string(decrypted))
}
```

 小編註：512 位元長度的 RSA 私鑰已證實可破解 (雖然得花上可觀的時間)。美國國家標準暨技術研究院 (NIST) 建議, RSA 私鑰至少得有 2048 位元才夠安全, 也有人建議現在應使用 3072 或 4096 位元。

執行結果應如下：

執行結果

```
PS F1741\Chapter18\Exercise18.03> go run .
```
接下頁

```
原始資料: My secret text
加密資料: 25a9079d81282c66d04a7e03859662d60c212a6d8caf10df8c77b16397
fd46b63fbc2ef36592208166d830b877bc8d8d55b38ac9228095e05796491cdaf12
f26fa6fd592a4dd63d24161ea3203dd6c9fa25f02457b9b64e1ffe8522a36da028c
81cd758bc60693ca45b0dcf77d188cd0a3c4ebeb9dcd0ce506332b8b272c3b8e66b
0fc98a56103ad813fe601272ceb9b640147f8b86157ca16f207ab833c13c78d78b4
498539a97570f8d817a54ae2f2e324e2bd49076bf6701e14eff13e5f73752544bcf
b2731d5d142fb1fc14862c709d8e5d5e0871b5465f5a08bcad51e8205d93e322f95
6800a6e2710a039a0476659c739bfb5c7d58a02867089a331e25
解密資料: My secret text
```

18-4　數位簽章

數位簽章 (digital signature) 顧名思義便是數位簽名，它同樣運用了雜湊函式和公鑰加密法，但主要目的是驗證資料（比如文件、電郵）的完整性和傳送者的身分。其運作方式如下：

1. 傳送者先用雜湊函式產生資料的**摘要** (digest, 類似 checksum)。

2. 傳送者用私鑰加密摘要，此即為該份資料的數位簽章。

3. 他人收到資料後，同樣用雜湊函式產生一份摘要，並用公鑰來解密數位簽章。假如解出來的值和接收者產生的摘要相同，就證明資料確實是由該傳送者送出。

　　Go 語言提供了我們一個相當方便的數位簽章套件：crypto/ed25519。此套件使用了 Ed25519 數位簽章演算法，它會使用 SHA256 為雜湊函式。

練習：使用數位簽章

Chapter18\Exercise18.04

```
package main

import (
    "crypto/ed25519"
    "crypto/rand"
```
接下頁

```
        "fmt"
        "os"
)

func main() {
    data := []byte("My secret document")  // 資料

    // 產生公鑰與私鑰 (使用 crypto/rand 產生亂數)
    publicKey, privateKey, err := ed25519.GenerateKey(rand.Reader)
    if err != nil {
        fmt.Println(err)
        os.Exit(1)
    }

    // 用私鑰產生數位簽章
    signedData := ed25519.Sign(privateKey, data)
    fmt.Printf("數位簽章:\n%x\n", signedData)

    // 用公鑰、資料和數位簽章來驗證簽章是否有效
    verified := ed25519.Verify(publicKey, data, signedData)
    fmt.Println("驗證:", verified)
}
```

執行結果

```
PS F1741\Chapter18\Exercise18.04> go run .
數位簽章:
c89143ea9a734a1baeaef67bfa8c58ac6d6c9fad022f58d42367d8a727e13b8d37b
3d30830062b2afe1679bdad9d0788993377e562aaebc805029568f10d1006
驗證: true
```

18-5 HTTPS/TLS 與 X.509 憑證

當你在開發網路應用程式時，你必須了解如何確保資訊在傳遞過程中也安全無虞，做法是使用 TLS (傳輸層安全性協定)。這個協定能夠確保以下項目：

❏ 讓客戶端和伺服器都使用**數位簽證 (digital certificates)** 來代表身分。

❏ 可要求客戶端和伺服器使用公鑰加密法來驗證身分。

❏ 產生訊息摘要 (digest), 確保資料在傳送過程中不受竄改。

❏ 訊息在傳送時也會加密, 使其對第三方保持機密性。

在使用 TLS 時, 客戶端與伺服器會展開 **TLS 交握協議 (TLS handshake)**, 傳送憑證給彼此, 並在身分獲得驗證 (憑證是受信任的) 後交換對話金鑰 (session key, 例如對稱式加密法的金鑰), 以便安全地交換訊息, 確保資料在傳輸過程安全無虞。TLS 最廣泛使用的公鑰憑證標準之一是 **X.509** 憑證。

基本上, 一個憑證會包括使用者的身分、位置 (網址)、憑證公鑰、有效日期和數位簽章等, 用來證明公鑰由該使用者持有。該憑證若要有效 (能夠被信任), 就得由一個受信任的 **CA (Certificate Authority, 憑證授權中心)** 簽署之。使用者向 CA 提出申請後, CA 會以自己的私鑰對使用者的公鑰產生數位簽章, 於是其他人只要用該 CA 的公鑰解開數位簽章, 就能知道使用者的身分及公鑰是否有效。在許多地方, 有效的憑證是具備法律效力的。

當然, 你也可以用自己的私鑰簽署自己的憑證 (自己兼任 CA), 這即為**自簽署憑證 (self-signed certificate)**。這種憑證對外並無效力, 但你可以將憑證事先加入你的客戶端及伺服器, 讓它們透過 HTTPS 通訊時能夠信任彼此和使用加密通訊。

下面我們就來看到如何在客戶端與伺服器之間產生使用 TLS 和 X.509 數位簽證, 這在 Go 語言透過 **crypto/tls** 以及 **crypto/x509** 套件來實現。

練習：產生自簽署憑證並用於客戶端／伺服器

這個練習會包括三個程式檔：用來產生私鑰及憑證的 cert.go (它產生的 .pem 與 .key 檔案會存放於專案根目錄下), 以及客戶端 client.go 和伺服器 server.go, 位於各自的子資料夾中。此外 server_simple.go 是個簡單版的 HTTPS/TLS 伺服器, 我們也會用它來展示 TLS 在瀏覽器的運作效果。

```
Exercise18.05\
    cert\
        cert.go
    client\
        client.go
    server\
        server.go
    server_simple\
        server_simple.go
client_cert.pem  ◄── 客戶端憑證
client.key       ◄── 客戶端私鑰
server_cert.pem  ◄── 伺服器憑證
server.key       ◄── 伺服器私鑰
```

憑證與私鑰產生程式：cert.go

首先是用來替客戶端及伺服器產生憑證、私鑰的程式：

Chapter18\Exercise18.05\cert.go

```go
package main

import (
    "crypto/rand"
    "crypto/rsa"
    "crypto/x509"
    "crypto/x509/pkix"
    "encoding/pem"
    "log"
    "math/big"
    "net"
    "os"
    "time"
)

const (   // 產生的檔名路徑和主機網址、網域
    clientCertName = `.\client_cert.pem`
    clientKeyName  = `.\client.key`
    serverCertName = `.\server_cert.pem`
    serverKeyName  = `.\server.key`
    host           = "127.0.0.1"
```

接下頁

```go
    hostDNS          = "localhost"
)

func main() {
    if err := generateCert(clientCertName, clientKeyName); err != nil {
        log.Println(err)
    }
    log.Println("產生:", clientCertName, clientKeyName)

    if err := generateCert(serverCertName, serverKeyName); err != nil {
        log.Println(err)
    }
    log.Println("產生:", serverCertName, serverKeyName)
}

// 產生憑證的函式
func generateCert(certFile, keyFile string) error {
    // 產生一個安全的隨機數當作序號
    serialNumber, err := rand.Int(rand.Reader, big.NewInt(1000))
    if err != nil {
        return err
    }

    now := time.Now()  // 取得現在時間

    // 產生 X.509 憑證
    ca := &x509.Certificate{
        // 持有人資訊
        Subject: pkix.Name{
            CommonName:     "Company",
            Organization:   []string{"Company, INC."},
            Country:        []string{"US"},
            Province:       []string{""},
            Locality:       []string{"San Francisco"},
            StreetAddress:  []string{"Golden Gate Bridge"},
            PostalCode:     []string{"94016"},
        },
        // 序號
        SerialNumber:        serialNumber,
        // 簽章加密法
        SignatureAlgorithm:x509.SHA256WithRSA,
        // 生效時間 (即現在時間)
        NotBefore:          now,
        // 有效時間 (現在開始 2 年後)
```

接下頁

```
    NotAfter:               now.AddDate(2, 0, 0),
    // 公鑰用途 (用可來簽署憑證、要用於數位簽證)
    KeyUsage:               x509.KeyUsageCertSign | 接下行
        x509.KeyUsageDigitalSignature,
    // 公鑰額外用途 (客戶端驗證、伺服器驗證)
    ExtKeyUsage: []x509.ExtKeyUsage{ 接下行
        x509.ExtKeyUsageClientAuth, x509.ExtKeyUsageServerAuth},
    // 憑證可當 CA 使用
    BasicConstraintsValid: true,
    // 憑證可使用的網址和網域
    IPAddresses:            []net.IP{net.ParseIP(host)},
    DNSNames:               []string{hostDNS},
}

// 用 RSA 產生私鑰
privateKey, err := rsa.GenerateKey(rand.Reader, 2048)
if err != nil {
    return err
}

// 以憑證、私鑰和其公鑰來簽署該憑證
// x509.CreateCertificate() 的第二參數是待簽署的憑證,
// 第三個參數則是 CA 的憑證;兩者相同代表是自簽署憑證。
// 傳回值 DER 為憑證內容,是 []byte 切片。
DER, err := x509.CreateCertificate(
    rand.Reader, ca, ca, &privateKey.PublicKey, privateKey)
if err != nil {
    return err
}

// 將憑證字串轉成 PEM (Privacy Enhanced Mail, Base64 編碼) 格式
cert := pem.EncodeToMemory(
    &pem.Block{
        Type:  "CERTIFICATE",
        Bytes: DER,
    })

// 將私鑰轉成 PEM 格式
key := pem.EncodeToMemory(
    &pem.Block{
        Type:  "RSA PRIVATE KEY",
        Bytes: x509.MarshalPKCS1PrivateKey(privateKey),
    })

// 將憑證與私鑰 (私鑰只限擁有者存取) 儲存為檔案
```

接下頁

```
    // 憑證權限設為 0777（可由任何人自由存取）
    if err := os.WriteFile(certFile, cert, 0777); err != nil {
        return err
    }
    // 私鑰權限設為 0600（只能由擁有者讀寫）
    if err := os.WriteFile(keyFile, key, 0600); err != nil {
        return err
    }

    return nil
}
```

首先執行 cert.go 來產生客戶端與伺服器的自簽署憑證及私鑰：

執行結果

```
PS Chapter18\Exercise18.05> go run .\cert\cert.go
2021/05/23 16:38:23 產生: .\client_cert.pem .\client.key
2021/05/23 16:38:23 產生: .\server_cert.pem .\server.key
```

這會在 Chapter18\Exercise18.05\ 根目錄下產生 2 個憑證及 2 個私鑰檔。伺服器得到的憑證檔內容會類似如下：

Chapter18\Exercise18.05\certpool\server_cert.pem

```
-----BEGIN CERTIFICATE-----
MIID5zCCAs+gAwIBAgICA0IwDQYJKoZIhvcNAQELBQAwgYcxCzAJBgNVBAYTAlVT
MQkwBwYDVQQIEwAxFjAUBgNVBAcTDVNhbiBGcmFuY2lzY28xGzAZBgNVBAkTEkdv
bGRlbiBHYXRlIEJyaWRnZTEOMAwGA1UEERMFOTQwMTYxFjAUBgNVBAoTDUNvbXBh
bnksIElOQy4xEDAOBgNVBAMTB0NvbXBhbnkwHhcNMjEwNTIzMTA1NTMxWhcNMzEw
NTIzMTA1NTMxWjCBhzELMAkGA1UEBhMCVVMxCTAHBgNVBAgTADEWMBQGA1UEBxMN
U2FuIEZyYW5jaXNjbzEbMBkGA1UECRMSR29sZGVuIEdhdGUgQnJpZGdlMQ4wDAYD
VQQREwU5NDAxNjEWMBQGA1UEChMNQ29tcGFueSwgSU5DLjEQMA4GA1UEAxMHQ29t
cGFueTCCASIwDQYJKoZIhvcNAQEBBQADggEPADCCAQoCggEBAM81Ou2SoP6FxEbH
6biyiZ3JY5FqM5JtoV6yM+OssZ3swvOJSTv2qtANwhk9gYBmoXjUPV80WivvoWPP
G6ge0pcyx+SLB+BsrnFaGdyPsBe5wA+gqtVmzX5RgZQXdHxJHEXQYN0I7gjQwbD7
aPKNMfGBpl8qCP8BeuIYz6N6kSx2gHyZhyVf+NHeJQtfeT5Ne/rQYQKAcElxSyjs
rlzCPmI3B5BMgsGszin+i8HeEMnqCal6wxQ+elLWa44JT3n695KTE+aQLmBnunjj
44sle9twaUyor+F/9DVzF4W3JobdC859hUMhmi2C1cmS0FjqB57HPrIfsnWFx0O6
Slo5uZECAwEAAaNbMFkwDgYDVR0PAQH/BAQDAgKEMB0GA1UdJQQWMBQGCCsGAQUF
BwMCBggrBgEFBQcDATAMBgNVHRMBAf8EAjAAMBoGA1UdEQQTMBGCCWxvY2Fsag9z
```

接下頁

```
dIcEfwAAATANBgkqhkiG9w0BAQsFAAOCAQEAwEMMq8r6R99zgcCO0ufv2UbY10Zs
0slFSBa40rdIwApGMVrf4QvlKZZFA9zarOZbwBjygOkzbRm9j8rX17ycedJfcatj
ygoEKLh0v329Rz5fRmcX6h7CDcf214BHkDdo+TI6W3iHQ+qJAuPhPQqtEKQviqFG
eXOXqUxzNsqM+f7F7BTVU3lYBCUT4EmAU1RgG/nZl/pQuC0EuvFRxTBFcXEfSILT
TpmLwwXPDf/DtEib/AIfTmArLDeCiTVNfPIc/FzkD5M+TCI32mtkCqGFzdtcqT1K
61QzpTxIxHoqHWT8ugdl4HIJlpp/Fkptz9/6expUj9y65vosB9dCMtqIDQ==
-----END CERTIFICATE-----
```

至於以下則是伺服器的私鑰內容：

Chapter18\Exercise18.05\certpool\server.key

```
-----BEGIN RSA PRIVATE KEY-----
MIIEogIBAAKCAQEAzzU67ZKg/oXERsfpuLKJncljkWozkm2hXrIz46yxnezC84lJ
O/aq0A3CGT2BgGaheNQ9XzRaK++hY88bqB7SlzLH5IsH4GyucVoZ3I+wF7nAD6Cq
1WbNflGBlBd0fEkcRdBg3QjuCNDBsPto8o0x8YGmXyoI/wF64hjPo3qRLHaAfJmH
JV/40d4lC195Pk17+tBhAoBwSXFLKOyuXMI+YjcHkEyCwazOKf6Lwd4QyeoJqXrD
FD56UtZrjglPefr3kpMT5pAuYGe6eOPjiyV723BpTKiv4X/0NXMXhbcmht0Lzn2F
QyGaLYLVyZLQWOoHnsc+sh+ydYXHQ7pKWjm5kQIDAQABAoIBACRCIEmqOtnO9oWc
Pd3AACzILNApUVTyMiar8ECK25nS8FpFT7dadpFplulrxdl+HAtUuFiMhKrjh847
U4+btSYYELqBSaOP4QacyaG60wmTy3PwnXQyRQsxoAcWA6Ar+vKMgCathVmtjfc2
RysKYg7srPxCEsjsrWAbD1p//B9XXH/kwI4ejgbJUmSRE3AE2BrxgVwQCuvTCqO2
oncYNdej5U7kehhdhfPfQQadYoo538lxhnUxRXApXzzlmxneIqjhMNiYw6kERPWr
v11tZu0rkl6My2tDvPGEIefYk57rDMOdCYd6VYOOebeySCwD7PLjkFYn5cnPdSP+
mKwt+0ECgYEA8A9X9haRmGr59qDpwYU//hB2wEOdfB/FhLYzVtO5Cbrr6m3XVIQr
iUM401llxSuKiAdvL/rHydUGMcLXGnyuWKIBVRDdtXIfr5fRin2c37JjNZZyb5gE
qw+izN9Mw/uSpTgWSO+oUet9mZO9LhKq/kO7VCNGYKMpV3Vev5Pe6e0CgYEA3Pdz
vRqc0PgYNlIYUXWKrSfWGBgO0ZwZdcGKU2Om9rAvDhJBjD7xMIMBnX1PdpOmF2QM
HND28XbJL2KdzcebdDDc5AeTTcNVZGVMGLyHWh2+uYNVjHOlbUhvVV2WVBcP6+4j
FJRkXaVQNkS/C8QlTIeXfzDRuyXpGE/tErRZCbUCgYATsS6GAVPwLNZUZN7IASY+
sRsMqn9Ar1qEiG2tsbB8G9k+YcRIKo9nsxv2Ol8ezXOPtQxp4yiAZfkcG9+JTLEA
lEmHsNp/B92RieKmeadksj1xJ+Y7QT0gyyePpsGlUf21j+REF2S3U5n5/ySFowJj
2SqEvGAJjVjW08nx7S9cAQKBgDJ3cb+m7Fntz9nYNiWkqt+RUZx/IiNNe6MhaO5S
vDdrVdPo53+YgI2L3jqR/Cwg3LZK61lJgJz1fE2OQGxXQnHvFwQdls8T5dTgLdkY
dfFnCcBk9oz1fLrQ6Fye206pVcGUyf5RRfr9XqyGVvvg+IPaFAfApqYPqoUa/BJh
jlRhAoGACwZRYtu0V8dreIOktzkuiiGlu2QNyXRDID7tNAjYBxhbWtMaFmvyDL18
FDF2km6uKn77ngtl1WtzJhapY3vtdGra8+dNB+DhUVdK4bpmpaGG9Ojym+6NW0sD
96BilAnT8k0AVfXH4OFHRM098XAKC0a8hKgaLuPYw8cckxkrzp8=
-----END RSA PRIVATE KEY-----
```

簡易 HTTPS/TLS 示範：server_simple.go

在正式來看伺服器要如何應付客戶端的憑證之前，我們先來看個簡單的
HTTPS/TLS 範例：

```
Chapter18\Exercise18.05\server_simple\server_simple.go

package main

import (
    "log"
    "net/http"
)

const (  // 憑證及私鑰檔名
    serverCertName = `.\server_cert.pem`
    serverKeyName  = `.\server.key`
)

func main() {
    log.Println("啟動伺服器")
    // 對路徑指定請求處理函式
    http.HandleFunc("/", hello)
    // 啟動 HTTPS/TLS 伺服器，載入憑證和私鑰
    log.Fatal(http.ListenAndServeTLS(":8080", serverCertName, 接下行
        serverKeyName, nil))
}

// HTTP 請求處理函式
func hello(w http.ResponseWriter, r *http.Request) {
    log.Println("收到請求")
    w.Write([]byte("Hello Golang from a secure server"))
}
```

你會發現這和第 15 章的程式並無什麼不同，都是用預設的
DefaultServeMux 結構，但啟動伺服器時改呼叫 http.ListenAndServeTLS()
函式。為了啟動 HTTPS/TLS 伺服器，伺服器本身必須載入自己的憑證及私
鑰。

現在來試著執行這個伺服器程式：

執行結果

```
PS F1741\Chapter18\Exercise18.05> go run .\server_simple\server_simple.go
2021/05/23 17:02:22 啟動伺服器
```

然後在網頁瀏覽器輸入 https://localhost:8080（注意是 **https** 而不是 http, 否則會無法連線）：

出現類似右上的畫面很正常，因為你的瀏覽器無法信任這個伺服器的憑證（既然是自簽署的，當然就不在瀏覽器信任的 CA 清單中）。這時我們還是可以按**進階**：

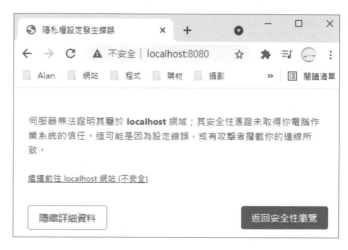

再點**繼續前往 localhost 網站 (不安全)**，就能看到伺服器程式的回應：

看看 server_simple.go 在主控台的輸出資訊，也證明了 TLS 發揮了作用：

執行結果

```
...
2021/05/23 17:09:11 http: TLS handshake error from [::1]:53494:
remote error: tls: unknown certificate   ←── 瀏覽器拒絕 TLS 交握協議
2021/05/23 17:09:11 收到請求   ←── 使用者選擇連線，因此收到請求
```

由此可見要在 Go 語言建立 HTTPS/TLS 伺服器是非常容易的，你也可以讓伺服器改用由真正的 CA 機構所簽署的有效憑證。

但這樣仍有個問題，就是伺服器不會檢查客戶端的憑證，因此你還是可以連線和取得回應。下面我們來看個更複雜、更正式的例子──如何利用憑證來檢查客戶端的連線身分。

伺服器程式：server.go

為了讓伺服器能夠驗證客戶端的憑證，你需要將客戶端的憑證加入伺服器的 CA 清單，並要求伺服器驗證憑證。為此我們得使用 http.Server 結構來設定 TLS 要用的憑證。

Chapter18\Exercise18.05\server\server.go

```
package main

import (
```
接下頁

```go
    "crypto/tls"
    "crypto/x509"
    "log"
    "net/http"
    "os"
)

const (
    clientCertName = `.\client_cert.pem`
    serverCertName = `.\server_cert.pem`
    serverKeyName  = `.\server.key`
    host           = "localhost"
    port           = "8080"
)

func main() {
    // 讀取客戶端的憑證檔
    clientCert, err := os.ReadFile(clientCertName)
    if err != nil {
        log.Fatal(err)
    }


    // 取得系統的憑證存放區 (CertPool)
    clientCAs, err := x509.SystemCertPool()
    if err != nil {  // 若無法取得就建立新的 CertPool
        clientCAs = x509.NewCertPool()
    }
    // 將 PEM 格式的客戶端憑證字串加入 CertPool
    if ok := clientCAs.AppendCertsFromPEM(clientCert); !ok {
        log.Println("加入客戶端憑證錯誤")
    }


    // TLS 設定
    tlsConfig := &tls.Config{
        ClientCAs: clientCAs,  // 將 CertPool 放進信任的 CA 列表
        ClientAuth: tls.RequireAndVerifyClientCert,  // 驗證模式 (見後說明)
    }


    // 建立 http.Server 結構
    server := &http.Server{
        Addr:      host + ":" + port,  // 伺服器網址
        Handler:   nil,  // 用預設的 DefaultServeMux 結構來處理路徑
        TLSConfig: tlsConfig,  // TLS 設定
    }
```

接下頁

```
    log.Println("啟動伺服器")
    http.HandleFunc("/", hello)
    // 啟動 HTTPS/TLS 伺服器並載入伺服器憑證／私鑰
    log.Fatal(server.ListenAndServeTLS(serverCertName, serverKeyName) )
}

func hello(w http.ResponseWriter, r *http.Request) {
    log.Println("收到請求")
    w.Write([]byte("Hello Golang from a secure server"))
}
```

伺服器程式會試著取得你系統上的憑證存放區，因此你其實也可以將客戶端的憑證安裝到系統中。

而在以上程式，tls.Config 結構的參數 **ClientAuth** 用來指定伺服器要如何驗證客戶端的憑證，它可設定為以下常數：

tls.NoClientCert	不要求也不驗證客戶端憑證 (預設)
tls.RequestClientCert	要求但不強制提供客戶端憑證
tls.RequireAnyClientCert	要求提供至少一份客戶端憑證
tls.VerifyClientCertIfGiven	要求但不強制提供客戶端憑證，若有提供則會驗證
tls.RequireAndVerifyClientCert	要求提供至少一份客戶端憑證並會驗證

客戶端程式：client.go

對於客戶端程式，它則同樣得將伺服器的憑證加入自己的信任 CA 列表，才能讓 TLS 交握協議順利通過。

```
package main

import (
    "crypto/tls"
    "crypto/x509"
    "io"
    "log"
    "net/http"
    "os"
```

接下頁

```go
)

const (
    clientCertName = `.\client_cert.pem`
    clientKeyName  = `.\client.key`
    serverCertName = `.\server_cert.pem`
    host           = "localhost"
    port           = "8080"
)

func main() {
    // 載入客戶端憑證及私鑰，產生成 tls.Certificate 物件
    // 以便放入後面的 TLS 設定中
    cert, err := tls.LoadX509KeyPair(clientCertName, clientKeyName)
    if err != nil {
        log.Fatal(err)
    }

    // 讀取伺服器憑證
    serverCert, err := os.ReadFile(serverCertName)
    if err != nil {
        log.Fatal(err)
    }

    // 取得系統憑證存放區或新建一個 CertPool
    rootCAs, err := x509.SystemCertPool()
    if err != nil {
        rootCAs = x509.NewCertPool()
    }
    // 將 PEM 格式的伺服器憑證加入 CertPool
    if ok := rootCAs.AppendCertsFromPEM(serverCert); !ok {
        log.Fatal("加入伺服器憑證錯誤")
    }

    // TLS 設定，放入客戶端憑證以及信任的伺服器 CA 清單
    tlsConfig := &tls.Config{
        Certificates: []tls.Certificate{cert},
        RootCAs:      rootCAs,
    }

    // 建立 http.Client 結構，設定其傳輸層參數使用前面的 TLS 設定
    client := &http.Client{
        Transport: &http.Transport{
            TLSClientConfig: tlsConfig,
```

接下頁

```
        },
    }

    // 客戶端送出請求
    resp, err := client.Get("https://" + host + ":" + port)
    if err != nil {
        log.Fatal(err)
    }
    defer resp.Body.Close()

    // 讀取伺服器回應
    data, err := io.ReadAll(resp.Body)
    if err != nil {
        log.Fatal(err)
    }

    log.Println("收到回應:", string(data))
}
```

可以看到加入憑證到 CA 清單的過程和伺服器很像，只不過這回要使用 tls.LoadX509KeyPair() 來載入客戶端自身的憑證和私鑰 (此函式也可用在伺服端，若是這樣的話 ListenAndServeTLS() 的參數填入空字串即可)。

★小編補充 X509KeyPair()

若在讀取憑證與私鑰時，你的程式中仍保存著這兩份資料的 PEM 格式字串，那麼你也可用 tls. X509KeyPair() 函式來直接把它們轉成 tls.Certificate 物件：

```
func X509KeyPair(certPEMBlock, keyPEMBlock []byte)
(Certificate, error)
```

執行 HTTPS/TLS 練習

現在所有程式都寫好，客戶端與伺服器的憑證、私鑰檔也都產生好了，我們就可以來執行這個練習，看看雙方的憑證是否能用於 TLS 交握協議。

首先啟動伺服器：

執行結果

```
PS F1741\Chapter18\Exercise18.05> go run .\server\server.go
2021/05/23 18:09:11 啟動伺服器
```

接著打開新的主控台來執行客戶端：

執行結果

```
PS F1741\Chapter18\Exercise18.05> go run .\client\client.go
2021/05/23 18:09:26 收到回應: Hello Golang from a secure server
```

可見客戶端從伺服器得到了回應。回去看伺服器的主控台，果然也收到了請求：

執行結果

```
2021/05/23 18:09:26 收到請求
```

附帶一提，本練習的客戶端與伺服器都可透過 https://localhost:8080 和 https://127.0.0.1:8080 做為連線或監聽服務的網址，這兩者都已經定義在憑證中，所以不會有問題。

改用 ECDSA 簽章演算法

除了使用 RSA, 你也可以考慮使用 **ECDSA (橢圓曲線數位簽章演算法)**, 這是一種處理速度比 RSA 更快、私鑰比 RSA 更短、但安全程度相當的技術, 這實作於 Go 語言內建套件 **crypto/ecdsa**。

你可以將 Chapter18\Exercise18.05\cert\cert.go 中 X.509 簽證使用的簽章演算法改成如下：

```
SignatureAlgorithm: x509.ECDSAWithSHA256,   // x509.Certificate 參數
```

接下頁

然後產生私鑰並將之寫入檔案的過程則變成如下：

```
// ... 上略

// 產生 ECDSA 私鑰
privateKey, err := ecdsa.GenerateKey(elliptic.P521(), rand.Reader)
if err != nil {
    return err
}

// ... 中略

// 將 ECDSA 私鑰轉成 PEM 格式
pemByte, err := x509.MarshalECPrivateKey(privateKey)
if err != nil {
    return err
}
key := pem.EncodeToMemory(
    &pem.Block{
        Type: "PRIVATE KEY",
        Bytes: pemByte,
    })

// ... 下略
```

ecdsa.GenerateKey() 函式的第一個參數 elliptic.P521() 來自 crypto/elliptic 套件，為 ECDSA 要使用的數學曲線，有 P224、P256、P384 和 P521 四種可選。

18-6 本章回顧

在這一章中，我們看到如何用 Go 語言的 crypto 函式庫進行資料加密及解密，包括靜態加密及傳輸中加密。我們探討了雜湊函式如何能確保檔案完整性和避免明碼密碼外洩，對稱／非對稱加密法如何讓資料不被第三者窺見，而使用者又能如何透過數位簽證和數位憑證來證明資料的正確性和驗證自身身分。有了這些工具，你就能開發出安全可靠的網路應用程式了。

而在本書的最後一章中，我們則要來看 Go 語言一些更罕為人知的功能──**反射 (reflection)** 和 **unsafe**。

19
Chapter

Go 語言的特殊套件：
reflect 與 unsafe

／本章提要／

在本書的最終章，我們來看 Go 語言一些比較罕
見的進階功能，平常用到的時機很少，但將來或
許在讀者的開發之路上仍能提供一些協助。
這兩個功能分別是實作反射 (reflection) 功能的
reflect 套件，能在執行階段檢視物件的型別與
值，以及能同樣在執行階段直接存取記憶體、繞
過型別系統的 **unsafe** 套件。

19-1　反射 (reflection)

在資訊領域，**反射**指程式有能力在執行時期檢視和修改自己的內容，特別是透過型別操縱自身的資料。每個語言的做法都不同 (也有的不支援)，而 Go 語言透過了 **reflect** 套件實現這一點。

⚡注意　Go 語言的反射是非常強大的功能, 甚至可在執行階段建立新的變數跟函式等等。然而, 套句 Go 語言設計者 Rob Pike 的話 :

> 清楚易懂的程式碼比運用巧妙技法的程式碼更好。反射永遠不夠好懂。

實際來說, reflect 套件讓你能用更底層的方式轉換和操縱資料, 繞過正常語法的限制, 而 reflect 套件實際上也被運用於 Go 語言的 fmt 和 encoding/json 套件等等。但你並不見得一定要使用它; 此外, 有鑑於 reflect 套件功能相當複雜, 下面我們只會拿一些基礎來介紹。

19-1-1　TypeOf() 和 ValueOf()

取得空介面的動態型別與值

為了使用 Go 語言的反射, 你得先了解 reflect 套件的兩個函式 :

```
func TypeOf(i interface{}) Type
func ValueOf(i interface{}) Value
```

這兩個函式都接收一個空介面 (見第 4 章) 型別的引數，但會分別傳回 reflect 的 Type 和 Value 型別，這使得我們能夠檢視空介面底下含有的動態型別和動態值。

以下範例會建立幾個不同型別的變數，並印出將這些值傳給 TypeOf() 及 ValueOf() 後得到的結果 :

```go
package main

import (
    "fmt"
    "reflect"
)

func Print(i interface{}) {
    fmt.Println("Type :", reflect.TypeOf(i))    // 取得動態型別
    fmt.Println("Value:", reflect.ValueOf(i))   // 取得動態值
}

func main() {
    a := 5
    Print(a)
    b := &a
    Print(b)
    c := []string{"test"}
    Print(c)
    d := map[string]string{"a": "b"}
    Print(d)
}
```

範例應會有以下執行結果：

執行結果

```
PS F1741\Chapter19\Example19.01> go run .
Type : int
Value: 5
Type : *int
Value: 0xc000014088  ◀── 指標指向的記憶體位址
Type : []string
Value: [test]
Type : map[string]string
Value: map[a:b]
```

可以發現 reflect 套件能夠讀出空介面的動態型別及動態值，而且不需要透過介面斷言（見第 4 章及第 7 章）。當然你不會直接取得原始型別，而是必須用 TypeOf() 傳回的 reflect.Type 型別來進一步轉換。

⚡ 注意 reflect 的執行速度比型別斷言慢得多，因此大量使用時就很容易影響到程式效能。

reflect.Type 型別實際上是個介面，代表透過反射取出的型別資訊和能做的各種行為；你可以在 https://golang.org/pkg/reflect/#Type 查看它的完整功能。reflect.Value 介面則代表用反射取出的值以及其相關行為。

19-1-2 取得指標值和修改之

現在我們來更仔細看看前面範例中的變數 b：它是整數變數 a 的指標，所以前面呼叫 ValueOf() 時只能印出其記憶體位址。若要在 reflect 取得指標指向的值，得呼叫 reflect.Value 的 Elem() 方法：

```
func (v Value) Elem() Value
```

Elem() 也會傳回 reflect.Value，但這回就是指標指向的值了。而既然我們是透過指標存取這個值，你也可以修改它。請見以下範例：

Chapter19\Example19.02

```
package main

import (
    "fmt"
    "reflect"
)

func main() {
    a := 5
    b := &a

    v := reflect.ValueOf(b).Elem()  // 取得 b 指向的值
    fmt.Printf("%v %T\n", v.Int(), v.Int()) // 轉成整數，用 fmt 查看型別和值
```

接下頁

```
        v.SetInt(10)   // 修改 b 指向的值
        fmt.Printf("%v %T\n", v.Int(), v.Int())
        fmt.Printf("%v %T\n", v.Interface(), v.Interface())
        fmt.Printf("%v %T\n", *b, *b)
}
```

如果你知道 reflect.Value 的值實際上是什麼型別，你可以直接轉換它（呼叫 Int()、Float()、Bool()、String() 等方法，若無法轉換會引發 panic)，或者用 Interface() 方法轉成空介面。我們在此甚至透過 reflect.Value 來修改 b 的值，並用不同方式印出結果。

這個範例執行後會得到如下的輸出：

執行結果

```
PS F1741\Chapter19\Example19.02> go run .
5 int64  ◄── Int() 會傳回 int64
10 int64
10 int   ◄── Interface() 傳回的空介面被 fmt 解讀為 int
10 int
```

reflect.Value.Int() 的傳回值為 int64，但要再轉成 int 型別就不難了。無論如何，可以看到 b 的值真的產生了改變。

 小編註：reflect.Type 同樣可以用 Elem() 取得指標指向的型別。

19-1-3　取得結構的欄位名稱、型別與其值

我們來看個更複雜一點的例子，這回我們要用 reflect 套件來直接檢視一個結構變數所擁有的欄位、欄位的型別及其值：

Chapter19\Example19.03

```
package main

import (
    "fmt"
```

接下頁

```go
    "reflect"
)

type User struct {
    Name    string  `des:"userName"`   // 欄位帶有標籤
    Age     int     `des:"userAge"`
    Balance float64 `des:"bankBalance"`
    Member  bool    `des:"isMember"`
}

// 用 reflect 檢視結構內容
func PrintStruct(s interface{}) {
    sT := reflect.TypeOf(s)   // 取得 reflect.Type
    sV := reflect.ValueOf(s)  // 取得 reflect.Value

    // 印出結構型別名稱和其基礎型別名稱
    fmt.Printf("type %s %v {\n", sT.Name(), sT.Kind().String())

    // 走訪結構欄位
    for i := 0; i < sT.NumField(); i++ {
        field := sT.Field(i)  // 取得第 i 個欄位的型別 (reflect.Type)
        value := sV.Field(i)  // 取得第 i 個欄位的值 (reflect.Value)

        // 印出欄位名稱、型別、值以及標籤 des 的字串
        fmt.Printf("\t%s\t%v\t= %v\t(description: %s)\n",
            field.Name, field.Type.String(),
            value.Interface(), field.Tag.Get("des"))
    }

    fmt.Println("}")
}

func main() {
    u1 := User{
        Name:    "Tracy",
        Age:     51,
        Balance: 98.43,
        Member:  true,
    }

    PrintStruct(u1)  // 用 reflect 印出 u1 內容

    // 透過 u1 的指標用 reflect 指名欄位名稱，以便更改欄位值
    v := reflect.ValueOf(&u1)
```

接下頁

```
    v.Elem().FieldByName("Name").SetString("Grace")
    v.Elem().FieldByName("Age").SetInt(45)
    v.Elem().FieldByName("Balance").SetFloat(56.97)
    v.Elem().FieldByName("Member").SetBool(false)

    PrintStruct(u1)  // 再次印出 u1 內容
}
```

執行結果如下：

執行結果

```
PS F1741\Chapter19\Example19.03> go run .
type User struct {  ◄── 原始的 u1
        Name     string  = Tracy (description: userName)
        Age      int     = 51    (description: userAge)
        Balance  float64 = 98.43 (description: bankBalance)
        Member   bool    = true  (description: isMember)
}
type User struct {  ◄── 修改後的 u1
        Name     string  = Grace (description: userName)
        Age      int     = 45    (description: userAge)
        Balance  float64 = 56.97 (description: bankBalance)
        Member   bool    = false (description: isMember)
}
```

這個範例展示了 reflect 不僅能處理基本的型別，更能深入結構找出所有欄位名稱、型別和值，甚至和前面一樣修改值。

reflect.Type 和 reflect.Value 都有以下兩個方法能存取結構欄位：

```
Field(i int)  // 用索引傳回欄位
FieldByName(name string)  // 用名稱傳回欄位
```

如果你是透過 reflect.Type 呼叫以上方法，會傳回 reflect.StructField 型別。StructField 的 Type 屬性是另一個 reflect.Type 型別物件，代表結構欄位本身的型別。

至於若是透過 reflect.Value 呼叫以上方法，你就會得到代表該欄位的
reflect.Value 物件。

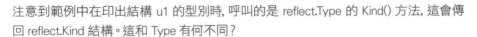

Type vs. Kind

注意到範例中在印出結構 u1 的型別時, 呼叫的是 reflect.Type 的 Kind() 方法, 這會傳回 reflect.Kind 結構。這和 Type 有何不同？

在本書我們提過, 每個複合型別因為定義的不同, 所以會被視為不同型別。但其實同樣類型的複合型別 (陣列、切片、map、結構等) 彼此仍屬於同一種『類型』 (kind):

```go
func main() {
    a := []int{1, 2, 3}
    b := []string{"apple", "banana", "mango"}

    fmt.Println(reflect.TypeOf(a))  // 印出 []int
    fmt.Println(reflect.TypeOf(b))  // 印出 []string
    fmt.Println(reflect.TypeOf(a).Kind())  // 印出 slice
    fmt.Println(reflect.TypeOf(b).Kind())  // 印出 slice
}
```

以前面的結構 u1 來說, 其型別會是 main.User, 但類型就是 struct。

19-1-4　練習：用 reflect 取代介面斷言

下面我們來改寫第 4 章結尾的介面斷言練習，把它改成使用 reflect 來判斷空介面的動態型別：

Chapter19\Exercise19.01

```go
package main

import (
    "errors"
    "fmt"
    "reflect"
)
```

接下頁

```go
func doubler(i interface{}) (string, error) {
    t := reflect.TypeOf(i)   // 取得 reflect.Type
    v := reflect.ValueOf(i)  // 取得 reflect.Value

    // 用型別名稱來判斷，以便呼叫 reflect.Value 的正確轉值方法
    switch t.String() {
    case "string":
        return v.String() + v.String(), nil
    case "bool":
        if v.Bool() {
            return "truetrue", nil
        }
        return "falsefalse", nil
    case "float32", "float64":
        if t.String() == "float64" {
            return fmt.Sprint(v.Float() * 2), nil
        }
        return fmt.Sprint(float32(v.Float()) * 2), nil
    case "int", "int8", "int16", "int32", "int64":
        return fmt.Sprint(v.Int() * 2), nil
    case "uint", "uint8", "uint16", "uint32", "uint64":
        return fmt.Sprint(v.Uint() * 2), nil
    default:
        return "", errors.New("傳入了未支援的值")
    }
}

func main() {
    // 和之前一樣，這裡姑且忽略 error 值
    res, _ := doubler(-5)
    fmt.Println("-5  :", res)
    res, _ = doubler(5)
    fmt.Println("5   :", res)
    res, _ = doubler("yum")
    fmt.Println("yum :", res)
    res, _ = doubler(true)
    fmt.Println("true:", res)
    res, _ = doubler(float32(3.14))
    fmt.Println("3.14:", res)
}
```

```
PS F1741\Chapter19\Exercise19.01> go run .
-5  : -10
5   : 10
yum : yumyum
true: truetrue
3.14: 6.28
```

19-1-5 DeepEqual

若談到 reflect 套件，還有一個不能不提的東西，就是它的 DeepEqual() 函式。

我們已經知道，Go 語言中可用 == 來判斷兩個值是否相等，這也適用於陣列和結構型別，但切片跟 map 卻無法如此比較。這時 DeepEqual() 就派上用場了：

Chapter19\Example19.04

```go
package main

import (
    "fmt"
    "reflect"
)

func runDeepEqual(a, b interface{}) {
    fmt.Printf("%v DeepEqual %v : %v\n", a, b, reflect.DeepEqual(a, b))
}

func main() {
    runDeepEqual([3]int{1, 2, 3}, [3]int{1, 2, 3})
    runDeepEqual([]int{1, 2, 3}, []int{1, 2, 3})

    a := map[int]string{1: "one", 2: "two"}
    b := map[int]string{1: "one", 2: "two"}
    runDeepEqual(a, b)
```

接下頁

```
    var c, d interface{}
    c = map[int]string{1: "one", 2: "two"}
    d = map[int]string{1: "one", 2: "two"}
    runDeepEqual(c, d)
```

執行結果

```
PS F1741\Chapter19\Example19.04> go run .
[1 2 3] DeepEqual [1 2 3]:true  ◀── 比較陣列
[1 2 3] DeepEqual [1 2 3]:true  ◀── 比較切片
map[1:one 2:two] DeepEqual map[1:one 2:two]:true  ◀── 比較 map
map[1:one 2:two] DeepEqual map[1:one 2:two]:true  ◀── 比較空介面內的 map
```

可見 DeepEqual() 能夠比較切片、map 甚至空介面，只要兩者內容相同就會傳回 true。你可以將 DeepEqual() 看成 == 的延伸版：任何用 == 會判斷相等的值，在 DeepEqual() 就一定會判斷相等。

19-2　unsafe 套件

Go 語言雖然是靜態語言，它和 C 之類的語言不同，其執行環境會自動分配和回收記憶體（垃圾回收），所以你通常不需要為這些事操心。但總有時候開發者會需要直接存取記憶體，用更低階的方式提高程式效率、或者故意繞過型別檢查，這時就能用到標準函式庫的 **unsafe** 套件。

unsafe 套件正如其名，你在自己的程式使用它可能會造成問題，此外注意它並沒有被要求遵守 Go 1.x 版相容性，這表示它的語法將來可能會有變動、無法與舊版相容。

19-2-1　unsafe.Pointer 指標

在 Go 語言中，為了安全起見，指標型別是不容許轉換成其他指標型別的。來看以下例子：

```
a := int64(100)  // int64 型別
b := &a  // b 是 *int64 型別
fmt.Println((int32)(*b))  // 將 b 指向的值轉成 int32 型別
```

這樣不會有問題。但若把最後一行改成如下：

```
// 試圖把 b 本身 (*int64) 轉成 *int32
fmt.Println((*int32)(b))
```

嘗試執行程式時，就會被編譯器告知 *int64 型別不能轉成 *int32：

執行結果

```
# main
.\main.go:10:22: cannot convert b (type *int64) to type *int32
```

Go 語言不准許我們更動指標型別，就是要避免不安全的資料操作。出於同樣的理由，指標變數本身也不能用於數學運算。

使用 unsafe.Pointer 指標

如果你真的還是想轉換指標型別，就可透過 **unsafe.Pointer 指標**。這種指標非常特殊，它可以**和任何指標型別互轉**：

```
a := int64(100)
b := (*int32)(unsafe.Pointer(&a))
fmt.Println(*b, reflect.TypeOf(b))
```

執行結果

```
100 *int32 ◀━━ b 是 *int32 型別
```

這是因為 unsafe 套件能夠直接讀取記憶體，繞過了 Go 語言本身的型別系統。既然 unsafe.Pointer 能和其他指標互轉，這表示原本一些無法直接轉換的型別也可以藉此互轉：

```
```

```
a := int8(1)
fmt.Println(*(*bool)(unsafe.Pointer(&a)))
// 將 int8 轉成 bool, 印出 true
```

特別注意轉換後值不一定會正確，因為 unsafe 會直接讀取指標指向的記憶體位址，並試圖用另一種型別來解讀。要是目標型別使用不同的儲存格式（例如 float32 與 float64 使用 IEEE 754 二進位值來代表浮點數）或者使用的空間不同（例如嘗試將 *int32 轉為 *int64, 使得指標涵蓋到更大區域），都很可能會讓你得到錯誤的值，且用 go vet 也無法檢查出來。

結構型別的轉換

再看一個例子，下面我們定義了兩個結構型別。由於它們擁有同樣的欄位組成，因此用 unsafe 轉換型別時資料就能保持原狀：

Chapter19\Example19.05

```go
package main

import (
    "fmt"
    "unsafe"
)

type User struct {
    name string
    age  int
}

type Employee struct {
    name string
    age  int
}

func main() {
    a := User{"John", 42}
    fmt.Printf("a = %#v\n", a)

    // 把 a 從 User 轉成 Employee 結構型別
    b := *(*Employee)(unsafe.Pointer(&a))
    fmt.Printf("b = %#v\n", b)
}
```

執行程式後會發現，我們成功將一個值從 User 結構轉成了 Employee
結構：

執行結果

```
PS F1741\Chapter19\Example19.05> go run .
a = main.User{name:"John", age:42}
b = main.Employee{name:"John", age:42}
```

19-2-2　以 uintptr 搭配 unsafe 存取記憶體位址

unsafe 能做的還不僅如此，你更能直接存取複合型別的記憶體空間。該
套件提供了以下三個函式：

```
func Alignof(x ArbitraryType) uintptr   // x 在記憶體的最大對齊大小
func Offsetof(x ArbitraryType) uintptr  // x (結構欄位) 的記憶體
                                        //     偏移 (offset) 大小
func Sizeof(x ArbitraryType) uintptr    // x 的記憶體大小
```

ArbitraryType 不是真正的型別，只是在說 x 能填入任意型別的值，而這
三個函式都會傳回 **uintptr** 型別。uintptr 是什麼值呢？

以前面範例 19.03 的 User 結構變數 u1 為例，每個欄位的大小和 offset
如下：

欄位	型別	大小 (byte)	偏移
Name	string	16	0
Age	int	8	16
Balance	float64	8	24
Member	bool	1	32

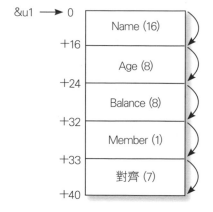

在記憶體中，u1 的內容會由一系列連續的記憶體區塊 (block) 組成，而 &u1 會指向這些記憶體的開頭 (位置 0)。如果想在記憶體中直接存取某個欄位的資料，那麼就得加上對應的 offset 才行。例如，u1.Balance 位於 **&u1 + 24** 的位置。

注意若你使用 Sizeof() 來測量 u1 的大小，你會得到 40 而不是 33：這是因為 Go 語言得顧及跨平台運作的一致性，並提高記憶體讀寫效率，每個記憶體區塊都得有一定大小 (這取決於系統本身)，因此會補上一些未使用的記憶體空間 (即『對齊』)。Alignof() 函式傳回的值，就是傳入的型別至多得填補的位元數。

然而 Go 語言的指標無法直接用於運算，就連 unsafe.Pointer 也不例外，因此我們得透過 uintptr 來參照記憶體位址。uintptr 是 Go 語言內建的特殊正整數型別，能用來儲存記憶體位址和其偏移值，而且能和 unsafe.Pointer 隨意互轉。

例如，下面我們用兩種方式印出 u1 的記憶體位址 (實際結果會有所不同)：

```
fmt.Println(unsafe.Pointer(&u1))
fmt.Println(uintptr(unsafe.Pointer(&u1)))
```

執行結果

```
0xc0001003c0
824634770368 ◄── 0xc0001003c0 的 10 進位值
```

只要拿 824634770368 加上欄位的偏移值，就能存取欄位的記憶體空間了。由此可見 unsafe.Pointer 扮演了中介角色，讓我們能更容易計算記憶體的相對位置。

練習：用 unsafe 和 uintptr 修改結構變數欄位

在這個練習裡，我們要透過記憶體位址來存取 u1 結構變數的某些欄位，並修改它們的值，好讓你了解 unsafe 是如何透過記憶體操縱資料的。

Chapter19\Exercise19.02

```go
func main() {
    u1 := User{
        Name:    "Tracy",
        Age:     51,
        Balance: 98.43,
        Member:  true,
    }
    fmt.Println(u1)

    // 顯示 u1 各欄位的記憶體大小和 offset
    fmt.Println("Size/offset:")
    fmt.Println("Name   ", unsafe.Sizeof(u1.Name), unsafe.Offsetof(u1.Name))
    fmt.Println("Age    ", unsafe.Sizeof(u1.Age), unsafe.Offsetof(u1.Age))
    fmt.Println("Balance", unsafe.Sizeof(u1.Balance), unsafe.Offsetof(u1.Balance))
    fmt.Println("Member ", unsafe.Sizeof(u1.Member), unsafe.Offsetof(u1.Member))
    // u1 的對齊大小和總大小
    fmt.Println("u1 align:", unsafe.Alignof(u1))
    fmt.Println("u1 size :", unsafe.Sizeof(u1))

    // 建立指標指向 u1.Balance
    // u1 (u1.Name) 位址 + 16 + 8 = u1.Balance 位址
    balance := (*float64)(unsafe.Pointer(uintptr(unsafe.Pointer(&u1)) + 接下行
unsafe.Sizeof(u1.Name) + unsafe.Sizeof(u1.Age)))
    *balance += 10000

    // 建立指標指向 u1.Member
    // u1 (u1.Name) 位址 + 32 = u1.Member 位址
    member := (*bool)(unsafe.Pointer(uintptr(unsafe.Pointer(&u1)) + 接下行
unsafe.Offsetof(u1.Member)))
    *member = false

    fmt.Println(u1)  // 印出修改後的 u1
}
```

上面我們想修改的對象為 u1.Balance 和 u1.Member，並分別用了 Sizeof() 和 Offsetof() 來『跳到』正確的記憶體位址。如前所述，u1 會指向記憶體區塊的開頭 (這個位置也代表 u1.Name)；於是我們先將 u1 的位址轉成 uintptr，以便進行運算，加上正確的 offset 後再轉回 unsafe.Pointer。

⚡注意 由於 uintptr 儲存的值 (記憶體位址數字) 沒有參照到任何 Go 物件, 若你試圖用它建立變數, 就會立刻被 Go 執行環境回收, 導致該值無法使用。因此你必須在含有 unsafe.Pointer 的運算式中直接使用 uintptr 值。

本練習的執行結果如下：

執行結果

```
PS F1741\Chapter19\Exercise19.02> go run .
{Tracy 51 98.43 true}
Size/offset:
Name    16 0  ◄── 各欄位的大小和偏移值
Age      8 16
Balance 8 24
Member  1 32
u1 align: 8
u1 size : 40
{Tracy 51 10098.43 false} ◄── Balance 與 Member 欄位改變
```

19-2-3　Go 語言標準套件中的 unsafe

既然有資料安全問題，Go 語言自然不希望你使用 unsafe，而且在文件中也並未詳述 unsafe 套件造成的不正常結果。儘管如此，仍有不少人會使用它，因為既然能繞過型別系統，程式執行效率自然更快。事實上 Go 語言自身的標準套件也會用到，例如前面的 reflect.ValueOf() 就用了 unsafe 來轉換值：

```
// https://golang.org/src/reflect/value.go

// ValueOf returns a new Value initialized to the concrete value
// stored in the interface i. ValueOf(nil) returns the zero Value.
```
接下頁

```
func ValueOf(i interface{}) Value {
    // ... 中略
    return unpackEface(i)
}

// unpackEface converts the empty interface i to a Value.
func unpackEface(i interface{}) Value {
    e := (*emptyInterface)(unsafe.Pointer(&i))
    // ... 下略
}
```

ValueOf() 會呼叫函式 unpackEface(), 以便透過 unsafe.Pointer 把空介面轉為 reflect 自己的 emptyInterface 結構。你在像是 math 和 atomic 套件也可以找到 unsafe 的身影。

說穿了, unsafe 套件並非以 Go 語言撰寫, 而是直接內建在編譯器內的功能, 這便是為什麼它能夠避開 Go 編譯器的型別檢查。這也表示 unsafe 套件的運作和 Go 語言所在的平台有更直接的關係；若你在程式中使用 unsafe, 跨平台移植時就更容易遇到表現不一致的問題。

人們常使用 unsafe 的另一個原因是 **cgo** 內建函式庫, 這套件允許你在 Go 程式中呼叫 C 語言程式碼 (例如沿用現成的 C 函式庫)。為了讓 Go 語言和 cgo 的 C 語言型別互轉, 就必須用到 unsafe：

 cgo 套件需要 GCC 工具才能運作 (參閱第 16 章)。

```
package main

/*
// 以 header 形式提供給 cgo 的 C 語言程式碼
#include <stdio.h>
#include <stdlib.h>

static void myprint(char* s) {
    printf("%s\n", s);
}
*/
import "C"  // 匯入 cgo
```

接下頁

```
import (
    "fmt"
    "unsafe"
)

func main() {
    s := "Hello C!"  // 原始字串

    // 把字串轉成 CString 型別
    cString := C.CString(s)
    // 在結束時釋放 CString 指向的記憶體空間
    defer C.free(unsafe.Pointer(cString))
    // 呼叫 C 程式的函式
    C.myprint(cString)

    // 將 CString 轉回成 Go 的 []byte 切片
    b := C.GoBytes(unsafe.Pointer(cString), C.int(len(s)))
    fmt.Println(string(b))
}
```

注意 cgo (上面的『C』套件) 匯入時必須獨立寫 import, 且 C 語言程式碼要以註解形式直接置於它前面, 這樣才有作用。執行的效果如下：

執行結果

```
PS F1741\Chapter19\Example19.06> go run .
Hello C! ◀── 呼叫 C 語言函式
Hello C! ◀── 從 C 語言字串轉回來的 Go 字串
```

19-3 本章回顧

在這一章, 我們認識了 Go 語言較罕為人知、但仍然深植於 Go 內建套件的功能：能用來在執行階段存取物件的 reflect, 以及能在執行階值階段存取記憶體的 unsafe。前者讓我們不需要透過型別斷言就能直接得知變數的型別和值, 儘管執行效率也會遜於型別斷言, 而後者允許我們藉由記憶體位置進行不安全、低階但更快速的資料操作。

MEMO

_____

_____

_____

_____

_____

_____

_____

_____

旗 標 FLAG

好書能增進知識　提高學習效率　卓越的品質是旗標的信念與堅持

旗 標 FLAG

好書能增進知識　提高學習效率　卓越的品質是旗標的信念與堅持

旗 標 FLAG

http://www.flag.com.tw